高等教育“十二五”规划教材

数字图像处理及应用（MATLAB 版）

杨　帆　等编著
夏克文　主　审

化学工业出版社
·北京·

本书在系统地介绍数字图像处理技术的基本理论及有代表性的思想、算法与应用的基础上，对图像处理软件的设计及典型案例分析进行了详尽的讲述，并将数字图像处理实验融入其中，使读者通过学习，能尽快掌握图像处理及应用的基本理论、方法和技巧，达到应用 MATLAB 实现图像处理的目的。

本书共分 8 章，包括数字图像处理基础、数字图像变换技术、图像增强及去噪技术、图像分割与特征分析、数字视频及图像压缩编码技术、数字图像处理实例分析、数字图像处理软件设计、数字图像处理实验。

本书配有电子教案、习题与思考题答案、源程序(.M 文件)、图片，为教师多媒体授课、编写教案提供方便条件。

本书可作为电子信息工程、通信工程、电子科学与技术、计算机应用、医学生物工程、自动控制等专业的本科生、高职高专学生的教学用书，也可作为研究生及从事数字图像处理工作的技术人员的参考用书。

图书在版编目（CIP）数据

数字图像处理及应用（MATLAB 版）/杨帆等编著：北京：化学工业出版社，2013.7（2024.3 重印）
高等教育“十二五”规划教材
ISBN 978-7-122-17708-7

Ⅰ.①数… Ⅱ.①杨… Ⅲ.①数字图像处理-Matlab 软件-高等学校-教材 Ⅳ.①TN911.73

中国版本图书馆 CIP 数据核字（2013）第 137586 号

责任编辑：廉　静　　文字编辑：张燕文
责任校对：宋　夏　　装帧设计：王晓宇

出版发行：化学工业出版社（北京市东城区青年湖南街 13 号　邮政编码 100011）
印　　装：北京七彩京通数码快印有限公司
787mm×1092mm　1/16　印张 16¾　字数 419 千字　2024 年 3 月北京第 1 版第 5 次印刷

购书咨询：010-64518888　　售后服务：010-64518899
网　　址：http://www.cip.com.cn
凡购买本书，如有缺损质量问题，本社销售中心负责调换。

定　　价：48.00 元

前　言

21 世纪是一个充满信息的时代，图像作为人类感知世界的视觉基础，是人类获取信息、表达信息和传递信息的重要手段。数字图像处理已经在宇宙探测、遥感、生物医学、工农业生产、军事、公安、办公自动化等领域得到了广泛应用，并显示出广泛的应用前景。数字图像处理及应用已成为计算机科学、信息科学、生物科学、空间科学、气象学、统计学、工程科学、医学等学科的研究热点，已成为工科院校电子信息、电气工程、医学生物工程等专业必修的专业课。

本书共分 8 章：第 1 章是数字图像处理基础；第 2 章是数字图像变换技术；第 3 章是图像增强及去噪技术；第 4 章是图像分割与特征分析；第 5 章是数字视频及图像压缩编码技术；第 6 章是数字图像处理实例分析；第 7 章是数字图像处理软件设计；第 8 章是数字图像处理实验。在每章后都附有一定量的习题与思考题。本书编写的指导思想是提高学生分析问题及解决问题的能力，具有以下几个特点。

① 第 1～5 章为基础知识部分，通过大量的例题及实例系统地讲述了数字图像处理技术的基本理论及有代表性的思想、算法与应用。

② 第 6 章精选了有关图像拼接、缺陷检测、目标识别、密码共享及图像置乱等案例，给出了设计过程、代码及运行结果，通过此部分的学习可开阔视野，提高读者在实际中的应用及系统设计能力。

③ 第 7 章给出了应用 MATLAB 进行图形用户界面设计的方法、设计过程及需要解决的关键技术问题，为设计图像处理软件及应用图像处理软件解决实际问题提供有效帮助。

④ 第 8 章为数字图像处理实验，将理论教学与实验教学融为一体，既方便了教学也更加有利于学生使用。每个实验都包括实验目的、所用函数介绍、示例部分及设计部分。希望通过示例部分内容的学习使学生能完成相应的程序设计，达到应用 MATLAB 实现图像处理的目的。

⑤ 本书配有电子教案、习题与思考题答案、第 8 章程序设计部分参考答案及源程序(.M 文件)（需要的请登录：www. cipedu. com. cn)，有助于学生理解和掌握所学知识要点和程序实现，同时为教师多媒体授课、编写教案提供方便条件。

本书可作为电子信息工程、通信工程、电子科学与技术、计算机应用、医学生物工程、自动控制等专业的本科生、高职高专学生的教学用书，也可作为研究生及从事数字图像处理工作的技术人员的参考用书。

本书由杨帆、唐红梅、张志伟、侯景忠等编著。其中第 5 章由侯景忠编写，第 6 章由张志伟编写，第 7 章由王志陶编写，第 8 章由唐红梅编写，其余部分的编写及统稿工作由杨帆负责。本书在编写工作中得到了张华、魏琳琳、王世亮、宋莉莉、户姗姗等许多同志的帮助，在此表示感谢。

本书由河北工业大学的夏克文教授主审，夏克文教授对本书的总体结构和内容细节等进行了全面审定，提出许多宝贵而富有价值的审阅意见，在此表示衷心的感谢。

欢迎使用本书的教师和学生与编者进行交流，并提出宝贵意见，以便今后进一步修改。由于编者水平所限，书中不妥之处在所难免，殷切希望广大读者批评指正。联系人：河北工业大学信息工程学院　张志伟 E-mail：zhangzhiwei@hebut. edu. cn。

编者

2013 年 3 月于河北工业大学

目　录

第 1 章　数字图像处理基础

图像是人类获取信息、表达信息和传递信息的重要手段。研究表明，在人类接受的信息中，图像等视觉信息所占的比重很大。“百闻不如一见”“一图值千字”等都充分说明了这一事实。同时，我们又生活在一个数字时代，随着计算机技术及网络技术的迅速发展，几乎所有的信息都可以用数字图像的形式呈现在人们眼前。因此，学习研究数字图像处理技术是时代的迫切要求。

本章主要讲述图像的数学模型、图像采集、图像文件格式、数字图像类型以及数字图像处理特点等内容，并对 MATLAB 及其在图像处理中的应用进行简单介绍。

1.1　图像及图像的数字化

1.1.1　图像及分类

为了实现对图像信号的处理和传输，首先必须对图像进行正确的描述，即什么是图像。对人们来说，图像并不陌生，但却很难用一句话说清其含意。从广义上说，图像是自然界景物的客观反映，是人类认识世界和人类本身的重要源泉。照片、绘画、影视画面无疑属于图像；照相机、显微镜或望远镜的取景器上的光学成像也是图像。此外，汉字也可以说是图像的一种，因为汉字起源于象形文字，所以可当作一种特殊的绘画。图形可理解为介于文字与绘画之间的一种形式，当然也属于图像的范畴。由此延伸，通过某些传感器变换得到的电信号图，如脑电图、心电图等也可看作是一种图像。“图”是物体反射或透射光的分布，它是客观存在的，而“像”是人的视觉系统所接收的图在人脑中所形成的印象或认识。总之，凡是人类视觉上能感受到的信息，都可以称为图像。

图像是用各种观测系统以不同形式和手段观测客观世界而获得的，可以直接或间接作用于人眼而产生视知觉的实体。就其本质来说，可以将图像分为两大类：一类是模拟图像，包括光学图像、照相图像、电视图像等，例如，在生物医学研究中，人们在显微镜下看到的图像就是一幅光学模拟图像，照片、用线条画的图、绘画也都是模拟图像，模拟图像的处理速度快，但精度和灵活性差，不易查找和判断；另一类是将连续的模拟图像经过离散化处理后变成计算机能够辨识的点阵图像，称为数字图像，严格的数字图像是一个经过等距离矩形网格采样，对幅度进行等间隔量化的二维函数，因此，数字图像实际上就是被量化的二维采样数组。本书中涉及的图像处理都是指数字图像的处理。

1.1.2　图像的数学模型

在计算机中，图像由像素组成，图 1-1(a) 所示图像被分割成图 1-1(b) 所示的像素，各像素的灰度值用整数表示。一幅 $M\times N$ 个像素的数字图像，其像素灰度值可以用 M 行、N 列的矩阵 $f(i,j)$ 表示：

$$f(i,j)=\begin{bmatrix} f_{11} & f_{12} & \cdots & f_{1N} \\ f_{21} & f_{22} & \cdots & f_{2N} \\ \vdots & \vdots & \cdots & \vdots \\ f_{M1} & f_{M2} & \cdots & f_{MN} \end{bmatrix} \tag{1-1}$$

习惯上把数字图像左上角的像素定为（1,1）像素，右下角的像素定为（M,N）像素。若用 i 表示垂直方向，j 表示水平方向，这样，从左上角开始，纵向第 i 行，横向第 j 列的第（i,j）像素就存储到矩阵的元素 $f(i,j)$ 中，数字图像中的像素与二维矩阵中的每个元素便一一对应起来。图 1-1(a) 所示图像可用图 1-1(c) 所示矩阵表示。

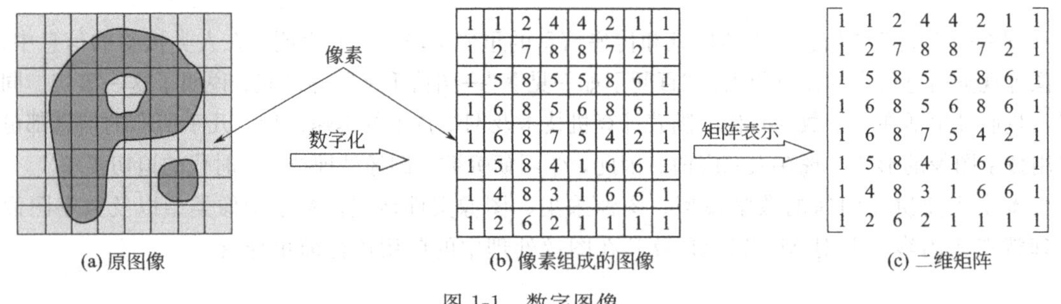

图 1-1　数字图像

在计算机中把数字图像表示为矩阵后，就可以用矩阵理论和其他一些数学方法来对数字图像进行分析和处理了。

1.1.3　采样及量化

(1) 采样

图像信号是二维空间的信号，其特点是：它是一个以平面上的点作为独立变量的函数。例如黑白与灰度图像是用二维平面情况下的浓淡变化函数来表示的，通常记为 $f(x,y)$，它表示一幅图像在水平和垂直两个方向上的光照强度的变化。图像 $f(x,y)$ 在二维空域里进行空间采样时，常用的办法是对 $f(x,y)$ 进行均匀抽样。取得各点的亮度值，构成一个离散函数 $f(i,j)$。其示意图如图 1-2 所示。

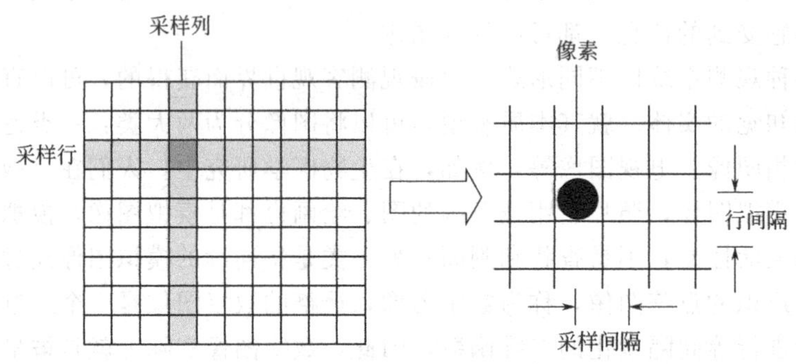

图 1-2　采样示意图

如果是彩色图像，则是以三基色（RGB）的明亮度作为分量的二维矢量函数来表示。即

$$f(x,y)=[f_R(x,y)\quad f_G(x,y)\quad f_B(x,y)]^T \tag{1-2}$$

同一维信号一样，二维图像信号的采样也要遵循采样定理。

(2) 量化

模拟图像经过采样后，在时间和空间上离散化为像素。但采样所得的像素值（即灰度值）仍是连续量。把采样后所得的各像素的灰度值从模拟量到离散量的转换称为图像灰度的量化。图 1-3(a) 说明了量化过程。若连续灰度值用 z 来表示，对于满足 $z_i \leqslant z \leqslant z_{i+1}$ 的 z

值，都量化为整数 q_i。q_i 称为像素的灰度值，z 与 q_i 的差称为量化误差。一般，像素值量化后用一个字节（8bit）来表示。如图 1-3(b) 所示，把由黑-灰-白的连续变化的灰度值，量化为 0～255 共 256 级灰度值，灰度值的范围为 0～255，0 为黑色，255 为白色。表示亮度从深到浅，对应图像中的颜色为从黑到白。

一幅图像在采样时，行、列的采样点与量化时每个像素量化的级数，既影响数字图像的质量，也影响该数字图像数据量的大小。假定图像取 $M \times N$ 个样点，每个像素量化后的灰度二进制位数为 Q，一般 Q 总是取为 2 的整数幂，即 $Q=2^k$，则存储一幅数字图像所需的二进制位数 b 为

$$b = M \times N \times Q$$

字节数为

$$B = M \times N \times \frac{Q}{8}$$

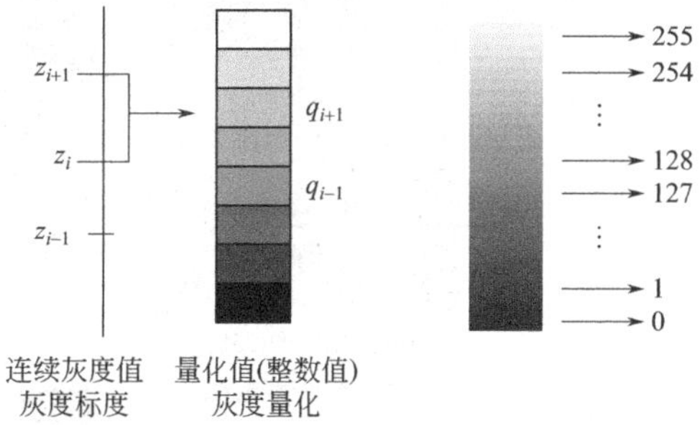

z_{i+1}　z_i　z_{i-1}　q_{i+1}　q_{i-1}

连续灰度值 灰度标度　量化值(整数值) 灰度量化

255　254　128　127　1　0

(a) 量化　(b) 量化为8 bit

图 1-3　量化示意图

连续灰度值量化为灰度级的方法有两种：一种是等间隔量化；另一种是非等间隔量化。等间隔量化就是简单地把采样值的灰度范围等间隔地分割并进行量化。对于像素灰度值在黑-白范围较均匀分布的图像，这种量化方法可以得到较小的量化误差。该方法也称为均匀量化或线性量化。为了减小量化误差，引入了非均匀量化的方法。非均匀量化是依据一幅图像具体的灰度值分布的概率密度函数，按总的量化误差最小的原则来进行量化。具体做法是对图像中像素灰度值频繁出现的灰度值范围，量化间隔取小一些，而对那些像素灰度值极少出现的范围，则量化间隔取大一些。由于图像灰度值分布的概率密度函数因图像不同而异，所以不可能找到一个适用于各种不同图像的最佳非等间隔量化方案。因此，实际上一般都采用等间隔量化。

对一幅图像，当量化级数一定时，采样点数 $M \times N$ 对图像质量有着显著的影响。如图 1-4 所示，采样点数越多，图像质量越好；当采样点数减少时，图上的块状效应就逐渐

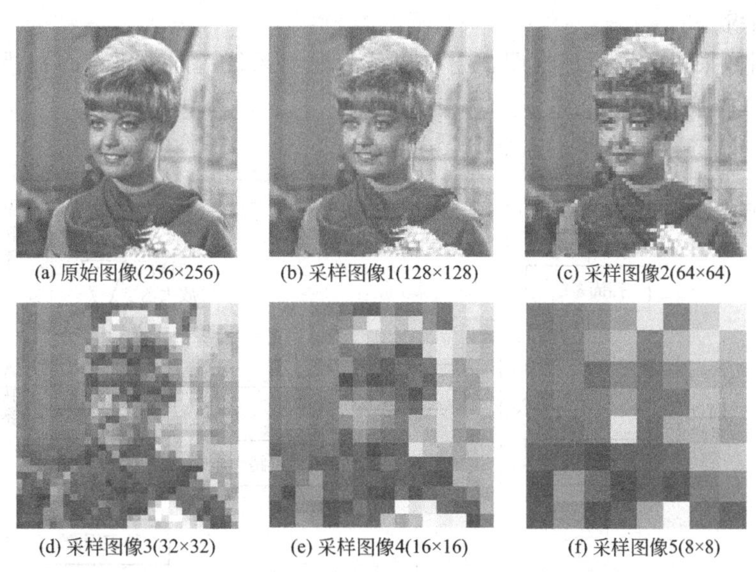

(a) 原始图像(256×256)　(b) 采样图像1(128×128)　(c) 采样图像2(64×64)

(d) 采样图像3(32×32)　(e) 采样图像4(16×16)　(f) 采样图像5(8×8)

图 1-4　不同采样点数对图像质量的影响

明显。同理，当图像的采样点数一定时，采用不同量化级数的图像质量也不一样。如图 1-5 所示，量化级数越多，图像质量越好，当量化级数越少时，图像质量越差，量化级数最小的极端情况就是二值图像，图像出现假轮廓。

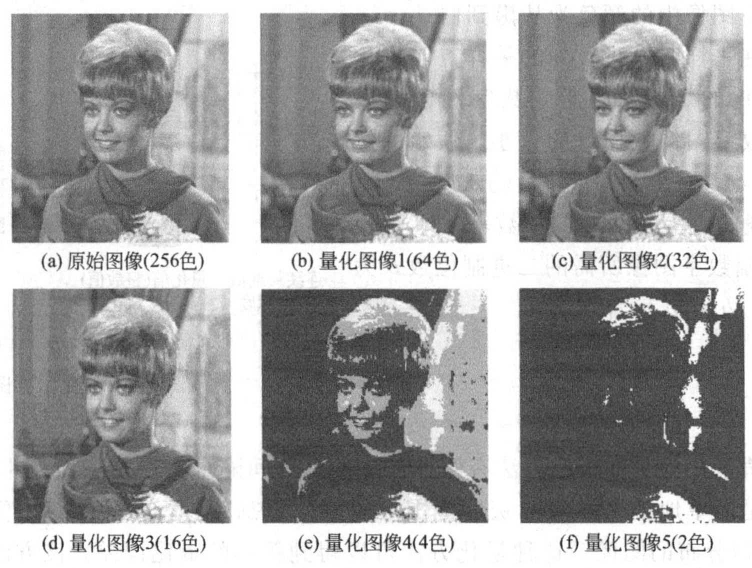

图 1-5 不同量化级别对图像质量的影响

一般地，当限定数字图像的大小时，为了得到质量较好的图像可采用如下原则：对缓变的图像，应该细量化，粗采样，以避免假轮廓；对细节丰富的图像，应细采样，粗量化，以避免模糊（混叠）。

1.2 图像的采集及常用格式

1.2.1 图像的采集

(1) 图像采集系统

图 1-6 是图像采集系统原理框图，它可以分为照明系统、同步系统、扫描系统、光/电转换系统、A/D 转换系统五个部分。

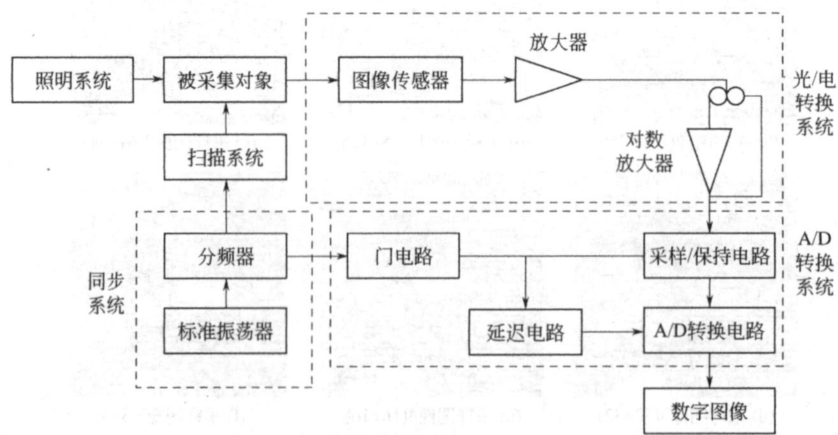

图 1-6 图像采集系统原理框图

照明系统提供光源，照射被采集对象（景物），为光/电转换系统提供足够亮度的光强度信号。同步系统提供整个图像采集系统的时钟同步信号，以使系统中的所有部件同步动作。扫描系统是图像采集系统的固有部分，它通过对整幅图像的扫描实现被采样图像空间坐标的离散化，并获得每一个采样点的光强度值。扫描可以采用机械手段、电子束或者集成电路来完成。光/电转换系统负责把扫描系统输出的与采样点属性对应的光信号转换为电信号，并提供必要的放大处理以与 A/D 转换系统相匹配。从光/电转换系统输出的电信号进入 A/D 转换系统，经过采样/保持、A/D 转换，转换成数字信号输出，供存储、显示、传输和其他处理。

图像传感器通过光/电器件将光信号转换为电信号。在照明系统的照射下，如果光信号的能量（光强度）低于光/电器件的感应阈值，光/电器件对该强度的光信号没有反应，称为无感应区域；当光强度达到一定的强度以后，再增加输入的光信号强度，光/电器件产生的电信号强度也不会变化，称为饱和区域；介于无感应区域和饱和区域之间的光强度区域，称为动态区域。光电器件应该正常工作在动态区域。图 1-7 显示了光/电器件的输入/输出变换特性曲线。

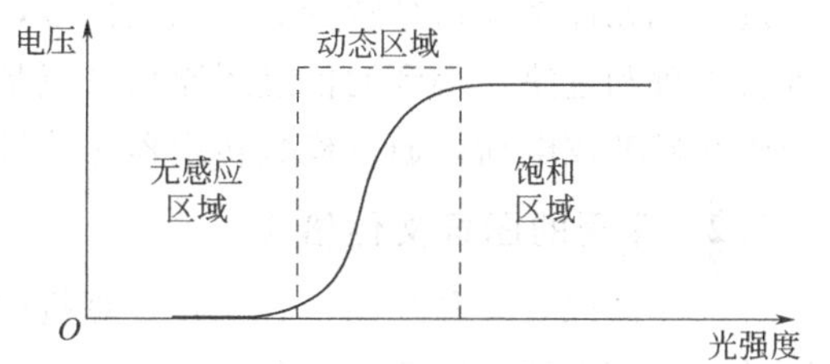

图 1-7　输入/输出变换特性曲线

彩色图像输入时，需要先用分光镜、滤色片等装置对彩色信号进行分解，得到红、绿、蓝三色通道，然后分别对这三个颜色通道进行光/电转换和模/数转换。图像传感器主要完成光/电转换功能。图像传感器按照结构可以分为 CCD 型和 CMOS 型两类图像传感器，前者采用光/电耦合器件构成，后者采用金属氧化物器件构成，两者都采用光/电二极管结构感受入射光并转换为电信号，区别在于输出电信号所用方式不同。

(2) 图像输入设备

① 图像采集卡　通常图像采集卡安装于计算机主板扩展槽中，主要包括图像存储器单元、显示查找表（LUT）单元及 CCD 摄像头接口（A/D）、监视器接口（D/A）和 PC 机总线接口单元。工作过程如下：摄像头实时或准时采集数据，经 A/D 变换后将图像存放在图像存储器单元的一个或三个通道中，D/A 变换电路自动将图像显示在监视器上。通过主机发出指令，将某一帧图像静止在存储通道中，即采集或捕获一帧图像，然后可对图像进行处理或存盘。高档卡还包括卷积滤波、FFT（快速傅里叶变换）等图像处理专用的快速部件。

② 扫描仪　主要用于对照片、平板画和幻灯片进行数字化处理。目前扫描仪的价格并不昂贵，而且种类繁多，但不同的扫描仪提供不同的图像质量，这正如不同类型的照相机照出不同质量的相片一样。

在开始扫描之前，必须知道自己最终图像的大小并计算出正确的扫描分辨率，同监视器分辨率一样，扫描分辨率也是以每英寸有多少像素来衡量的，单位为 dpi。一个图像所包含的像素越多，表明它所容纳的信息也就越多。因此，通常往一个图像填塞的像素越多，图像也就会越清晰。如果以低分辨率进行扫描，则图像可能会模糊不清，或者可能会看见图像中单个的像素元素。

图像的文件大小与图像的分辨率直接相关。一幅以一个高一些的分辨率扫描的图像所产生的文件比低一些分辨率扫描的图像的文件要大，如果拿来一幅 72dpi 的图像，然后以两倍于原来分辨率大小的分辨率（144dpi）重新扫描，则所得到的新文件就大约是初始文件的四倍大小。这样，在扫描的时候，如果使用的分辨率太高，则图像的文件大小就可能会超过了计算机内存容量。常用的扫描仪主要有平板扫描仪、幻灯片扫描仪、旋转鼓形扫描仪。

③ 数码照相机 又称数字照相机，是 20 世纪末开发出的新型照相机。在拍摄和处理图像方面有着得天独厚的优势。随着电脑的普及，以及对电脑图像处理技术的认同，数码照相机在视觉检测方面得到了广泛的应用。

数码照相机主要由光学镜头、光电传感器（CCD 或 CMOS）、模数转换器（A/D）、图像处理器（DSP）、图像存储器（Memory）、液晶显示器（LCD）、端口、电源和闪光灯等组成。数码照相机是利用光电传感器（CCD 或 CMOS）的图像感应功能，将物体反射的光转换为数码信号，经压缩后储存于内建的存储器上。

④ 数码摄像机 其进行工作的基本原理简单地说就是光-电-数字信号的转变与传输，即通过感光元件将光信号转变成模拟电信号，再将模拟电信号转变成数字信号，由专门的芯片进行处理和过滤，得到的信息还原出来就是我们看到的动态画面。数码摄像机的感光元件能把光线转变成电荷，通过模数转换器芯片转换成数字信号。

1.2.2 常用的图像文件格式

数字图像有多种存储格式，在计算机中是以图像文件的形式存放的，每种格式一般由不同的开发商支持。随着信息技术的发展和图像应用领域的不断拓宽，还会出现新的图像格式。因此，要进行图像处理，必须了解图像文件的格式，即图像文件的数据构成。每一种图像文件均有一个文件头，在文件头之后才是图像数据。目前较常用的静态图像文件格式主要有 BMP、GIF、TIFF、JPEG 等类型。文件格式可利用 ACDSee9.0 中文版等看图软件进行相互转换。

(1) BMP 文件格式

BMP 文件又称位图文件（bitmap，简称 BMP），是一种与设备无关的图像文件格式。BMP 文件格式是一种位映射的存储形式。它是 Windows 软件推荐使用的一种格式，随着 Windows 的普及，BMP 文件格式的应用越来越广泛。

(2) GIF 文件格式

图形交换格式（Graphics Interchange Format，简称 GIF）是 CompuServe 公司开发的文件存储格式。它支持 2M～16M 种颜色、单个文件的多重图像、按行扫描的快速解码、有效地压缩以及硬件无关性。

GIF 图像文件以数据块（Block）为单位来存储图像的相关信息。一个 GIF 文件由表示图形/图像的数据块、数据子块以及显示图形/图像的控制信息块组成，称为 GIF 数据流（data stream）。GIF 文件格式采用 LZW 压缩算法来存储图像数据，定义了允许用户为图像设置背景的透明属性。GIF 文件格式可在一个文件中存放多幅彩色图形/图像，使它们可以像幻灯片那样显示或者像动画那样演示。

(3) TIFF 图像文件格式

标记图像文件格式（Tag Image File Format，简称 TIFF）是基于标志域的图像文件格式。有关图像的所有信息都存储在标志域中，如图像大小、所用计算机型号、制造商、图像的作者、说明、软件及数据。TIFF 文件是一种极其灵活易变的格式，它可以支持多种压缩方法，特殊的图像控制函数以及许多其他的特性。TIFF 文件一般比较大。

(4) JPEG 图像格式

JPEG 是 Joint Photographic Experts Group（联合图像专家组）的缩写，是用于连续色调静态图像压缩的一种标准。其主要方法是采用预测编码（DPCM）、离散余弦变换（DCT）以及熵编码，以去除冗余的图像和彩色数据，属于有损压缩方式。JPEG 是一种高效率的 24 位图像文件压缩格式，同样一幅图像，用 JPEG 格式存储的文件是其他类型文件的 1/10～1/20，通常只有几十 KB，而颜色深度仍然是 24 位，其质量损失非常小，基本上无法看出。JPEG 文件的应用也十分广泛，特别是在网络和光盘读物上，都有它的影子。JPEG 文件的扩展名为 jpg 或 jpeg。

JPEG 采用对称的压缩算法，即在同一系统环境下压缩和解压缩所用的时间相同。采用 JPEG 压缩编码算法压缩的图像，其压缩比约为 1∶5～1∶50，甚至更高。当采用 JPEG 的高质量压缩时，未受训练的人眼无法察觉到变化。在高质量压缩下，大部分的数据被剔除，而眼睛对之敏感的信息内容则几乎全部保留下来。

1.2.3　数字图像类型

计算机中描述和表示数字图像和计算机生成的图形图像有两种常用的方法：一种称为矢量图法，另一种称为位图法。尽管这两种生成图的方法不同，但在显示器上显示的结果几乎没有什么差别。矢量图是用一系列绘图指令来表示一幅图，如 AutoCAD 中的绘图语句。这种方法的本质是用数学（更准确地说是几何学）公式描述一幅图像。位图是通过许多像素点表示一幅图像，每个像素点具有颜色属性和位置属性。位图可以从传统的相片、幻灯片上制作出来或使用数字相机得到，也可以利用 Windows 的画笔（Paintbrush）用颜色点填充网格单元来创建位图。位图有多种表示和描述的模式，但从大的方面来说主要可分为黑白图像、灰度图像和彩色图像。

(1) 二值图像

只有黑白两种颜色的图像称为黑白图像或单色图像，是指图像的每个像素只能是黑或者白，没有中间的过渡，故又称二值图像。二值图像的像素值只能为 0 或 1，图像中的每个像素值用 1 位存储。一幅 640×480 像素的黑白图像只需要占据 37.5KB 的存储空间，图 1-8 所示为黑白图像。

(2) 灰度图像

在灰度图像中，像素灰度级用 8bit 表示，所以每个像素都是介于黑色和白色之间的 256（$2^8=256$）种灰度中的一种。灰度图像只有灰度颜色而没有彩色。通常所说的黑白照片，其实包含了黑白之间的所有灰度色调。从技术上来说，就是具有从黑到白的 256 种灰度色域的单色图像。图 1-9 所示为灰度图像。

图 1-8　黑白图像

图 1-9　灰度图像

(3) 彩色图像

彩色图像除有亮度信息外，还包含颜色信息。彩色图像的表示与所采用的彩色空间，即彩色的表示模型有关，同一幅彩色图像如果采用不同的彩色空间表示，对其的描述可能会有很大的不同。常用的表示方法主要有真彩色（RGB）图像和索引图像。

“真彩色”是RGB颜色的另一种流行的叫法，真彩色图像又称为24位彩色图像，在真彩色图像中，每一个像素由红、绿和蓝三个字节组成，每个字节为8bit，表示0到255之间的不同的亮度值，这三个字节组合，可以产生256^3约为1670万种不同的颜色。由于它所表达的颜色远远超出了人眼所能辨别的范围，故将其称为“真彩色”。真彩色图像将像素的色彩能力推向了顶峰。

在真彩色出现之前，由于技术上的原因，计算机在处理时并没有达到每像素24位的真彩色水平，为此人们创造了索引颜色。索引颜色通常也称映射颜色，在这种模式下，颜色都是预先定义的，并且可供选用的一组颜色也很有限，索引颜色的图像最多只能显示256种颜色。一幅索引颜色图像在图像文件里定义，当打开该文件时，构成该图像具体颜色的索引值就被读入程序里，然后根据索引值找到最终的颜色。索引图像是一种把像素值直接作为RGB调色板下标的图像。索引图像可把像素值直接映射为调色板数值。调色板通常与索引图像存储在一起，装载图像时，调色板将和图像一同自动装载。

索引模式和灰度模式比较类似，它的每个像素点也可以有256种颜色容量，但它可以负载彩色。索引模式的图像最多只能有256种颜色。当图像转换成索引模式时，系统会自动根据图像上的颜色归纳出能代表大多数的256种颜色，就像一张颜色表，然后用这256种来代替整个图像上所有的颜色信息。

1.2.4　RGB色彩模式

(1) 三基色原理

随着科学技术的发展，人们建立了现代色度学。它是一门以光学、视觉生理、视觉心理、心理物理等学科为基础的综合性学科，也是一门以大量实验为基础的实验性学科。它的任务在于研究和解决颜色的度量和评价方法以及测量和应用等问题。自然界常见的各种颜色光，都可由红（R）、绿（G）、蓝（B）三种颜色光按不同比例相配而成，同样，绝大多数颜色也可以分解成红、绿、蓝三种色光，这就是色度学中最基本原理——三基色原理。三基色的选择不是唯一的，也可以选择其他三种颜色为三基色。但三种颜色必须是相互独立的，即任何一种颜色都不能由其他两种颜色合成。

在人的视觉系统中存在着杆状细胞和锥状细胞两种感光细胞。杆状细胞为暗视器官，锥状细胞是明视器官，在照度足够高时起作用，并能分辨颜色。锥状细胞将电磁光谱的可见部分分为三个波段：红、绿、蓝。由于这个原因，这三种颜色被称为三基色，把三种基色光按不同比例相加，称之为相加混色。由红、绿、蓝三基色进行相加混色及其补色如图1-10所示。

(2) 颜色模型

颜色模型是颜色在三维空间中的排列方式。目前，图像处理中常用的颜色模型多数为RGB彩色空间和HIS彩色空间。

① RGB彩色空间　这是图像处理中最基础的颜色模型，它是在配色实验基础上建立的。其RGB彩色空间示意图如图1-11所示，RGB彩色空间的主要观点是人的眼睛有红、绿、蓝三种色感细胞，它们的最大感光灵敏度分别落在红色、蓝色和绿色区域，其合成的光

谱响应就是视觉曲线，由此可推论出任何彩色都可以用红、绿、蓝三种基色来配制。对于彩色的定量测量，Grassman 提出了三色调配公理，彩色调配的三种可能情形为式（1-3）～式（1-5）所示：

$$c[C]=n[N]+p[P]+q[Q] \tag{1-3}$$

$$c[C]+n[N]=p[P]+q[Q] \tag{1-4}$$

$$c[C]+n[N]+p[P]=q[Q] \tag{1-5}$$

式中，$[C]$ 为未知色光；$[N]$、$[P]$、$[Q]$ 为三基色光；c、n、p、q 为调匹系数。

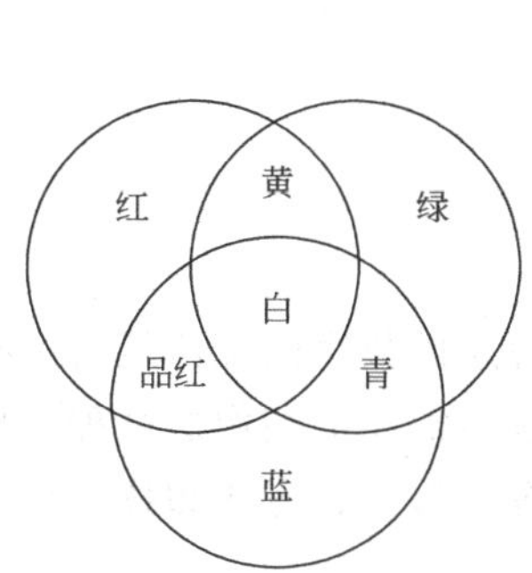

图 1-10　相加混色的三基色及其补色

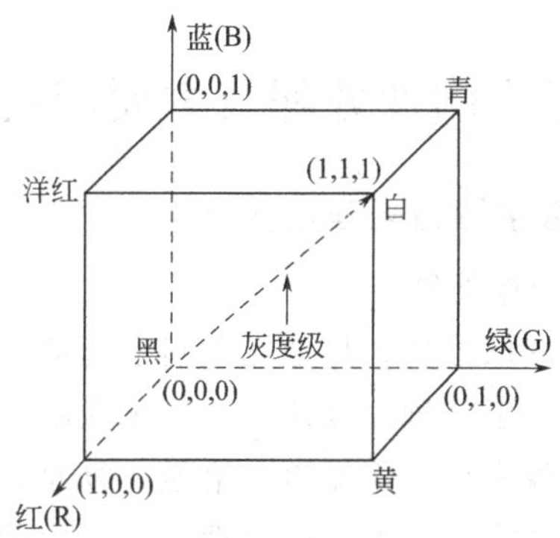

图 1-11　RGB 彩色空间示意图

② HIS 彩色空间　这是 Munseu（孟赛尔）颜色系统中的一种，以人眼的视觉特征为基础，利用三个相对独立、容易预测的颜色心理属性：色度（Hue）、光强度（Intensity）和饱和度（Saturation）来表示颜色，反映了人的视觉系统观察彩色的格式。色度由物体反射光线中占优势的波长来决定，不同的波长产生不同的颜色感觉，如红、橙、黄、绿、青、蓝、紫等。它是彩色最为重要的属性，是决定颜色本质的基本特性。光强度是指光波作用于感受器所发生的效应，其大小由物体反射率来决定，反射率越大，物体的光强度愈大，反之愈小。颜色饱和度是指一个颜色的鲜明程度，饱和度越高，颜色越深，如深红、深绿等。在物体反射光的组成中，白色光愈少，色饱和度愈大；颜色中的白色或灰色愈多，其饱和度就越小。HIS 颜色模型定义在圆柱坐标系的双圆锥子集上，如图 1-12 所示。色度 H 由水平面的圆周表示，圆周上各点（0°～360°）代表光谱上各种不同的色调；光强度 I 的变化是从下锥顶点的黑色（0）；逐渐变到上锥顶点的白色（1）；饱和度 S 是颜色点与中心轴的距离，在轴上各点，饱和度为 0，在锥面上各点，饱和度为 1。HIS 模型中，光强度不受其他颜色信息的影响，可减少光照强度变化所带来的影响。

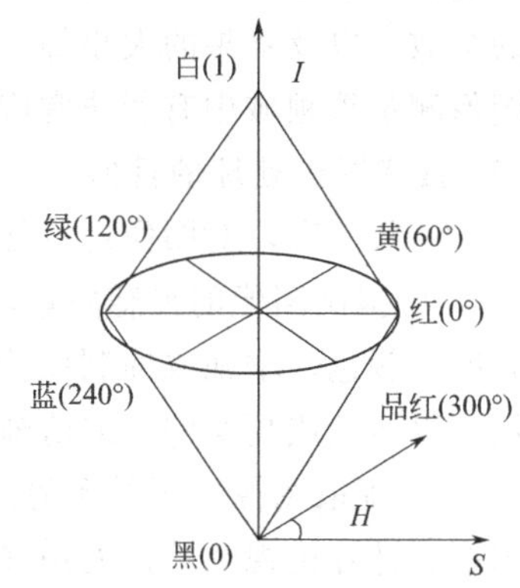

图 1-12　HIS 颜色模型

③ HIS 与 RGB 之间的非线性映射　为了用 HIS 颜色模型检测颜色，需将相机获取的图像的 R、G、B 成分进行转换，颜色从 RGB 到 HIS 转换为非线性变换，其转换关系为式（1-6）～式（1-9）所示：

$$\theta=\arccos\left\{\frac{\frac{1}{2}[(R-G)+(R-B)]}{\sqrt{(R-G)^2+(R-\mathrm{B})(G-\mathrm{B})}}\right\} \tag{1-6}$$

$$H=\begin{cases}\theta & G\geqslant B\\ 2\pi-\theta & G<B\end{cases} \tag{1-7}$$

$$S=1-\frac{3\min(R,G,B)}{R+G+B} \tag{1-8}$$

$$I=\frac{1}{\sqrt{3}}(R+G+B) \tag{1-9}$$

式中，R、G、B 为图像的三基色的灰度值；H、S、I 为图像的色度、饱和度和光强度，色度 H 用弧度表示，其取值范围在 $0\sim2\pi$ 之间。

1.3　数字图像处理及主要应用

1.3.1　数字图像处理及其特点

(1) 数字图像处理

数字图像处理就是把在空间上离散的、在幅度上量化分层的数字图像，经过一些特定数理模式的加工处理，以达到有利于人眼视觉或某种接收系统所需要的图像的过程。把利用计算机对图像进行去除噪声、增强、复原、分割、提取特征等的理论、方法和技术称为数字图像处理。数字图像处理可以理解为下面两方面的操作。

① 从图像到图像的处理　这类处理是将一幅效果不好的图像进行处理，获得效果好的图像，譬如，在大雾天气下拍摄一景物，由于在空气中悬浮着许多微小的水颗粒，这些水颗粒在光线的散射下，使景物与镜头（或人眼）之间形成了一个半透明层，使画面的能见度很低，一些细节特征看不见，为了提高画面的清晰度，采用适当的图像处理方法，消除或减弱大雾层对图像的影响，就可以得到一幅清晰的图像。

② 从图像到非图像的一种表示　这类处理通常又称为数字图像分析。通常是对一幅图像中的若干个目标物进行识别分类后，给出其特性测度。例如，在一幅图像中，拍摄记录下来包含几个苹果和几个橘子等水果的画面，经过对图像的处理与分析之后，可以分检出苹果的个数，以及苹果的大小等。这种从图像到非图像的表示，在许多的图像分析、图像检测、图像测量等领域中有着非常广泛的应用。

(2) 数字图像处理的目的

一般而言，对图像进行处理主要有以下三个方面的目的。

① 提高图像的视感质量，以达到赏心悦目的目的。如去除图像中的噪声，改变图像的亮度、颜色，增强或抑制图像中的某些成分，对图像进行几何变换等，从而改善图像的质量，以达到或真实的、或清晰的、或色彩丰富的、或意想不到的艺术效果。

② 提取图像中所包含的某些特征或特殊信息，以便于计算机分析，例如，常用作模式识别、计算机视觉的预处理等。这些特征包括很多方面，如频域特性、灰度/颜色特性、边界/区域特性、纹理特性、形状/拓扑特性以及关系结构等。

③ 对图像数据进行变换、编码和压缩，以便于图像的存储和传输。

(3) 数字图像处理的主要特点

① 处理精度高，再现性好。利用计算机进行图像处理，其实质是对图像数据进行各种运算。由于计算机技术的飞速发展，计算精度和计算的正确性毋庸置疑；另外，对同一图像用相同的方法处理多次，也可得到完全相同的效果，具有良好的再现性。

② 易于控制处理效果。在图像处理程序中，可以任意设定或变动各种参数，能有效控制处理过程，达到预期处理效果。这一特点在改善图像质量的处理中表现更为突出。

③ 处理的多样性。由于图像处理是通过运行程序进行的，因此，设计不同的图像处理程序，可以实现各种不同的处理目的。

④ 数字图像中各个像素间的相关性大，压缩的潜力很大。在图像画面上，经常有很多像素有相同或接近的灰度。就电视画面而言，同一行中相邻两个像素或相邻两行间的像素，其相关系数可达 0.9 以上，而相临两帧之间的相关性比帧内相关性一般还要大些。因此，图像处理中信息压缩的潜力很大。

⑤ 图像数据量庞大。图像中包含丰富的信息，可以通过图像处理技术获取图像中包含的有用信息，但是，数字图像的数据量巨大。一幅数字图像是由图像矩阵中的像素组成的，通常每个像素用红、绿、蓝三种颜色表示，每种颜色用 8bit 表示灰度级，则一幅 1024×1024 不经压缩的真彩色图像，数据量达 1024×1024×3＝3MB。如此庞大的数据量给存储、传输和处理都带来了巨大的困难。如果精度及分辨率再提高，所需处理时间将大幅度增加。

⑥ 占用的频带较宽。与语言信息相比，数字图像占用的频带要大几个数量级。如电视图像的带宽约 56MHz，而语言带宽仅为 4kHz 左右。所以数字图像在成像、传输、存储、处理、显示等各个环节的实现上，技术难度较大，成本也高，这就对频带压缩技术提出了更高的要求。

⑦ 图像质量评价受主观因素的影响。数字图像处理后的图像一般是给人观察和评价的，因此受人的主观因素影响较大。由于人的视觉系统很复杂，受环境条件、视觉性能、人的情绪、爱好以及知识状况影响很大，作为图像质量的评价还有待深入研究。另一方面，计算机视觉是模仿人的视觉，人的感知机理必然影响着计算机视觉的研究。

⑧ 图像处理技术综合性强。数字图像处理涉及的技术领域相当广泛，如通信技术、计算机技术、电子技术、电视技术等，当然，数学、物理学等领域更是数字图像处理的基础。

1.3.2　数字图像处理研究的主要内容

数字图像处理研究的主要内容，根据其主要的处理流程与处理目标大致可以分为图像信息的描述、图像信息的处理、图像信息的分析、图像信息的编码以及图像信息的显示等几个方面。

(1) 图像数字化

图像数字化的目的是将一幅图像以数字的形式进行表示，并且要做到既不失真又便于计算机进行处理。换句话说，图像数字化要达到以最小的数据量来不失真地描述图像信息。图像数字化包括采样与量化。

(2) 图像增强

图像增强的目的是将一幅图像中有用的信息（即感兴趣的信息）进行增强，同时将无用的信息（即干扰信息或噪声）进行抑制，提高图像的可观察性。

(3) 图像几何变换

图像几何变换的目的是改变一幅图像的大小或形状。例如通过进行平移、旋转、放大、缩小、镜像等，可以进行两幅以上图像内容的配准，以便于进行图像之间内容的对比检测。例如，在印章的真伪识别以及相似商标检测中，通常都会采用这类处理。另外，对于图像中景物的几何畸变进行校正，对图像中的目标物大小测量等，大多也需要图像几何变换的处理环节。

(4) 图像复原

图像复原的目的是将退化了的以及模糊了的图像的原有信息进行恢复，以达到清晰化的目的。图像退化是指图像经过长时间的保存之后，因发生化学反应而使画面的颜色以及对比度发生退化改变的现象，或者是因噪声污染等导致图画退化的现象，或者是因为现场的亮暗范围太大，导致暗区或者高光区信息退化的现象。图像的模糊则常常是因为运动以及拍摄时镜头的散焦等原因所导致的。无论是图像的退化还是图像的模糊，本质上都是原始信息部分丢失，或者原始信息相互混叠或者原始信息与外来信息的相互混叠所造成的，因此，根据退化、模糊产生原因的不同，采用不同的图像恢复方法即可达到图像清晰化的目的。

(5) 图像重建

图像重建的目的是根据二维平面图像数据构造出三维物体的图像。例如，在医学影像技术中的 CT 成像技术，就是将多幅断层二维平面数据重建成可描述人体组织器官三维结构的图像。有关三维图像的重建方法，在计算机图形学中有非常详细的介绍。三维重建技术也成为目前虚拟现实技术以及科学可视化技术的重要基础。

(6) 图像隐藏

图像隐藏的目的是将一幅图像或者某些可数字化的媒体信息隐藏在一幅图像中，在保密通信中，将需要保密的图像在不增加数据量的前提下，隐藏在一幅可公开的图像之中。同时要求达到不可见性及抗干扰性。

图像隐藏技术目前还有一个非常重要的拓展应用，就是数字水印技术。数字水印在维护数字媒体版权方面起着非常重要的作用。数字水印有时允许是可见的，但是必须具有抗干扰性。特别是可以抵抗一次水印的添加等。同时数字水印技术已经不仅限于位图的隐蔽，而是可以在数字化的多媒体信息之间进行隐藏，如语音中隐藏图像，图像中同时隐蔽语音和文字说明等。

(7) 图像正交变换

图像正交变换是指通过一种数学映射的办法，将空域中的图像信息转换到如频域、时频域等空间上进行分析的数学手段。最常采用的变换有傅里叶变换、小波变换等。通过二维傅里叶变换可以进行图像的频率特性的分析。通过小波变换，则可以将图像进行多频段分解，通过不同频段的不同处理，可以达到满意的效果。

(8) 图像编码

图像编码的目的是简化图像的表示方式，压缩表示图像的数据，以便于存储和传输。图像编码主要是对图像数据进行压缩。因为图像信息具有较强的相关特性，因此通过改变图像数据的表示方法，可对图像的数据冗余进行压缩。另外，利用人类的视觉特性，可对图像的视觉冗余进行压缩。由此来达到减小描述图像数据量的目的。

(9) 图像分析

图像分析是指通过对图像中各种不同的物体特征进行定量化描述之后，将所期望获得的目标物进行提取，并且对所提出的目标物进行一定的定量分析。要达到这个目的，实际上就是要实现对图像内容的理解，达到对特定目标的一个识别。因此，其核心是要完成依据目标物的特征对图像进行区域分割，获得期望目标所在的局部区域。在工业产品零件无缺陷且正确装配检测中，图像分析是对图像中的像素转化成一个“合格”或“不合格”的判定。在有的应用中，如医学图像处理，不仅要检测出物体（如肿瘤）的存在，而且还要检测物体（如肿瘤）的大小。

(10) 运动目标的检测、跟踪与识别

运动目标检测的目的是从序列图像中将运动目标区域从背景区域中提取出来，一般是确定目标所在区域和颜色特征等。目标检测的结果是一种“静态”目标——前景目标，由一些静态特征所描述。运动目标跟踪则指对目标进行连续的跟踪以确定其运动轨迹。受跟踪的目标是一种“动态”目标——运动目标。目标识别是指一个目标从其他目标中被区分出来的过程，它既包括两个非常相似目标的识别，也包括一种类型的目标同其他类型目标的识别。

1.3.3　数字图像处理的应用

近十几年来，随着 VLSI 技术和计算机体系结构及算法的迅速发展，图像处理系统的性能大大提高，价格日益下降，大中小系统纷纷问世，从而使图像处理技术得以广泛用于众多的科学与工程领域，如遥感、工业检测、医学、气象、侦察、通信、智能机器人等。具体体现在以下几方面。

(1) 生物医学领域中的应用

① 显微图像处理及 DNA 显示分析。
② 红、白细胞分析计数及癌细胞识别。
③ 心血管数字减影及染色体分析。
④ 虫卵及组织切片的分析。
⑤ 微循环及心肌活动的动态分析。
⑥ 超声图像成像、冻结、增强及伪彩色处理。
⑦ X 光照片增强、冻结及伪彩色增强。
⑧ 内脏大小形状及异常检查。
⑨ 正电子和质子 CT 的应用。
⑩ 生物进化的图像分析。

(2) 工业应用

① CAD 和 CAM 技术用于模具、零件制造、服装、印染业。
② 零件、产品无损检测，焊缝与内部缺陷检查及生产过程的监控。
③ 纺织物花型、图案设计。
④ 邮件自动分拣、包裹分拣、标识识别。
⑤ 印制板质量、缺陷的检查及运动车、船的视觉反馈控制。
⑥ 密封元器件内部质量检查。
⑦ 光弹性场分析。

(3) 遥感航天中的应用

① 农业、海洋、渔业等方面自然灾害、环境污染的监测。
② 多光谱卫星图像分析。
③ 地形、地质、矿藏勘探、国土普查。
④ 天文、太空星体的探测及分析。
⑤ 森林及水力资源探查、分类、防火及防洪。
⑥ 交通、空中管理、铁路选线等。
⑦ 气象、天气预报图的合成分析预报。

(4) 军事、公安领域中的应用

① 巡航导弹地形识别及雷达地形侦察。

② 指纹自动识别及犯罪脸形的合成。

③ 警戒系统及自动火炮控制。

④ 手迹、人像、印章的鉴定识别。

⑤ 遥控飞行器的引导及反伪装侦察。

⑥ 集装箱的不开箱检查及过期档案文字的复原。

(5) 其他应用

① 图像的远距离通信。

② 多媒体计算机系统及应用。

③ 服装试穿显示。

④ 办公自动化、现场视频管理。

总之，借助于图像处理技术，人们可以欣赏月球背面的景色，观看地球的遥远伙伴（如木星等）的美丽光环和卫星；可以考察人体内部在任意方向的剖面图；可以无伤害地检测工件和集成芯片内部的缺陷；可以进行视觉导航、自动识别目标、自动驾驶；可以组织无人工厂等。在所有这些应用中，都离不开图像处理与识别技术。

1.4 MATLAB 及其在图像处理中的应用

MATLAB 的名称源自 Matrix Laboratory，是由美国 MathWorks 公司推出的计算机软件，经过多年的逐步发展与不断充善，现已成为国际公认的最优秀的科学计算与数学应用软件之一。其内容涉及矩阵代数、微积分、应用数学、有限元分析、科学计算、信号与系统、神经网络、小波分析及其应用、数字图像处理、计算机图形学、电子线路、电机学、自动控制与通信技术、物理、力学和机械振动等方面。

1.4.1 MATLAB 的特点

MATLAB 之所以成为世界流行的科学计算与数学应用软件，是因为它语法结构简单，数值计算高效，图形功能完备，特别受到以完成数据处理与图形图像生成为主要目的的科研人员的青睐。

(1) 高质量、强大的数值计算功能

为满足复杂科学计算任务的需要，MATLAB 汇集了大量常用的科学和工程计算算法，从各种函数到复杂运算，包括矩阵求逆、矩阵特征值、奇异值、工程计算函数以及快速傅里叶变换等。MATLAB 强大的数值计算功能是其优于其他数学应用软件的重要原因。

(2) 数据分析和科学计算可视化功能

MATLAB 不但科学计算功能强大，而且在数值计算结果的分析和数据可视化方面也远远优于其他同类软件。在科学计算和工程应用中，经常需要分析大量的原始数据和数值计算结果，MATLAB 能将这些数据以图形的方式显示出来，使数据间的关系清晰明了。

(3) 强大的符号计算功能

科学计算有数值计算与符号计算两种，在数学、应用科学和工程计算领域，常常会遇到符号计算问题，仅有优异的数值计算功能并不能解决科学计算时的全部需要。

(4) 强大的非线性动态系统建模和仿真功能

MATLAB 提供了一个模拟动态系统的交互式程序 Simulink，允许用户通过绘制框图来模拟一个系统，并动态地控制该系统。Simulink 能处理线性、非线性、连续、离散等多种系统，它包括应用程序扩展集 Simulink、Extensions 和 Blocksets。

(5) 灵活的程序接口功能

应用程序接口（API）是一个允许用户编写的与 MATLAB 互相配合的 C 或 Fortran 程序的文件库。MATLAB 提供了方便的应用程序接口（API），用户可以在 MATLAB 环境下直接调用已经编译过的 C 和 Fortran 子程序，在 MATLAB 和其他应用程序之间建立客户机/服务器关系。

1.4.2　MATLAB 的界面环境

安装 MATLAB 之后，安装程序会默认在 Windows 桌面和开始菜单下创建桌面快捷方式。通过双击桌面 MATLAB 快捷方式或者执行开始菜单下的 MATLAB 图标，就可以启动 MATLAB 并显示其桌面工具环境。

默认启动的 MATLAB 桌面环境包括历史命令窗口（Command History）、命令行窗体（Command Window）、当前目录浏览器（Current Directory Browser）、工作空间浏览器（Workspace Browser）这四个主要窗口。用户可以通过 MATLAB 界面中 Desktop 菜单中的 Desktop Layout 子菜单下的命令选择不同的 MATLAB 桌面环境样式。下面主要介绍一下这些常用的窗口。

(1) Command Window 窗口

Command Window 窗口是 MATLAB 界面中的重要组成部分，利用这个窗口可以和 MATLAB 进行交互操作，即输入数据或命令并进行相应的运算，单击窗口标题栏中的按钮可以单独打开 Command Window 窗口，如图 1-13 所示。启动该子窗口后，窗口第一行提示可选择 MATLAB Help 获得帮助。下面是在窗口中进行的一些基本运算。

(2) Launch Pad 窗口

用户可以在 Launch Pad 窗口中启动某个工具箱的应用程序，单击 Launch Pad 窗口中的按钮后，Launch Pad 窗口就最大化，如图 1-14 所示。通过 Launch Pad 窗口，可以打开各个工具箱的帮助、Demos（演示窗口）和其他相关的文件或应用程序，这是一个非常好的工具。通过它，用户可以很方便地从事自己的工作，比如要启动 Image Process Toolbox（图像处理工具箱）的 Demos，双击该项即可。

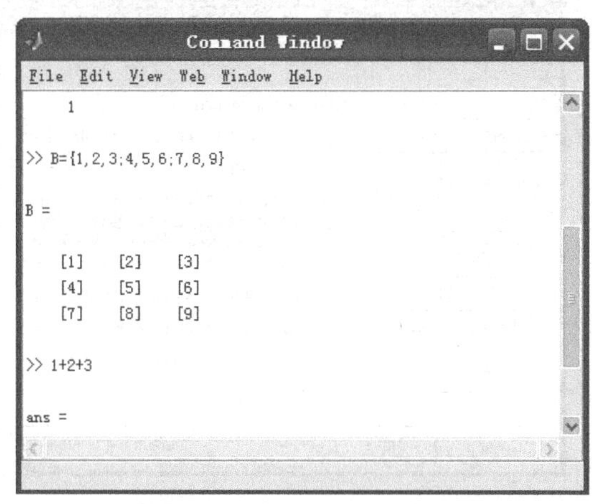

图 1-13　Command Window 窗口

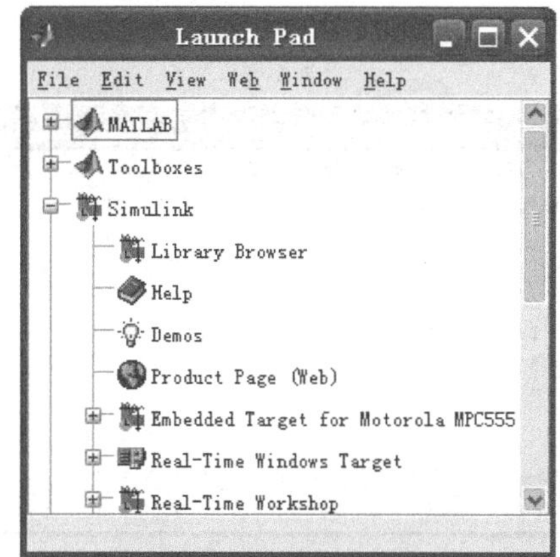

图 1-14　Launch Pad 窗口

(3) Workspace 窗口

旧版本的 Workspace 是一个对话框，可操作性差，6.0 版后的 Workspace 作为一个独立的窗口，如图 1-15 所示。单击 Workspace 窗口的按钮后，工作空间就最大化。

(4) Command History 窗口

Command History 窗口主要显示已执行过的命令。MATLAB 每次启动时，Command History 窗口会自动记录启动的时间，并将 Command Window 窗口中执行的命令记录下来。一方面便于查找，另一方面可以再次调用这些命令，如图 1-16 所示。双击 Command History 窗口中的三维数组 B，该操作等效于在 Command Windows 窗口中输入此命令，如图 1-17 所示。

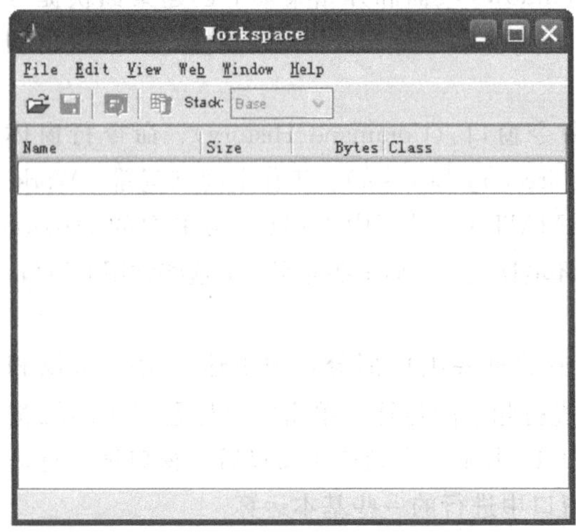

图 1-15 Workspace 窗口

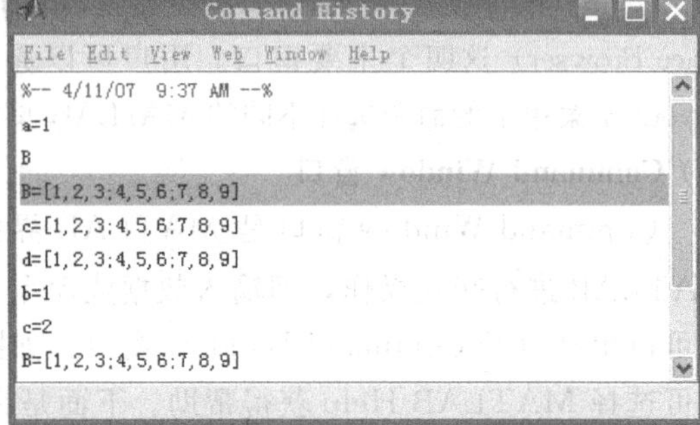

图 1-16 调用 Command History 窗口中的命令

(5) Current Directory 窗口

Current Directory 窗口主要显示的是当前在什么路径下进行工作，包括文件的保存等都是当前路径下实现的。用户也可以选择 File\Set path 命令设置当前路径，如图 1-18 所示。

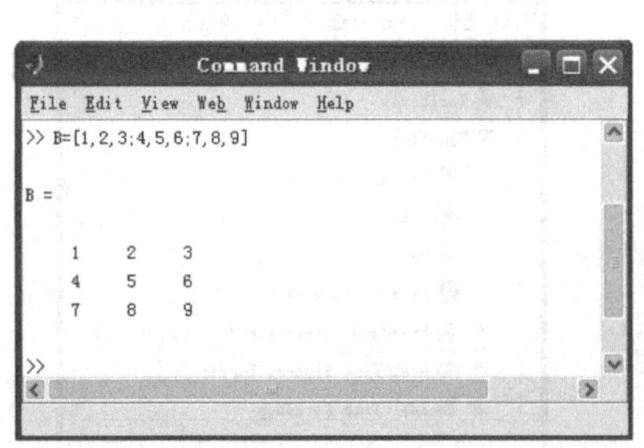

图 1-17 执行 Command History 窗口中的命令

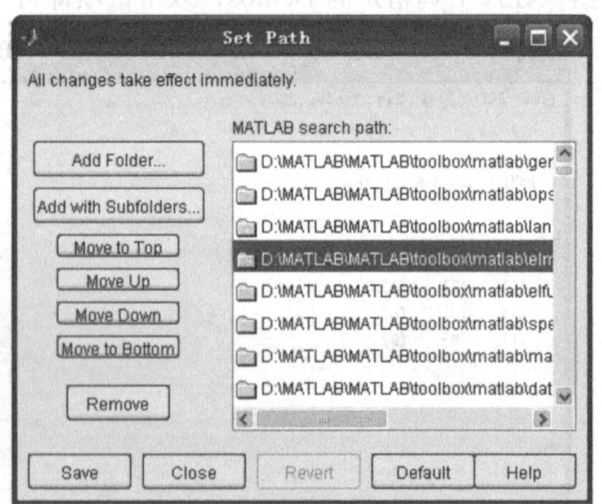

图 1-18 Set Path 对话框

1.4.3 M 文件的编辑调试环境

对于一些比较简单的计算，从指令窗口（Command Window）直接输入指令进行计算是很轻松简单的，但是随着计算的复杂，或是重复计算的需求使直接从指令窗口输入代码很不方便，此时应选用脚本文件。MATLAB 的程序文件和脚本文件通常保存为扩展名为 .m 的文件，本书称之为 M 文件。编辑 M 文件也可以用其他的文本编辑器，要启动 MATLAB 的 M 文件编辑器和调试器，可以在 Command Window 窗口中输入 Edit 命令，也可以选择 File\New\M-file 命令，或者单击工具栏图标🗋。M 文件的编辑器和调试器如图 1-19 所示。

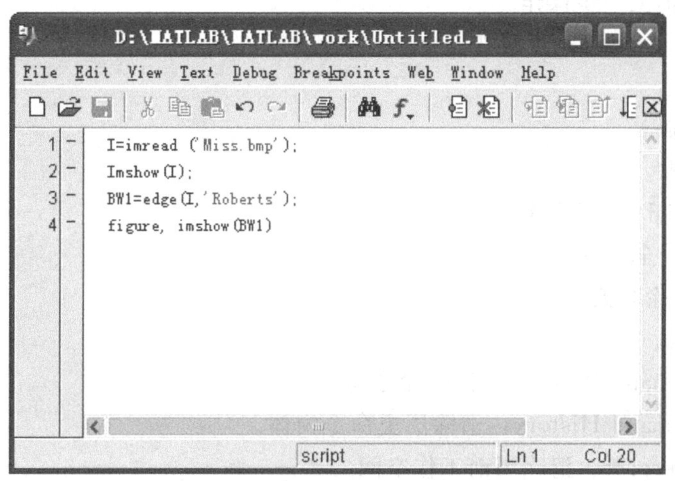

图 1-19　M 文件的编译器和调试器

MATLAB 中 M 文件主要分为 Script 文件与 function 文件两种：前者没有输入输出参数，是仅有一连串 MATLAB 程序组成的文件，方便执行运算操作，如图 1-19 所示，输入在保存后即为 Script 文件；后者除了能达到 Script 文件的功能之外，增添了输入和输出参数，因此要求 M 文件执行有输入输出参数时，就必须以 function 文件的方式来编写。

function 的 M 文件编写与 Script 文件做法一样，不同之处在于 function 文件的内容中，第一行必须为以下格式：

function 输出参数＝函数名称（输入参数）

例如：function [A,B,C]=jointh(im1,im2)，其中输出参数分别为 A、B、C，输入参数为 im1 和 im2，函数名为 jointh，在运行该程序时需提前保存，系统会提示以该函数名 jointh 进行保存。

同时，在 Command Window 直接输入该函数名称也可执行该函数运算。

(1) File 菜单

File 菜单如图 1-20 所示，其命令的意义如下。

① New：新建 M 文件、图形、Simulink 模块。

② Open：打开 M 文件。

③ Close Launch Pad：关闭 Command Window 窗口。

④ Import Data：从外部文件导入数据。

⑤ Save Workspace As：将当前工作空间另存为其他文件。

⑥ Set Path：设置 MATLAB 的搜索路径。

⑦ Preferences：设置 MATLAB 工作环境参数。

⑧ Page Setup：页面设置。

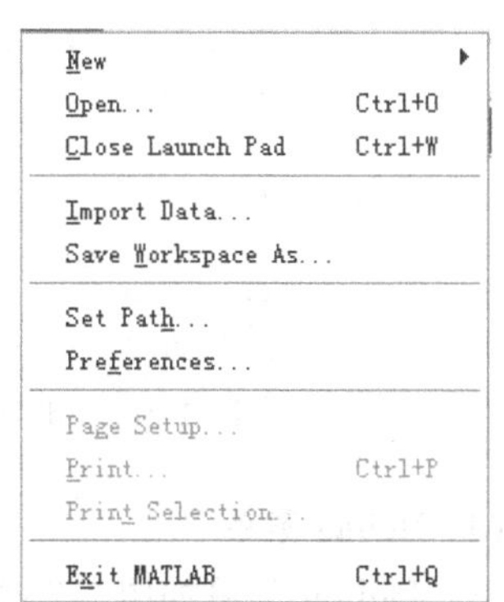

图 1-20　File 菜单

⑨ Print：打印输出。

⑩ Print Selection：打印所选中的文本或其他对象。

⑪ Exit MATLAB：退出 MATLA 系统。

(2) Edit 菜单

Edit 菜单如图 1-21 所示，其命令的意义如下。

① Undo：取消上一步操作。

② Redo：重新执行上一步操作。

③ Cut：删除。

④ Copy：复制。

⑤ Paste：粘贴。

⑥ Paste Special：选择性粘贴。

⑦ Select All：全部选取。

⑧ Delete：删除对象。

⑨ Find：查找。

⑩ Clear Command Window：清除命令行窗口。

⑪ Clear Command History：清除历史命令窗体。

⑫ Clear Workspace：清除当前工作空间。

(3) Text 菜单

Text 菜单中的命令选项如图 1-22 所示，其命令的意义如下。

① Evaluate Selection：计算所选部分表达式的值。

② Comment：注释程序行，选择该命令后，则鼠标指针所在的程序行无效。

③ Uncomment：取消程序行注释，执行该命令后，则鼠标指针所在的程序行有效。

④ Decrease Indent：减少文本的缩进。

⑤ Increase Indent：增加文本的缩进。

⑥ Balance Delimiters：平衡分界符。

⑦ Smart Indent：智能缩进，即使用系统的设定对文本自动缩进处理。

Undo　Ctrl+Z
Redo
Cut　Ctrl+X
Copy　Ctrl+C
Paste　Ctrl+V
Paste Special...
Select All
Delete　Delete
Find...
Clear Command Window
Clear Command History
Clear Workspace

图 1-21　Edit 菜单

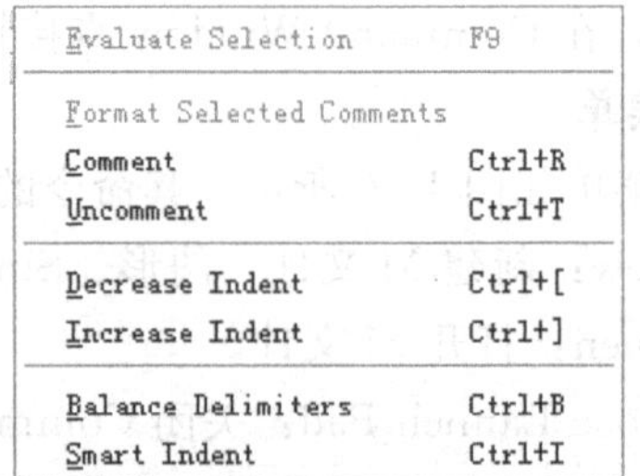

图 1-22　Text 菜单

(4) Debug 菜单

Debug 菜单如图 1-23 所示，其命令的意义如下。

① Step：继续调试过程。

② Step In：远行调试的程序遇到断点后，选择此项可以转入被调用的函数或程序，并可对其调试。

③ Step Out：快速调试，选择此命令，可从设置断点函数中快速转出，继续调试。

④ Run：运行程序。

⑤ Go Until Cursor：执行到鼠标指针所在位置。

⑥ Exit Debug Mode：退出程序调试模式。

(5) Breakpoints 菜单

Brealpoints 菜单如图 1-24 所示，其命令的意义如下。

① Set/Clear Breakpoint：设置/清除断点。

② Clear All Breakpoints：清除所有断点。

③ Stop If Error：发生错误时停止执行程序。

④ Sbp If Warning：出现警告时停止执行程序。

⑤ Stop If NaN or Inf：遇到非数值或无穷大时停止执行程序。

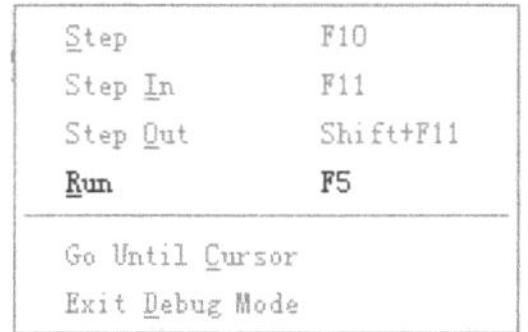

图 1-23　Debug 菜单

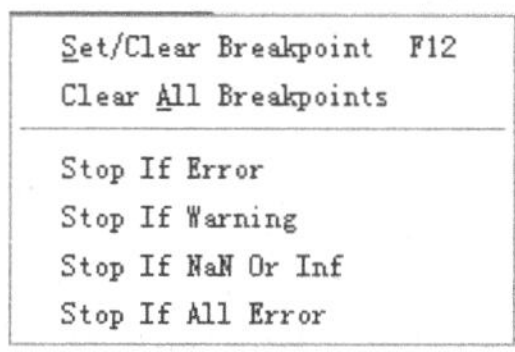

图 1-24　Breakpoints 菜单

1.4.4　MATLAB 图像处理应用举例

(1) MATLAB 的打开

运行安装完成的 MATLAB 程序，若在桌面上建立了 MATLAB 的快捷方式，点击桌面 MATLAB 图标即可启动 MATLAB，其 Command Window 界面如图 1-25 所示。

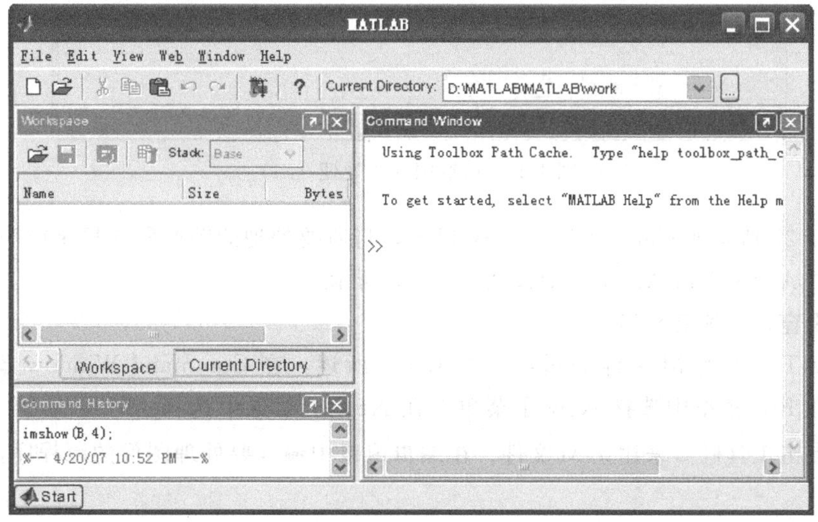

图 1-25　MATLAB 的 Command Window 界面

(2) 图像输入到计算机

MATLAB 中提供了许多经典的灰度和彩色图像，这些图片多用在教材中作为范例图像进行处理，以本文使用版本 R2010b 为例，这些图像保存在该软件安装目录下的 MATLAB\R2010b\toolbox\images\imdemos 文件夹下，同时，用户如果要处理非自带图片，需将要处理的图像通过数码相机、U 盘等输入设备输入到计算机中，并确定图像在计算机中存放的位置，例如，图像存在 D:\MATLAB\MATLAB\WORK 中。

用户有两种方法可以读取该位置图片对其进行操作。第一种就是在 Command Window 或是 M 文件编辑器中直接读取的方法，如图 1-26 和图 1-27 所示。该方法只需要把要处理图像的位置放进 imread 函数中即可读取并处理。不同之处在于前者在输入完程序只需按 Enter 键即可运行程序，后者需要先保存，再点击执行。第二种即为把图像所在位置设为当前工作路径，这时使用 imread 函数读取时系统会默认读取该位置下的同名图像文件。

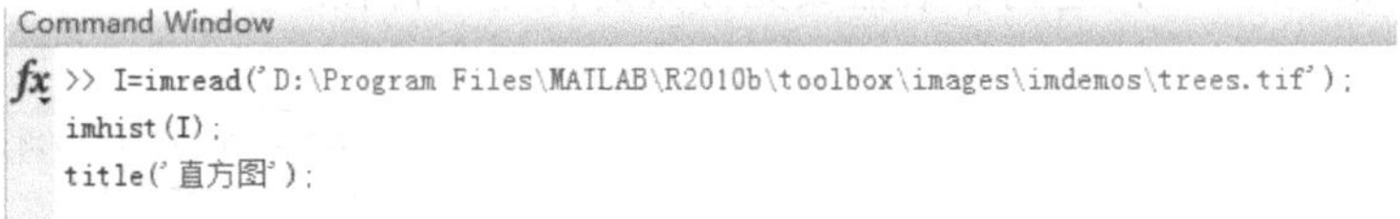

```
Command Window
fx >> I=imread('D:\Program Files\MATLAB\R2010b\toolbox\images\imdemos\trees.tif');
imhist(I);
title('直方图');
```

图 1-26 读取图片并处理（一）

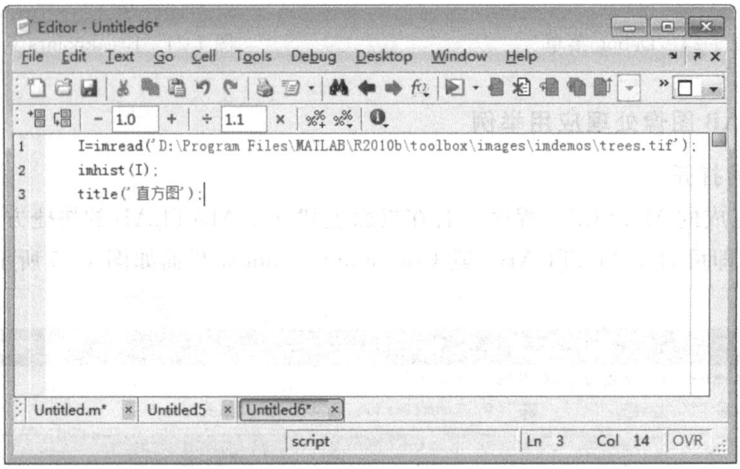

```
Editor - Untitled6*
File Edit Text Go Cell Tools Debug Desktop Window Help
1.0  1.1
1   I=imread('D:\Program Files\MATLAB\R2010b\toolbox\images\imdemos\trees.tif');
2   imhist(I);
3   title('直方图');
Untitled.m*  Untitled5  Untitled6*
script  Ln 3  Col 14  OVR
```

图 1-27 读取图片并处理（二）

更改图 1-25 所示的 Current Directory 目录，将所要处理的图像所在目录设为当前目录，如 D:\MATLAB\MATLAB\WORK，如图 1-25 所示。

(3) 打开编辑窗口、编写程序

启动 MATLAB 的 M 文件编辑器，如 1.4.3 所述，在 Command Window 窗口中选择 File 菜单，在 File 菜单中选择 New 子菜单，在 New 子菜单中选择 M-file 命令，如图 1-28 所示，或者点击工具栏🗋来建立 M 文件。在编辑窗口中输入要处理图像的源程序，如图 1-29 所示。

(4) 保存并运行

选择 Debug 菜单，在该菜单中选择 Save and Run F5 子菜单或者点击工具栏▶，即可

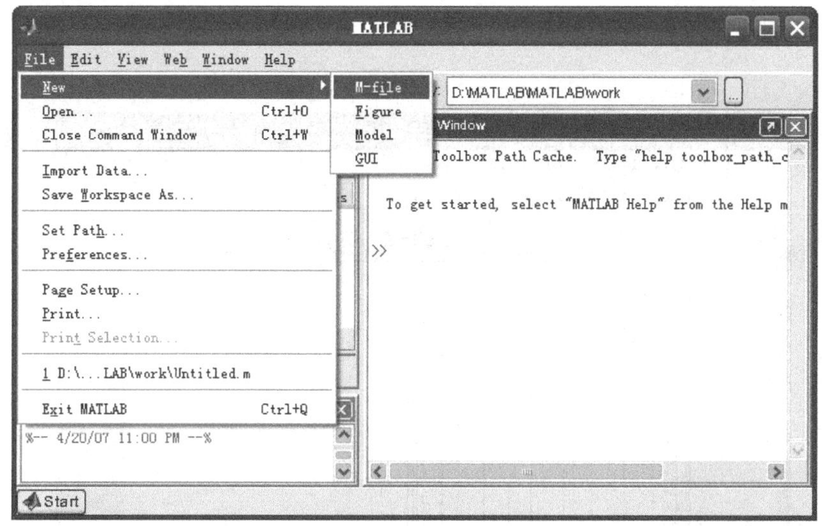

图 1-28　新建并打开编辑窗口

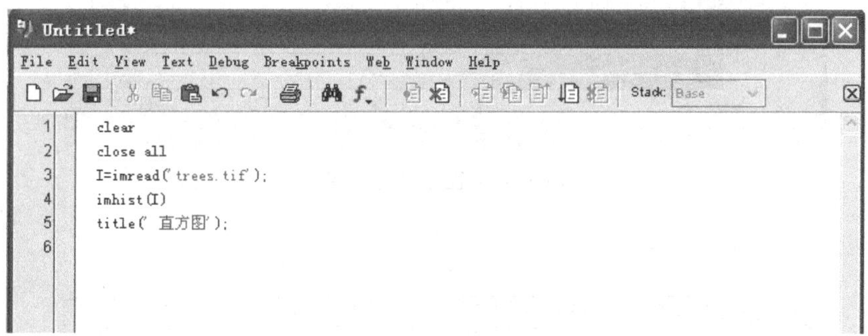

图 1-29　编辑程序

运行程序并同时保存该程序，如图 1-30 所示。程序运行结果如图 1-31 所示。

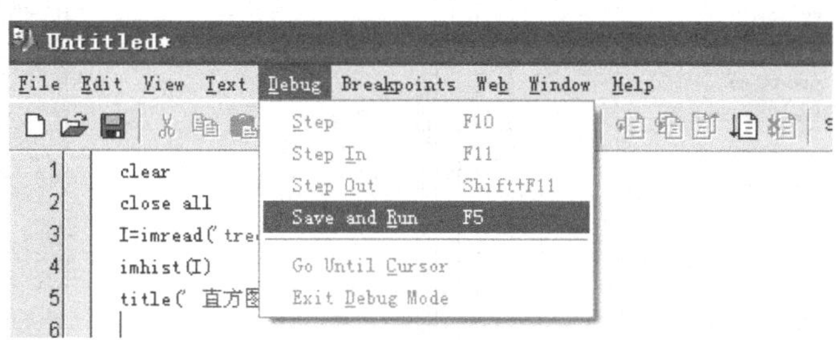

图 1-30　程序保存并运行

(5) 保存运行结果

若想将运行结果保存成图片的格式，在程序中加入图像 I/O 文件中的图像写入图形文件中的函数，即 imwrite (A,filename,fmt)，若想让图像 I 保存在 D 盘 TAB 文件夹中，文件名为 123，文件格式为 BMP，可用如下语句：imwrite(I,‘D:\TAB\123. BMP’)；也可以采用菜单保存的方法，点击 File\Save As，然后按照提示，选择合适的保存路径即可，如图 1-32 所示，若保存到桌面，如图 1-33 所示。

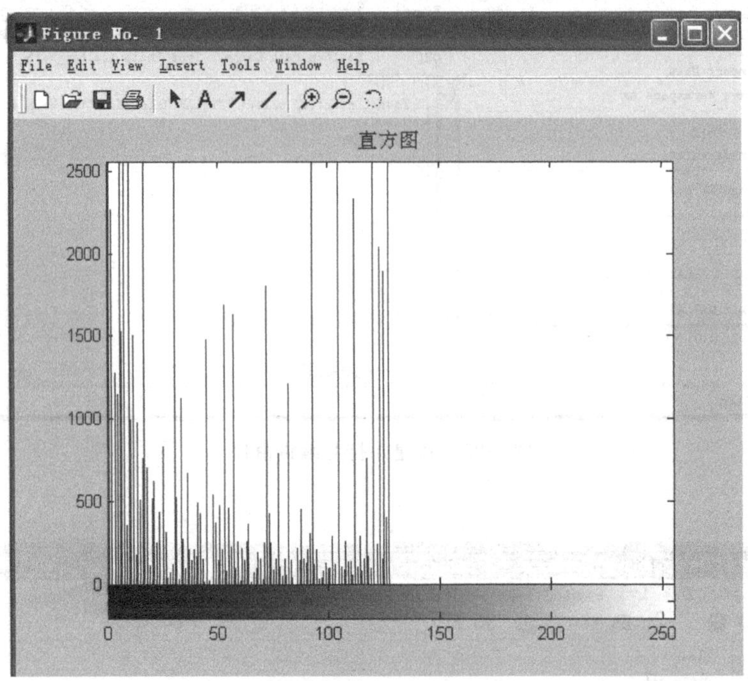

图 1-31　程序运行结果

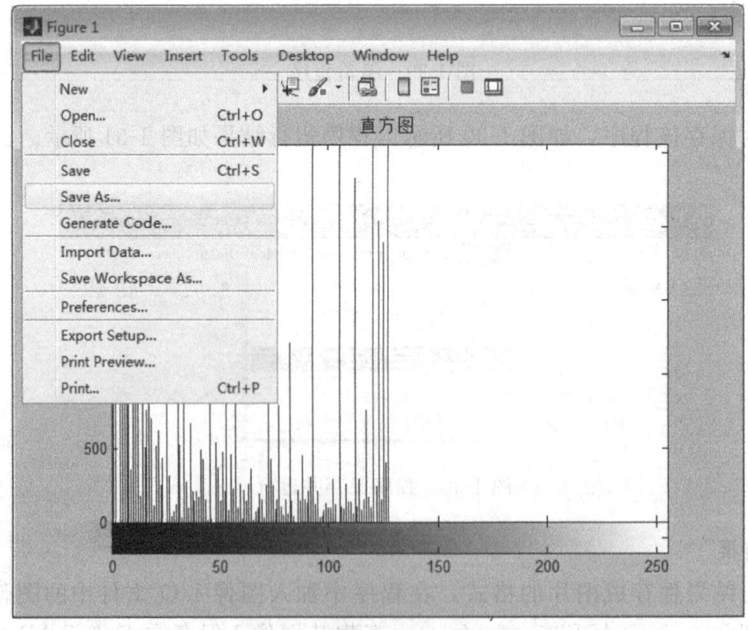

图 1-32　选择 File\Save As 菜单

图 1-33　文件保存到桌面

习题与思考题

1-1　什么是数字图像？数字图像处理有哪些特点？

1-2　数字图像处理的目的及主要内容。

1-3　数字图像处理的主要应用。

1-4　在理想情况下获得一幅数字图像时，采样和量化间隔越小，图像的画面效果越好，当一幅图像的数据量被限定在一个范围内时，如何考虑图像的采样和量化使图像的质量尽可能好？

1-5　想想在你的工作和生活中，遇见过哪些数字化设备？它们的主要用途是什么？

1-6　常见的图像文件格式有哪些？它们各有何特点？

1-7　简述真彩色图像和索引图像的主要区别。

1-8　图像量化时，如果量化级比较小时会产生什么现象？为什么？

1-9　简述用 MATLAB 处理数字图像的过程。

1-10　简述如何保存运行得到的图片。

第 2 章 数字图像变换技术

在计算机的图像处理中，图像变换就是为达到图像处理的某种目的而使用的一种数学技巧，图像经过变换后处理起来较变换前更加简单和方便，图像变换主要指正交变换和几何变换。图像正交变换可以减少图像数据的相关性，获取图像的整体特点，有利于用较少的数据量表示原始图像，这对图像的分析、存储以及图像的传输都是非常有意义的。图像几何变换是指用数学建模的方法来描述图像位置、大小、形状等变化的方法。在实际场景拍摄到的一幅图像，如果画面过大或过小，就需要进行缩小或放大，在进行目标物的匹配时，需要对图像进行旋转、平移等处理。因此，图像几何变换是图像处理及分析的基础。

本章主要介绍正交变换的离散傅里叶变换、离散余弦变换和小波变换；几何变换的平移、镜像、旋转、比例缩放和复合变换。

2.1 图像的正交变换

正交变换是信号处理中最重要的一类变换。在数字图像处理中有两类主要方法：一类是在空间域处理的方法；另一类是在变换域处理的方法。目前，在数字图像处理中，正交变换因其独特的性质广泛运用于图像特征提取、图像增强、图像复原、图像识别及图像编码等处理中。离散傅里叶变换、离散余弦变换和小波变换是图像处理中常用的变换。

2.1.1 离散傅里叶变换

(1) 离散函数的傅里叶变换

令 $f(x)$ 为实变量 x 的一维连续函数，当 $f(x)$ 满足狄里赫莱条件，则傅里叶变换对一定存在。一维连续函数的傅里叶变换对定义为

$$F[f(x)]=F(u)=\int_{-\infty}^{+\infty} f(x)\,\mathrm{e}^{-\mathrm{j}2\pi ux}\,\mathrm{d}x \tag{2-1}$$

$$F^{-1}[F(u)]=f(x)=\int_{-\infty}^{+\infty} F(u)\,\mathrm{e}^{\mathrm{j}2\pi ux}\,\mathrm{d}u \tag{2-2}$$

式中，x 为时域变量；u 为频域变量。

一维连续函数的傅里叶变换推广到二维，如果二维函数 $f(x,y)$ 满足狄里赫莱条件，则它的傅里叶变换对为

$$F[f(x,y)]=F(u,v)=\int_{-\infty}^{+\infty}\int_{-\infty}^{+\infty} f(x,y)\,\mathrm{e}^{-\mathrm{j}2\pi(ux+vy)}\,\mathrm{d}x\,\mathrm{d}y \tag{2-3}$$

$$F^{-1}[F(u,v)]=f(x,y)=\int_{-\infty}^{+\infty}\int_{-\infty}^{+\infty} F(u,v)\,\mathrm{e}^{\mathrm{j}2\pi(ux+vy)}\,\mathrm{d}u\,\mathrm{d}v \tag{2-4}$$

式中，x、y 为时域变量；u、v 为频域变量。

为了在计算机上实现傅里叶变换计算，必须把连续函数离散化，即将连续傅里叶变换转化为离散傅里叶变换（Discrete Fourier Transform，简称 DFT）。

设 $\{f(x) \mid f(0),f(1),f(2),\cdots,f(N-1)\}$ 为一维信号 $f(x)$ 的 N 个抽样，其离散傅

里叶变换对为

$$F[f(x)]=F(u)=\sum_{x=0}^{N-1}f(x)\mathrm{e}^{-\mathrm{j}2\pi ux/N} \tag{2-5}$$

$$F^{-1}[F(u)]=f(x)=\frac{1}{N}\sum_{u=0}^{N-1}F(u)\mathrm{e}^{\mathrm{j}2\pi ux/N} \tag{2-6}$$

式中，x，$u=0$，1，2，…，$N-1$。注意在式（2-6）中的系数 $1/N$ 也可以放在式（2-5）中，有时也可在傅里叶正变换和逆变换前分别乘以 $1/\sqrt{N}$，这是无关紧要的，只要正变换和逆变换前系数乘积等于 $1/N$ 即可。

可见，离散序列的傅里叶变换仍是一个离散的序列，每一个 u 对应的傅里叶变换结果是所有输入序列 $f(x)$ 的加权和，u 决定了每个傅里叶变换结果的频率。

将一维离散傅里叶变换推广到二维，则二维离散傅里叶变换对定义为

$$F[f(x,y)]=F(u,v)=\frac{1}{MN}\sum_{x=0}^{M-1}\sum_{y=0}^{N-1}f(x,y)\mathrm{e}^{-\mathrm{j}2\pi\left(\frac{ux}{M}+\frac{vy}{N}\right)} \tag{2-7}$$

$$F^{-1}[F(u,v)]=f(x,y)=\sum_{u=0}^{M-1}\sum_{v=0}^{N-1}F(u,v)\mathrm{e}^{\mathrm{j}2\pi\left(\frac{ux}{M}+\frac{vy}{N}\right)} \tag{2-8}$$

同一维离散傅里叶变换一样，系数 $1/(MN)$ 可以在正变换或逆变换中，也可以在正变换和逆变换前分别乘以系数 $1/\sqrt{MN}$，只要两式系数的乘积等于 $1/(MN)$即可。图 2-1(b)为图 2-1(a) 图像的傅里叶变换。

(a) 原图像

(b) 变换后的图像

图 2-1　图像的傅立叶变换

【例 2-1】 计算 2×2 的数字图像 $\{f(0,0)=3,f(0,1)=5,f(1,0)=4,f(1,1)=2\}$ 的傅里叶变换 $F(u,v)$。

根据式（2-7）得

$$F(0,\ 0)=\frac{1}{4}(3+5+4+2)=\frac{7}{2}$$

$$F(0,\ 1)=\frac{1}{4}[3+5\mathrm{e}^{-\mathrm{j}\pi}+4+2\mathrm{e}^{-\mathrm{j}\pi}]=0$$

$$F(1,\ 0)=\frac{1}{4}[3+5+4\mathrm{e}^{-\mathrm{j}\pi}+2\mathrm{e}^{-\mathrm{j}\pi}]=\frac{1}{2}$$

$$F(1,\ 1)=\frac{1}{4}[3+5\mathrm{e}^{-\mathrm{j}\pi}+4\mathrm{e}^{-\mathrm{j}\pi}+2\mathrm{e}^{-\mathrm{j}2\pi}]=-1$$

(2) 二维离散傅里叶变换的主要性质

二维离散傅里叶变换的性质，在数字图像处理中是非常有用的，利用这些性质，一方面可以简化 DFT 的计算方法，另一方面，某些性质可以直接应用于图像处理中去解决某些实际问题。

设二维离散函数为 $f_1(x,y)$ 和 $f_2(x,y)$，它们所对应的傅里叶变换分别为 $F_1(u,v)$ 和 $F_2(u,v)$。

① 线性性质

$$af_1(x,y)+bf_2(x,y)\Leftrightarrow aF_1(u,v)+bF_2(u,v) \tag{2-9}$$

式中，a、b 为常数。

此性质可以节约求傅里叶变换的时间。若已经得到了 $f_1(x,y)$ 和 $f_2(x,y)$ 及 $F_1(u,v)$ 和 $F_2(u,v)$ 的值，则 $af_1(x,y)+bf_2(x,y)$ 的傅里叶变换就不必按照式（2-7）来求，只要求得 $aF_1(u,v)+bF_2(u,v)$ 就可以了。

② 比例性质　对于两个标量 a 和 b，有

$$f(ax,by)\Leftrightarrow \frac{1}{|ab|}F\left(\frac{u}{a},\frac{v}{b}\right) \tag{2-10}$$

式（2-10）说明了在空间比例尺度的展宽，相应于频域比例尺度的压缩，其幅值也减少为原来的 1/|ab|，如图 2-2 所示。

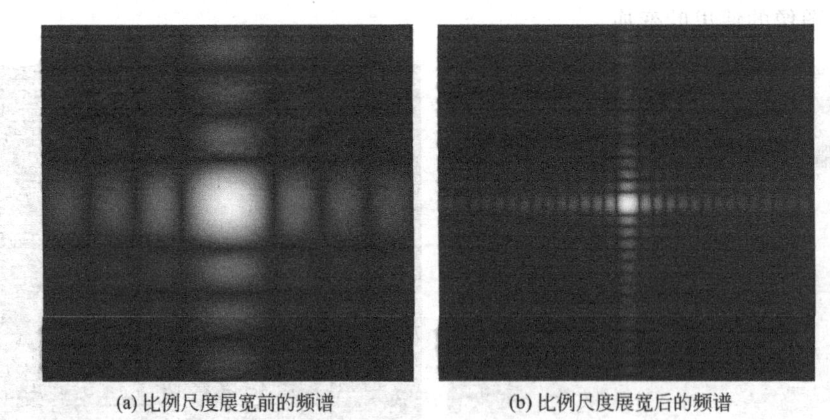

(a) 比例尺度展宽前的频谱　　(b) 比例尺度展宽后的频谱

图 2-2　傅里叶变换的比例性

③ 可分离性　可以把式（2-7）和式（2-8）两式变成如下形式：

$$F(u,v)=\frac{1}{MN}\sum_{x=0}^{M-1}\left[\sum_{y=0}^{N-1}f(x,y)\mathrm{e}^{-\mathrm{j}2\pi vy/N}\right]\mathrm{e}^{-\mathrm{j}2\pi ux/M} \tag{2-11}$$

$$f(x,y)=\sum_{u=0}^{M-1}\left[\sum_{v=0}^{N-1}F(u,v)\mathrm{e}^{\mathrm{j}2\pi vy/N}\right]\mathrm{e}^{\mathrm{j}2\pi ux/M} \tag{2-12}$$

利用这个性质，一个二维的离散傅里叶变换（或反变换）可通过进行两次一维离散傅里叶变换（或反变换）来完成。

例如，以正变换为例，先对 $f(x,y)$ 沿 y 轴进行傅里叶变换得到 $F(x,v)$：

$$F(x,v)=\frac{1}{N}\sum_{y=0}^{N-1}f(x,y)\mathrm{e}^{-\mathrm{j}2\pi vy/N} \tag{2-13}$$

再沿着 x 轴对 $F(x,v)$ 进行一维离散傅里叶变换，得到结果 $F(u,v)$：

$$F(u,v)=\frac{1}{M}\sum_{x=0}^{M-1}F(x,v)\mathrm{e}^{-\mathrm{j}2\pi ux/M} \tag{2-14}$$

显然与 $f(x,y)$ 先沿 x 轴进行离散傅里叶变换，再沿 y 轴进行离散傅里叶变换结果一样。反变换也是如此。

④ 频率位移

$$f(x,y)\mathrm{e}^{\mathrm{j}2\pi(u_0x/M+v_0y/N)}\Leftrightarrow F(u-u_0,v-v_0) \tag{2-15}$$

这一性质表明，当用 $\mathrm{e}^{\mathrm{j}2\pi(u_0x/M+v_0y/N)}$ 乘以 $f(x,y)$，求乘积的傅里叶变换，可以使空间频率域 u-v 平面坐标系的原点从（0,0）平移到 (u_0,v_0) 的位置。

在数字图像处理中，为了清楚地分析图像傅里叶谱的分布情况，经常需要把空间频率平面坐标系的原点移到 $(M/2,N/2)$ 的位置，即令 $u_0=M/2$、$v_0=N/2$，则

$$f(x,y)(-1)^{x+y}\Leftrightarrow F\left(u-\frac{M}{2},v-\frac{N}{2}\right) \tag{2-16}$$

上式表明：如果需要将图像频谱的原点从起始点(0,0)移到图像的中心点 $(M/2,N/2)$，只要 $f(x,y)$ 乘上 $(-1)^{x+y}$ 因子进行傅里叶变换即可实现。

数字图像的二维离散傅里叶变换所得结果的频谱分布如图 2-3 所示，左上角为直流成分，变换结果的四个角的周围对应于低频成分，中央部位对应于高频部分。为了便于观察谱的分布，使直流成分出现在窗口的中央，可采用图示的换位方法，根据傅里叶频率位移的性质，只需要用 $f(x,y)$ 乘上 $(-1)^{x+y}$ 因子进行傅里叶变换即可实现，变换后的坐标原点移动到了窗口中心，围绕坐标中心的是低频，向外是高频。

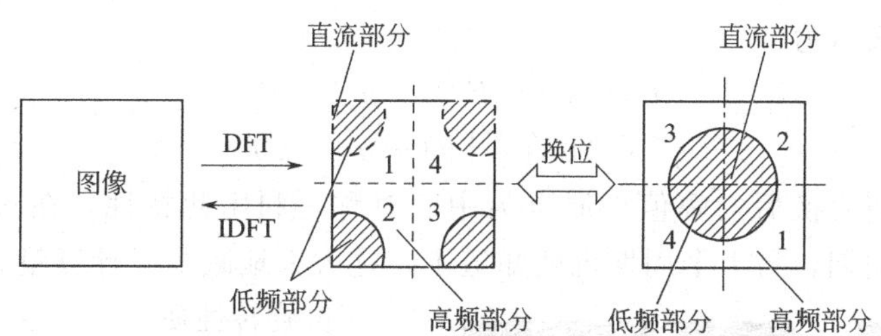

图 2-3　二维傅里叶变换的频谱分布

【例 2-2】 将图 2-4(a) 所示图像的频谱进行频率位移，移到窗口中央，用 MATLAB 编程实现，并显示出频率变换后的频谱图。

源代码如下：

```
clc; % 清除工作区的程序
I = imread('lena.bmp'); % 读入图片
I = rgb2gray(I); % 图片进行二值化处理
subplot(1,3,1); % 建立 1×3 的图像显示第一个图
imshow(I); % 读出图像
title('原始图像'); % 写标题
J = fft2(I); % 快速傅里叶变换
subplot(1,3,2); % 建立 1×3 的图像显示第二个图
imshow(J);
title('FFT 变换结果')
subplot(1,3,3)
```

```
K = fftshift(J); % 频率变换
imshow(K);
title('零点平移');
```

图 2-4(a) 所示图像经过频率移位之后的频谱图如图 2-4(b)、(c) 所示。

(a) 原始图像

(b) FFT变换结果

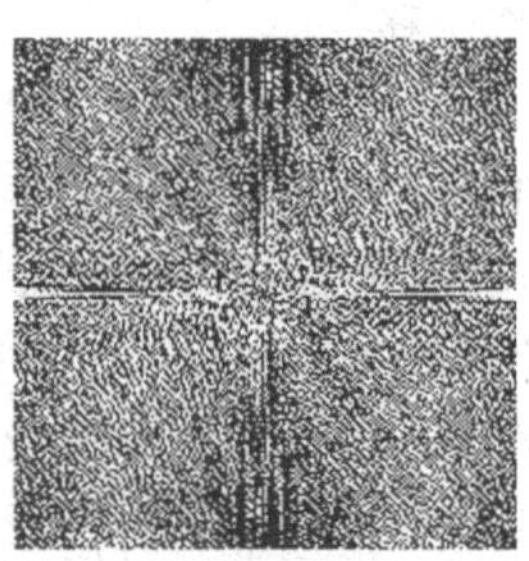
(c) 零点平移

图 2-4 程序运行结果

⑤ 周期性和共轭对称性 若离散的傅里叶变换为 N，则周期性有

$$F(u,v)=F(u+aN,v+bN) \tag{2-17}$$

式中，$a,b=0,\pm1,\pm2\cdots$

周期性说明 $F(u,v)$ 是周期为 N 的周期性重复离散函数。即当 u 和 v 取无限组整数值时，$F(u,v)$ 将出现周期性重复，因此由 $F(u,v)$ 用反变换求 $f(x,y)$，只需 $F(u,v)$ 中的一个完整周期即可。

共轭对称性可表示为

$$F(u,v)=F^*(-u,-v) \tag{2-18}$$

$$|F(u,v)|=|F(-u,-v)| \tag{2-19}$$

共轭对称性说明变换后的幅值以原点为中心对称，利用此特性，在求一个周期内的值时，只需求出半个周期，另半个周期也就知道了，这大大地减少了计算量。

(a) 原图像

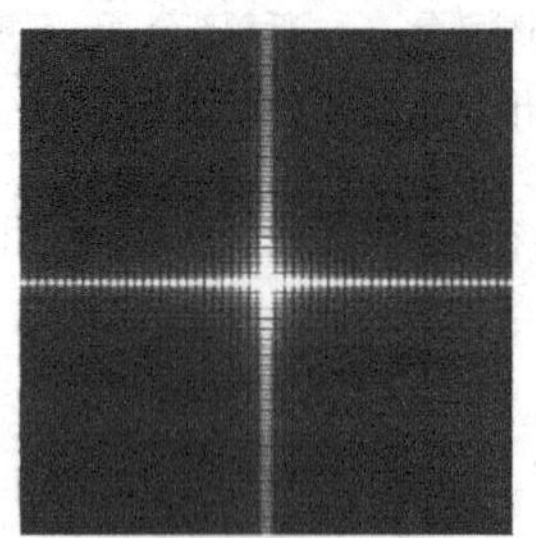
(b) 原图像的傅里叶频谱

(c) 旋转后的图像

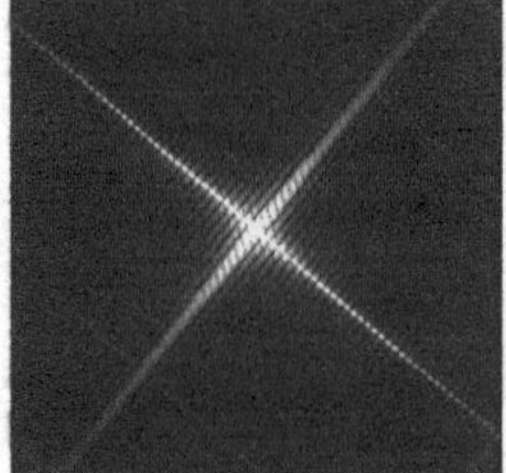
(d) 旋转后图像的傅里叶频谱

图 2-5 傅里叶变换的旋转性

⑥ 旋转性质

令 $\begin{cases}x=r\cos\theta\\y=r\sin\theta\end{cases}$，$\begin{cases}u=w\cos\varphi\\v=w\sin\varphi\end{cases}$

则 $f(x,y)$ 和 $F(u,v)$ 分别变为 $f(r,\theta)$ 和 $F(w,\varphi)$，在极坐标系中，存在以下变换对：

$$f(r,\theta+\theta_0)\Leftrightarrow F(w,\varphi+\theta_0) \tag{2-20}$$

式 (2-20) 表明，如果 $f(x,y)$ 在空间域中旋转 θ_0 角度，则相应的傅里叶变换 $F(u,v)$ 在频率域中旋转同样的角度，反之亦然。图 2-5 说明了傅里叶变换的旋转性。

⑦ 平均值 二维离散函数 $f(x,y)$ 的平均值定义为

$$\overline{f}(x,y)=\frac{1}{MN}\sum_{x=0}^{M-1}\sum_{y=0}^{N-1}f(x,y) \tag{2-21}$$

由式 (2-7) 可知

$$F(0,0)=\frac{1}{MN}\sum_{x=0}^{M-1}\sum_{y=0}^{N-1}f(x,y) \tag{2-22}$$

对比式（2-21）、式（2-22），可得

$$\overline{f}(x,y)=F(0,0) \tag{2-23}$$

这说明 $f(x,y)$ 的平均值等于其傅里叶变换 $F(u,v)$ 在频率原点的值 $F(0,0)$。

傅里叶变换后的零频分量 $F(0,0)$，也称作直流分量，由式（2-22）可知，零频分量 $F(0,0)$ 反映了原始图像的平均亮度。对大多数无明显颗粒噪声的图像来说，低频区集中了 85%的能量，这一点成为对图像变换压缩编码的理论根据，如变换后仅传送低频分量的幅值，对高频分量不传送，反变换前再将它们恢复为零值，就可以达到压缩的目的。

⑧ 卷积定理　其表明了两个傅里叶变换之间的关系，构成了空间域和频率域之间的基本关系。二维离散卷积定义为

$$f_e(x,y)*g_e(x,y)=\sum_{m=0}^{M-1}\sum_{n=0}^{N-1}f_e(m,n)g_e(x-m,y-n) \tag{2-24}$$

$x=0,1,2,\cdots,M-1;y=0,1,2,\cdots,N-1$。

设 $f_e(x,y)\Leftrightarrow F(u,v)$，$g_e(x,y)\Leftrightarrow G(u,v)$，则二维离散卷积定理可由下面关系表示：

$$f_e(x,y)*g_e(x,y)\Leftrightarrow F(u,v)G(u,v) \tag{2-25}$$

$$f_e(x,y)g_e(x,y)\Leftrightarrow F(u,v)*G(u,v) \tag{2-26}$$

应用卷积定理的优点是避免了直接计算卷积的麻烦，它只需先计算出各自的频谱，然后相乘，再求其反变换，即可得卷积。卷积运算在图像的增强操作中常常用到。

(3) 快速离散傅里叶变换

一维离散傅里叶变换的定义式为

$$F[f(x)]=F(u)=\sum_{x=0}^{N-1}f(x)e^{-j2\pi ux/N}\quad u=0,1,2,\cdots,N-1$$

可知，要直接计算 DFT 的每一个 $F(u)$，对 N 个抽样点，则要进行 N^2 次复数乘法和 $N(N-1)$ 次复数加法，由于 1 次复数乘法要做 4 次实数乘法和 2 次实数加法，1 次复数加法要做 2 次实数加法，所以做 1 次 DFT 则需要做 $4N^2$ 次实数乘法和 $N(4N-2)$ 次实数加法，随着抽样点数 N 的增加，其运算次数将急剧增加，运算量很大，这直接影响了 DFT 的实际应用。为此，Cooley 和 Tukey 提出了一种逐次加倍法的快速傅里叶算法（Fast Fourier Transform，FFT）。

先将式（2-5）写为

$$F(u)=\sum_{x=0}^{N-1}f(x)W^{ux} \tag{2-27}$$

式中，$W=e^{-j2\pi/N}$，称为旋转因子。

这样，可将式（2-27）所示的一维离散傅里叶变换用矩阵的形式表示为

$$\begin{bmatrix}F(0)\\F(1)\\\vdots\\F(N-1)\end{bmatrix}=\begin{bmatrix}W^{0\times0}&W^{1\times0}&\cdots&W^{(N-1)\times0}\\W^{0\times1}&W^{1\times1}&\cdots&W^{(N-1)\times1}\\\vdots&\vdots&\cdots&\vdots\\W^{0\times(N-1)}&W^{1\times(N-1)}&\cdots&W^{(N-1)\times(N-1)}\end{bmatrix}\begin{bmatrix}f(0)\\f(1)\\\vdots\\f(N-1)\end{bmatrix} \tag{2-28}$$

式中，由 W^{ux} 构成的矩阵称为 W 阵或系数矩阵。

观察 DFT 的 W 阵，并结合 W 的定义表达式 $W=e^{-j2\pi/N}$，可以发现系数 W 具有两个性

质：周期性，由于 $W^N = e^{-j\frac{2\pi}{N}N} = 1$，有 $W^{ux+N} = W^{ux} \times W^N = W^{ux}$；对称性，由于 $W^{\frac{N}{2}} = e^{-j\frac{2\pi}{N}\times\frac{N}{2}} = -1$，有 $W^{ux+\frac{N}{2}} = W^{ux} \times W^{\frac{N}{2}} = -W^{ux}$。

这样，W 阵中很多系数就是相同的，不必进行多次重复计算。因此可进一步减少计算工作量。

例如，对于 $N=4$，W 阵为

$$\begin{bmatrix} W^0 & W^0 & W^0 & W^0 \\ W^0 & W^1 & W^2 & W^3 \\ W^0 & W^2 & W^4 & W^6 \\ W^0 & W^3 & W^6 & W^9 \end{bmatrix} \tag{2-29}$$

由 W 的周期性得 $W^4 = W^0$，$W^6 = W^2$，$W^9 = W^1$；再由 W 的对称性可得 $W^3 = -W^1$，$W^2 = -W^0$。于是式（2-29）可变为

$$\begin{bmatrix} W^0 & W^0 & W^0 & W^0 \\ W^0 & W^1 & -W^0 & -W^1 \\ W^0 & -W^0 & W^0 & -W^0 \\ W^0 & -W^1 & -W^0 & W^1 \end{bmatrix} \tag{2-30}$$

可见，$N=4$ 的 W 阵中只需计算 W^0 和 W^1 两个系数即可，这说明 W 阵的系数有许多计算工作是重复的，如果把一个离散序列分解成若干短序列，并充分利用旋转因子 W 的周期性和对称性来计算离散傅里叶变换，便可以简化运算过程，这就是 FFT 的基本思想。

【例 2-3】 利用快速算法计算 2×2 的数字图像 $\{f(0)=1, f(1)=2, f(2)=3, f(3)=4\}$ 的傅里叶变换 $F(u)$。

根据 $W = e^{-j2\pi/N}$，$N=4$，则 $W^0 = e^{-j2\pi/N\times 0} = 1$，$W^1 = e^{-j2\pi/N\times 1} = e^{-j2\pi/4} = e^{-j\pi/2} = -j$，由式（2-28）和式（2-30）得

$$\begin{bmatrix} F(0) \\ F(1) \\ F(2) \\ F(3) \end{bmatrix} = \begin{bmatrix} W^0 & W^0 & W^0 & W^0 \\ W^0 & W^1 & -W^0 & -W^1 \\ W^0 & -W^0 & W^0 & -W^0 \\ W^0 & -W^1 & -W^0 & W^1 \end{bmatrix} \begin{bmatrix} f(0) \\ f(1) \\ f(2) \\ f(3) \end{bmatrix}$$

即

$$\begin{bmatrix} F(0) \\ F(1) \\ F(2) \\ F(3) \end{bmatrix} = \begin{bmatrix} 1 & 1 & 1 & 1 \\ 1 & -j & -1 & j \\ 1 & -1 & 1 & -1 \\ 1 & -j & -1 & j \end{bmatrix} \begin{bmatrix} 1 \\ 2 \\ 3 \\ 4 \end{bmatrix}$$

可求得 $F(0)=10; F(1)=2j-2; F(2)=-2; F(3)=-2-2j$。

设 N 为 2 的正整数次幂，即

$$N = 2^n \quad n = 1, 2\cdots \tag{2-31}$$

如令 M 为正整数，且

$$N = 2M \tag{2-32}$$

将式（2-32）代入式（2-27），离散傅里叶变换可改写成如下形式：

$$F(u) = \sum_{x=0}^{2M-1} f(x) W_{2M}^{ux} = \sum_{x=0}^{M-1} f(2x) W_{2M}^{u(2x)} + \sum_{x=0}^{M-1} f(2x+1) W_{2M}^{u(2x+1)} \tag{2-33}$$

由旋转因子 W 的定义可知 $W_{2M}^{2ux}=W_M^{ux}$，因此式（2-33）变为

$$F(u)=\sum_{x=0}^{M-1}f(2x)W_M^{ux}+\sum_{x=0}^{M-1}f(2x+1)W_M^{ux}W_{2M}^{u} \tag{2-34}$$

定义

$$F_e(u)=\sum_{x=0}^{M-1}f(2x)W_M^{ux}\quad u,x=0,1,\cdots,M-1 \tag{2-35}$$

$$F_o(u)=\sum_{x=0}^{M-1}f(2x+1)W_M^{ux}\quad u,x=0,1,\cdots,M-1 \tag{2-36}$$

于是，式（2-34）变为

$$F(u)=F_e(u)+W_{2M}^{u}F_o(u) \tag{2-37}$$

进一步考虑 W 的对称性和周期性，可知 $W_M^{u+M}=W_M^u$ 和 $W_{2M}^{u+M}=-W_{2M}^u$，于是

$$F(u+M)=F_e(u)-W_{2M}^{u}F_o(u) \tag{2-38}$$

由此，可将一个 N 点的离散傅里叶变换分解成两个 $N/2$ 短序列的离散傅里叶变换，即分解为偶数和奇数序列的离散傅里叶变换 $F_e(u)$ 和 $F_o(u)$。

以计算 $N=8$ 的 DFT 为例，此时 $n=3$，$M=4$。由式（2-37）和式（2-38）可得

$$\begin{cases}F(0)=F_e(0)+W_8^0F_o(0)\\F(1)=F_e(1)+W_8^1F_o(1)\\F(2)=F_e(2)+W_8^2F_o(2)\\F(3)=F_e(3)+W_8^3F_o(3)\\F(4)=F_e(0)-W_8^0F_o(0)\\F(5)=F_e(1)-W_8^1F_o(1)\\F(6)=F_e(2)-W_8^2F_o(2)\\F(7)=F_e(3)-W_8^3F_o(3)\end{cases} \tag{2-39}$$

u 取 0～7 时的 $F(u)$、$F_e(u)$ 和 $F_o(u)$ 的关系可用图 2-6 描述。左方的两个节点为输入节点，代表输入数值；右方两个节点为输出节点，表示输入数值的叠加，运算由左向右进行。线旁的 W_8^1 和 $-W_8^1$ 为加权系数，定义由 $F(1)$、$F(5)$、$F_e(1)$ 和 $F_o(1)$ 所构成的结构为蝶形运算单元，其表示的运算为

$$\begin{cases}F(1)=F_e(1)+W_8^1F_o(1)\\F(5)=F_e(1)-W_8^1F_o(1)\end{cases} \tag{2-40}$$

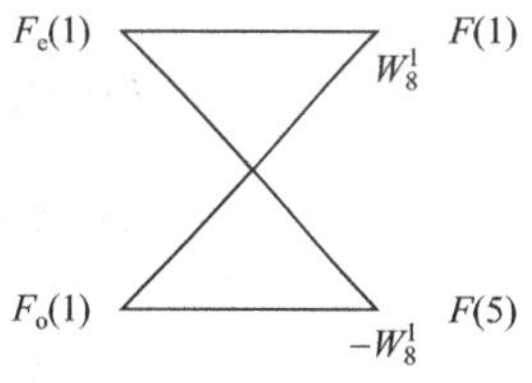

图 2-6　蝶形运算单元

由于 $F_e(u)$ 和 $F_o(u)$ 都是 4 点的 DFT，因此，如果对它们再按照奇偶进行分组，则有

$$\begin{cases}F_e(0)=F_{ee}(0)+W_8^0F_{eo}(0)\\F_e(1)=F_{ee}(1)+W_8^2F_{eo}(1)\\F_e(2)=F_{ee}(0)-W_8^0F_{eo}(0)\\F_e(3)=F_{ee}(1)-W_8^2F_{eo}(1)\end{cases} \tag{2-41}$$

$$\begin{cases} F_{\mathrm{o}}(0)=F_{\mathrm{oe}}(0)+W_8^0F_{\mathrm{oo}}(0) \\ F_{\mathrm{o}}(1)=F_{\mathrm{oe}}(1)+W_8^2F_{\mathrm{oo}}(1) \\ F_{\mathrm{o}}(2)=F_{\mathrm{oe}}(0)-W_8^0F_{\mathrm{oo}}(0) \\ F_{\mathrm{o}}(3)=F_{\mathrm{oe}}(1)-W_8^2F_{\mathrm{oo}}(1) \end{cases} \tag{2-42}$$

这样，由 $F_{\mathrm{ee}}(u)$、$F_{\mathrm{eo}}(u)$、$F_{\mathrm{oe}}(u)$、$F_{\mathrm{oo}}(u)$ 计算 $F_{\mathrm{e}}(u)$、$F_{\mathrm{o}}(u)$ 的蝶形流程图如图 2-7 所示。

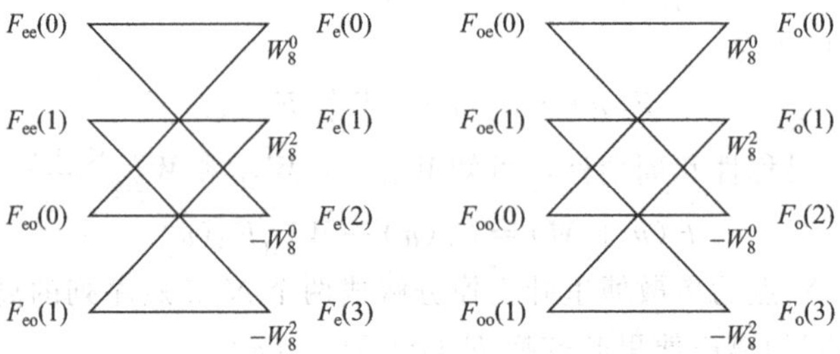

图 2-7　4 点 DFT 分解为 2 点 DFT 的蝶形流程图

综上所述，8 点 DFT 的蝶形流程图如图 2-8 所示。$f(x)$ 应按怎样的次序出现来完成变换，解决这个问题的办法称为"比特倒置"整序处理。"比特倒置"的原则是把 $f(x)$ 的自然顺序号改写成二进制数，然后把这些二进制数作为比特数倒置，再将倒置后的二进制数写成对应的十进制数，该十进制数的值就是整序处理后 $f(x)$ 的输入序号，表 2-1 给出了 $N=8$ 时的"比特倒置"整序处理过程。

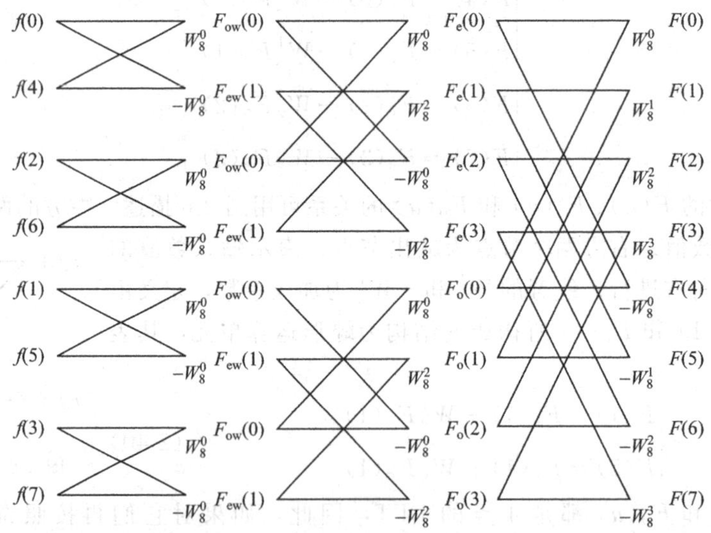

图 2-8　8 点 DFT 的蝶形流程图

表 2-1　N=8 时的"比特倒置"整序过程

十进制数	二进制数	二进制数的码位倒序	码位倒序后十进制数
0	000	000	0
1	001	100	4

续表

十进制数	二进制数	二进制数的码位倒序	码位倒序后十进制数
2	010	010	2
3	011	110	6
4	100	001	1
5	101	101	5
6	110	011	3
7	111	111	7

2.1.2　离散余弦变换

如果一个函数 $f(x)$ 为偶函数，即 $f(x)=f(-x)$，此函数的傅里叶变换如下：

$$\begin{aligned}F(u)&=\int_{-\infty}^{+\infty}f(x)\mathrm{e}^{-\mathrm{j}2\pi ux}\,\mathrm{d}x\\&=\int_{-\infty}^{+\infty}f(x)\cos(2\pi ux)\mathrm{d}x-j\int_{-\infty}^{+\infty}f(x)\sin(2\pi ux)\mathrm{d}x\\&=\int_{-\infty}^{+\infty}f(x)\cos(2\pi ux)\mathrm{d}x\end{aligned}\tag{2-43}$$

因为虚部的被积项为奇函数，故傅里叶变换的虚数项为零，由于变换后的结果仅含有余弦项，故称为余弦变换。因此，余弦变换是傅里叶变换的特例。

(1) 一维离散余弦变换

离散余弦变换也是一种可分离变换，设 $\{f(x)\mid x=0,1,\cdots,N-1\}$ 为离散的信号序列，一维 DCT 变换对定义如下：

$$C(u)=a(u)\sum_{x=0}^{N-1}f(x)\cos\frac{(2x+1)u\pi}{2N}\quad u=0,1,2,\cdots,N-1\tag{2-44}$$

$$f(x)=\sum_{u=0}^{N-1}a(u)C(u)\cos\frac{(2x+1)u\pi}{2N}\quad x=0,1,2,\cdots,N-1\tag{2-45}$$

其中

$$a(u)=\begin{cases}\sqrt{1/N} & u=0\\ \sqrt{2/N} & \text{其他}\end{cases}\tag{2-46}$$

将变换式 (2-44) 展开整理后，可以写成矩阵的形式，即

$$C=Gf\tag{2-47}$$

其中

$$G=\begin{bmatrix}1/\sqrt{N}\,[& 1 & 1 & \cdots & 1\,]\\ \sqrt{2/N}\,[& \cos(\pi/(2N)) & \cos(3\pi/(2N)) & \cdots & \cos((2N-1)\pi/(2N))]\\ \sqrt{2/N}\,[& \cos(\pi/N) & \cos(6\pi/(2N)) & \cdots & \cos((2N-1)\pi/N)]\\ \vdots & \vdots & \vdots & & \vdots\\ \sqrt{2/N}\,[& \cos((N-1)\pi/(2N)) & \cos((N-1)3\pi/(2N)) & \cdots & \cos((N-1)(2N-1)\pi/(2N))]\end{bmatrix}$$

(2) 二维离散余弦变换

考虑到两个变量，很容易将一维 DCT 的定义推广到二维 DCT。

设 $f(x,y)$ 为 $N\times N$ 的数字图像矩阵，则二维 DCT 变换对定义如下：

$$C(u,v)=a(u)a(v)\sum_{x=0}^{N-1}\sum_{y=0}^{N-1}f(x,y)\cos\frac{(2x+1)u\pi}{2N}\cos\frac{(2y+1)v\pi}{2N} \tag{2-48}$$

$u,v=0,1,2,\cdots,N-1$

$$f(x,y)=\sum_{u=0}^{N-1}\sum_{v=0}^{N-1}a(u)a(v)C(u,v)\cos\frac{(2x+1)u\pi}{2N}\cos\frac{(2y+1)v\pi}{2N} \tag{2-49}$$

$x,y=0,1,2,\cdots,N-1$

$a(u)$ 和 $a(v)$ 的定义同式（2-46）。

DCT 的计算速度快，广泛应用于数字信号处理，如图像压缩编码、语音信号处理等方面。

(3) 快速离散余弦变换

关于 DCT 的快速算法已经有多种方案，一种典型的算法就是利用 FFT。

一维 DCT 与 DFT 具有相似性，重写 DCT 如下：

$$C(0)=\frac{1}{\sqrt{N}}\sum_{x=0}^{N-1}f(x)$$

$$C(u)=\sqrt{\frac{2}{N}}\mathrm{Re}\left\{\mathrm{e}^{-\mathrm{j}\frac{u\pi}{2N}}\left[\sum_{x=0}^{2N-1}f_{\mathrm{e}}(x)\mathrm{e}^{-\mathrm{j}\frac{2xu\pi}{2N}}\right]\right\}=\sqrt{\frac{2}{N}}\mathrm{Re}\left\{w^{\frac{u}{2}}\sum_{x=0}^{2N-1}f_{\mathrm{e}}(x)w^{ux}\right\} \tag{2-50}$$

其中

$$w=\mathrm{e}^{-\mathrm{j}\frac{2\pi}{2N}}\text{ 且 }f_{\mathrm{e}}(x)=\begin{cases}f(x),x=0,1,2,\cdots,N-1\\0,x=N,N+1,\cdots,2N-1\end{cases}$$

比对 DFT 的定义可以看出，将序列拓展之后，DFT 变换的实部就对应 DCT，而虚部对应着离散余弦变换，因此可以利用 FFT 实现 DCT，这种方法的缺点是将序列拓展了，增加了一些不必要的计算量，此外这种处理也容易造成误解，其实 DCT 是独立发展的，并不是源于 DFT。

【例 2-4】 将图 2-9(a) 所示图像进行离散余弦变换，显示变换结果。

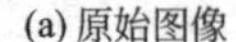

(a) 原始图像

(b) 离散余弦变换后

图 2-9　离散余弦变换示例

MATLAB 源代码如下：

```
I1 = imread('lena.bmp'); % 读入图片
I1 = rgb2gray(I1); % 图像二值化转换
subplot(1,2,1)
imshow(I1);
```

```
title('原始图像');
I2 = dct2(I1); % 离散余弦变换
subplot(1,2,2);
imshow(log(abs(I2)),[]); % 对数显示图像
title('离散余弦变换后');
```

其程序运行结果如图 2-9(b) 所示。

2.1.3　小波变换简介

小波分析是近年来在应用数学和工程学科中一个迅速发展的新领域，小波变换是空间（时间）和频率的局部化分析，它通过伸缩和平移运算对信号逐步进行多尺度细化，因而可有效地从信号中提取信息，可聚焦到信号的任意细节，解决了傅里叶变换不能解决的许多困难问题，成为继傅里叶变换以来在科学方法上的重大突破。小波分析是时间-尺度分析和多分辨率分析的一种新技术，它在信号分析、语音合成、图像处理、计算机视觉、量子物理等方面的研究都取得了有科学意义和应用价值的成果。

(1) 连续小波变换（CWT）

小波（Wavelet）即存在于一个较小区域的波。小波函数的数学定义是：设 $\psi(t)$ 为一平方可积函数，即 $\psi(t) \in L^2(R)$，若其变换 $\psi(\omega)$ 满足条件：

$$\int_R \frac{|\psi(\omega)|^2}{\omega} \mathrm{d}\omega < \infty \tag{2-51}$$

则称 $\psi(t)$ 为一个基本小波或小波母函数，并称式（2-51）是小波函数的可允许条件。

根据小波函数的定义，小波之所以小，是因为它有衰减性，即是局部非零的；而称为波，则是因为它有波动性，即其取值呈正负相间的振荡形式。图 2-10 示出了小波曲线。

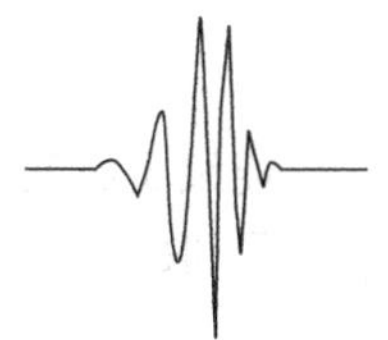

图 2-10　小波曲线

将小波母函数 $\psi(t)$ 进行伸缩和平移，设其伸缩因子（也称尺度因子）为 a，平移因子为 τ，并记平移伸缩后的函数为 $\psi_{a,\tau}(t)$，则

$$\psi_{a,\tau}(t) = a^{-1/2}\psi\left(\frac{t-\tau}{a}\right), a > 0, \tau \in R \tag{2-52}$$

称 $\psi_{a,\tau}(t)$ 是参数为 a 和 τ 的小波基函数，由于 a 和 τ 均取连续变化的值，因此又称为连续小波基函数，它们是由同一母函数 $\psi(t)$ 经伸缩和平移后得到的一组函数系列。

将 $L^2(R)$ 空间的任意函数 $f(t)$ 在小波基下展开，称为函数 $f(t)$ 的连续小波变换 CWT，变换式为

$$WT_{\mathrm{f}}(a,\tau) = \frac{1}{\sqrt{a}}\int_R f(t)\,\overline{\psi\left(\frac{t-\tau}{a}\right)}\,\mathrm{d}t \tag{2-53}$$

式中，$\overline{\psi\left(\frac{t-\tau}{a}\right)}$ 为小波基函数的共轭函数。

连续小波变换 CWT 的变换结果是许多小波系数 $WT_{\mathrm{f}}(a,\tau)$，这些系数是缩放因子和平移因子的函数，小波变换是通过缩放母小波的宽度来获得信号的频率特征，通过平移母小波来获得信号的时间信息，对母小波的缩放和平移操作是为了计算小波系数，这些小波系数反映了小波和局部信号之间的相关程度。

基本小波函数 $\psi(t)$ 的缩放和平移操作含义如下：

缩放——压缩或伸展基本小波，小波的缩放因子与信号频率之间的关系是缩放因子越小，小波越窄，度量的是信号的细节变化，表示信号频率越高；缩放因子越大，小波越宽，度量的是信号的粗糙程度，表示信号频率越低。如图 2-11 所示。

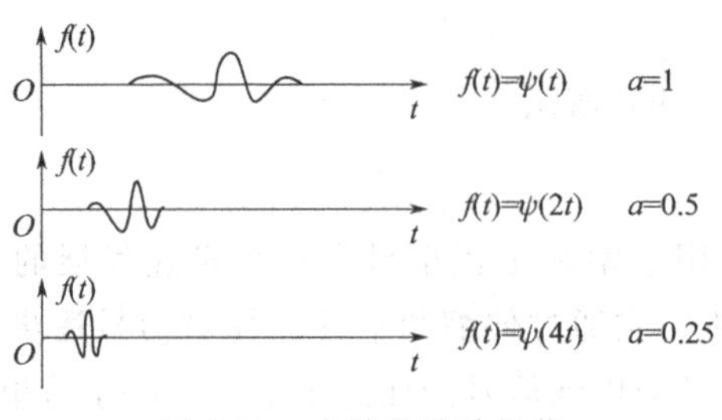

图 2-11 小波的缩放操作

平移——小波的延迟或超前，如图 2-12 所示。

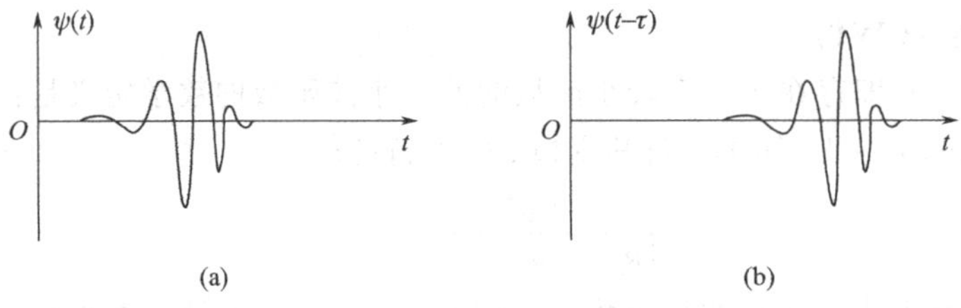

图 2-12 小波的平移操作

连续小波变换 CWT 计算主要有如下五个步骤：

① 取一个小波，将其与原始信号的开始一节进行比较。

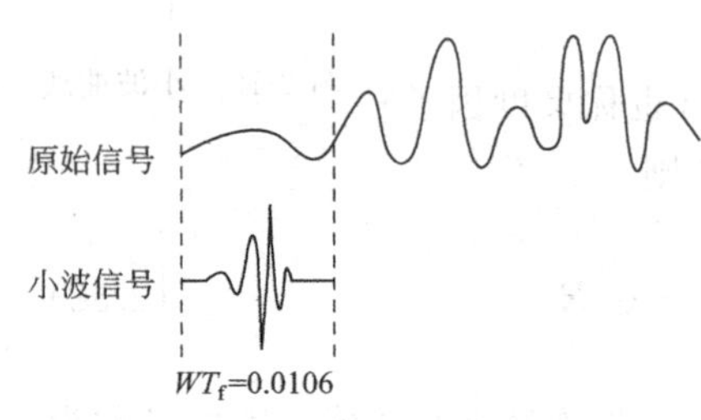

图 2-13 计算小波变换系数值 WT_f

② 计算数值 WT_f，WT_f 表示小波与所取一节信号的相似程度，计算结果取决于所选小波的形状，如图 2-13 所示。

③ 移动小波，重复第一步和第二步，直至覆盖整个信号。

④ 伸展小波，重复第一步至第三步。

⑤ 对于所有缩放，重复第一步至第四步。

在具体应用中需要根据原函数 $f(t)$ 的特点来选择小波变换基 $\psi(t)$，使小波变换能更好地反映 $f(t)$ 的特征。

(2) 离散小波变换（DWT）

在计算机应用中，连续小波应该离散化，这里的离散化是针对连续尺度参数 a 和连续平移参数 τ，而不是针对时间变量 t 的。为了使小波变换具有可变化的时间和频率分辨率，常常需要改变尺度参数 a 和平移参数 τ 的大小，即采用动态采样网格，以使小波变换具有“变焦距”的功能，小波分解的意义就在于能够在不同尺度上对信号进行分析，而且对不同尺度的选择可以根据不同的目的来确定，在此意义下，小波变换被称为数学显微镜，这就使分析十分有效，并且也是相当精确的，因此就得到离散小波变换。

实际上人们是在一定尺度上认识信号的，人的感官和物理仪器都有一定的分辨率，对低于一定尺度的信号细节是无法认识的，因此对低于一定尺度信号的研究也是没有意义的，为此应该将信号分解为对应不同尺度的近似分量和细节分量，信号的近似分量是大的缩放因子计算的系数，一般为信号的低频分量，包含着信号的主要特征；细节分量是小的缩放因子计算的系数，一般为信号的高频分量，给出的是信号的细节或差别，对信号的小波分解可以等效于信号通过了一个滤波器组，其中一个滤波器为低通滤波器，另一个为高通滤波器，分别得到信号的近似值和细节值，如图 2-14 所示。

由图 2-14 可以看出离散小波变换可以表示成由低通滤波器和高通滤波器组成的一棵树。原始信号经过一对互补的滤波器组进行的分解称为一级分解，信号的分解过程也可以不断进行下去，也就是说可以进行多级分解。如果对信号的高频分量不再分解，而对低频分量进行连续分解，就可以得到信号不同分辨率下的低频分量，这也称为信号的多分辨率分析。图 2-15 就是这样一个小波分解树。图中 S 表示原始信号，A 表示近似，D 表示细节，下标表示分解的层数。由于分析过程是重复迭代的，从理论上讲可以无限地连续分解下去，但事实上，分解可以进行到细节只包含单个样本为止。实际中，分解的级数取决于要分析的信号数据特征及用户的具体需要。

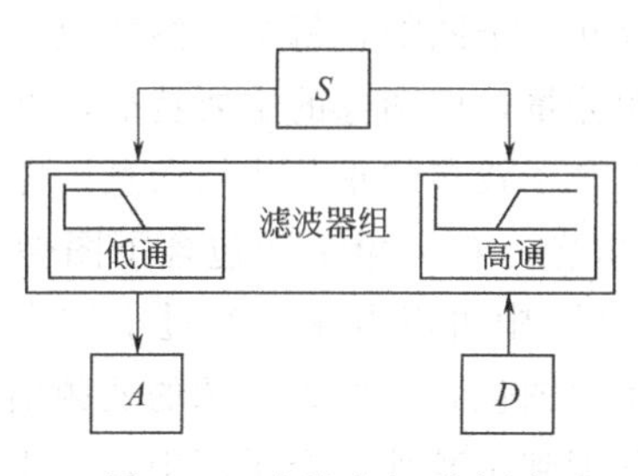

图 2-14　小波分解示意图

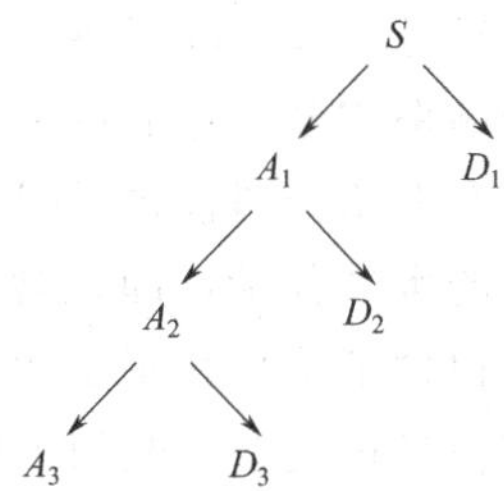

图 2-15　小波分解树

对于一个信号采用图 2-14 所示的方法，理论上将产生两倍于原始数据的数据量，为此根据奈奎斯特采样定理，采用下采样的方法来减少数据量，即在每个通道内（低通和高通通道），每两个样本数据取一个，通过计算得到离散小波变换系数，从而得到原始信号的近似与细节。

(3) 小波重构

将信号的小波分解的分量进行处理后，一般还要根据需要把信号恢复出来，也就是利用信号的小波分解的系数还原出原始信号，这一过程称为逆离散小波变换，也常常称为小波重构。小波分解包括滤波与下采样，小波重构过程则包括上采样与滤波，上采样的过程是在两个样本之间插入“0”。由图 2-15 可见重构过程为 $A_3+D_3=A_2$；$A_2+D_2=A_1$；$A_1+D_1=S$。

(4) 小波包分析

在小波分解中，一个信号可以不断分解为近似信号和细节信号，近似信号可以继续分解，但是细节信号不能分解，为此，人们又提出了对信号的小波包分解。使用小波包分解，不但可以不断分解近似信号，也可以继续分解细节信号，从而使整个分解构成一种二叉树结构，如图 2-16 所示。

(5) 小波变换在图像处理方面的应用

小波变换是一种复杂的数学变换，可以在时域和频域上对原始信号进行多分辨率分解，小波分析的应用是与小波分析的理论研究紧密地结合在一起的。小波分析在图像处理方面的应用领域十分广泛，可用于图像压缩、分类识别、去除噪声等；在医学成像方面，它用于减少 B 超、CT、核磁共振成像的时间，提高分辨率等。下面举一个二级小波分解的例子来说明基于小波变换的图像编码能够很好地实现图像分辨率和图像质量的多级伸缩性。

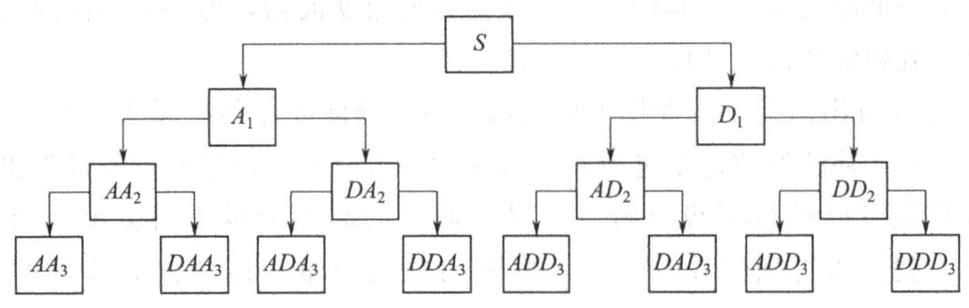

图 2-16　小波包分解示意图

图 2-17(a) 是一个分辨率为 256×256 像素的灰度图像，图像的灰度级为 256，对这个二维原始图像进行小波变换，对二维图像进行小波变换实际上就是把原始图像的像素值矩阵变换成另一个有利于压缩编码的系数矩阵，该系数矩阵所对应的图像如图 2-17(b) 所示，可以看出，经过一级小波变换后，原始图像被分解成几个子图像，每个子图像包含了原始图像中不同的频率成分，左上角子图包含了图像的低频分量，即图像的主要特征，低频分量可再次分解，右上角子图包含了图像的垂直分量，即包含了较多的垂直边缘信息，左下角子图包含了图像的水平分量，即包含了较多的水平边缘信息，右下角子图包含了图像的对角分量，即同时包含了垂直和水平边缘信息，从图 2-17(b) 中可以看出，经过小波变换，原始图像的全部信息被更新分配到了四个子图中，左上角子图包含了原始图像的低频信息，但失去了一部分边沿细节信息，这些失去的细节信息被分配到了其他三个子图中，由于失去了部分细节信息，所以左上角子图比原始图像模糊了一些，不仅如此，其长宽尺寸也降低到原来的一半，即分辨率降低到原来的 1/4。一种最容易理解的图像压缩方法就是，丢弃三个细节子图，只保留并编码低频子图。但实际上，并不是通过这么简单的处理来进行图像压缩，三个细节子图不会被丢掉，而是与低频子图一起编入码流，这样才可能在解码时恢复出完整的原始图像，当然，如果用户只需要一个小尺寸的图像，那就只需从码流中解码出低频子图即可。低频子图可以进一步分解，经过二级分解后，系数矩阵所对应的图像如图 2-17(c) 所示，低频子图的尺寸降到了原始图像的 1/16，可见每一级小波分解都是对空间分辨率和频率分量的进一步细分。从此例可以看出，小波变换为在一个码流中实现图像多级分辨率提供了基础，前面提到，为了能在解码端恢复出完整的原始图像，所有的细节子图都一起编入了码流，不扔掉这些细节，那图像的数据量又怎能被压缩呢？对图像进行了小波变换，并不代

(a) 原始灰度图像

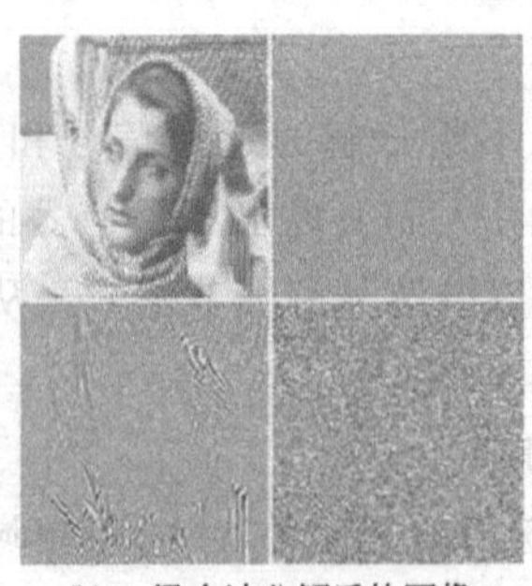

(b) 一级小波分解后的图像

(c) 二级小波分解后的图像

图 2-17　二级小波变换示例

表图像的数据量就被压缩了，因为变换后，系数的总量并未减少，那么变换的意义何在呢？在于使图像的能量分布（频域内的系数分布）发生改变，从而利于压缩编码，要真正地压缩数据量，还要对变换后的系数进行量化、扫描和熵编码，这样就可以达到减少图像数据量的目的。

【例 2-5】 利用二级小波变换对图像进行编码。

MATLAB 源程序代码如下：

```
clear;
clc;
X = imread('lena.bmp');
X = rgb2gray(X);
%对图像用小波进行层分解
[c,s] = wavedec2(X,2,'bior3.7');
%提取小波分解结构中一层的低频和高频系数
ca1 = appcoef2(c,s,'bior3.7',1);
ch1 = detcoef2('h',c,s,1);
cv1 = detcoef2('v',c,s,1);
cd1 = detcoef2('d',c,s,1);
%小波重构
a1 = wrcoef2('a',c,s,'bior3.7',1);
h1 = wrcoef2('h',c,s,'bior3.7',1);
v1 = wrcoef2('v',c,s,'bior3.7',1);
d1 = wrcoef2('d',c,s,'bior3.7',1);
c1 = [a1,h1;v1,d1];
%保留小波分解第一层低频信息进行压缩
ca1 = appcoef2(c,s,'bior3.7',1);
%首先对第一层信息进行量化编码
ca1 = wcodemat(ca1,400,'mat',0);
%改变图像高度
ca1 = 0.5 * ca1;
ca2 = appcoef2(c,s,'bior3.7',2);
%保留小波分解第二层低频信息进行压缩
%首先对第二层信息进行量化编码
ca2 = wcodemat(ca2,400,'mat',0);
%改变图像高度
ca2 = 0.25 * ca2;
%显示原始图像
subplot(221);
imshow(X);
title('原始图像');
disp('原始图像的大小');
whos('X');
%显示分频信息
subplot(222);
```

```
c1 = uint8(c1);
imshow(c1);
title('显示分频信息');
subplot(223);
disp('第一次压缩图像的大小');
%显示第一次压缩的图像
ca1 = uint8(ca1);
whos('ca1');
imshow(ca1);
title('第一次压缩的图像');
disp('第二次压缩图像的大小');
subplot(224);
%显示第二次压缩的图像
ca2 = uint8(ca2);
imshow(ca2);
title('第二次压缩的图像');
whos('ca2');
```

程序运行得到的结果如图 2-18 所示。

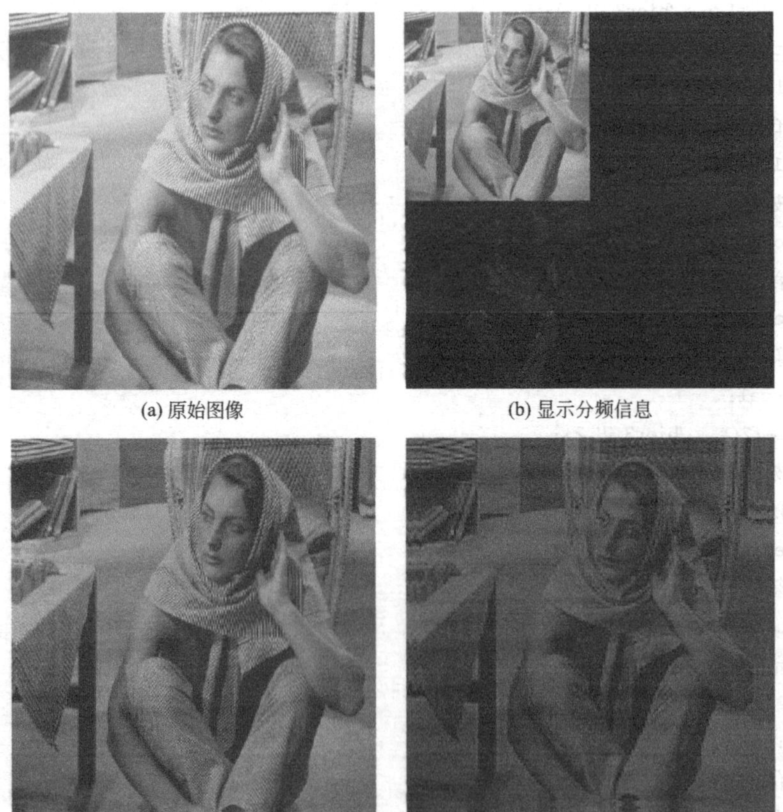

(a) 原始图像　(b) 显示分频信息　(c) 第一次压缩的图像　(d) 第二次压缩的图像

图 2-18　实验运行结果

原始图像的大小

Name	Size	Bytes	Class	Attributes
X	219×221	48399	uint8	

第一次压缩图像的大小

Name	Size	Bytes	Class	Attributes
ca1	117×118	13806	uint8	

第二次压缩图像的大小

Name	Size	Bytes	Class	Attributes
ca2	66×66	4356	uint8	

2.2　图像的几何变换

2.2.1　几何变换基础

数字图像是把连续图像在坐标空间和性质空间离散化了的图像。例如，一幅二维数字图像可以用一组二维（2D）数组 $f(x,y)$ 来表示，其中 x 和 y 表示 2D 空间 xoy 中一个坐标点的位置，$f(x,y)$ 代表图像在点 (x,y) 的某种性质的数值，如果所处理的是一幅灰度图，这时 $f(x,y)$ 表示灰度值，此时 $f(x,y)$、x、y 都在整数集合中取值。因此，除了插值运算外，常见的图像几何变换可以通过与之对应的矩阵线性变换来实现。

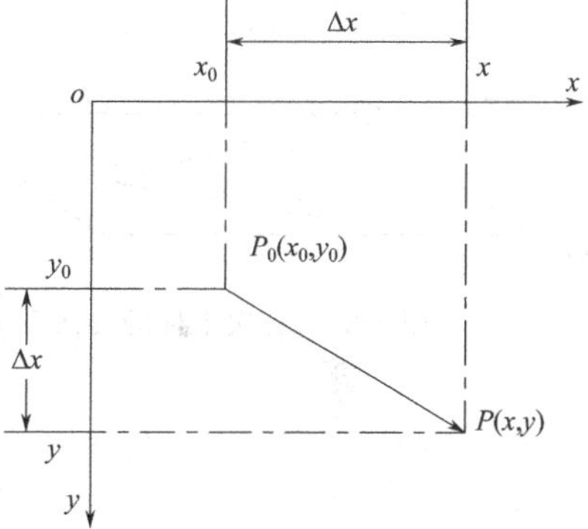

图 2-19　图像的平移变换示意图

现设点 $P_0(x_0,y_0)$ 进行平移后，移到 $P(x,y)$，其中 x 方向的平移量为 Δx，y 方向的平移量为 Δy，如图 2-19 所示，那么，点 $P(x,y)$ 的坐标为

$$\begin{cases} x = x_0 + \Delta x \\ y = y_0 + \Delta y \end{cases} \tag{2-54}$$

这个变换用矩阵的形式可以表示为

$$\begin{bmatrix} x \\ y \end{bmatrix} = \begin{bmatrix} x_0 \\ y_0 \end{bmatrix} + \begin{bmatrix} \Delta x \\ \Delta y \end{bmatrix} \tag{2-55}$$

对式（2-55）进行简单变换可得式（2-56）

$$\begin{bmatrix} x \\ y \end{bmatrix} = \begin{bmatrix} 1 & 0 \\ 0 & 1 \end{bmatrix} \begin{bmatrix} x_0 \\ y_0 \end{bmatrix} + \begin{bmatrix} \Delta x \\ \Delta y \end{bmatrix} \tag{2-56}$$

对式（2-56）进行进一步变换，可得到式（2-57）

$$\begin{bmatrix} x \\ y \end{bmatrix} = \begin{bmatrix} 1 & 0 & \Delta x \\ 0 & 1 & \Delta y \end{bmatrix} \times \begin{bmatrix} x_0 \\ y_0 \\ 1 \end{bmatrix} \tag{2-57}$$

式（2-57）等号右侧左面的矩阵的第一、二列构成单位矩阵，第三列元素为平移常量。该矩阵是点 $P_0(x_0,y_0)$ 平移到 $P(x,y)$ 的平移矩阵，即为变换矩阵，该变换矩阵是 2×3 阶的矩阵，为了符合矩阵相乘时要求前者的列数与后者的行数相等的规则。所以需要在点的坐标列矩阵 $[x_0 \quad y_0]^T$ 中引入第三个元素，增加一个附加坐标，扩展为 3×1 的列矩阵 $[x_0 \quad y_0 \quad 1]^T$，这样，式（2-56）同式（2-57）表述的意义完全相同。为了使式左侧表示成矩阵 $[x \quad y \quad 1]^T$ 的形式，可用三维空间点 $(x,y,1)$ 表示二维空间点 (x,y)，即采用一

种特殊的坐标，可以实现平移变换，变换结果如式（2-58）。

$$\begin{bmatrix} x \\ y \\ 1 \end{bmatrix} = \begin{bmatrix} 1 & 0 & \Delta x \\ 0 & 1 & \Delta y \\ 0 & 0 & 1 \end{bmatrix} \times \begin{bmatrix} x_0 \\ y_0 \\ 1 \end{bmatrix} \tag{2-58}$$

现对式（2-58）中的各个矩阵进行定义：

$T = \begin{bmatrix} 1 & 0 & \Delta x \\ 0 & 1 & \Delta y \\ 0 & 0 & 1 \end{bmatrix}$ 为变换矩阵；$P = \begin{bmatrix} x \\ y \\ 1 \end{bmatrix}$ 为变换后的坐标矩阵；$P_0 = \begin{bmatrix} x_0 \\ y_0 \\ 1 \end{bmatrix}$ 为变换前的坐标矩阵。

则有

$$P = T \times P_0 \tag{2-59}$$

从式（2-59）可以看出，引入附加坐标后，扩充了矩阵的第 3 行，并没有使变换结果受到影响。这种用 $n+1$ 维向量表示 n 维向量的方法称为齐次坐标表示法。

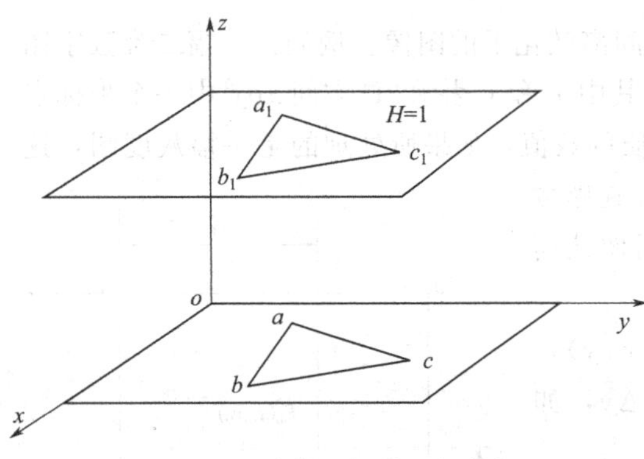

图 2-20　齐次坐标的几何意义

齐次坐标的几何意义相当于点 (x,y) 落在 3D 空间 $H=1$ 的平面上，如图 2-20 所示。如果将 xoy 面内的三角形 abc 的各顶点表示成齐次坐标 $(x_i, y_i, 1)(i=1,2,3)$ 的形式，就变成 $H=1$ 平面内的三角形 $a_1b_1c_1$ 的各顶点。

为了将式（2-59）写成一般形式，对包括平移在内的所有几何变换都适用，对 P、T、P_0进行重新定义：

齐次坐标为

$$P = \begin{bmatrix} x_1 & x_2 & \cdots & x_n \\ y_1 & y_2 & \cdots & y_n \\ 1 & 1 & \cdots & 1 \end{bmatrix} \tag{2-60}$$

变换矩阵 T 为

$$T = \begin{bmatrix} a & b & p \\ c & d & q \\ l & m & s \end{bmatrix} \tag{2-61}$$

变换前的坐标为

$$P_0 = \begin{bmatrix} x_{01} & x_{02} & \cdots & x_{0n} \\ y_{01} & y_{02} & \cdots & y_{0n} \\ 1 & 1 & \cdots & 1 \end{bmatrix} \tag{2-62}$$

则上述变换可以用公式表示为

$$\begin{bmatrix} x_1 & x_2 & \cdots & x_n \\ y_1 & y_2 & \cdots & y_n \\ 1 & 1 & \cdots & 1 \end{bmatrix} = T \times \begin{bmatrix} x_{01} & x_{02} & \cdots & x_{0n} \\ y_{01} & y_{02} & \cdots & y_{0n} \\ 1 & 1 & \cdots & 1 \end{bmatrix} \tag{2-63}$$

引入齐次坐标后，表示 2D 图像几何变换的 3×3 阶矩阵的功能就完善了，可以用它完成 2D 图像的各种几何变换。下面讨论 3×3 阶变换矩阵中各元素在变换中的功能。几何变换的 3×3 阶矩阵的一般形式如式（2-61）所示。

3×3 阶矩阵 T 可以分成四个子矩阵。其中，$\begin{bmatrix} a & b \\ c & d \end{bmatrix}_{2\times 2}$ 这一子矩阵可使图像实现恒等、比例、镜像、错切和旋转变换。$[p \quad q]^{\mathrm{T}}$ 这一列矩阵可以使图像实现平移变换。$[l \quad m]$ 这一行矩阵可以使图像实现透视变换，但当 $l=0$、$m=0$ 时它无透视作用。$[s]$ 这一元素可以使图像实现全比例变换。

2.2.2　图像平移变换

平移变换是几何变换中最简单的一种变换。是将一幅图像上的所有点都按照给定的偏移量在水平方向沿 x 轴、在垂直方向沿 y 轴移动，如图 2-19 所示，设点 $P_0(x_0,y_0)$ 进行平移后，移到 $P(x,y)$，其中 x 方向的平移量为 Δx，y 方向的平移量为 Δy。那么，点 $P(x,y)$ 的坐标为

$$\begin{cases} x = x_0 + \Delta x \\ y = y_0 + \Delta y \end{cases} \tag{2-64}$$

利用齐次坐标，变换前后图像上的点 $P_0(x_0,y_0)$ 和 $P(x,y)$ 之间的关系可以用如下的矩阵变换表示为

$$\begin{bmatrix} x \\ y \\ 1 \end{bmatrix} = \begin{bmatrix} 1 & 0 & \Delta x \\ 0 & 1 & \Delta y \\ 0 & 0 & 1 \end{bmatrix} \times \begin{bmatrix} x_0 \\ y_0 \\ 1 \end{bmatrix} \tag{2-65}$$

对变换矩阵求逆，可以得到式（2-65）的逆变换

$$\begin{bmatrix} x_0 \\ y_0 \\ 1 \end{bmatrix} = \begin{bmatrix} 1 & 0 & -\Delta x \\ 0 & 1 & -\Delta y \\ 0 & 0 & 1 \end{bmatrix} \times \begin{bmatrix} x \\ y \\ 1 \end{bmatrix} \tag{2-66}$$

$$\begin{cases} x_0 = x - \Delta x \\ y_0 = y - \Delta y \end{cases} \tag{2-67}$$

平移后图像上的每一点都可以在原图像中找到对应的点。例如，对于新图中的（0,0）像素，代入式（2-67）所示的方程组，可以求出对应原图中的像素（$-\Delta x,-\Delta y$）。如果 Δx 或 Δy 大于 0，则点（$-\Delta x,-\Delta y$）不在原图像中。对于不在原图像中的点，可以直接将它的像素值统一设置为 0 或者 255（对于灰度图就是黑色或白色）。

设某一图像矩阵 F 如式（2-68）所示，图像平移后，一方面，可以将对于不在原图像中的点的像素值统一设置为 0，如式（2-69）所对应的矩阵 F'；另一方面，也可以将对于不在原图像中的点的像素值统一设置为 255，如式（2-70）所对应的矩阵 F''。

$$F = \begin{bmatrix} f_{11} & f_{12} & \cdots & f_{1n-1} & f_{1n} \\ f_{21} & f_{22} & \cdots & f_{2n-1} & f_{2n} \\ \vdots & \vdots & \cdots & \vdots & \vdots \\ f_{n1} & f_{n2} & \cdots & f_{nn-1} & f_{nn} \end{bmatrix} \tag{2-68}$$

$$F' = \begin{bmatrix} 0 & 0 & 0 & \cdots & 0 \\ 0 & f_{11} & f_{12} & \cdots & f_{1n-1} \\ 0 & f_{21} & f_{22} & \cdots & f_{2n-1} \\ \vdots & \vdots & \vdots & \cdots & \vdots \\ 0 & f_{n1} & f_{n2} & \cdots & f_{nn-1} \end{bmatrix} \tag{2-69}$$

$$F''=\begin{bmatrix}255 & 255 & 255 & \cdots & 255\\255 & f_{11} & f_{12} & \cdots & f_{1n-1}\\255 & f_{21} & f_{22} & \cdots & f_{2n-1}\\\vdots & \vdots & \vdots & \cdots & \vdots\\255 & f_{n1} & f_{n2} & \cdots & f_{nn-1}\end{bmatrix} \tag{2-70}$$

若平移后图像不放大，说明移出的部分被截断。原图像中的一些像素被移出显示区域。式（2-69）所对应的矩阵 F'，式（2-70）所对应的矩阵 F''，都是将式（2-68）所对应的矩阵 F 移出的部分截断，图像平移结果如图 2-21 所示。

(a) 移动前的图像

(b) 移动后的图像

图 2-21 移动后图像大小不变

若不想丢失被移出的部分图像，新生成的图像将被扩大，式（2-71）为式（2-68）所对应的矩阵 F 平移的结果，图像平移结果如图 2-22 所示。

$$F'''=\begin{bmatrix}0 & 0 & 0 & \cdots & 0 & 0\\0 & f_{11} & f_{12} & \cdots & f_{1n-1} & f_{1n}\\0 & f_{21} & f_{22} & \cdots & f_{2n-1} & f_{2n}\\\vdots & \vdots & \vdots & \cdots & \vdots & \vdots\\0 & f_{n1} & f_{n2} & \cdots & f_{nn-1} & f_{nn}\end{bmatrix} \tag{2-71}$$

(a) 移动前的图像

(b) 移动后的图像

图 2-22 移动后图像被放大

【例 2-6】 将图 2-23(a) 所示图像向右下方移动，偏移量为(50,50)，图像大小保持不变，空白的地方用黑色填充，用 MATLAB 编程实现，并显示平移后的结果。

设 I 为原图像的矩阵；I1 为移动后图像的矩阵；Move _ x 为向右移动的距离；Move _ y 为向下移动的距离。

源代码如下：

```
I = imread('coins.png');
subplot(1,2,1);
imshow(I);
title('原始图像');
I1 = zeros(size(I));
H = size(I);
Move_x = 50;
Move_y = 50;
I1(Move_x + 1:H(1,1),Move_y + 1:H(1,2)) = I(1:H(1,1) - Move_x,1:H(1,2) - Move_y);
subplot(1,2,2);
imshow(uint8(I1)); % 将 double 类型的图像转化为 256 灰度图像并输出
title('平移后图像');
```

程序运行结果如图 2-23(b) 所示。

(a) 原始图像

(b) 平移后图像

图 2-23　图像的平移

2.2.3　图像镜像变换

图像的镜像变换不改变图像的形状。图像的镜像变换分为三种：水平镜像、垂直镜像和对角镜像。

(1) 图像水平镜像

图像的水平镜像操作是将图像左半部分和右半部分以图像垂直中轴线为中心进行镜像对换。设点 $P_0(x_0,y_0)$ 进行镜像后的对应点为 $P(x,y)$，图像高度为 f_H，宽度为 f_W，原图像中 $P_0(x_0,y_0)$ 经过水平镜像后坐标将变为 (f_W-x_0,y_0)，其代数表达式为

$$\begin{cases} x = f_W - x_0 \\ y = y_0 \end{cases} \tag{2-72}$$

矩阵表达式为

$$\begin{bmatrix} x \\ y \\ 1 \end{bmatrix} = \begin{bmatrix} -1 & 0 & f_W \\ 0 & 1 & 0 \\ 0 & 0 & 1 \end{bmatrix} \begin{bmatrix} x_0 \\ y_0 \\ 1 \end{bmatrix} \tag{2-73}$$

设原图像的矩阵为

$$F=\begin{bmatrix} f_{11} & f_{12} & f_{13} & f_{14} & f_{15} \\ f_{21} & f_{22} & f_{23} & f_{24} & f_{25} \\ f_{31} & f_{32} & f_{33} & f_{34} & f_{35} \\ f_{41} & f_{42} & f_{43} & f_{44} & f_{45} \\ f_{51} & f_{52} & f_{53} & f_{54} & f_{55} \end{bmatrix} \tag{2-74}$$

经过水平镜像的图像，行的排列顺序保持不变，将原来的列排列 $j=1,2,3,4,5$ 转换成 $j=5,4,3,2,1$，即

$$F=\begin{bmatrix} f_{15} & f_{14} & f_{13} & f_{12} & f_{11} \\ f_{25} & f_{24} & f_{23} & f_{22} & f_{21} \\ f_{35} & f_{34} & f_{33} & f_{32} & f_{31} \\ f_{45} & f_{44} & f_{43} & f_{42} & f_{41} \\ f_{55} & f_{54} & f_{53} & f_{52} & f_{51} \end{bmatrix} \tag{2-75}$$

图 2-24(a) 所示的图像经过水平镜像变换的图像如图 2-24(b) 所示。

(a) 原图像

(b) 水平镜像后的图像

图 2-24 图像的水平镜像

(2) 图像垂直镜像

图像的垂直镜像操作是将图像上半部分和下半部分以图像水平中轴线为中心进行镜像对换。设点 $P_0(x_0,y_0)$ 进行镜像后的对应点为 $P(x,y)$，图像高度为 f_H，宽度为 f_W，原图像中 $P_0(x_0,y_0)$ 经过垂直镜像后坐标将变为 (x_0,f_H-y_0)，其代数表达式为

$$\begin{cases} x=x_0 \\ y=f_H-y_0 \end{cases} \tag{2-76}$$

矩阵表达式为

$$\begin{bmatrix} x \\ y \\ 1 \end{bmatrix}=\begin{bmatrix} 1 & 0 & 0 \\ 0 & -1 & f_H \\ 0 & 0 & 1 \end{bmatrix}\begin{bmatrix} x_0 \\ y_0 \\ 1 \end{bmatrix} \tag{2-77}$$

设原图像的矩阵如式 (2-77) 所示，经过垂直镜像的图像，列的排列顺序保持不变，将原来的行排列 $i=1, 2, 3, 4, 5$ 转换成 $i=5, 4, 3, 2, 1$，即

$$H=\begin{bmatrix} f_{51} & f_{52} & f_{53} & f_{54} & f_{55} \\ f_{41} & f_{42} & f_{43} & f_{44} & f_{45} \\ f_{31} & f_{32} & f_{33} & f_{34} & f_{35} \\ f_{21} & f_{22} & f_{23} & f_{24} & f_{25} \\ f_{11} & f_{12} & f_{13} & f_{14} & f_{15} \end{bmatrix} \tag{2-78}$$

图 2-25(a) 所示的图像经过垂直镜像变换的图像如图 2-25(b) 所示。

(a) 原图像

(b) 垂直镜像后的图像

图 2-25　图像的垂直镜像

(3) 图像对角镜像

图像的对角镜像操作是将图像以图像水平中轴线和垂直中轴线的交点为中心进行镜像对换。相当于将图像先后进行水平镜像和垂直镜像。设点 $P_0(x_0,y_0)$ 进行镜像后的对应点为 $P(x,y)$，图像高度为 f_H，宽度为 f_W，原图像中 $P_0(x_0,y_0)$ 经过对角镜像后坐标将变为 (f_W-x_0,f_H-y_0)，其代数表达式为

$$\begin{cases} x=f_W-x_0 \\ y=f_H-y_0 \end{cases} \tag{2-79}$$

矩阵表达式为

$$\begin{bmatrix} x \\ y \\ 1 \end{bmatrix}=\begin{bmatrix} -1 & 0 & f_W \\ 0 & -1 & f_H \\ 0 & 0 & 1 \end{bmatrix}\begin{bmatrix} x_0 \\ y_0 \\ 1 \end{bmatrix} \tag{2-80}$$

设原图像的矩阵如式（2-74）所示，经过对角镜像的图像，将原来的行排列 $i=1,2,3,4,5$ 转换成 5,4,3,2,1，将原来的列排列 $j=1,2,3,4,5$ 转换成 5,4,3,2,1，即

$$H=\begin{bmatrix} f_{55} & f_{54} & f_{53} & f_{52} & f_{51} \\ f_{45} & f_{44} & f_{43} & f_{42} & f_{41} \\ f_{35} & f_{34} & f_{33} & f_{32} & f_{31} \\ f_{25} & f_{24} & f_{23} & f_{22} & f_{21} \\ f_{15} & f_{14} & f_{13} & f_{12} & f_{11} \end{bmatrix} \tag{2-81}$$

图 2-26(a) 所示的图像经过对角镜像变换的图像如图 2-26(b) 所示。

【例 2-7】 将图 2-27(a) 所示的图像分别进行水平、垂直和对角镜像，用 MATLAB 编程实现，并显示镜像后的结果。

设 I 为原图像；I1 为垂直镜像；I2 为水平镜像；I3 为对角镜像。

(a) 原图像

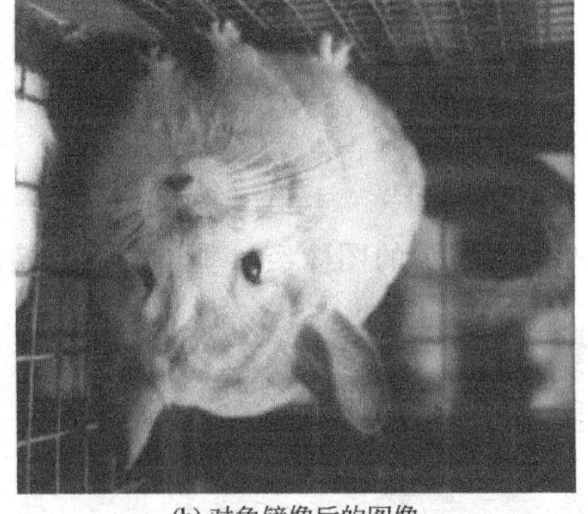
(b) 对角镜像后的图像

图 2-26　图像的对角镜像

(a) 原图

(b) 垂直镜像

(c) 水平镜像

(d) 对角镜像

图 2-27　图像镜像变换的实验结果

源程序如下：

```
clear;
I = imread('office.jpg');
I = rgb2gray(I);
subplot(2,2,1);
imshow(I);
title('原图');
I = double(I);
H = size(I);
I1(1:H(1,1),1:H(1,2)) = I(H(1,1):-1:1,1:H(1,2)); % 垂直镜像
subplot(2,2,2);
```

```
imshow(uint8(I1));
title('垂直镜像');
I2(1:H(1,1),1:H(1,2)) = I(1:H(1,1),H(1,2): - 1:1); % 水平镜像
subplot(2,2,3);
imshow(uint8(I2));
title('水平镜像');
I3(1:H(1),1:H(2)) = I(H(1): - 1:1,H(2): - 1:1); % 对角镜像
subplot(2,2,4);
imshow(uint8(I3));
title('对角镜像');
```

程序运行结果如图 2-27（b）～（d）所示。

2.2.4　图像旋转变换

旋转有一个绕着什么转的问题，通常的做法是以图像的中心为圆心旋转，将图像上的所有像素都旋转一个相同的角度。图像的旋转变换是图像的位置变换，但旋转后，图像的大小一般会改变。和图像平移一样，在图像旋转变换中既可以把转出显示区域的图像截去，旋转后也可以扩大图像范围以显示所有的图像。图 2-29 是将图 2-28 旋转 30°（顺时针方向）后保持原图大小，转出的部分被裁掉的情况。图 2-30 是不裁掉转出部分，旋转后图像变大的情况。

图 2-28　旋转前的图

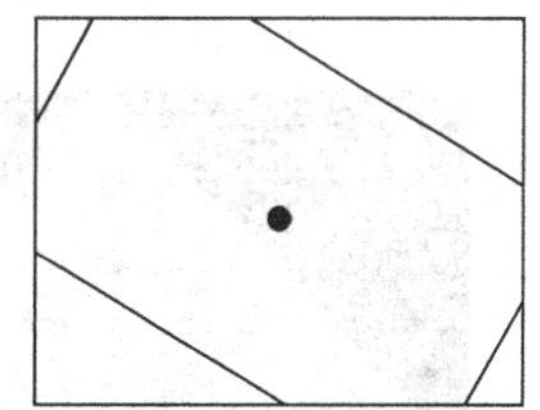

图 2-29　保持原图大小的旋转

采用图 2-30 旋转后图像变大的做法，首先给出变换矩阵。在熟悉的坐标系中，如图 2-31 所示，将一个点顺时针旋转 a 角，r 为该点到原点的距离，b 为 r 与 x 轴之间的夹角。在旋转过程中，r 保持不变。

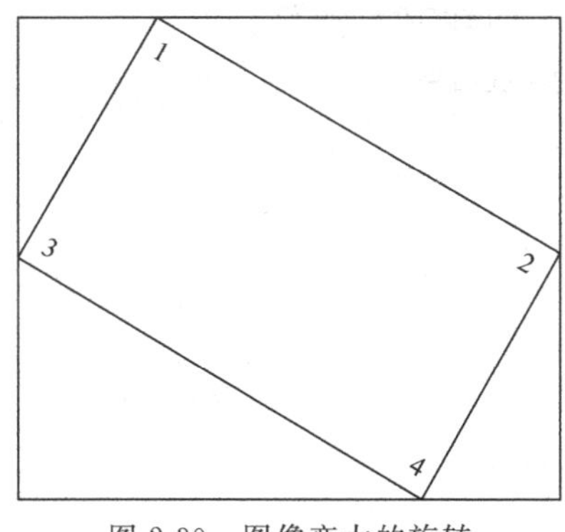

图 2-30　图像变大的旋转

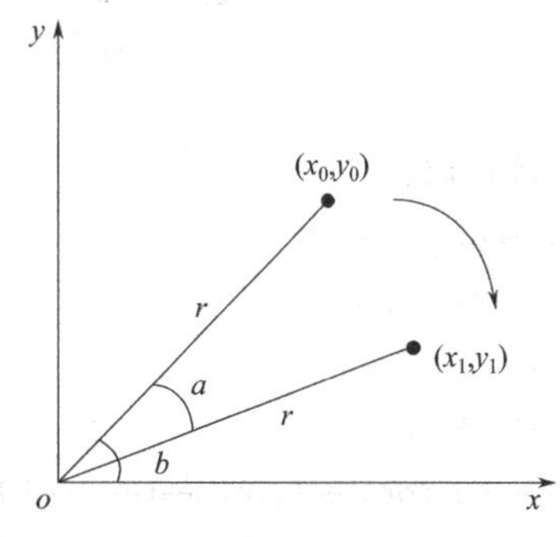

图 2-31　旋转示意图

设旋转前 x_0、y_0 的坐标分别为 $x_0=r\cos b$、$y_0=r\sin b$，当旋转 a 角度后，坐标 x_1、y_1 的值分别为

$$\begin{cases} x_1 = r\cos(b-a) = r\cos b\cos a + r\sin b\sin a = x_0\cos a + y_0\sin a \\ y_1 = r\sin(b-a) = r\sin b\cos a - r\cos b\sin a = -x_0\sin a + y_0\cos a \end{cases} \tag{2-82}$$

以矩阵的形式表示：

$$[x_1 \quad y_1 \quad 1] = [x_0 \quad y_0 \quad 1]\begin{bmatrix} \cos a & -\sin a & 0 \\ \sin a & \cos a & 0 \\ 0 & 0 & 1 \end{bmatrix} \tag{2-83}$$

【例 2-8】 将如图 2-32(a) 所示图像，分别逆时针旋转 30°、45°和 60°，用 MATLAB 编程实现，并显示旋转后的结果。

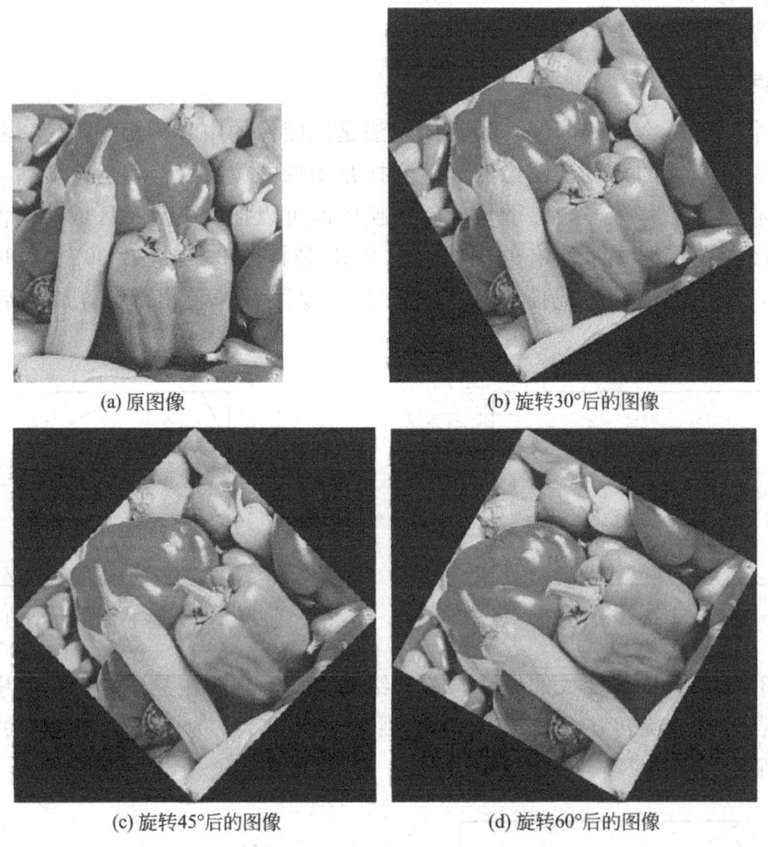
(a) 原图像　(b) 旋转30°后的图像　(c) 旋转45°后的图像　(d) 旋转60°后的图像

图 2-32　图像旋转变换的实验结果

程序源代码如下：

```
I = imread('trees.tif');
subplot(2,2,1);
imshow(I);
title('原图');
I_rot30 = imrotate(I,30,'nearest'); % 旋转 30°
subplot(2,2,2);
imshow(uint8(I_rot30));
title('旋转 30 度');
I_rot45 = imrotate(I,45,'nearest'); % 旋转 45°
```

```
subplot(2,2,3);
imshow(uint8(I_rot45));
title('旋转 45 度');
I_rot60 = imrotate(I,60,'nearest'); % 旋转 60°
subplot(2,2,4);
imshow(uint8(I_rot60));
title('旋转 60 度');
```

程序运行结果如图 2-32 所示。

2.2.5　图像比例缩放变换

图像比例缩放是指将给定的图像在 x 轴方向按比例缩放 f_x 倍，在 y 轴方向按比例缩放 f_y 倍，从而获得一幅新的图像。如果 $f_x=f_y$，即在 x 轴方向和 y 轴方向缩放的比率相同，称这样的比例缩放为图像的全比例缩放。如果 $f_x \neq f_y$，图像的比例缩放会改变原始图像的像素间的相对位置，产生几何畸变。如图 2-33 所示。

(a) 原图像

(b) 非全比例缩小

(c) 全比例缩小

图 2-33　图像的缩放

设原图像中的点 $P_0(x_0,y_0)$ 比例缩放后，在新图像中的对应点为 $P(x,y)$，则 $P_0(x_0,y_0)$ 和 $P(x,y)$ 之间的对应关系如图 2-34 所示。

比例缩放前后两点 $P_0(x_0,y_0)$、$P(x,y)$ 之间的关系用矩阵形式可以表示为

$$\begin{bmatrix} x \\ y \\ 1 \end{bmatrix} = \begin{bmatrix} f_x & 0 & 0 \\ 0 & f_y & 0 \\ 0 & 0 & 1 \end{bmatrix} \times \begin{bmatrix} x_0 \\ y_0 \\ 1 \end{bmatrix} \tag{2-84}$$

式（2-84）的代数式为

$$\begin{cases} x = f_x x_0 \\ y = f_y y_0 \end{cases} \tag{2-85}$$

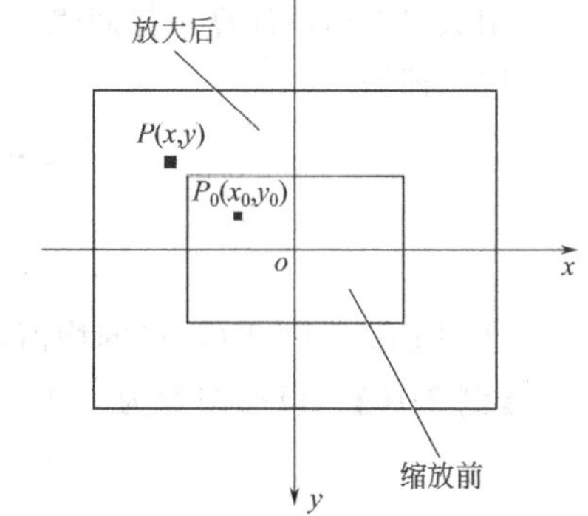

图 2-34　比例缩放

(1) 图像的比例缩小变换

从数码技术的角度来说，图像的缩小是通过减少像素个数来实现的，因此，需要根据所期望缩小的尺寸数据，从原图像中选择合适的像素点，使

图像缩小之后可以尽可能保持原有图像的概貌特征不丢失，下面介绍两种简单的图像缩小变换。

① 基于等间隔采样的图像缩小方法　这种图像缩小方法的设计思想是，通过对画面像素的均匀采样来保持所选择到的像素仍旧可以保持像素的概貌特征。该方法的具体实现步骤为设原图为 $F(i,j)$，大小为 $M\times N(i=1,2,\cdots,M;j=1,2,\cdots,N)$，缩小后的图像为 $G(i,j)$，大小为 $k_1M\times k_2N(k_1=k_2$ 时为按比例缩小，$k_l\neq k_2$ 时为不按比例缩小，$k_l<1,k_2<1$。$i=1,2,\cdots,k_1M;j=1,2,\cdots,k_2N)$，则有

$$\Delta i=1/k_1,\Delta j=1/k_2 \tag{2-86}$$

$$g(i,j)=f(\Delta i\cdot i,\Delta j\cdot j) \tag{2-87}$$

下面通过一个简单的例子来说明图像是如何缩小的。

【例 2-9】 设原图像为

$$F=\begin{bmatrix} f_{11} & f_{12} & f_{13} & f_{14} & f_{15} & f_{16} \\ f_{21} & f_{22} & f_{23} & f_{24} & f_{25} & f_{26} \\ f_{31} & f_{32} & f_{33} & f_{34} & f_{35} & f_{36} \\ f_{41} & f_{42} & f_{43} & f_{44} & f_{45} & f_{46} \end{bmatrix} \tag{2-88}$$

图像矩阵的大小为 4×6，将其进行缩小，缩小的倍数为 $k_1=0.7$，$k_2=0.6$。

缩小后图像行为 4×0.7，列为 6×0.6，经四舍五入，图像大小为 3×4，由式（2-86）计算得 $\Delta i=1/k_1=1.4$，$\Delta j=1/k_2=1.7$，由式（2-87）得，$g(1,1)=f(1.4,1.7)=f(1,2)$，同理可得其他 $g(i,j)$。

得到的缩小后的图像矩阵可由式（2-89）表示：

$$G=\begin{bmatrix} f_{12} & f_{13} & f_{15} & f_{16} \\ f_{32} & f_{33} & f_{35} & f_{36} \\ f_{42} & f_{43} & f_{45} & f_{46} \end{bmatrix} \tag{2-89}$$

② 基于局部均值的图像缩小方法　从前面的缩小算法可以看到，算法的实现非常简单，但是采用上面的方法对没有被选取到的点的信息就无法反映在缩小后的图像中。为了解决这个问题，可以采用基于局部均值的方法来实现图像的缩小。该方法的具体实现步骤如下。

用式（2-86）计算采样间隔，得到 Δi、Δj；求出相邻两个采样点之间所包含的原图像的子块，即为

$$F_{(i,j)}=\begin{bmatrix} f_{\Delta i\cdot(i-1)+1,\Delta j\cdot(j-1)+1} & \cdots & f_{\Delta i\cdot(i-1)+1,\Delta j\cdot j} \\ \vdots & \cdots & \vdots \\ f_{\Delta i\cdot i,\Delta j\cdot(j-1)+1} & \cdots & f_{\Delta i\cdot i,\Delta j\cdot j} \end{bmatrix} \tag{2-90}$$

利用 $g(i,j)=F(i,j)$ 的均值，求出缩小的图像。

【例 2-10】 设原图像为

$$F=\begin{bmatrix} f_{11} & f_{12} & f_{13} & f_{14} & f_{15} & f_{16} \\ f_{21} & f_{22} & f_{23} & f_{24} & f_{25} & f_{26} \\ f_{31} & f_{32} & f_{33} & f_{34} & f_{35} & f_{36} \\ f_{41} & f_{42} & f_{43} & f_{44} & f_{45} & f_{46} \end{bmatrix} \tag{2-91}$$

图像矩阵的大小为 4×6，将其进行缩小，缩小的倍数为 $k_1=0.7$，$k_2=0.6$。

由例 2-9 可知，缩小后图像的大小为 3×4，由式（2-86）计算得 $\Delta i=1/k_1=1.4$，$\Delta j=1/k_2=1.7$，由式（2-90）可以将图像 F 分块为

$$F=\begin{bmatrix} f_{11} & f_{12} & f_{13} & f_{14} & f_{15} & f_{16} \\ f_{21} & f_{22} & f_{23} & f_{24} & f_{25} & f_{26} \\ f_{31} & f_{32} & f_{33} & f_{34} & f_{35} & f_{36} \\ f_{41} & f_{42} & f_{43} & f_{44} & f_{45} & f_{46} \end{bmatrix} \tag{2-92}$$

再由 $g(i,j)=F(i,j)$ 的均值，得到缩小的图像

$$G=\begin{bmatrix} g_{11} & g_{12} & g_{13} & g_{14} \\ g_{21} & g_{22} & g_{23} & g_{24} \\ g_{31} & g_{32} & g_{33} & g_{34} \end{bmatrix} \tag{2-93}$$

其中，$g(i,j)$ 为式（2-92）各子块的均值，如 $g_{21}=\frac{1}{4}\times(f_{21}+f_{22}+f_{31}+f_{32})$。

若图像为

$$F=\begin{bmatrix} 31 & 35 & 39 & 13 & 17 & 21 \\ 32 & 36 & 10 & 14 & 18 & 22 \\ 33 & 37 & 11 & 15 & 19 & 23 \\ 34 & 38 & 12 & 16 & 20 & 24 \end{bmatrix} \tag{2-94}$$

按照例 2-9 缩小后的比例，采用等间隔采样和采用局部均值采样得到缩小的图像分别为

$$G=\begin{bmatrix} 35 & 39 & 17 & 21 \\ 37 & 11 & 19 & 23 \\ 38 & 12 & 20 & 24 \end{bmatrix},\quad G=\begin{bmatrix} 33 & 39 & 15 & 21 \\ 35 & 11 & 17 & 23 \\ 36 & 12 & 18 & 24 \end{bmatrix}$$

(2) 图像的比例放大变换

图像在缩小操作中，是在现有的信息里如何挑选所需要的有用信息。而在图像的放大操作中，则需要对尺寸放大后所多出来的空格填入适当的像素值，这是信息的估计问题，所以较图像的缩小要难一些。由于图像的相邻像素之间的相关性很强，可以利用这个相关性来实现图像的放大。与图像缩小相同，按比例放大不会引起图像的畸变，而不按比例放大则会产生图像的畸变，图像放大一般采用最近邻域法和线性插值法。

① 最近邻域法　一般地，按比例将原图像放大 k 倍时，如果按照最近邻域法则需要将一个像素值添在新图像的 $k\times k$ 的子块中，式（2-95）为图像 F 的矩阵，该图像放大 3 倍得到图像 F' 的矩阵用式（2-96）表示，图 2-35 为放大 5 倍的示意图。显然，如果放大倍数太大，按照这种方法处理会出现马赛克效应。

$$F=\begin{bmatrix} f_{11} & f_{12} & f_{13} \\ f_{21} & f_{22} & f_{23} \\ f_{31} & f_{32} & f_{33} \end{bmatrix} \tag{2-95}$$

$$F'=\begin{bmatrix} f_{11} & f_{11} & f_{11} & f_{12} & f_{12} & f_{12} & f_{13} & f_{13} & f_{13} \\ f_{11} & f_{11} & f_{11} & f_{12} & f_{12} & f_{12} & f_{13} & f_{13} & f_{13} \\ f_{11} & f_{11} & f_{11} & f_{12} & f_{12} & f_{12} & f_{13} & f_{13} & f_{13} \\ f_{21} & f_{21} & f_{21} & f_{22} & f_{22} & f_{22} & f_{23} & f_{23} & f_{23} \\ f_{21} & f_{21} & f_{21} & f_{22} & f_{22} & f_{22} & f_{23} & f_{23} & f_{23} \\ f_{21} & f_{21} & f_{21} & f_{22} & f_{22} & f_{22} & f_{23} & f_{23} & f_{23} \\ f_{31} & f_{31} & f_{31} & f_{32} & f_{32} & f_{32} & f_{33} & f_{33} & f_{33} \\ f_{31} & f_{31} & f_{31} & f_{32} & f_{32} & f_{32} & f_{33} & f_{33} & f_{33} \\ f_{31} & f_{31} & f_{31} & f_{32} & f_{32} & f_{32} & f_{33} & f_{33} & f_{33} \end{bmatrix} \tag{2-96}$$

② 线性插值法　为了提高几何变换后的图像质量，常采用线性插值法。该方法就是根据周围最近的几个点（对于平面图像来说，共有四点）的颜色作线性插值计算（对于平面图像来说就是二维线性插值）来估计该点的颜色，如图 2-36 所示。该方法图像边缘的锯齿比最近邻域法小非常多，效果好很多。

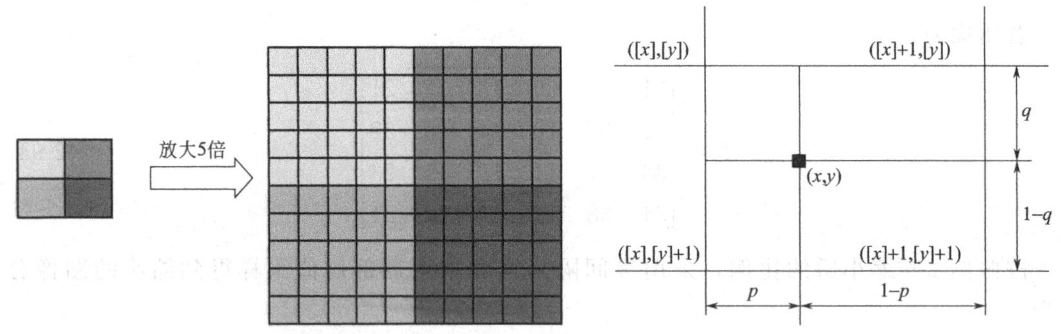

图 2-35　按最近邻域法放大五倍的图像　　图 2-36　线性插值法示意图

简化后的灰度值计算式如下：

$$g(x,y)=(1-q)\{(1-p)\times g([x],[y])+p\times g([x]+1,[y])\}+ \\ q\{(1-p)\times g([x],[y]+1)+p\times g([x]+1,[y]+1)\} \tag{2-97}$$

式中，$g(x,y)$ 为坐标 (x,y) 处的灰度值；$[x]$、$[y]$ 为不大于 x、y 的整数。

【例 2-11】 用最近邻域法将如图 2-37(a) 所示图像进行缩放，用 MATLAB 编程实现放大 2 倍和缩小 2 倍的程序，并显示放大 2 倍和缩小 2 倍的结果。

设 I 为原图像；I _ enlarge 为放大 2 倍的图像；I _ reduce 为缩小 2 倍的图像。

源程序代码如下：

```
I = imread('onion.png');
figure;imshow(I);title(' ');
I = double(I);
I_enlarge = imresize(I,2,'nearest');   % 放大 2 倍
figure;imshow(uint8(I_enlarge));title(' ');
I_reduce = imresize(I,0.5,'nearest'); % 缩小 2 倍
figure;imshow(uint8(I_reduce));title(' ');
```

程序运行结果如图 2-37(b)、(c) 所示。

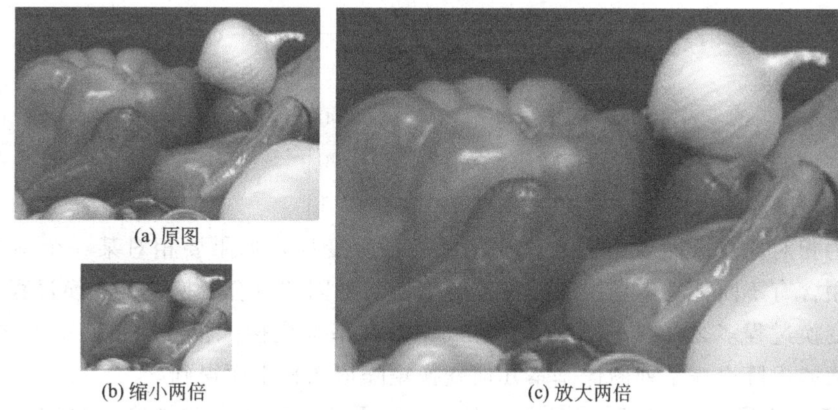

(a) 原图　(b) 缩小两倍　(c) 放大两倍

图 2-37　图像比例变换的实验结果

2.2.6　图像复合变换

图像的复合变换是指对给定的图像连续施行若干次如前所述的平移、镜像、比例、旋转等基本变换后所完成的变换，图像的复合变换又称级联变换。

利用齐次坐标，对给定的图像依次按一定顺序连续施行若干次基本变换，其变换的矩阵仍然可以用 3×3 阶的矩阵表示，而且从数学上可以证明，复合变换的矩阵等于基本变换的矩阵按顺序依次相乘得到的组合矩阵。设对给定的图像依次进行了基本变换 F_1，$F_2,\cdots,F_N$，它们的变换矩阵分别为 $T_1,T_2,\cdots,T_N$，则图像复合变换的矩阵 T 可以表示为

$$T = T_1 T_2 \cdots T_{N-1} T_N \cdots \tag{2-98}$$

(1) 复合平移

设某个图像先平移到新的位置 $P_1(x_1,y_1)$ 后，再将图像平移到 $P_2(x_2,y_2)$ 的位置，则复合平移矩阵为

$$T = T_1 T_2 = \begin{bmatrix} 1 & 0 & x_1 \\ 0 & 1 & y_1 \\ 0 & 0 & 1 \end{bmatrix} \cdot \begin{bmatrix} 1 & 0 & x_2 \\ 0 & 1 & y_2 \\ 0 & 0 & 1 \end{bmatrix} = \begin{bmatrix} 1 & 0 & x_1+x_2 \\ 0 & 1 & y_1+y_2 \\ 0 & 0 & 1 \end{bmatrix} \tag{2-99}$$

由此可见，尽管一些顺序的平移用到矩阵的乘法，但最后合成的平移矩阵，只需对平移常量进行加法运算。

(2) 复合比例

同样，对某个图像连续进行比例变换，最后合成的复合比例矩阵，只要对比例常量进行乘法运算即可。复合比例矩阵如下：

$$T = T_1 T_2 = \begin{bmatrix} a_1 & 0 & 0 \\ 0 & d_1 & 0 \\ 0 & 0 & 1 \end{bmatrix} \cdot \begin{bmatrix} a_2 & 0 & 0 \\ 0 & d_2 & 0 \\ 0 & 0 & 1 \end{bmatrix} = \begin{bmatrix} a_1 a_2 & 0 & 0 \\ 0 & d_1 d_2 & 0 \\ 0 & 0 & 1 \end{bmatrix} \tag{2-100}$$

(3) 复合旋转

类似地，对某个图像连续进行旋转变换，最后合成的旋转变换矩阵等于两次旋转角度的和，复合旋转变换矩阵如式（2-101）所示。

$$T=T_1T_2=\begin{bmatrix}\cos\theta_1 & \sin\theta_1 & 0\\ -\sin\theta_1 & \cos\theta_1 & 0\\ 0 & 0 & 1\end{bmatrix}\cdot\begin{bmatrix}\cos\theta_2 & \sin\theta_2 & 0\\ -\sin\theta_2 & \cos\theta_2 & 0\\ 0 & 0 & 1\end{bmatrix}$$
$$=\begin{bmatrix}\cos(\theta_1+\theta_2) & \sin(\theta_1+\theta_2) & 0\\ -\sin(\theta_1+\theta_2) & \cos(\theta_1+\theta_2) & 0\\ 0 & 0 & 1\end{bmatrix} \tag{2-101}$$

上述均为相对原点（图像中央）作比例、旋转等变换，如果要相对某一个参考点作变换，则要使用含有不同种基本变换的图像复合变换。不同的复合变换，其变换过程不同，但是无论它的变换过程多么复杂，都可以分解成一系列基本变换。相应地，使用齐次坐标后，图像复合变换的矩阵由一系列图像基本几何变换矩阵依次相乘而得到。

【例 2-12】 将图 2-38(a) 所示图像向下、向右平移，并用白色填充空白部分；再对其进行垂直镜像；然后旋转 30°；再缩小 5 倍。用 MATLAB 编写其程序，给出运行结果。

程序源代码如下：

```
I = imread('peppers.png');
I = rgb2gray(I);
subplot(1,2,1);
imshow(I);
title('原图');
I = double(I);
B = zeros(size(I)) + 255;
H = size(I);
B(50 + 1:H(1),50 + 1:H(2)) = I(1:H(1) - 50,1:H(2) - 50); % 右下平移变换
C(1:H(1),1:H(2)) = B(H(1): - 1:1,1:H(2)); % 垂直镜像变换
D = imrotate(C,30,'nearest'); % 旋转变换
E = imresize(D,0.2,'nearest'); % 比例变换
subplot(1,2,2);
imshow(uint8(E));
title('复合变换后');
```

程序运行结果如图 2-38(b) 所示。

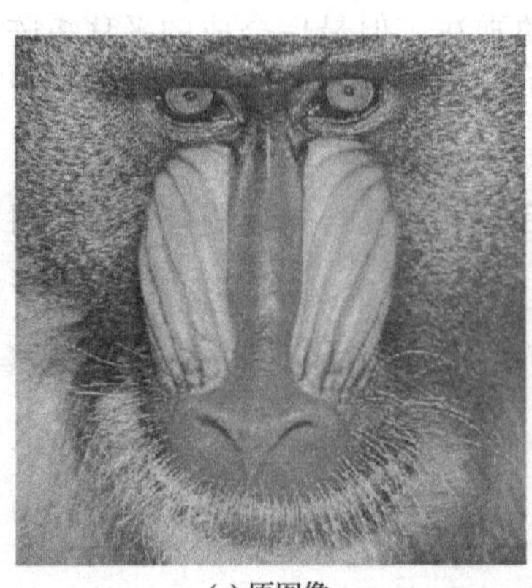
(a) 原图像

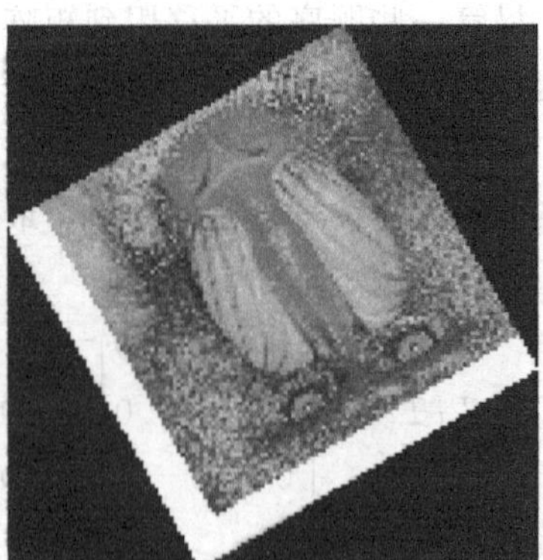
(b) 复合变换的结果

图 2-38 图像复合的实验结果

习题与思考题

2-1　求图 2-39 所示长方形图像二维连续函数的傅里叶变换。

$$f(x,\ y)=\begin{cases}E & |x|<a,\ |y|<b \\ 0 & \text{其他}\end{cases}$$

2-2　离散傅里叶变换都有哪些性质？这些性质说明了什么？

2-3　证明离散傅里叶变换的频率位移和空间位移性质。

2-4　小波变换是如何定义的？小波分析的主要优点是什么？

2-5　在图像缩放中，采用最近邻域法进行放大时，如果放大倍数太大，可能会出现马赛克效应，这个问题有没有办法解决，或者有所改善？

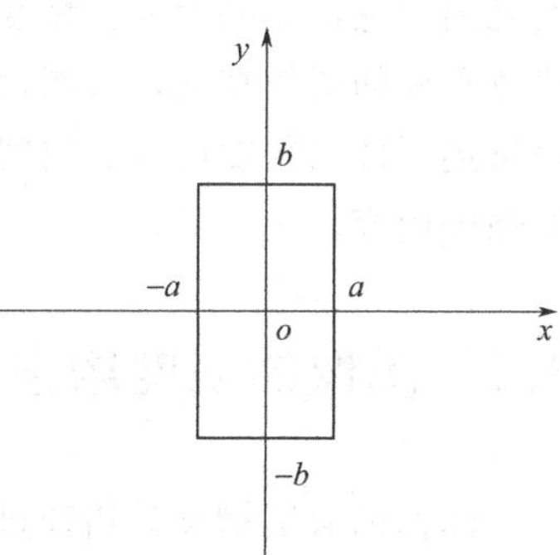

图 2-39　长方形图像

2-6　复合变换的矩阵等于基本变换的矩阵按顺序依次相乘得到的组合矩阵。即 $T=T_N T_{N-1}\cdots T_1$，矩阵顺序的改变能否影响变换的结果？

2-7　写出图像对角镜像的代数表达式和矩阵表达式，并将图 2-40 进行对角镜像。

2-8　将图像围绕点 $(x,y)=(127,127)$ 逆时针旋转 30°，写出几何变换。假设 (0,0) 在左上角。

2-9　编写一个程序以实现如下功能：将一个灰度图像与该图像少许平移后（边界全部填充为零）得到的图像相减后再相乘，并显示和比较两种操作带来的不同的图像输出效果。

2-10　设原图像如图 2-41 所示，用最近邻域法将该图像放大为 16×16 大小的图像。

A	B	C	R
D	E	F	T
G	H	K	L
Q	W	X	Y

图 2-40　原图像矩阵

59	60	58	57
61	59	59	57
62	59	60	58
59	61	60	56

图 2-41　原图像

2-11　图像矩阵的大小为

$$F=\begin{bmatrix}28 & 32 & 36 & 10 & 14 & 18 \\ 29 & 33 & 7 & 11 & 15 & 19 \\ 30 & 34 & 8 & 12 & 16 & 20 \\ 31 & 35 & 9 & 13 & 17 & 21\end{bmatrix}$$

现将其进行缩小，缩小的倍数为 $k_1=0.7$，$k_2=0.8$，分别求等间隔采样和采用局部均值采样后缩小图像的矩阵。

第3章　图像增强及去噪技术

图像增强及去噪技术是运用一系列技术手段改善图像数据中所承载的信息，清除图像中的无用信息，去除噪声，恢复有用信息，抑制不需要的变形或者增强某些对于后续处理来说比较重要的图像特征，将图像转化成一种更适合于人或计算机进行分析处理的形式。本章主要讲述图像的灰度增强、空间域图像去噪、频率域图像增强、形态学滤波去噪技术和伪彩色增强等内容。

3.1　图像的灰度增强

图像的灰度增强是指通过一定的处理方法，提高图像中的亮暗对比度，由此加大亮暗差异目标特征。由于描述一幅图像的灰度级有限，因此图像的灰度增强处理的核心思路是通过抑制非重要目标信息来增强重要目标信息。图像增强应用范围广泛，这里主要介绍图像灰度变换和直方图修正。

3.1.1　图像灰度变换

灰度变换按映射函数可分为线性、分段线性、非线性以及其他的灰度变化等多种形式。常见的灰度变换就是直接修改灰度的输入/输出映射关系。

(1) 线性灰度变换

比例线性变换是对每个线性段逐个像素进行处理，它可将原图像灰度值动态范围按线性关系式扩展到指定范围或整个动态范围。

假定给定的是两个灰度区间，如图 3-1(a) 所示，原图像 $f(x,y)$ 的灰度范围为 $[a,b]$，希望变换后的图像 $g(x,y)$ 的灰度扩展为 $[c,d]$，根据线性方程式可得如式 (3-1) 所示的线性变换：

$$g(x,y)=\frac{d-c}{b-a}[f(x,y)-a]+c \tag{3-1}$$

这样就可把输入图像的某个亮度值区间 $[a,b]$ 扩展为输出图像的亮度值区间 $[c,d]$。采用比例线性灰度变换对图像每一个像素灰度进行线性拉伸，将有效地改善图像视觉效果。

若图像灰度在 $0\sim M$ 范围内，其中大部分像素的灰度级分布在区间 $[a,b]$ 内，很小部分像素的灰度级超出此区间。为改善增强效果，对于图 3-1(b) 的映射关系为：

$$g(x,y)=\begin{cases} c & 0\leqslant f(x,y)\leqslant a \\ \dfrac{d-c}{b-a}[f(x,y)-a]+c & a<f(x,y)<b \\ d & b\leqslant f(x,y)\leqslant M \end{cases} \tag{3-2}$$

注意，这种变换扩展了 $[a,b]$ 区间的灰度级，但是将小于或等于 a 和大于或等于 b 范围内的灰度级分别压缩为 c 和 d，这样使图像灰度级在上述 $[0\quad a]$、$[b\quad M]$ 两个范围内都各自变成 c、d 灰度级分布，从而截取了这两部分信息。

(2) 分段线性灰度变换

为了突出图像中感兴趣的目标或者灰度区间，把线性灰度变换原理引申应用。将图像灰度区间分成两段乃至多段分别进行线性变换，称为分段线性变换。图 3-2 是分为三段的分段线性灰度变换。

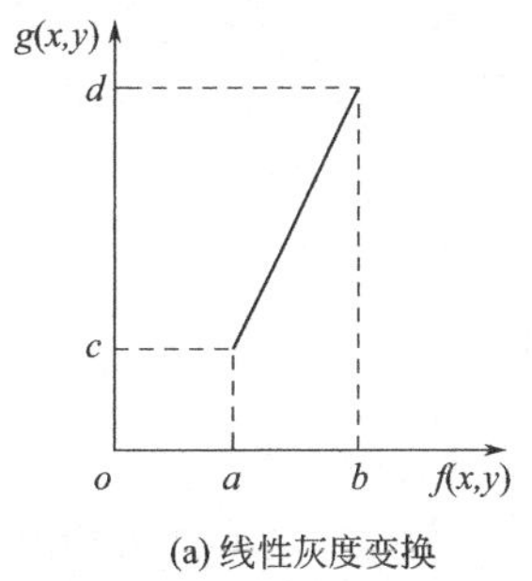

(a) 线性灰度变换

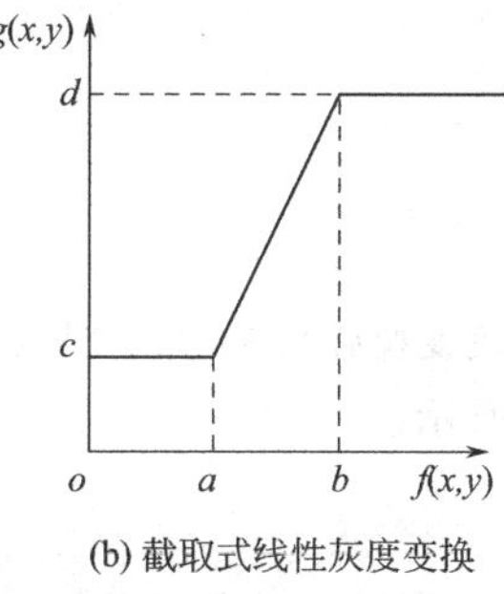

(b) 截取式线性灰度变换

图 3-1　线性灰度变换

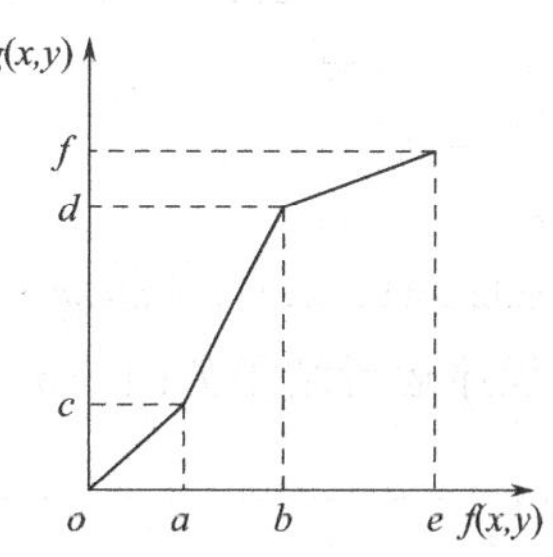

图 3-2　分段线性灰度变换

分段线性变换的优点是可以根据用户的需要，拉伸特征物体的灰度细节，相对抑制不感兴趣的灰度级。采用分段线性法，可将需要的图像细节灰度级拉伸，增强对比度，将不需要的细节灰度级压缩。其数学表达式如下：

$$g(x,y)=\begin{cases}\dfrac{c}{a}f(x,y) & 0\leqslant f(x,y)<a\\ \dfrac{d-c}{b-a}[f(x,y)-a]+c & a\leqslant f(x,y)\leqslant b\\ \dfrac{f-d}{e-b}[f(x,y)-a]+d & b<f(x,y)\leqslant e\end{cases}\tag{3-3}$$

【例 3-1】 灰度图像分段线性变换增强算法的实现。

```
% MATLAB 灰度图像分段线性变换增强算法程序
clc;
clear all;
X1 = imread('cameraman.tif'); % 读入原灰度图像[见图 3-3(b)]
subplot(1,2,1),imshow(X1);title('原图'); % 显示原灰度图像
f0 = 0;g0 = 0; % 分段直线的折线点赋值
f1 = 20;g1 = 10;
f2 = 130;g2 = 180;
f3 = 255;g3 = 255;
r1 = (g1 - g0)/(f1 - f0); % 第一段直线的斜率
b1 = g0 - r1 * f0; % 计算截距 1
r2 = (g2 - g1)/(f2 - f1); % 第二段直线的斜率
b2 = g1 - r2 * f1; % 计算截距 2
r3 = (g3 - g2)/(f3 - f2); % 第三段直线的斜率
b3 = g2 - r3 * f2; % 计算截距 3
[m,n] = size(X1);
for i = 1:m
    for j = 1:n
        f = X1(i,j);
```

```
            if(f<f1)
                g(i,j) = r1 * f + b1;
            elseif(f> = f1)&(f< = f2)
                g(i,j) = r2 * f + b2;
            else(f> = f2)&(f< = f3)
                g(i,j) = r3 * f + b3;
            end
        end
    end
    subplot(1,2,2), imshow(g);title('灰度变换后'); % 显示变换后的图像
```

程序运行结果如图 3-3(a)、(c) 所示。

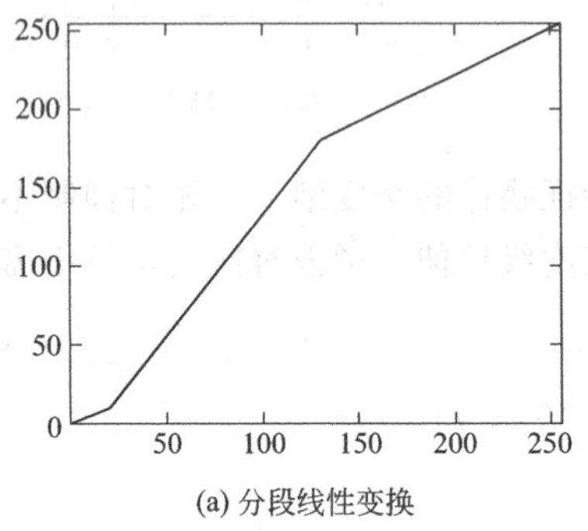

(a) 分段线性变换

(b) 原灰度图像

(c) 变换后的图像

图 3-3　分段线性变换程序示例

(3) 图像反转

图像反转是典型的灰度线性变换，就是使黑变白，使白变黑，将原始图像的灰度值进行翻转，使输出图像的灰度随输入图像的灰度增加而减少。这种处理对增强嵌入在暗背景中的白色或灰色细节特别有效，尤其当图像中黑色为主要部分时效果明显。如图 3-4 所示。

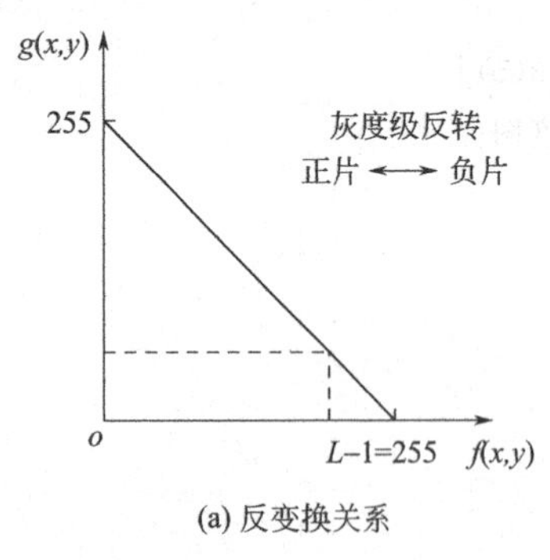

(a) 反变换关系

(b) 原图

(c) 变换后的图像

图 3-4　图像反转的效果

根据图 3-4(a) 图像反转的变换关系，由直线方程截斜式可知当 $k=-1$，$b=L-1$ 时，其表达式为

$$g(x,y)=kf(x,y)+b=-f(x,y)+(L-1) \tag{3-4}$$

其中，$[0,L-1]$ 是图像灰度级范围。

【例 3-2】 灰度图像反转的算法实现。

```
% 图像反转线性变换的程序实现
I=imread('kids.tif'); % 读入原始图像[见图 3-4(b)]
J=double(I); % 将图像矩阵转化为 double 类型
J=-J+(256-1); % 图像反转线性变换
H=uint8(J); % double 数据类型转化为 uint8 数据类型
subplot(1,2,1),imshow(I);title('原始图像'); % 显示灰度原始图像
subplot(1,2,2),imshow(H);title('灰度反转后图像'); % 显示灰度反转后图像
```

程序运行结果如图 3-4(c) 所示。

(4) 灰度非线性变换

当用某些非线性函数，如平方、对数、指数函数等作为映射函数时，可实现图像灰度的非线性变换。非线性变换映射函数如图 3-5 所示。

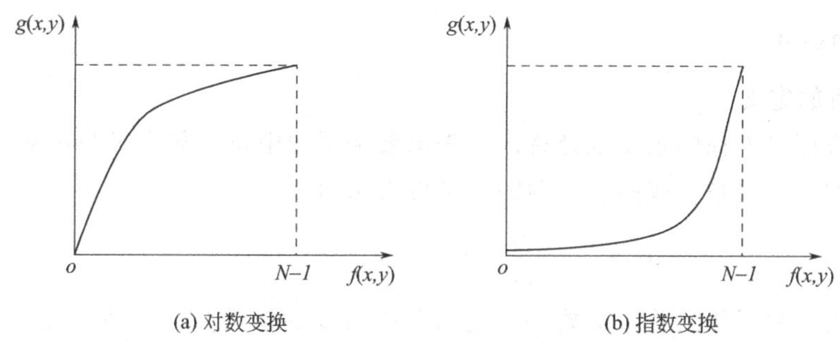

(a) 对数变换　(b) 指数变换

图 3-5　非线性变换映射函数

① 对数变换　常用来扩展低值灰度，压缩高值灰度，这样可以使低值灰度的图像细节更容易看清，从而达到增强的效果。对数非线性变换映射函数如图 3-5(a) 所示，其表达式为

$$g(x,y)=C\log[1+|f(x,y)|] \tag{3-5}$$

式中，C 为尺度比例常数。$1+|f(x,y)|$ 是为了避免对零求对数。

② 指数变换　一般形式为

$$g(x,y)=b^{c[f(x,y)-a]}-1 \tag{3-6}$$

这里的 a、b、c 是为了调整曲线位置和形状的参数。图 3-5(b) 所示指数变换与对数变换正好相反，它可用来压缩低值灰度区域，扩展高值灰度区域，但由于与人的视觉特性不太相同，因此不常采用。

【例 3-3】 利用对数变换映射关系编写对数非线性变换程序。

```
% 一幅图像进行对数变换的程序清单
I=imread('cameraman.tif'); % 读入原始图像
J=double(I); % 将图形矩阵转化为 double 类型
J=40*(log(J+1)); % 把图像进行对数变换
H=uint8(J); % double 数据类型转化为 uint8 数据类型
subplot(1,2,1),  imshow(I); title('原始图像'); % 显示对数变换前的图像
subplot(1,2,2),  imshow(H);title('对数变换后'); % 显示对数变换后的图像
```

经过对原始图像 [见图 3-6(a)] 进行对数变换，可得到如图 3-6(b) 所示的变换效果。

(a) 原始图像

(b) 对数变换后的图像

图 3-6　对数变换前、后图像效果图

3.1.2　直方图修正

(1) 灰度直方图的定义

图像的直方图是图像的重要统计特征，表示数字图像中每一灰度级与该灰度级出现的像素数或频数间的统计关系。按照直方图的定义可表示为

$$P(r_k)=\frac{n_k}{N}\quad k=0,1,2,\cdots,L-1 \tag{3-7}$$

式中，N 为一幅图像的总像素数；n_k 是第 k 级灰度的像素数；r_k 表示第 k 个灰度级；L 是灰度级数；$P(r_k)$ 表示该灰度级出现的相对频数。也就是说对每个灰度值，求出在图像中该灰度值的像素数的图形称为灰度直方图，或简称直方图。直方图用横轴代表灰度级别值（灰度值），纵轴代表对应的灰度级出现像素的个数或频数。

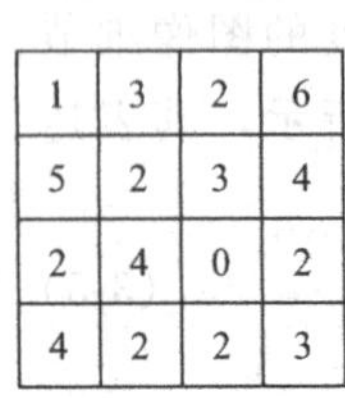

1	3	2	6
5	2	3	4
2	4	0	2
4	2	2	3

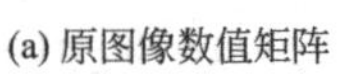
(a) 原图像数值矩阵

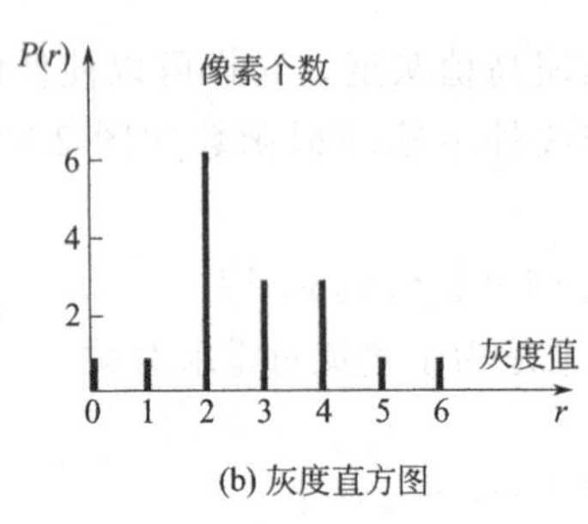

(b) 灰度直方图

图 3-7　灰度直方图计算示意图

【例 3-4】 假设一个图像由一个 4×4 大小的二维数值矩阵构成，如图 3-7(a) 所示，试写出图像的灰度分布，并画出图像的直方图。

经过统计，图像中灰度值为 0 的像素有 1 个，灰度值为 1 的像素有 1 个，……，灰度值为 6 的像素有 1 个。由此得到图像的灰度分布如表 3-1 所示，由表 3-1 可得灰度直方图如图 3-7(b) 所示。

表 3-1　图像的灰度分布

灰度值 r	0	1	2	3	4	5	6
像素个数 n	1	1	6	3	3	1	1
像素分布 $P(r)$	1/16	1/16	6/16	3/16	3/16	1/16	1/16

在图像直方图中，r 代表图像中像素灰度级，若将其进行归一化处理，r 的值将限定在 $0\leqslant r\leqslant 1$ 范围之内，在灰度级中，$r=0$ 代表黑，$r=1$ 代表白。对于一幅给定的图像来说，每一个像素取得 [0, 1] 区间内的灰度级是随机的，也就是说，r 是一个随机变量。假定对每一瞬间它们是连续的随机变量，那么，就可以用概率密度函数 $P_r(r)$ 来表示原始图像的

灰度分布。如果用直角坐标系的横轴代表灰度级 r，用纵轴代表灰度级的概率密度函数 $P_r(r)$，这样就可以针对一幅图像画出概率密度分布曲线，如图 3-8 所示。图 3-8(a) 中图像的大多数像素灰度值取在较暗的区域，所以对应的这幅图像肯定较暗，一般在摄影过程中曝光过强就会造成这种结果；而图 3-8(b) 中像素灰度值集中在亮区，因此，图 3-8(b) 中图像的特性将偏亮，一般在摄影中曝光太弱将导致这种结果。显然，从两幅图像的灰度分布来看图像的质量均不理想。图 3-8(c) 表示原图像的灰度动态范围太小，p、q 部分的灰度级未能被有效地利用，许多细节分辨不清楚。图 3-8(d) 中各种灰度分布均匀，给人以清晰、明快的感觉。

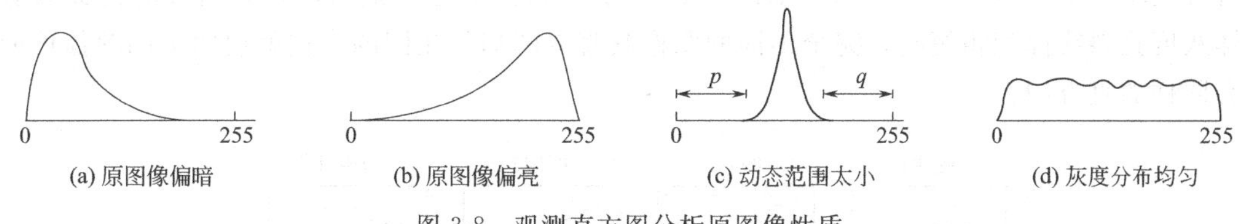

图 3-8　观测直方图分析原图像性质

【例 3-5】 利用 MATLAB 画图像对应直方图。

```
J = imread('tire.tif');subplot(2,4,1),imshow(J);
subplot(2,4,5),imhist(J,16); % 显示图像的灰度直方图,共有 16 个灰度级别
J = imread('pout.tif');subplot(2,4,2),imshow(J);
subplot(2,4,6),imhist(J,32); % 显示图像的灰度直方图,共有 32 个灰度级别
J = imread('liftingbody.png');subplot(2,4,3),imshow(J);
subplot(2,4,7),imhist(J,128); % 显示图像的灰度直方图,共有 128 个灰度级别
J = imread('cameraman.tif');subplot(2,4,4),imshow(J);
subplot(2,4,8),imhist(J,256); % 显示图像的灰度直方图,共有 256 个灰度级别
```

程序运行可得到图像与对应直方图，如图 3-9 所示。

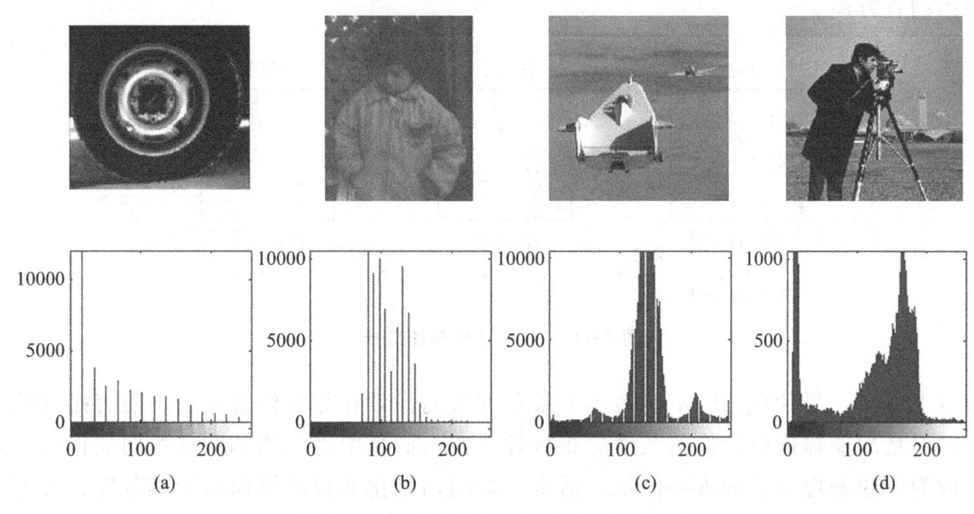

图 3-9　灰度图像与对应直方图的显示

(2) 灰度直方图的性质

灰度直方图具有以下三个重要的性质。

① 直方图是图像的一维信息描述。

在直方图中，由于它只能反映如图像的灰度范围、灰度级的分布、整幅图像的平均亮度等信息，而未能反映图像某一灰度值像素所在的位置，因而失去了图像的（二维特征）空间信息。虽然能知道具有某一灰度值的像素有多少，但这些像素在图像中处于什么样的位置不清楚。故仅从直方图不能完整地描述一幅图像的全部信息。

② 灰度直方图与图像的映射关系并不唯一（具有多对一的关系）。

任一幅图像都可以唯一地确定出与其对应的直方图，但不同的图像可能有相同的直方图，也就是说，图像与直方图之间是多对一的关系。即一幅图像对应于一个直方图，但是一个直方图不一定只对应一幅图像。如图 3-10 所示，图像中有四幅图，若有斜线的目标具有同样灰度且斜线面积相等时，完全不同的图像其直方图却是相同的，这就说明不同图像可能具有同样的直方图。

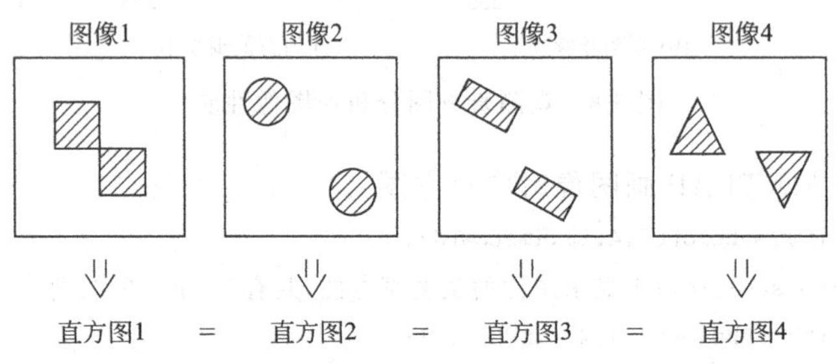

图 3-10　不同的图像其直方图却是相同的

③ 整幅图像的直方图是其各子图像直方图之和（直方图的可叠加性）。

由于直方图是对具有相同灰度值的像素统计得到的，并且图像各像素的灰度值具有二维位置信息，如图 3-11 所示，如果已知图像被分割成几个区域后的各个区域的直方图，则把它们加起来，就可得到这个图像的直方图。因此一幅图像其各子图像的直方图之和就等于该图像全图的直方图。

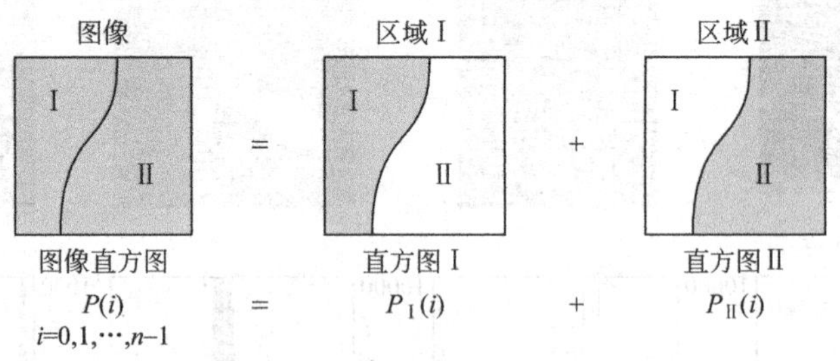

图 3-11　直方图的叠加性质

由以上可知，尽管直方图不能表示出某灰度级的像素在什么位置，更不能直接反映出图像内容，但是却能描述该图像的灰度分布特性，使人们从中得到诸如图像的明亮程度、对比度等，成为一些处理方法的重要依据。通常一幅均匀量化的自然图像由于其灰度直方图分布集中在较窄的低值灰度区间，引起图像的细节看不清楚，为使图像变得清晰，可以通过变换使图像的灰度范围拉开或使灰度分布在动态范围内趋于均衡化，从而增加反差，使图像的细节清晰，达到图像增强的目的。事实证明，通过图像直方图均衡化进行图像增强是一种有效的方法。

(3) 直方图的均衡化

直方图均衡化就是把一已知灰度概率分布的图像经过一种变换，使之演变成一幅具有均匀灰度概率分布的新图像。它是以累积分布函数变换法为基础的直方图修正法。

一幅给定图像的灰度级经归一化处理，分布在 $0 \leqslant r \leqslant 1$ 范围内。这时可以对[0,1]区间内的任一个 r 值进行如下变换：

$$s = T(r) \tag{3-8}$$

也就是说，通过上述变换，每个原始图像的像素灰度值 r 都对应产生一个 s 值。变换函数 $T(r)$ 应满足下列条件：在 $0 \leqslant r \leqslant 1$ 区间内，$T(r)$ 是单值单调增加；对于 $0 \leqslant r \leqslant 1$，有 $0 \leqslant T(r) \leqslant 1$。

这里的第一个条件保证了图像的灰度级从白到黑的次序不变和反变换函数 $T^{-1}(s)$ 的存在；第二个条件则保证了映射变换后的像素灰度值在允许的范围内。满足上面两个条件的变换函数关系如图 3-12 所示。

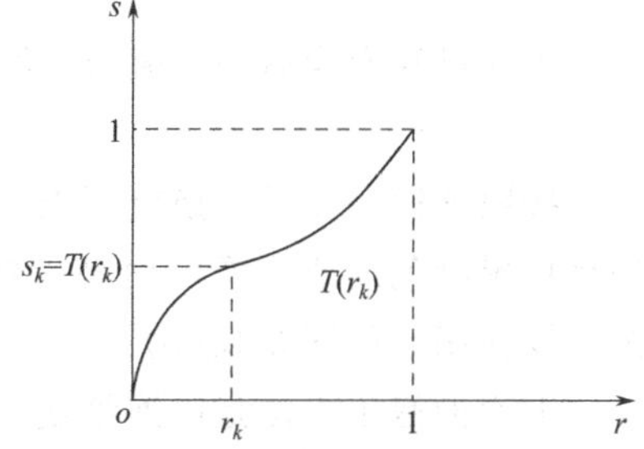

图 3-12　灰度变换函数关系

从 s 到 r 的反变换可用式（3-9）表示，同样也满足上述两个条件：

$$r = T^{-1}(s) \tag{3-9}$$

由概率论理论可知，若已知随机变量 ξ 的概率密度为 $P_r(r)$，而随机变量 η 是 ξ 的函数，即 $\eta = T'(\xi)$，η 的概率密度为 $P_s(s)$，所以可以由 $P_r(r)$ 求出 $P_s(s)$。

因为 $s = T(r)$ 是单调增加的，由数学分析可知，它的反函数 $r = T^{-1}(s)$ 也是单调函数。在这种情况下，对于连续情况，设 $P_r(r)$ 和 $P_s(s)$ 分别表示原图像和变换后图像的灰度级概率密度函数，在已知 $P_r(r)$ 和变换函数 $s = T(r)$ 时，反变换函数 $r = T^{-1}(s)$ 也是单调增加，则 $P_s(s)$ 可由式（3-10）求出。

$$P_s(s) = P_r(r) \cdot \frac{\mathrm{d}r}{\mathrm{d}s} = P_r(r) \cdot \frac{\mathrm{d}}{\mathrm{d}s}[T^{-1}(s)] = \left[P_r(r)\frac{\mathrm{d}r}{\mathrm{d}s}\right]_{r=T^{-1}(s)} = T^{-1}(s) \tag{3-10}$$

对于连续图像，当直方图均衡化（并归一化）后有 $P_s(s) = 1$。

由式（3-10）可得 $\mathrm{d}s = P_r(r)\mathrm{d}r = \mathrm{d}T(r)$

变换函数 $T(r)$ 与原图像概率密度函数 $P_r(r)$ 之间的关系为

$$s = T(r) = \int_0^r P_r(r)\mathrm{d}r \qquad 0 \leqslant r \leqslant 1 \tag{3-11}$$

式中，r 是积分变量，这一变换函数满足了前面所述的关于 $T(r)$ 在 $0 \leqslant r \leqslant 1$ 内单值单调增加，对于 $0 \leqslant r \leqslant 1$，有 $0 \leqslant T(r) \leqslant 1$ 的两个条件。

【例 3-6】 试根据图 3-13(a) 原始图像的概率密度函数，求出变换后的 s 值与 r 值的关系。并证明变换后的灰度级概率密度是均匀分布的。

由图 3-13(a) 可知，这幅图像的灰度集中在较暗的区域，这相当于一幅曝光过强的照片。它的原始图像的概率密度函数为

$$P_r(r) = \begin{cases} -2r + 2 & 0 \leqslant r \leqslant 1 \\ 0 & \text{其他值} \end{cases}$$

由累积分布函数原理求变换函数：

$$s = T(r) = \int_0^r P_r(r)\mathrm{d}r = \int_0^r (-2r + 2)\mathrm{d}r = -r^2 + 2r$$

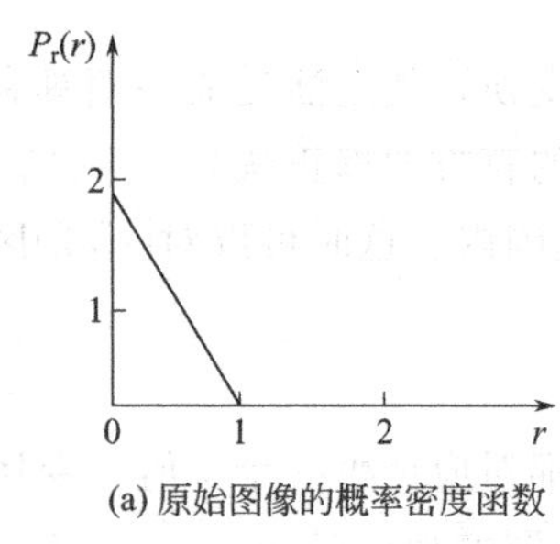

(a) 原始图像的概率密度函数

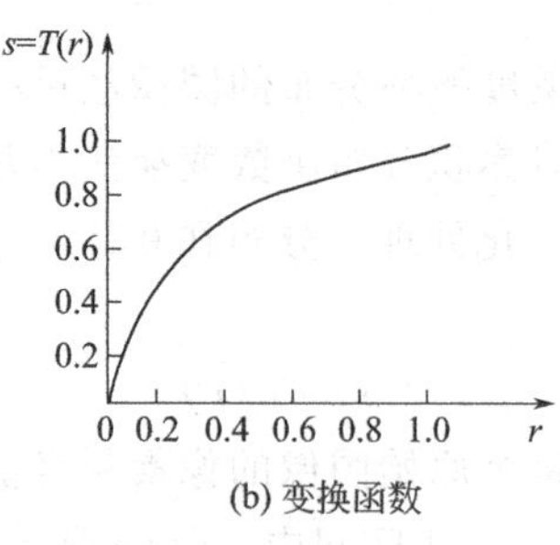

(b) 变换函数

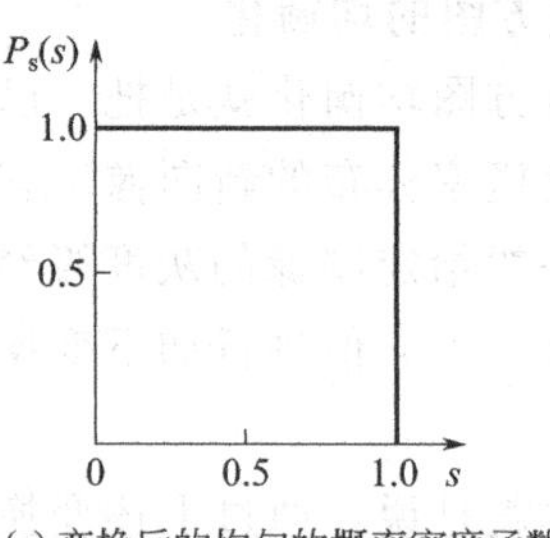

(c) 变换后的均匀的概率密度函数

图 3-13 均匀密度变换法的示例

由此可知变换后的 s 值与 r 值的关系为

$$s=-r^2+2r=T(r)$$

按照这样的关系变换就可以得到一幅改善了质量的新图像。这幅图像的灰度层次将不再是呈现黑暗色调的图像，而是一幅灰度层次较为适中的、比原始图像清晰、明快得多的图像。变换函数如图 3-13(b) 所示。变换后的均匀概率密度函数如图 3-13(c) 所示。

上面的修正方法是以连续随机变量为基础进行讨论的。为了对图像进行数字处理，必须引入离散形式的公式。当灰度级是离散值的时候，可用频数近似代替概率值，即

$$P_r(r_k)=\frac{n_k}{N} \qquad (0\leqslant r_k\leqslant 1 \quad k=0,1,2,\cdots,L-1) \tag{3-12}$$

式中，L 是灰度级数；$P_r(r_k)$ 是取第 k 级灰度值的概率；n_k 是在图像中出现第 k 级灰度的次数；N 是图像中像素总数。

式（3-11）直方图均衡化累积分布函数的离散形式可由式（3-13）表示：

$$s_k=T(r_k)=\sum_{j=0}^{k}\frac{n_j}{N}=\sum_{j=0}^{k}P_r(r_j) \quad (0\leqslant r_j\leqslant 1 \quad k=0,1,2,\cdots,L-1) \tag{3-13}$$

通常把为得到均匀直方图的图像增强技术称为直方图均衡化。

【例 3-7】 假设有一幅图像，共有 64×64 个像素，有 8 个灰度级，各灰度级概率分布如表 3-2 所示，试将其直方图［见图 3-14(a)］均衡化。

表 3-2 64×64 大小的图像各灰度级对应的概率分布

灰度级 r_k	0	1/7	2/7	3/7	4/7	5/7	6/7	1
像素数 n_k	790	1023	850	656	329	245	122	81
概率 $P_r(r_r)=n_k/N$	0.19	0.25	0.21	0.16	0.08	0.06	0.03	0.02

直方图均衡化处理过程如下：

① 由式（3-13）可得到变换函数：

$$s_0=T(r_0)=\sum_{j=0}^{0}P_r(r_j)=P_r(r_0)=0.19$$

$$s_1=T(r_1)=\sum_{j=0}^{1}P_r(r_j)=P_r(r_0)+P_r(r_1)=0.44$$

$$s_2=T(r_2)=\sum_{j=0}^{2}P_r(r_j)=P_r(r_0)+P_r(r_1)+P_r(r_2)=0.19+0.25+0.21=0.65$$

$$s_3=T(r_3)=\sum_{j=0}^{3}P_r(r_j)=P_r(r_0)+P_r(r_1)+P_r(r_2)+P_r(r_3)=0.81$$

依此类推，得 $s_4=0.89$，$s_5=0.95$，$s_6=0.98$，$s_7=1.00$。

得到变换函数如图 3-14(b) 所示。

② 对 s_k 以 1/7 为量化单位进行舍入计算修正计算值。

$$s_0=0.19\rightarrow\approx\frac{1}{7},\ s_1=0.44\rightarrow\approx\frac{3}{7},\ s_2=0.65\rightarrow\approx\frac{5}{7},\ s_3=0.81\rightarrow\approx\frac{6}{7},$$

$$s_4=0.89\rightarrow\approx\frac{6}{7},\ s_5=0.95\rightarrow\approx 1,\ s_6=0.98\rightarrow\approx 1,\ s_7=1\rightarrow 1$$

③ 确定新灰度级分布。

由上述数值可见，新图像将只有 5 个不同的灰度级别，可以重新定义一个符号：

$$s'_0=\frac{1}{7},s'_1=\frac{3}{7},s'_2=\frac{5}{7},s'_3=\frac{6}{7},s'_4=1$$

因为 $r_0=0$ 经变换得 $s_0=1/7$，所以有 790 个像素取 s_0 这个灰度值，r_1 映射到 $s_1=3/7$，所以有 1023 个像素取 $s_1=3/7$ 这一灰度值。依此类推，有 850 个像素取 $s_2=5/7$ 这一灰度值。但是，因为 r_3 和 r_4 均映射到 $s_3=6/7$ 这一灰度级，所以有 656+329=985 个像素取这个值。同样，有 245+122+81=448 个像素取 $s_4=1$ 这个新灰度值。用 $n=4096$ 来除上述这些 n_k 值，便可得到新的直方图。新直方图如图 3-14(c) 所示。将上述具体实现过程用表 3-3 进行描述。

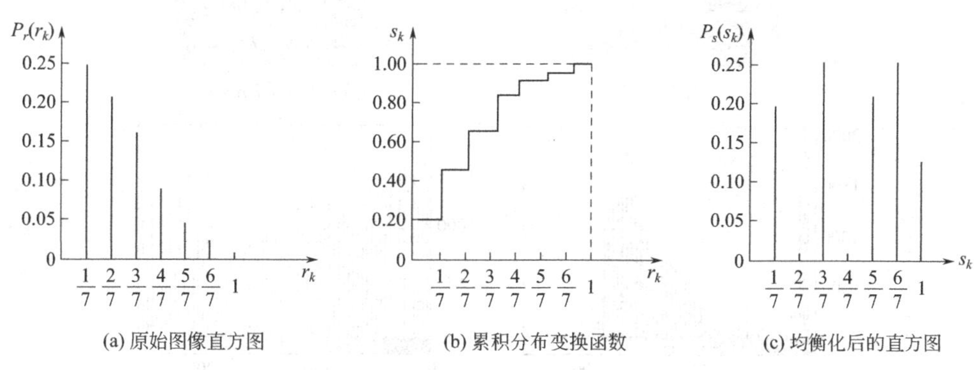

图 3-14　图像直方图均衡化处理示例

表 3-3　直方图均衡化过程

序号	运　算	步骤和结果							
1	原图像灰度级 r_k	0/7	1/7	2/7	3/7	4/7	5/7	6/7	7/7
2	计算累积直方图	0.19	0.44	0.65	0.81	0.89	0.95	0.98	1.00
3	量化级	0/7=0.00	1/7=0.14	2/7=0.29	3/7=0.43	4/7=0.57	5/7=0.71	6/7=0.86	7/7=1.00
4	$r_k\rightarrow s_k$ 映射	0→1	1→3	2→5	3、4→6		5、6、7→7		
5	新直方图 n_k		790		1023		850	985	448
6	新直方图		0.19		0.25		0.21	0.24	0.11

由上面的例子可见，利用累积分布函数作为灰度变换函数，经变换后得到的新灰度的直

方图虽然不很平坦，但毕竟比原始图像的直方图平坦得多，而且其动态范围也大大地扩展了。因此这种方法对于对比度较弱的图像进行处理是很有效的。

但是由于直方图是近似的概率密度函数，所以直方图均衡处理只是近似的，用离散灰度级进行变换时很少能得到完全平坦的结果。另外，变换后的灰度级减少了，这种现象称为“简并”现象。由于简并现象的存在，处理后的灰度级总是要减少的。这是像素灰度有限的必然结果。

【例 3-8】 通过实例来认识直方图均衡化前后的图像灰度分布。

```
%   直方图均衡化前后的图像灰度分布
I = imread('cameraman.tif'); % 读入原图像到 I 变量
J = histeq(I); % MATLAB 直方图均衡化函数 histeq,对图像 I 进行直方图均衡化
subplot(2,2,1),imshow(I); % 显示原图像
subplot(2,2,2), imshow(J); % 显示处理后的图像
subplot(2,2,3),imhist(I,128); % 显示原图像的直方图灰度分布
subplot(2,2,4), imhist(J,128); % 显示均衡化后的图像直方图
```

运行上述程序可得到原图像直方图和均衡化后的图像直方图对比情况，如图 3-15 所示。

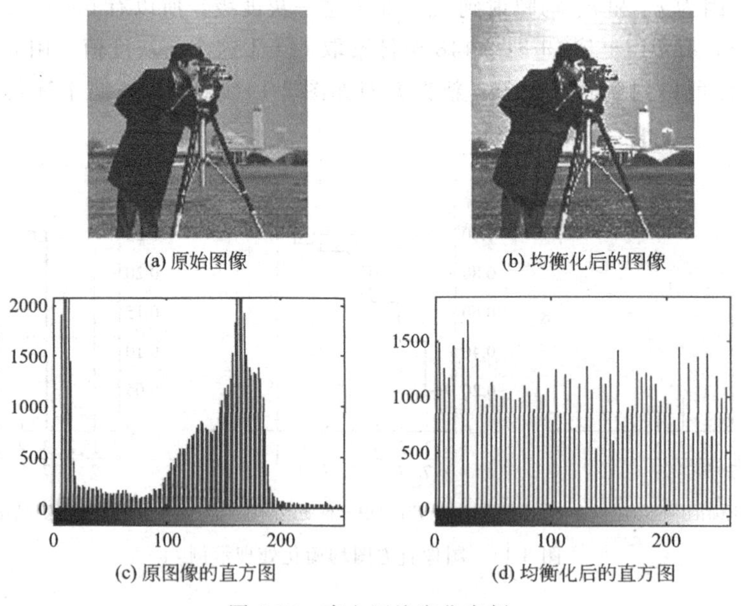

(a) 原始图像 (b) 均衡化后的图像

(c) 原图像的直方图 (d) 均衡化后的直方图

图 3-15 直方图均衡化实例

从以上直方图均衡化实例中可以看出，原始图像较暗且其动态范围较小，反映在直方图上就是直方图所占据的灰度值范围比较窄且集中在低灰度值一边。从经过直方图均衡化处理后的结果和对应直方图可以看到，直方图占据了整个图像灰度值允许的范围，增加了图像灰度动态范围，也增加了图像的对比度，反映在图像上就是图像有了较大的反差，许多细节看得比较清晰。

3.2 空间域图像去噪技术

实际获得的图像都因受到干扰而含有噪声，噪声产生的原因决定了噪声分布的特性及与

图像信号的关系。一般图像处理技术中常见的噪声有：加性噪声，如图像传输过程中引进的“信道噪声”、电视摄像机扫描图像的噪声等；乘性噪声，其与图像信号相关，噪声和信号成正比，量化噪声，这是数字图像的主要噪声源，其大小显示出数字图像和原始图像的差异，“盐和胡椒”噪声，如图像切割引起的黑图像上的白点噪声，白图像上的黑点噪声。图像平滑的主要目的是去除噪声，去除噪声可采用空间域低通滤波、频率域低通滤波及形态学滤波。空间域中进行去噪主要采用邻域平均、中值滤波和多图像平均法。

3.2.1　邻域平均法

(1) 模板操作和卷积运算

模板操作是数字图像处理中常用的一种运算方式，例如，有一种常见的平滑算法是将原图中一个像素的灰度值和它周围邻近 8 个像素的灰度值相加，然后将求得的平均值作为新图像中该像素的灰度值。可用如下方法来表示该操作：

$$\frac{1}{9}\begin{bmatrix}1 & 1 & 1\\ 1 & 1^{*} & 1\\ 1 & 1 & 1\end{bmatrix} \tag{3-14}$$

式 (3-14) 有点类似于矩阵，通常称为模板，带星号的数据表示该元素为中心元素，即这个元素是将要处理的元素。

模板操作实现了一种邻域运算，即某个像素点的结果不仅和本像素灰度有关，而且和其邻域点的值有关。模板运算的数学含义是卷积（或互相关）运算。卷积是一种用途很广的算法，可用卷积来完成各种处理变换，图 3-16 说明了卷积的处理过程。

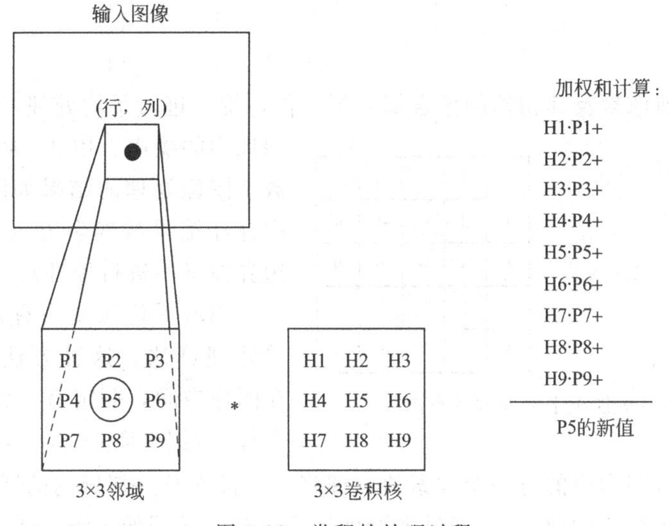

图 3-16　卷积的处理过程

卷积运算中的卷积核就是模板运算中的模板，卷积就是进行加权求和的过程。邻域中的每个像素（假定邻域为 3×3 大小，卷积核大小与邻域相同），分别与卷积核中的每一个元素相乘，乘积求和所得结果即为中心像素的新值。卷积核中的元素称为加权系数（也称卷积系数），改变卷积核中的加权系数，会影响到总和的数值与符号，从而影响到所求像素的新值。

在模板或卷积的加权运算中，还存在一些具体问题需要解决。首先是图像边界问题，当在图像上移动模板（卷积核）至图像的边界时，在原图像中找不到与卷积核中的加权系数相对应的 9 个像素，即卷积核悬挂在图像缓冲区的边界上，这种现象在图像的上下左右四个边界上均会出现。例如，设原图像为式（3-15），当模板为式（3-14）时，经过模板操作后的图像为式（3-16）。

$$\begin{bmatrix} 1 & 1 & 1 & 1 & 1 \\ 2 & 2 & 2 & 2 & 2 \\ 3 & 3 & 3 & 3 & 3 \\ 4 & 4 & 4 & 4 & 4 \end{bmatrix} \tag{3-15}$$

$$\begin{bmatrix} - & - & - & - & - \\ - & 2 & 2 & 2 & - \\ - & 3 & 3 & 3 & - \\ - & - & - & - & - \end{bmatrix} \tag{3-16}$$

“—”表示无法进行模板操作的像素点。解决这个问题可以采用两种简单方法：一种方法是保持原始数据或人为地赋予特殊的灰度；另一种方法是在图像四周复制原图像边界像素的值，从而使卷积核悬挂在图像四周时可以进行正常的计算。

(2) 邻域平均算法

邻域平均法是一种利用 Box 模板对图像进行模板操作（卷积运算）的图像平滑方法，Box 模板是指模板中所有系数都取相同值的模板，常用的 3×3 和 5×5 模板：

$$\frac{1}{9}\begin{bmatrix} 1 & 1 & 1 \\ 1 & 1^{*} & 1 \\ 1 & 1 & 1 \end{bmatrix} \qquad \frac{1}{25}\begin{bmatrix} 1 & 1 & 1 & 1 & 1 \\ 1 & 1 & 1 & 1 & 1 \\ 1 & 1 & 1^{*} & 1 & 1 \\ 1 & 1 & 1 & 1 & 1 \\ 1 & 1 & 1 & & 1 \end{bmatrix}$$

Box 模板对当前像素及其相邻的像素都一视同仁，统一进行平均处理，这样就可以滤去图像中的噪声。用 3×3 Box 模板对一幅数字图像处理的结果如图 3-17 所示（图中计算结果按四舍五入进行了调整，对边界像素不进行处理）。

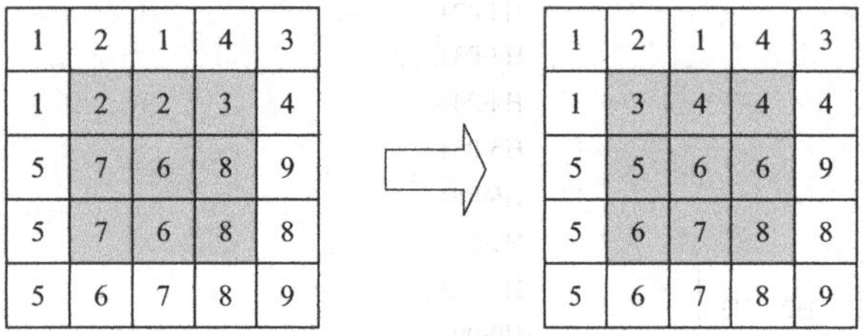

1	2	1	4	3
1	2	2	3	4
5	7	6	8	9
5	7	6	8	8
5	6	7	8	9

⇨

1	2	1	4	3
1	3	4	4	4
5	5	6	6	9
5	6	7	8	8
5	6	7	8	9

图 3-17　3×3 Box 模板平滑处理示意图

邻域平均法是一种局部空间域的简单处理算法。这种方法的基本思想是，在图像空间，假定有一幅大小为 $N \times N$ 个像素的图像 $f(x,y)$，用邻域内几个像素的平均值去代替图像中的每一个像素值（即将一个像素及其邻域内的所有像素的平均灰度值赋给平滑图像中对应的像素），经过平滑处理后得到一幅图像 $g(x,y)$。

$g(x,y)$ 由式（3-17）决定：

$$g(x,y)=\frac{1}{M}\sum_{(m,n)\in S} f(m,n) \quad x,y=0,1,2,\cdots,N-1 \tag{3-17}$$

式中，S 为 (x,y) 点邻域中像素坐标的集合，其中不包括 (x,y) 点；M 为集合 S 内像素坐标点的总数。

邻域平均法的思想是通过一点和邻域内像素点求平均来去除突变的像素点，从而滤掉一定的噪声，其主要优点是算法简单，计算速度快，但其代价是会造成图像一定程度上的模糊。

采用邻域平均法对图 3-18(a) 中的图像进行处理后的结果如图 3-18(b) 所示。可以看出经过邻域平均法处理后，虽然图像的噪声得到了抑制，但图像变得相对模糊了。

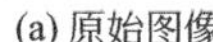

(a) 原始图像　　(b) 邻域平均后的结果

图 3-18　图像的领域平均法

图 3-19 给出了两种从图像阵列中选取邻域的方法。分别是 4 点邻域和 8 点邻域。

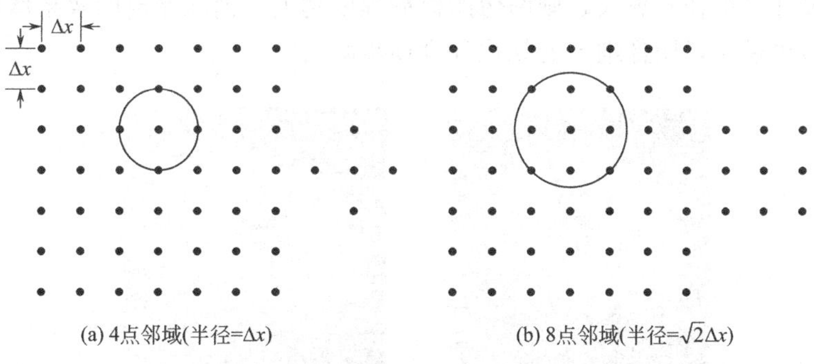

(a) 4点邻域(半径=Δx)　　(b) 8点邻域(半径=$\sqrt{2}\Delta x$)

图 3-19　数字图像中的 4 邻域和 8 邻域

式 (3-14) 是一种最常用的线性低通滤波器也称均值滤波器。均值滤波器所有的系数都是正数，为了保持输出图像仍在原来的灰度值范围内，以 3×3 邻域为例，模板与像素邻域的乘积和要除以 9。如式 (3-14) 所示，选取算子的原则是必须保证全部权系数之和为单位值。即无论如何构成模板，整个模板的平均数为 1，且模板系数都是正数。

算子的取法不同，中心点或邻域的重要程度也不相同。由此得到其他加权平均滤波器如下：

$$H_2=\frac{1}{10}\begin{bmatrix}1&1&1\\1&2&1\\1&1&1\end{bmatrix},H_3=\frac{1}{16}\begin{bmatrix}1&2&1\\2&4&2\\1&2&1\end{bmatrix},H_4=\frac{1}{8}\begin{bmatrix}1&1&1\\1&0&1\\1&1&1\end{bmatrix}$$

处理结果表明，上述选择邻域的方法对抑制噪声是有效的，但是随着邻域的加大，图像的模糊程度也愈加严重。为克服这一缺点，可以采用阈值法减少由于邻域平均所产生的模糊效应。其基本方法由式 (3-18) 决定：

$$g(x,y)=\begin{cases}\frac{1}{M}\sum\limits_{(m,n)\in S}f(m,n) & \left|f(x,y)-\frac{1}{M}\sum\limits_{(m,n)\in S}f(m,n)\right|>T\\ f(x,y) & \text{其他}\end{cases} \tag{3-18}$$

式中，T 就是规定的非负阈值。这个表达式的物理概念是：当一些点和其邻域内点的灰度平均值之差不超过规定的阈值 T 时，就仍然保留其原灰度值 $f(x,y)$ 不变，如果大于阈值 T 时就用它们的平均值来代替该点的灰度值。这样就可以大大减少模糊的程度。

【例 3-9】 采用邻域平均的不同模板进行线性平滑滤波处理，比较其效果如何。

```
%    邻域平均线性平滑滤波效果对比程序
I = imread('onion.png'); % 读入原图像
I = rgb2gray(I);
J1 = filter2(fspecial('average',3),I)/255; % 用 3×3 模板均值滤波
J2 = filter2(fspecial('average',5),I)/255; % 用 5×5 模板均值滤波
J3 = filter2(fspecial('average',7),I)/255; % 用 7×7 模板均值滤波
subplot(2,2,1),imshow(I); % 显示原图像
subplot(2,2,2),imshow(J1);
subplot(2,2,3),imshow(J2);
subplot(2,2,4),imshow(J3);
```

程序运行结果如图 3-20 所示。

比较处理后的图像结果可知，邻域平均法的平滑效果与所采用邻域的半径（模板大小）有关。当模板尺寸（半径）愈大，则图像的模糊程度越大，消除噪声的效果增强，但同时所得到的图像变得更模糊，图像细节的锐化程度逐步减弱。

(a) 原图像　　(b) 3×3均值滤波后的结果

(c) 5×5均值滤波后的结果　　(d) 7×7均值滤波后的结果

图 3-20　邻域平均不同模板线性平滑滤波效果

3.2.2　中值滤波器

中值滤波是一种最常用的去除噪声的非线性平滑滤波处理方法，其滤波原理与均值滤波方法类似，两者的不同之处在于：中值滤波器的输出像素是由邻域像素的中间值而不是平均值决定的。中值滤波器产生的模数较少，更适合于消除图像的孤立噪声点。

(1) 一维中值滤波

中值滤波的算法原理是，首先确定一个奇数像素的窗口 W，窗口内各像素按灰度大小

排队后，用其中间位置的灰度值代替原 $f(x,y)$ 灰度值成为窗口中心的灰度值 $g(x,y)$。

$$g(x,y)=\mathrm{Med}\{f(x-k,y-l),(k,l\in W)\} \tag{3-19}$$

式中，W 为选定窗口大小；$f(x-k,y-l)$ 为窗口 W 的像素灰度值。通常窗内像素为奇数，以便于有中间像素。若窗内像素为偶数时，则中值取中间两像素灰度值的平均值。

中值滤波的主要工作步骤如下。

① 将模板在图中漫游，并将模板中心与图中的某个像素位置重合。

② 读取模板下各对应像素的灰度值。

③ 将模板对应的像素灰度值进行从小到大排序。

④ 选取灰度序列里排在中间的 1 个像素的灰度值。

⑤ 将这个中间值赋值给对应模板中心位置的像素作为像素的灰度值。

【例 3-10】 中值滤波与均值滤波的计算。

例如，有一个序列为 {0，3，4，0，7}，窗口是 5，则中值滤波为重新排序后的序列是 {0，0，3，4，7}，中值滤波的中间值为 3，此例若用平均滤波，窗口也是 5，那么平均滤波输出为 (0＋3＋4＋0＋7)/5＝2.8。又如，若一个窗口内各像素的灰度是 5，6，35，10 和 15，它们的灰度中值是 10，中心像素点原灰度值是 35，滤波后变为 10，如果 35 是一个脉冲干扰，中值滤波后被有效抑制，相反 35 若是有用的信号，则滤波后也会受到抑制。

中值滤波比均值滤波消除噪声更有效。因为噪声多为尖峰状干扰，若用均值滤波虽能去除噪声但陡峭的边缘将被模糊。中值滤波能去除点状尖峰干扰而边缘不会变坏。

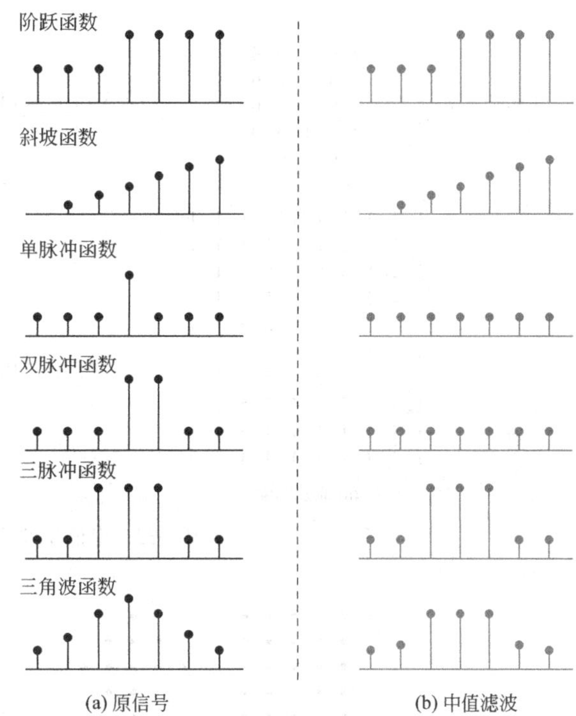

图 3-21　不同信号中值滤波

图 3-21 是由长度为 5 内含有五个像素的窗口采用中值滤波的方法对离散阶跃函数、斜坡函数、脉冲函数以及三角波函数进行中值滤波的示例，从该例对几种信号的处理结果可以看出，中值滤波器不影响阶跃函数和斜坡函数，因而对图像边界有保护作用，周期小于 $m/2$（窗口一半）的脉冲受到抑制，即对于持续期小于窗宽的窄脉冲将进行抑制，因而可能损坏图像中某些细节，另外三角波函数的顶部变平。从上面的步骤可以看出，中值滤波器的主要功能就是让与周围像素灰度值的差比较大的像素改取与周围像素灰度值相近的值，从而可以消除孤立的噪声点。由于它不是简单地取均值，所以产生的模糊比较少。

(2) 二维中值滤波

二维中值滤波可由下式表示：

$$y_{ij}=\mathrm{Med}\{f_{ij}\} \tag{3-20}$$

其中，$\{f_{ij}\}$ 为二维数据序列。二维中值滤波的窗口形状和尺寸对滤波效果影响较大，不同的图像内容和不同的应用要求，往往采用不同的窗口形状和尺寸。常见的二维中值滤波窗口形状有线状、方形、圆形、十字形及圆环形等，其中心点一般位于被处理点上，窗口尺寸一般先用3再取5逐点增大，直到其滤波效果满意为止。一般来说，对于有缓变的较长轮廓线物体的图像，采用方形或者圆形窗口为宜，对于包含有尖顶角物体的图像，适用十字形窗口，而窗口的大小则以不超过图像中最小有效物体的尺寸为宜。使用二维中值滤波最值得注意的问题就是要保持图像中有效的细线状物体，如果含有点、线、尖角细节较多的图像不宜采用中值滤波。图3-22给出了几个图像中值滤波输出结果。图3-23给出了几种常用的二维中值滤波器的窗口。

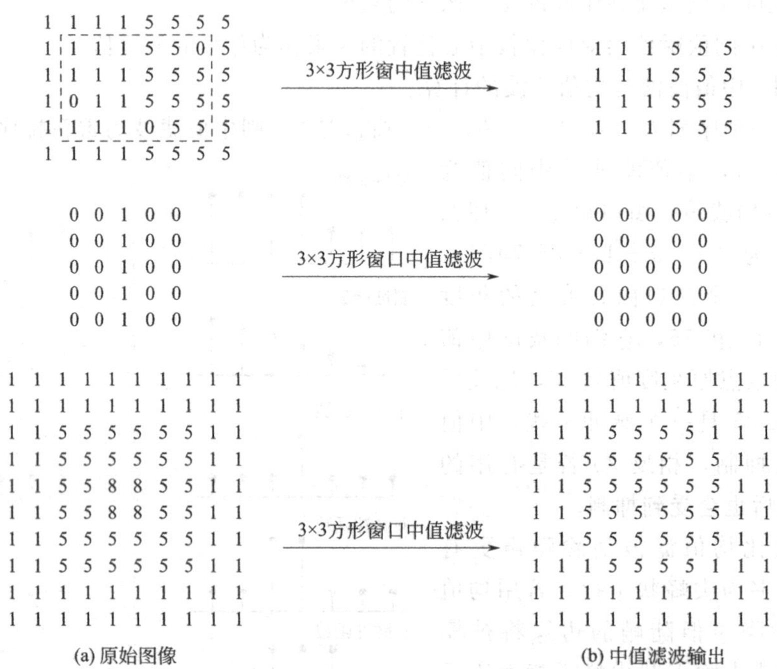

图3-22　中值滤波输出结果示例

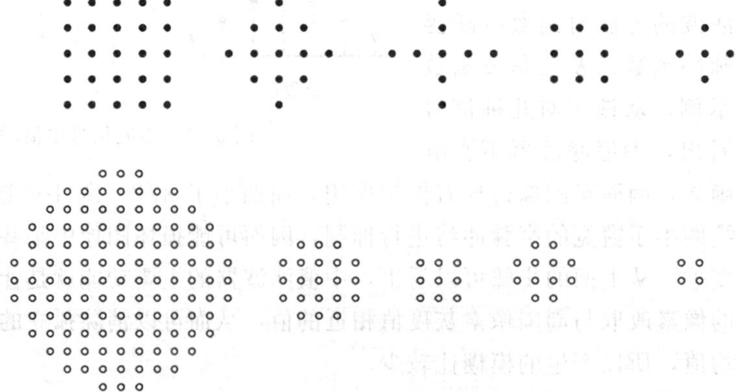

图3-23　中值滤波几种常用窗口

【例3-11】 在椒盐、高斯不同噪声下，采用5×5方形窗口，并用MATLAB图像处理工具箱提供的medfilt2函数实现噪声图像的中值滤波。

```
% 中值滤波处理程序
I = imread('office.jpg' ); % 读入原图像
I = rgb2gray(I);
subplot(2,6,2:3),imshow(I);title('原图');
J1 = imnoise(I, 'salt & pepper',0.2); % 加均值为 0、方差为 0.2 的椒盐噪声
J2 = imnoise(I, 'gaussian',0.2); % 加均值为 0、方差为 0.2 的高斯噪声
subplot(2,6,4:5),imshow(J1);title('椒盐噪声图像'); % 显示有椒盐噪声图像
subplot(2,6,7:8), imshow(J2);title('高斯噪声'); % 显示有高斯噪声图像
I1 = medfilt2(J1, [5,5]); % 对有椒盐噪声图像进行 5×5 方形窗口中值滤波
I2 = medfilt2(J2, [5,5]); % 对有高斯噪声图像进行 5×5 方形窗口中值滤波
subplot(2,6,9:10),imshow(I1);title('滤除椒盐噪声后'); % 显示椒盐噪声图像滤波结果
subplot(2,6,11:12),imshow(I2);title('滤除高斯噪声后'); % 显示高斯噪声图像滤波结果
```

程序运行结果如图 3-24 所示。

(a) 原图像

(b) 有椒盐噪声图像

(c) 有高斯噪声图像

(d) 对椒盐噪声图像中值滤波

(e) 对高斯噪声图像中值滤波

图 3-24　椒盐、高斯噪声下图像的中值滤波

由图 3-24 可见，对有椒盐、高斯噪声的图像，进行中值滤波，对于消除孤立点和线段的干扰中值滤波十分有效，对于高斯噪声则效果不佳。中值滤波的优点在于去除图像噪声的同时，还能够保护图像的边缘信息。

3.2.3　多图像平均法

如果一幅图像包含有加性噪声，这些噪声对于每个坐标点是不相关的，并且其平均值为零，在这种情况下就可能采用多图像平均法来达到去掉噪声的目的。

设 $g(x,y)$ 为有噪声图像，$n(x,y)$ 为噪声，$f(x,y)$ 为原始图像，可用式 (3-21) 表示：

$$g(x,y)=f(x,y)+n(x,y) \tag{3-21}$$

多图像平均法是把一系列有噪声的图像 $\{g(x,y)\}$ 叠加起来，然后再取平均值以达到平滑的目的。具体做法如下：取 M 幅内容相同但含有不同噪声的图像，将它们叠加起来，然

后进行平均计算，如式（3-22）所示，图 3-25 是几幅图像求平均值的结果。

$$\overline{g}(x,y)=\frac{1}{M}\sum_{j=1}^{M}g_j(x,y) \tag{3-22}$$

(a) 叠加高斯噪声的灰度图像

(b) 4幅图像叠加平均的结果

(c) 8幅图像叠加平均的结果

图 3-25 几幅图像求平均值

3.3 频率域图像增强

频率域处理方法是在图像的变换域空间对图像进行间接处理。其特点是先将图像进行变换，将图像从空间域对图像进行傅里叶变换，得到它的频谱，按照某种变换模型（如傅立叶变换）变换到频率域，完成图像由空间域变换到频率域，然后在频率域内对图像进行低通或高通频率域滤波处理。处理完之后再将其反变换到空间域，如图 3-26 所示。其中低通滤波用于滤除噪声，高通滤波可用于增强边缘和轮廓信息。

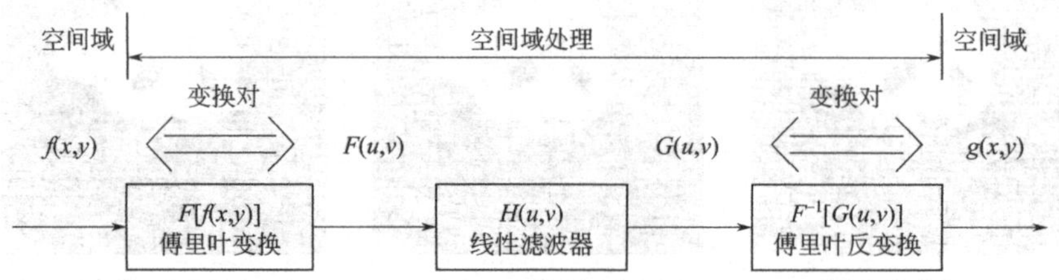

图 3-26 图像的空间域与频率域变换处理流程框图

3.3.1 频率域低通滤波

在分析图像信号的频率特性时，对于一幅图像，直流分量表示了图像的平均灰度，大面积的背景区域和缓慢变化部分则代表图像的低频分量，而它的边缘、细节、跳跃部分以及颗粒噪声都代表图像的高频分量。因此，在频率域中对图像采用滤波器函数衰减高频信息而使低频信息畅通无阻的过程称为低通滤波。通过滤波可除去高频分量，消除噪声，起到平滑图像去噪声的增强作用，但同时也可能滤除某些边界对应的频率分量，而使图像边界变得模糊。

利用卷积定理对式（3-23）进行变换即可得到在频率域实现线性低通滤波器输出的表达式［式（3-24）］：

$$g(x,y)=h(x,y)*f(x,y) \tag{3-23}$$

$$G(u,v)=H(u,v)F(u,v) \tag{3-24}$$

式中，$F(u,v)=F[f(x,y)]$ 为含有噪声原始图像 $f(x,y)$ 的傅里叶变换；$G(u,v)$ 是频率域线性低通滤波器传递函数 $H(u,v)$（即频谱响应）的输出，也是低通滤波平滑处理后图像的傅里叶变换。得到 $G(u,v)$ 后，再经过傅里叶反变换就得到所希望的图像 $g(x,y)$。频率域中的图低通像滤波处理流程框图如图 3-27 所示。

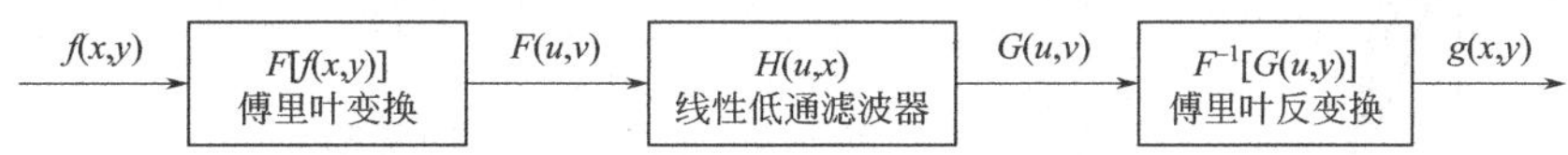

图 3-27　图像频率域低通滤波处理流程框图

$H(u,v)$ 具有低通滤波特性。通过选择不同的 $H(u,v)$，可产生不同的低通滤波平滑效果。常用的有理想低通滤波器、巴特沃斯低通滤波器、指数型低通滤波器等，它们都是零相位的，即它们对信号傅里叶变换的实部和虚部系数有着相同的影响，其传递函数以连续形式给出。

(1) 理想低通滤波器

二维理想低通滤波器如图 3-28(a) 所示，它的传递函数 $H(u, v)$ 为

$$H(u,v)=\begin{cases}1 & D(u,v)\leqslant D_0\\ 0 & D(u,v)>D_0\end{cases} \tag{3-25}$$

式中，D_0 是理想低通滤波器的截止频率，是一个规定非负的量，这里理想是指小于或等于 D_0 的频率可以完全不受影响地通过滤波器，而大于 D_0 的频率则完全通不过，因此 D_0 也称截断频率。这种理想低通滤波器尽管在计算机中可模拟实现，但理想低通滤波器无法用实际的电子器件硬件实现这种从 1 到 0 陡峭突变的截断频率。$D(u,v)=(u^2+v^2)^{1/2}$ 是从频率平面上点 (u,v) 到频率平面原点 (0,0) 的距离。图 3-28(b) 给出了 H 的一个透视图。

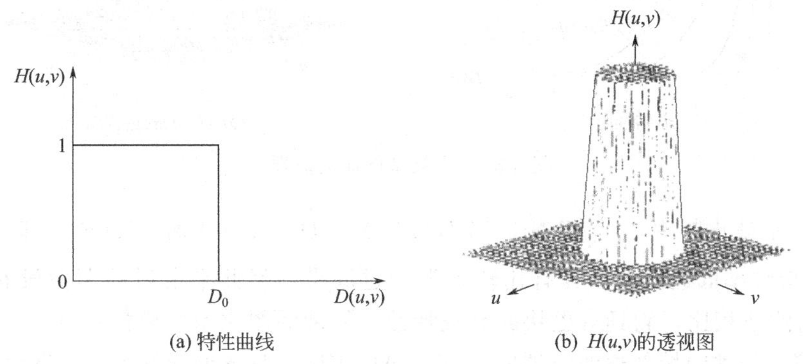

(a) 特性曲线　(b) $H(u,v)$的透视图

图 3-28　理想低通滤波器

(2) 巴特沃斯低通滤波器

n 阶巴特沃斯低通滤波器如图 3-29 所示，它的传递函数为

$$H(u,v)=\frac{1}{1+[\sqrt{2}-1][D(u,v)/D_0]^{2n}} \tag{3-26}$$

式中，D_0 是截止频率；n 为阶数，取正整数，用它控制曲线的形状。当 $D(u,v)=D_0$、$n=1$ 时，$H(u,v)$ 在 D_0 处的值降为其最大值的 $1/\sqrt{2}$，$H(u,v)$ 具有不同的衰减特性，可视需要来确定。

巴特沃斯低通滤波器传递函数特性为连续性衰减，而不像理想低通滤波器那样陡峭和明

显的不连续性。在它的尾部保留有较多的高频，所以对噪声的平滑效果不如理想低通滤波器。采用该滤波器在抑制噪声的同时，图像边缘的模糊程度大大减小，振铃效应不明显。

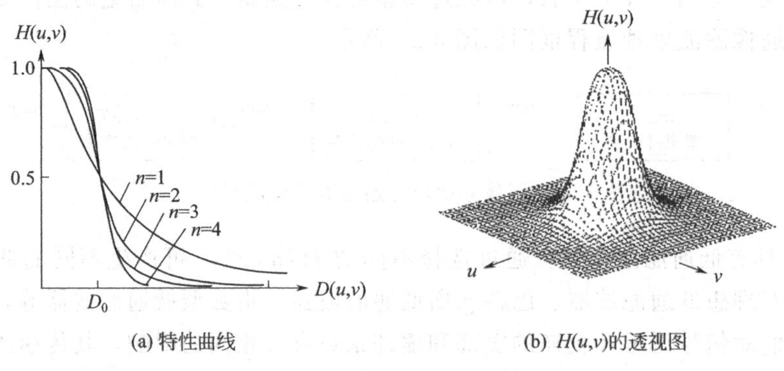

(a) 特性曲线　　(b) $H(u,v)$的透视图

图 3-29　巴特沃斯低通滤波器

(3) 指数型低通滤波器

指数型低通滤波器如图 3-30 所示，它的传递函数为

$$H(u,v)=\exp\{[\ln(1/\sqrt{2})][D(u,v)/D_0]^n\} \tag{3-27}$$

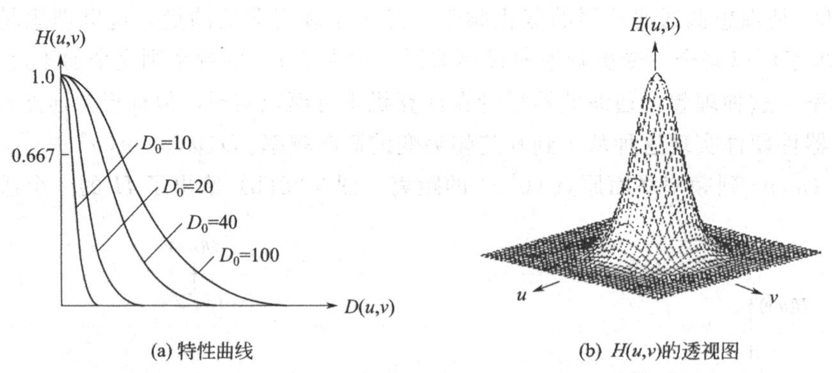

(a) 特性曲线　　(b) $H(u,v)$的透视图

图 3-30　指数型低通滤波器

式中，D_0 是截止频率，n 为阶数。当 $D(u,v)=D_0$、$n=1$ 时，$H(u,v)$ 降为最大值的 $1/\sqrt{2}$，由于指数型低通滤波器具有比较平滑的过滤带，经此平滑后的图像没有振铃现象，而与巴特沃斯滤波相比，它具有更快的衰减特性，处理的图像稍微模糊一些。

【例 3-12】 各种频域低通滤波器的 MATLAB 实现，频率低通滤波器对灰度图像增强的 MATLAB 程序如下。

```
clc;
I= imread('liftingbody.png'); % 从图形文件中读取图像
noisy = imnoise(I, 'gaussian',0.01 ); % 对原图像添加高斯噪声
[M N] = size(I);
F = fft2(noisy); % 进行二维快速傅里叶变换
fftshift(F); % 把快速傅里叶变换的 DC 组件移到光谱中心
Dcut = 100;
for u = 1:M
  for v = 1:N
```

```
        D(u,v) = sqrt(u^2 + v^2);
        BUTTERH(u,v) = 1/(1 + (sqrt(2) - 1) * (D(u,v)/Dcut)^2); % 巴特沃斯低通传递函数
        EXPOTH(u,v) =  exp(log(1/sqrt(2)) * (D(u, v)/Dcut)^2); % 指数型低通传递函数
    end
end
BUTTERG = BUTTERH. * F;
BUTTERGfiltered = ifft2(BUTTERG);
EXPOTG = EXPOTH. * F;
EXPOTGfiltered = ifft2(EXPOTG);
subplot(2,2,1),imshow(I);title('原图');
subplot(2,2,2),imshow(noisy);title('高斯噪声图像');
subplot(2,2,3),imshow(BUTTERGfiltered,map);title('巴特沃斯滤波图像');
subplot(2,2,4),imshow(EXPOTGfiltered,map);title('指数型滤波图像');
```

程序运行结果如图 3-31 所示。

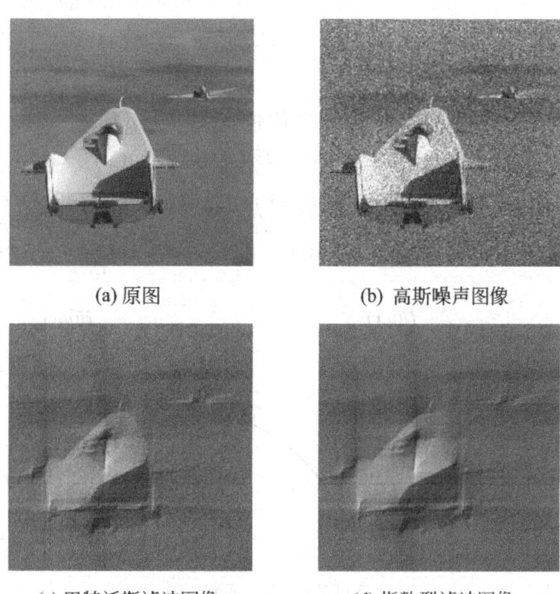

(a) 原图　(b) 高斯噪声图像

(c) 巴特沃斯滤波图像　(d) 指数型滤波图像

图 3-31　频率域低通滤波举例

3.3.2　频率域高通滤波

图像在传输和转换过程中，一般来讲，质量都要下降，除了噪声的因素之外，图像一般都要变得模糊一些，使图像特征提取、识别和理解难以进行，增强图像边缘和线条，使图像边缘变得清晰的处理称为图像锐化。图像锐化的作用就是补偿图像的轮廓，使图像变得更清晰。图像锐化可分为空间域高通滤波和频率域高通滤波。空间域高通滤波将在 4.3 边缘检测中具体介绍，这里只介绍频率域高通滤波。

由于图像中的边缘、线条等细节部分与图像频谱中的高频分量相对应，在频率域中用高通滤波器处理，能够使图像的边缘或线条变得清晰，图像得到锐化。高通滤波器衰减傅里叶变换中的低频分量，通过傅里叶变换中的高频信息。因此，采用高通滤波的方法让高频分量顺利通过，使低频分量受到抑制，就可以增强高频的成分。

(1) 理想高通滤波器

二维理想高通滤波器如图 3-32(a) 所示。其传递函数 $H(u,v)$ 定义为

$$H(u,v)=\begin{cases}1 & D(u,v)>D_0 \\ 0 & D(u,v)\leqslant D_0\end{cases} \tag{3-28}$$

式中，D_0 是频率平面上从原点算起的截止距离，称为截止频率，$D(u,v)=\sqrt{u^2+v^2}$，是频率平面点 (u,v) 到频率平面原点(0,0)的距离。

它在形状上和前面介绍的理想低通滤波器的形状刚好相反，但与理想低通滤波器一样，这种理想高通滤波器也无法用实际的电子器件硬件来实现。

(2) 巴特沃斯高通滤波器

n 阶巴特沃斯高通滤波器如图 3-32(b) 所示，其传递函数定义为

$$H(u,v)=\frac{1}{1+[\sqrt{2}-1][D_0/D(u,v)]^{2n}} \tag{3-29}$$

式中，D_0 是截止频率；$D(u,v)=\sqrt{u^2+v^2}$，是点 (u,v) 到频率平面原点的距离。当 $D(u,v)=D_0$ 时，$H(u,v)$ 下降到最大值的 $1/\sqrt{2}$。

(3) 指数型高通滤波器

指数型高通滤波器如图 3-32(c) 所示，其传递函数定义为

$$H(u,v)=e^{\ln(1/\sqrt{2})[D_0/D(u,v)]^n} \tag{3-30}$$

式中，D_0 是截止频率；变量 n 控制着从原点算起的距离函数 $H(u,v)$ 的增长率。当 $D(u,v)=D_0$ 时，它使 $H(u,v)$ 在截止频率 D_0 时等于最大值的 $1/\sqrt{2}$。

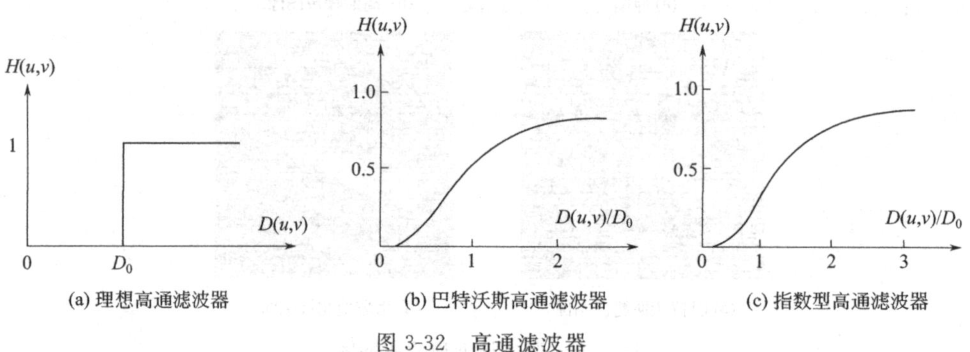

(a) 理想高通滤波器　　(b) 巴特沃斯高通滤波器　　(c) 指数型高通滤波器

图 3-32　高通滤波器

【例 3-13】 频率域高通滤波法对图像进行增强，各种频率高通滤波器对灰度图像增强的 MATLAB 程序如下。

```
clc;
I = imread('liftingbody.png'); % 从图形文件中读取图像
noisy = imnoise(I, 'gaussian',0.01); % 对原图像添加高斯噪声
[M N] = size(I);
F = fft2(noisy); % 进行二维快速傅里叶变换
fftshift(F); % 把快速傅里叶变换的 DC 组件移到光谱中心
Dcut = 100;
for u = 1:M
  for v = 1:N
```

```
        D(u,v) = sqrt(u^2 + v^2);
        BUTTERH(u, v) = 1/(1 + (sqrt(2) - 1) * Dcut/D(u,v)^2); % 巴特沃斯高通传递函数
        EXPOTH(u, v) = exp(log(1/sqrt(2)) * Dcut/D(u,v)^2); % 指数型高通传递函数
    end
end
BUTTERG = BUTTERH. * F;
BUTTERGfiltered = ifft2(BUTTERG);
EXPOTG = EXPOTH. * F;
EXPOTGfiltered = ifft2(EXPOTG);
subplot(2,2,1),imshow(I);title('原图');
subplot(2,2,2),imshow(noisy);title('高斯噪声图像');
subplot(2,2,3),imshow(BUTTERGfiltered,map);title('巴特沃斯滤波图像');
subplot(2,2,4),imshow(EXPOTGfiltered,map);title('指数型滤波图像');
```

程序运行结果如图 3-33 所示。

(a) 原图

(b) 高斯噪声图像

(c) 巴特沃斯滤波图像

(d) 指数型滤波图像

图 3-33　频率域高通滤波法举例

3.4　形态学滤波去噪技术

数学形态学是一门新兴的图像处理与分析学科，其基本理论与方法在文字识别、医学图像处理与分析、图像编码压缩等诸多领域都取得了广泛的应用，已经成为图像工程技术人员必须掌握的基本内容之一。基于数学形态学的形状滤波器可借助于先验的几何特征信息，利用形态学算子有效地滤除噪声，又可以保留图像中的原有信息，数学形态学方法比其他空间域或频率域图像处理和分析方法具有一些明显的优势。

3.4.1　基本符号和定义

(1) 集合论概念

在数字图像处理的数学形态学运算中，把一幅图像称为一个集合。对于一幅图像 A，如果点 a 在 A 的区域以内，则 a 是 A 的元素，记为 $a \in A$，b 在 A 的区域以外，则 b 不是 A 的元素，记为 $b \notin A$，如图 3-34 所示。

对于两幅图像 B 和 A，B 所有元素 b_i，都有 $b_i \in A$，则称 B 包含于 A，记作 $B \subset A$，如图 3-35 所示。

两幅图像集合 A 和 B 的公共点组成的集合称为两个集合的交集，记为 $A \cap B$，即 $A \cap B = \{a \mid a \in A 且 a \in B\}$。两个集合 A 和 B 的所有元素组成的集合称为两个集合的并集，记为 $A \cup B$，即 $A \cup B = \{a \mid a \in A 或 a \in B\}$，如图 3-36 所示。

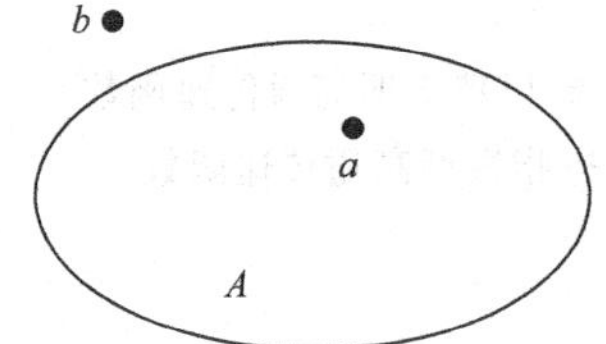

图 3-34 元素与集合间的关系

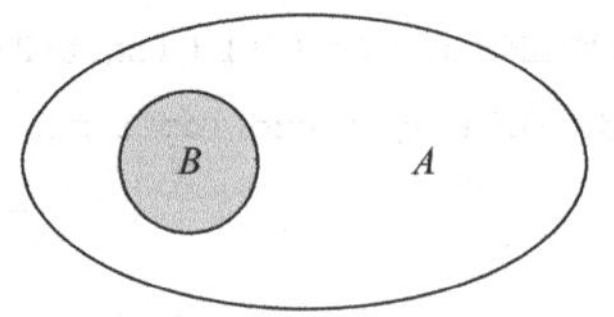

图 3-35 集合与集合间的关系

一幅图像 A，所有 A 区域以外的点构成的集合称为 A 的补集，记作 A^c，显然，如果 $B \cap A = \varnothing$，则 B 在 A 的补集内，如图 3-37 所示。

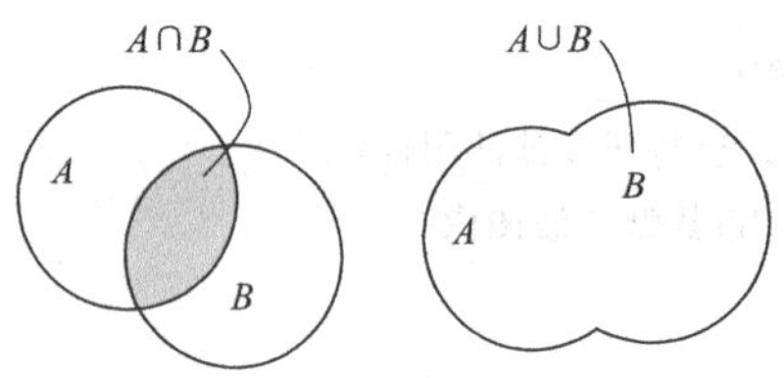

图 3-36 集合的交集与并集

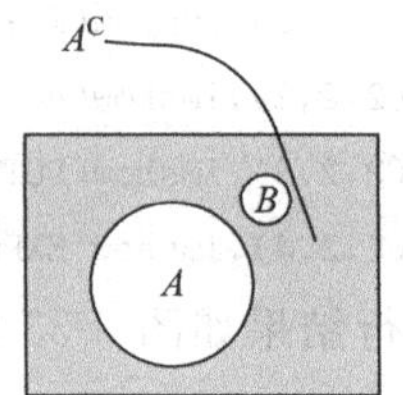

图 3-37 集合的补集

(2) 击中与击不中

对于两幅图像 B 和 A，若存在这样一个点，它既是 B 的元素，又是 A 的元素，即 $A \cap B \neq \varnothing$，则称 B 击中 A，记作 $B \uparrow A$。如图 3-38(a) 所示。若不存在任何一个点，它既是 B 的元素，又是 A 的元素，则称 B 击不中 A，即 $B \cap A = \varnothing$，如图 3-38(b) 所示。

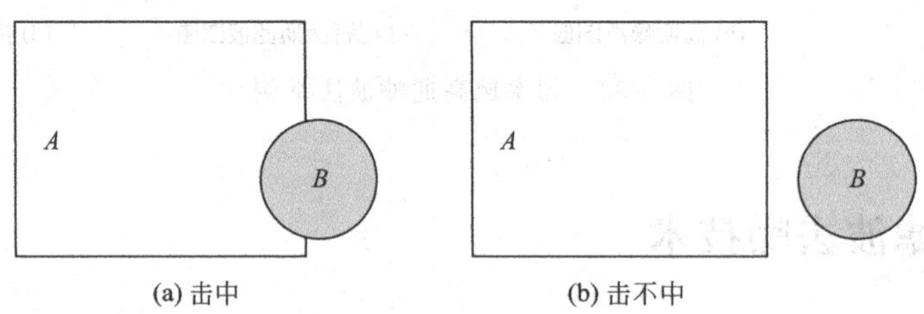

(a) 击中　(b) 击不中

图 3-38 击中与击不中

(3) 平移和对称集

设 A 是一幅数字图像，如图 3-39(a)，b 是一个点，如图 3-39(b)，那么定义 A 被 b 平移后的结果为 $A+b=\{a+b \mid a \in A\}$，即取出 A 中的每个点 a 的坐标值，将其与点 b 的坐标值相加，得到一个新的点的坐标值 $a+b$，所有这些新点构成的图像就是 A 被 b 平移的结果，记为 $A+b$，如图 3-39(c) 所示。

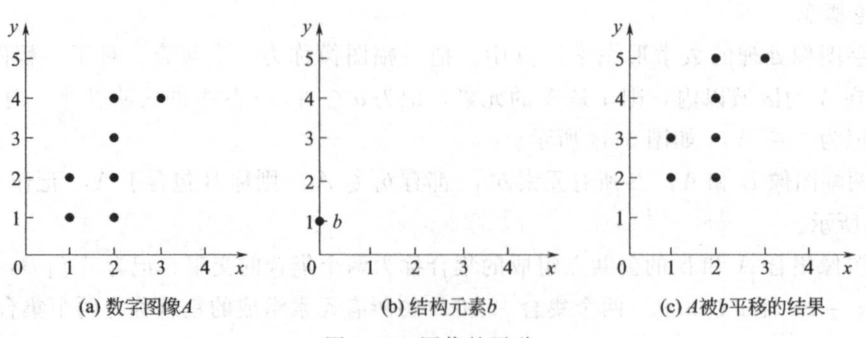

(a) 数字图像A　(b) 结构元素b　(c) A被b平移的结果

图 3-39 图像的平移

设有一幅图像 B，将 B 中所有元素的坐标取反，即令 (x,y) 变成 $(-x,-y)$，所有这些点构成的新的集合称为 B 的对称集，记作 B^{v}，如图 3-40 所示。

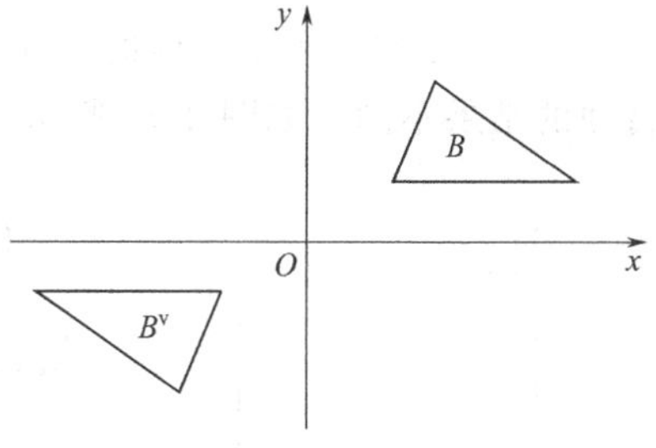

图 3-40　集合的对称

(4) 结构元素

设有两幅图像 S 和 X。若 X 是被处理的对象，而 S 是用来处理 X 的，则称 S 为结构元素，S 又被形象地称作刷子。结构元素通常都是一些比较小的图像。在结构元素中可以指定一个点为原点，通常形态学图像处理以在图像中移动一个结构元素并进行一种类似于卷积运算的方式进行，只是以逻辑运算代替卷积的乘加运算。

3.4.2　二值形态学图像处理

二值形态学中的运算对象是集合。设 X 为图像集合，S 为结构元素，数学形态学运算是用 S 对 X 进行操作。需要指出，实际上结构元素本身也是一个图像集合。对每个结构元素可以指定一个原点，它是结构元素参与形态学运算的参考点。应注意，原点可以包含在结构元素中，也可以不包含在结构元素中，但运算的结果常不相同。

(1) 腐蚀

对一个给定的目标图像 X 和一个结构元素 S，想象一下将 S 在图像上移动。在每一个当前位置 x，$S+x$ 只有三种可能的状态：$S+x\subseteq X$；$S+x\subseteq X^{c}$；$S+x\cap X$ 与 $S+x\cap X^{c}$ 均不为空。如图 3-41 所示。

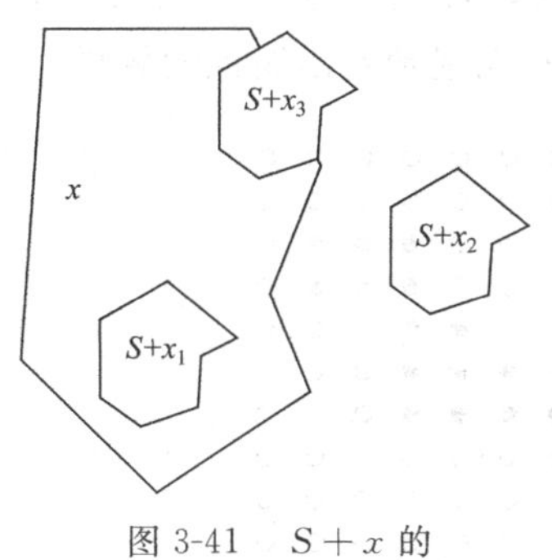

图 3-41　$S+x$ 的三种可能状态

第一种情形说明 $S+x$ 与 X 相关最大，第二种情形说明 $S+x$ 与 X 不相关，而第三种情形说明 $S+x$ 与 X 只是部分相关。因而满足式 (3-31) 的点 x 的全体构成结构元素与图像最大相关点集，这个点集称为 S 对 X 的腐蚀（简称腐蚀，有时也称 X 用 S 腐蚀），记为 $X\ominus S$。腐蚀也可以用集合的方式定义，即

$$E(X)=X\ominus S=\{x\mid S+x\subseteq X\} \tag{3-31}$$

把结构元素 S 平移 a 后得到 Sa，若 Sa 包含于 X，记下这个 a 点，所有满足上述条件的 a 点组成的集合称作 X 被 S 腐蚀的结果。换句话说，用 S 来腐蚀 X 得到的集合是 S 完全包括在 X 中时 S 的原点位置的集合。如图 3-42 所示。

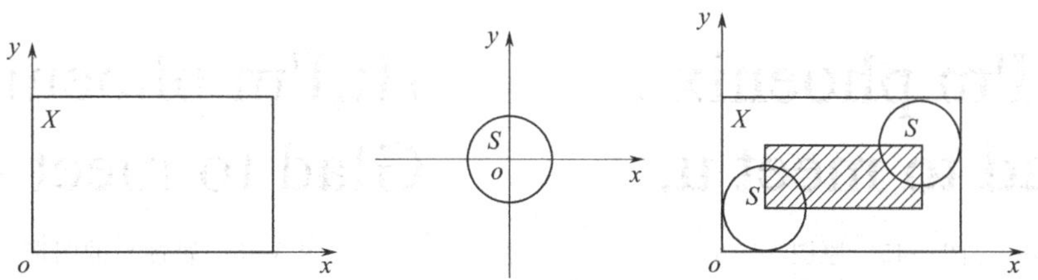

图 3-42　腐蚀示意图

图 3-42 中 X 是被处理的对象，S 是结构元素。不难知道，对于任意一个在阴影部分的点 a，Sa 包含于 X，所以 X 被 S 腐蚀的结果就是那个阴影部分。阴影部分在 X 的范围之

内，且比 X 小，就像 X 被剥掉了一层似的，这就是为什么称作腐蚀的原因。

值得注意的是，上面的 S 是对称的，即 S 的对称集 $S^v=S$，所以 X 被 S 腐蚀的结果和 X 被 S^v 腐蚀的结果是一样的。如果 S 不是对称的，就会发现 X 被 S 腐蚀的结果和 X 被 S^V 腐蚀的结果不同。如图 3-43 所示。

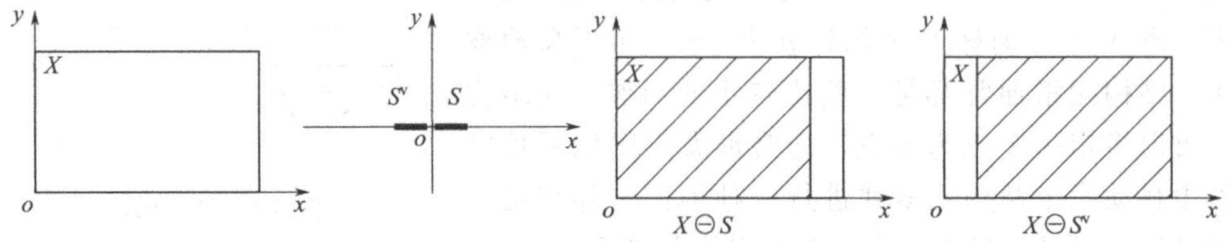

图 3-43　结构元素非对称时腐蚀的结果不同

腐蚀的作用是消除物体所有边界点。如果结构元素取 3×3 的黑点块，则称为简单腐蚀，其结果使区域的边界沿周边减少一个像素；如果区域是圆的，则每次腐蚀后它的直径将减少 2 个像素。腐蚀可以把小于结构元素的物体去除，选取不同大小的结构元素，可去掉不同大小且无意义的物体。如果两物体间有细小的连通，当结构元素足够大时，腐蚀运算可以将物体分开。

在图 3-44 中，左边是被处理的图像 X（二值图像，针对的是黑点），中间是结构元素 S，标有 Origin 的点是中心点，即当前处理元素的位置，腐蚀的方法是，把 S 的中心点和 X 上的点一个一个地对比，如果 S 上的所有点都在 X 的范围内，则该点保留，否则将该点去掉；右边是腐蚀后的结果。可以看出，它仍在原来 X 的范围内，且比 X 包含的点要少，就像 X 被腐蚀掉了一层。图 3-46 为图 3-45 腐蚀后的结果，能够很明显地看出腐蚀的效果。

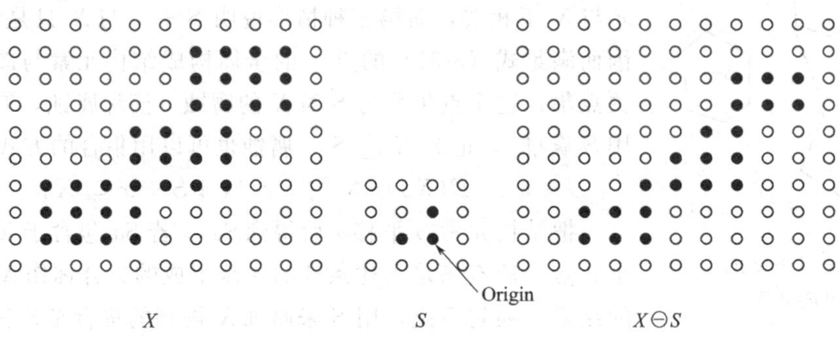

图 3-44　腐蚀示意图

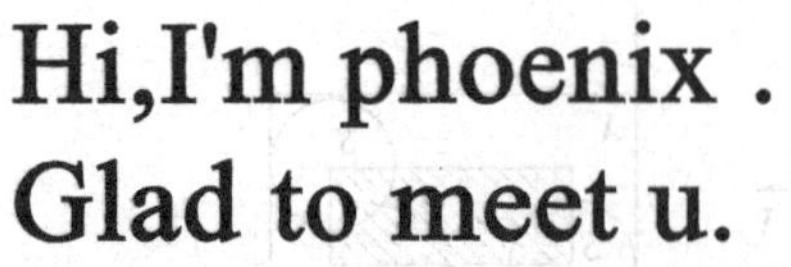

Hi,I'm phoenix .
Glad to meet u.

图 3-45　原图

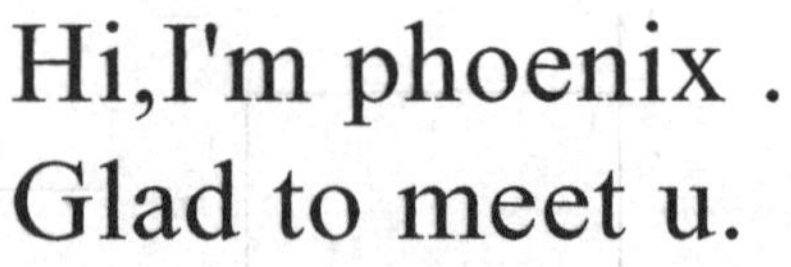

Hi,I'm phoenix .
Glad to meet u.

图 3-46　腐蚀后的图形

(2) 膨胀

膨胀可以看作是腐蚀的对偶运算，其定义是：把结构元素 S 平移 a 后得到 Sa，若 Sa 击中 X，记下这个 a 点。所有满足上述条件的 a 点组成的集合称作 X 被 S 膨胀的结果。换句话说，用 S 来膨胀 X 得到的集合是 S 完全击中 X 时 S 的原点位置的集合。如图 3-47 所示。

$$X \oplus S = \{x \mid S + x \cup x \neq \varnothing\} \tag{3-32}$$

式（3-32）为膨胀的定义式，可以看出，如果结构元素 S 的原点位移到 (x,y)，它与 X 的交集非空，这样的点 (x,y) 组成的集合就是 S 对 X 膨胀产生的结果。

y
X
o
x
S
S

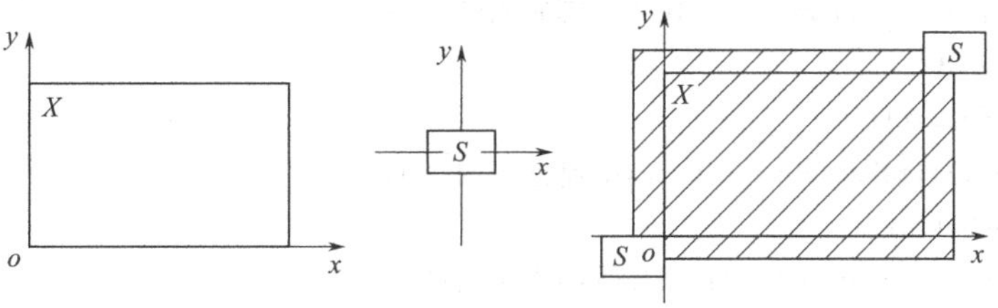

图 3-47　膨胀示意图

在图 3-48 中，左边是被处理的图像 X（二值图像，针对的是黑点），中间是结构元素 S，膨胀的方法是，把 S 的中心点和 X 上的点及 X 周围的点一个一个地对比，如果 S 上有一个点落在 X 的范围内，则该点就为黑；右边是膨胀后的结果。可以看出，它包括 X 的所有范围，就像 X 膨胀了一圈似的。

Origin
X
S
X⊕S

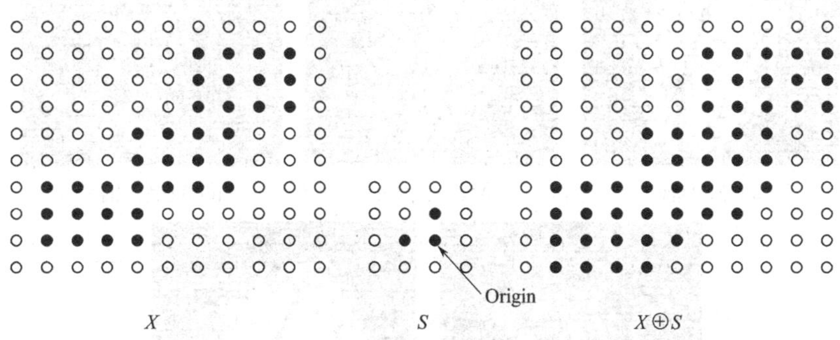

图 3-48　膨胀运算

膨胀的作用是把图像区域周围的背景点合并到区域中，其结果是使区域的面积增大相应数量的点。图 3-49 为原图，图 3-50 为膨胀后的结果，比较这两幅图能够很明显地看出膨胀的效果。

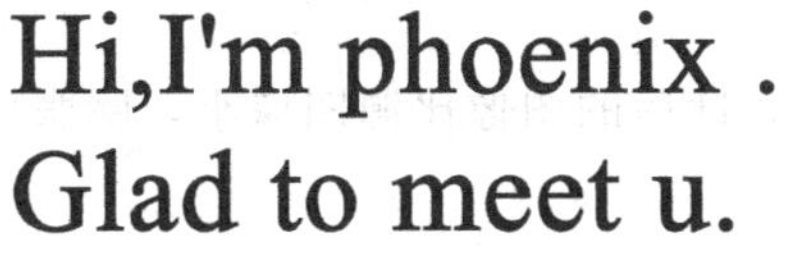

Hi,I'm phoenix .
Glad to meet u.

图 3-49　原图

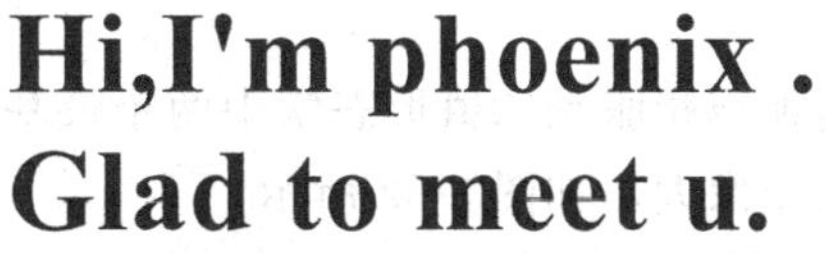

Hi,I'm phoenix .
Glad to meet u.

图 3-50　膨胀后的图形

【例 3-14】 将如图 3-51(a) 所示图像用 MATLAB 编程进行腐蚀与膨胀处理，要求：用三阶单位矩阵的结构元素进行腐蚀和膨胀；用半径为 2 的平坦圆盘形结构元素进行腐蚀和膨胀；显示所有腐蚀及膨胀结果。

原程序代码如下：

```
bw0 = imread('rice.png');
bw1 = im2bw(bw0);
```

```
subplot(2,6,1:2),imshow(bw1);title('(a)原图');
s = ones(3);
bw2 = imerode(bw1,s);
subplot(2,6,3:4),imshow(bw2);title('(b)腐蚀图像一');
bw3 = imdilate(bw1,s);
subplot(2,6,5:6),imshow(bw3);title('(c)膨胀图像一');
s1 = strel('disk',3);
bw4 = imerode(bw1,s1);
subplot(2,6,8:9),imshow(bw4);title('(d)腐蚀图像二');
bw5 = imdilate(bw1,s1);
subplot(2,6,10:11),imshow(bw5);title('(e)膨胀图像二');
```

程序运行结果：图 3-51(b) 是用三阶单位矩阵的结构元素进行腐蚀的结果，图 3-51(c) 是用三阶单位矩阵的结构元素进行膨胀的结果，图 3-51(d) 是用半径为 2 的平坦圆盘形结构元素进行腐蚀的结果，图 3-51(e) 是用半径为 2 的平坦圆盘形结构元素进行膨胀的结果。

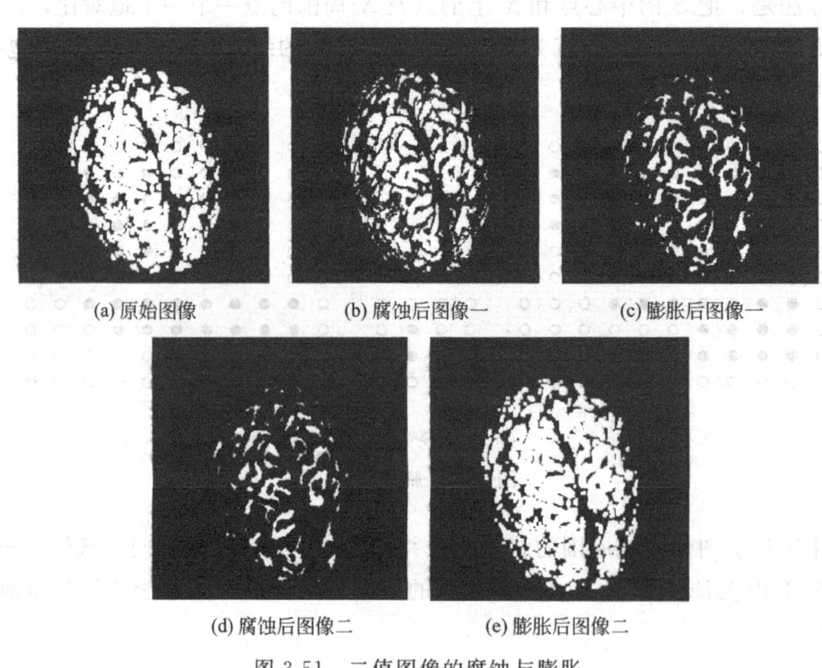

(a) 原始图像　(b) 腐蚀后图像一　(c) 膨胀后图像一

(d) 腐蚀后图像二　(e) 膨胀后图像二

图 3-51　二值图像的腐蚀与膨胀

腐蚀与膨胀是二值形态学中两个最基本的运算，腐蚀后的图像比源图像小，膨胀后的图像比源图像大，如图 3-52 所示。

(3) 开运算

在形态学图像处理中，除了腐蚀和膨胀这两种基本运算之外，还有两种起着非常重要作用的二次运算：开运算、闭运算。开、闭运算是以腐蚀和膨胀来定义的，但是，从结构元素填充的角度看，它们具有更为直观的几何形式，这也是其应用的基础。

先腐蚀后膨胀的运算称为开运算，利用图像 S 对图像 X 进行开运算，用符号 $X \bigcirc S$ 表示，其定义为

$$X \bigcirc S = (X \ominus S) \oplus S \tag{3-33}$$

图 3-53 表示了先腐蚀后膨胀所描述的开运算，图中给出了利用圆盘对一个矩形先腐蚀

后膨胀所得到的结果。可以看出用圆盘对矩形进行开运算，会使矩阵的内角变圆。这种圆化的结果，可以通过将圆盘在矩形的内部滚动，并计算各个可以填入位置的并集得到。如果结构元素为一个底边水平的小正方形，那么，开运算便不会产生内角，所得结果与原图形相同。

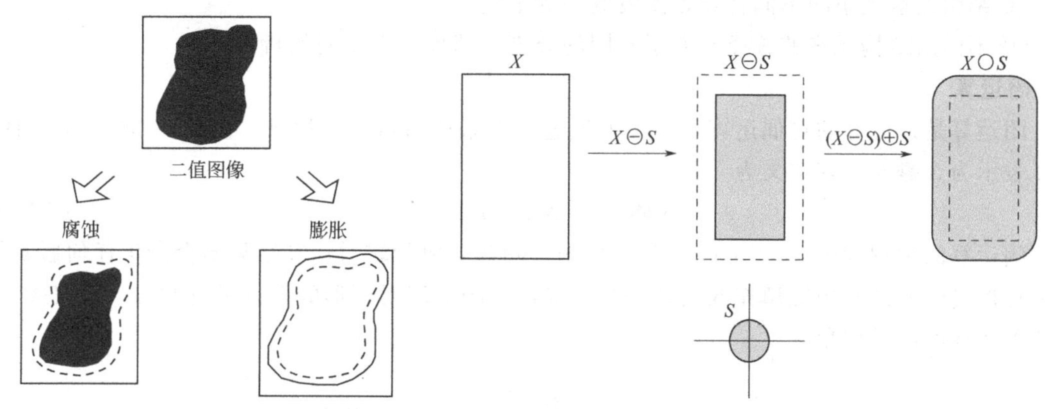

图 3-52 腐蚀、膨胀示意图

图 3-53 二值图像开运算示意图

图 3-54(a) 是被处理的图像 X（二值图像，针对的是黑点），图 3-54(b) 是结构元素 S，图 3-54(c) 是腐蚀后的结果；图 3-54(d) 是在图 3-54(c) 基础上膨胀的结果。可以看到，原图经过开运算后，一些孤立的小点被去掉了。一般来说，开运算能够去除孤立的小点、毛刺和小桥（即连通两块区域的小点），而总的位置和形状不变，这就是开运算的作用。

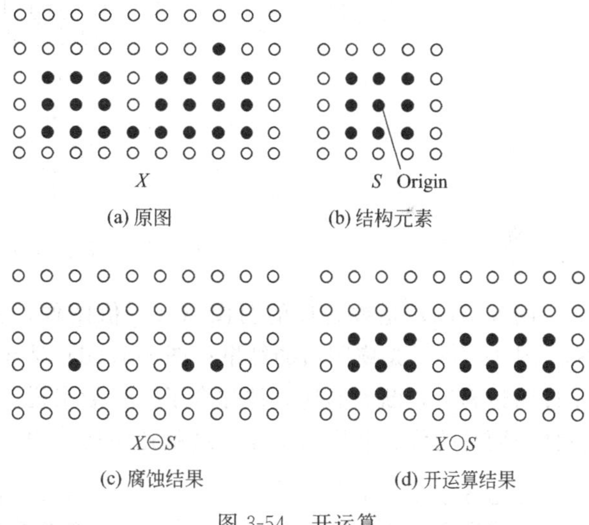

(a) 原图

(b) 结构元素

(c) 腐蚀结果

(d) 开运算结果

图 3-54 开运算

图 3-55 给出了两个开运算的例子，其中图 3-55(a) 是结构元素 S_1 和 S_2，图 3-55(b) 是用 S_1 对 X 进行开运算的结果，图 3-55(c) 是用 S_2 对 X 进行开运算的结果。当使用圆盘结构元素时，开运算对边界进行了平滑，去掉了凸角；当使用线段结构元素时，沿线段方向宽度较大的部分才能够被保留下来，而较小的凸部将被剔除。而 X-$X\bigcirc S$ 给出的是图像的凸出特征。可见，不同的结构元素的选择导致了不同的分割，即提取出不同的特征。

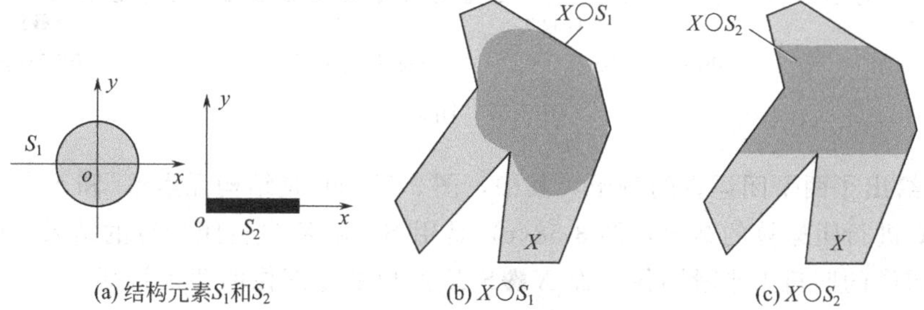

(a) 结构元素 S_1 和 S_2

(b) $X\bigcirc S_1$

(c) $X\bigcirc S_2$

图 3-55 开运算去掉了凸角

综上所述，可以得到关于开运算的几点结论：

① 开运算能够除去孤立的小点、毛刺和小桥，而总的位置和形状不变。

② 开运算是一个基于几何运算的滤波器。

③ 结构元素大小的不同将导致滤波效果的不同。

④ 不同的结构元素的选择导致了不同的分割，即提取出不同的特征。

(4) 闭运算

闭运算是开运算的对偶运算，定义为先进行膨胀然后再进行腐蚀。利用 S 对 X 进行闭运算表示为 $X \bullet S$，其定义为

$$X \bullet S = (X \oplus S) \ominus S \tag{3-34}$$

闭运算的过程如图 3-56 所示，由于 S 为一圆盘，故旋转对运算结果不会产生任何影响。闭运算即沿图像的外边缘填充或滚动圆盘。显然，闭运算对图形的外部进行滤波，仅仅磨光了凸形图像内部的尖角。

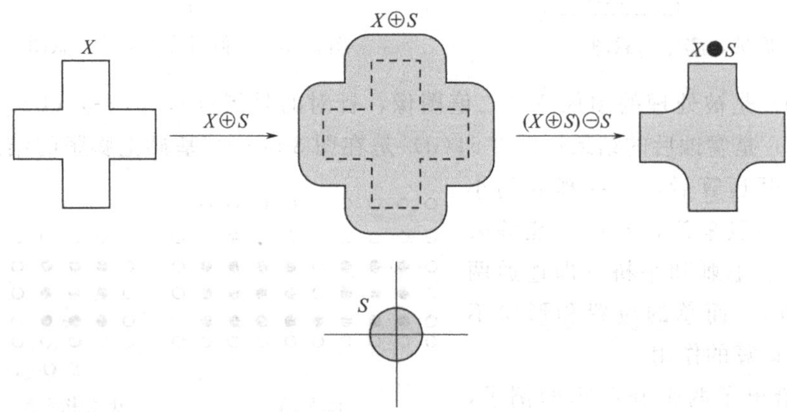

图 3-56　二值图像闭运算示意图

图 3-57(a) 是被处理的图像 X（二值图像，针对的是黑点），图 3-57(b) 是结构元素 S，图 3-57(c) 是膨胀后的结果；图 3-57(d) 是在图 3-57(c) 基础上腐蚀得到的结果。原图经过闭运算后，断裂的地方被弥合了。一般来说，闭运算能够填平小湖（即小孔），弥合小裂缝，而总的位置和形状不变。这就是闭运算的作用。

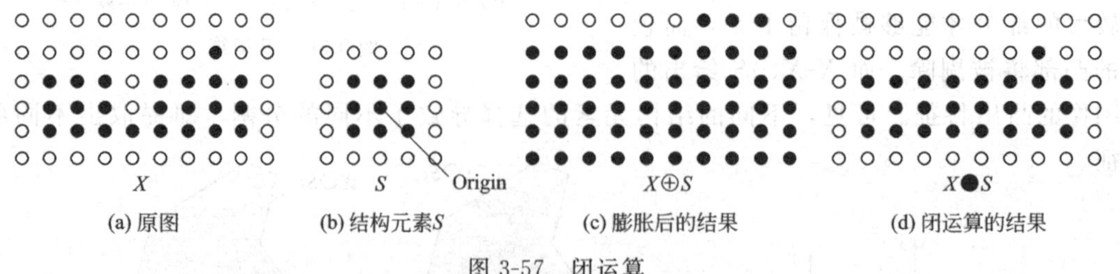

(a) 原图　(b) 结构元素 S　(c) 膨胀后的结果　(d) 闭运算的结果

图 3-57　闭运算

图 3-58 给出了两个闭运算的例子，其中，图 3-58(a) 是结构元素 S_1 和 S_2，图 3-58(b) 是用 S_1 对 X 进行闭运算的结果，图 3-58(c) 是用 S_2 对 X 进行闭运算的结果。可见，闭运算通过填充图像的凹角来平滑图像，而 $X \bullet S - X$ 给出的是图像的凹入特征。

综上所述，也可以得到关于闭运算的几点结论：

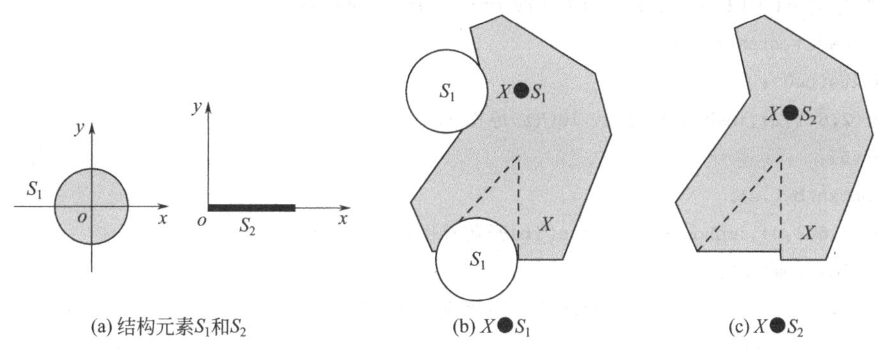

(a) 结构元素S_1和S_2　(b) $X●S_1$　(c) $X●S_2$

图 3-58　闭运算填充了凹角

① 闭运算能够填平小湖（即小孔），弥合小裂缝，而总的位置和形状不变。

② 闭运算是通过填充图像的凹角来滤波图像的。

③ 结构元素大小的不同将导致滤波效果的不同。

④ 不同结构元素的选择导致了不同的分割。

图 3-59 表示了集合 X 被一个圆盘形结构开运算和闭运算的情况。图 3-59(a) 是集合 X，图 3-59(b) 表示出了腐蚀过程中圆盘形结构元素的各个位置，当完成这一过程时，形成分开的两个图，如图 3-59(c) 所示，注意，X 的两个主要部分之间的桥梁被去掉了。“桥”的宽度小于结构元素的直径，也就是结构元素不能完全包含于集合 X 的这一部分。同样，X 的最右边的部分也被切掉了。图 3-59(d) 给出了对腐蚀的结果进行膨胀的过程。图 3-59(e) 表示出了开运算的最后结果。同样，图 3-59(f)～图 3-59(h) 表示出了用同样的结构元素对 X 进行闭运算的结果。

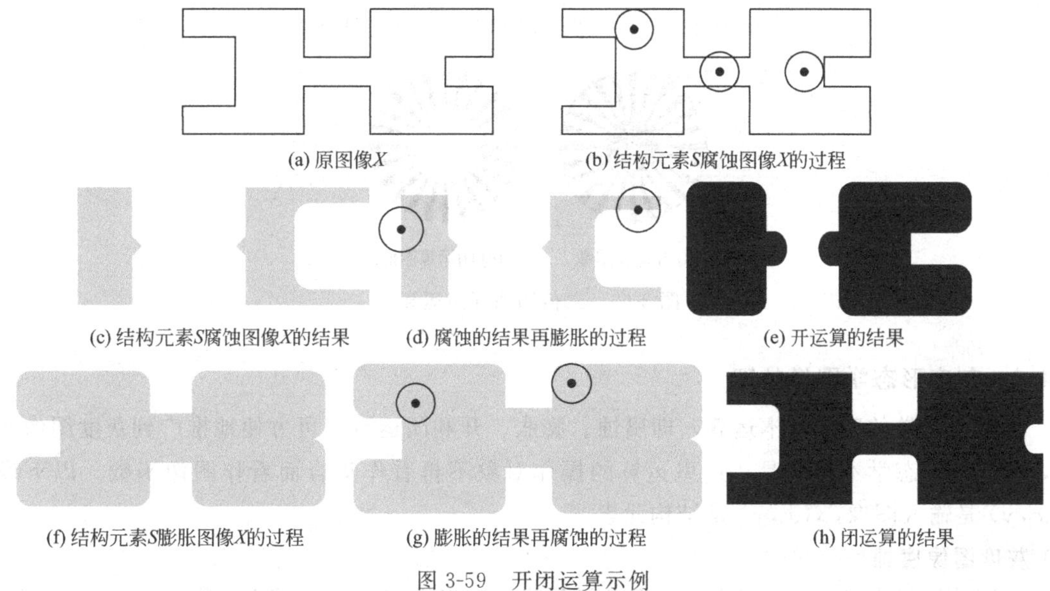

(a) 原图像X　(b) 结构元素S腐蚀图像X的过程

(c) 结构元素S腐蚀图像X的结果　(d) 腐蚀的结果再膨胀的过程　(e) 开运算的结果

(f) 结构元素S膨胀图像X的过程　(g) 膨胀的结果再腐蚀的过程　(h) 闭运算的结果

图 3-59　开闭运算示例

【例 3-15】 将如图 3-60(a) 所示图像用 MATLAB 编程进行开和闭运算，要求：用五阶单位矩阵的结构元素进行开和闭运算；用半径为 4 的平坦圆盘形结构元素进行开和闭运算；显示所有开和闭运算的结果。

下面是利用 MATLAB 实现二值图像开和闭运算的程序：

```
bw0 = imread('testpat1.png');
bw1 = im2bw(bw0);
subplot(2,6,1:2),imshow(bw1);title('(a)原图');
s = ones(5);
bw2 = imopen(bw1,s);
subplot(2,6,3:4),imshow(bw2);title('(b)开运算图像一');
bw3 = imclose(bw1,s);
subplot(2,6,5:6),imshow(bw3);title('(c)闭运算图像一');
s1 = strel('disk',4);
bw4 = imopen(bw1,s1);
subplot(2,6,8:9),imshow(bw4);title('(d)开运算图像二');
bw5 = imclose(bw1,s1);
subplot(2,6,10:11),imshow(bw5);title('(e)闭运算图像二');
```

程序运行结果：图 3-60(b) 所示是用五阶单位矩阵的结构元素进行开运算的结果；图 3-60(c) 所示是用五阶单位矩阵的结构元素进行闭运算的结果；图 3-60(d) 所示是用半径为 4 的平坦圆盘形结构元素进行开运算的结果；图 3-60(e) 所示是用半径为 4 的平坦圆盘形结构元素进行闭运算的结果。

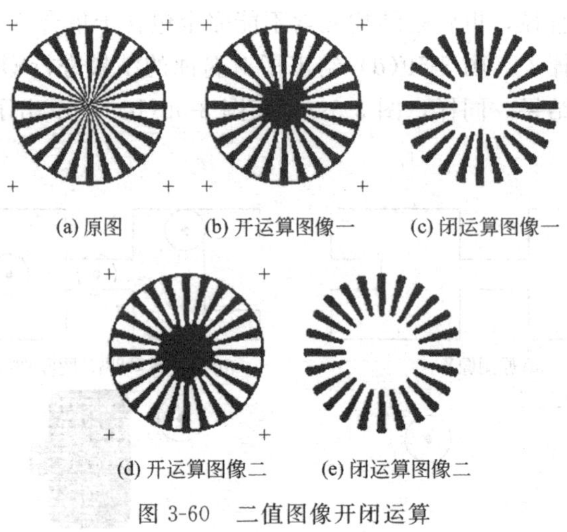

图 3-60 二值图像开闭运算

3.4.3 灰度形态学图像处理

二值形态学的四个基本运算，即腐蚀、膨胀、开和闭运算，可方便地推广到灰度图像空间，与二值形态学不同的是，这里运算的操作对象不再看作集合而看作图像函数。以下设 $f(x,y)$ 是输入图像，$s(x,y)$ 是结构元素。

(1) 灰度图像腐蚀

利用结构元素 $s(x,y)$ 对输入图像进行灰值腐蚀记为 $f \ominus s$，其定义为

$$(f \ominus s)(t,m) = min\{f(t+x,m+y) - s(x,y) \mid t+x,m+y \in D_f, x+y \in D_s\} \tag{3-35}$$

式中，D_f 和 D_s 为 f 和 s 的定义域。这里限制 $(s+x)$ 和 $(t+y)$ 在 f 的定义域内，类似

于二值腐蚀定义中要求结构元素完全包括在被腐蚀集合中。

图 3-61 表示了定义式的几何意义。其效果相当于半圆形结构元素在被腐蚀函数的下面"滑动"时，其圆心画出的轨迹。但是，这里存在一个限制条件，即结构元素必须在函数曲线的下面平移。不难看出，半圆形结构元素从函数的下面对函数产生滤波作用，这与圆盘从内部对二值图像滤波的情况是相似的。

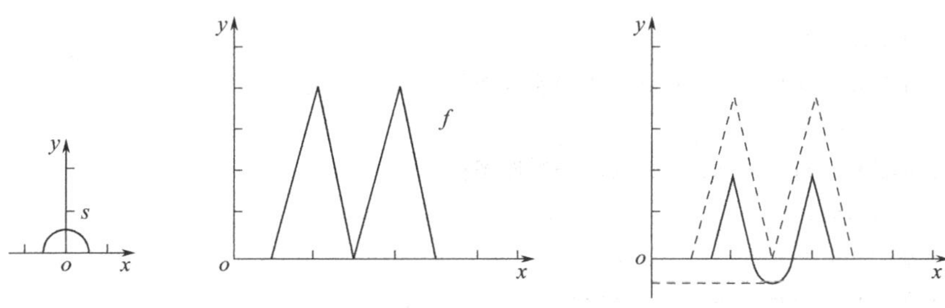

图 3-61　半圆结构元素进行灰值腐蚀

图 3-62 中，采用了一个扁平结构元素对上图的函数进行灰值腐蚀。扁平结构元素是一种在其定义域上取常数的结构元素。注意这种结构元素产生的滤波效果。

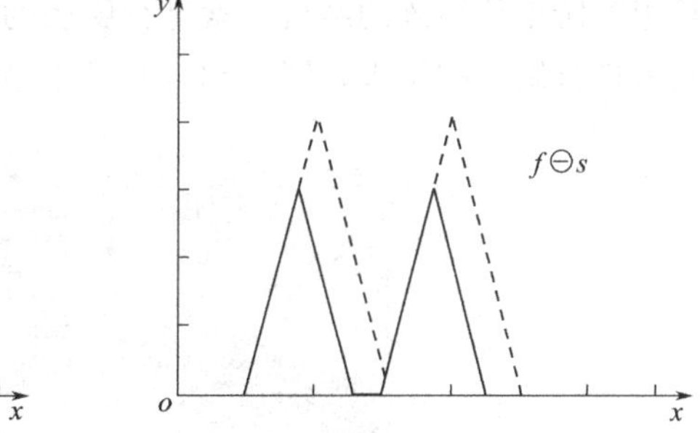

图 3-62　扁平结构元素进行灰值腐蚀

在以上两图中，可以看到灰值腐蚀与二值腐蚀之间的一个基本关系：被灰值腐蚀函数的定义域等于利用结构元素的定义域作为结构元素，对函数的定义域进行二值腐蚀所得到的结果。

(2) 灰度图像膨胀

利用结构元素 $s(x,y)$ 对输入图像进行灰值膨胀记为 $f \oplus s$，其定义为

$$(f \oplus s)(t,m) = \max\{f(t-x,m-y)+s(x,y) \mid t-x,m-y \in D_f, x+y \in D_s\} \tag{3-36}$$

式中，D_f 和 D_s 为 f 和 s 的定义域。这里限制 $(t-x)$ 和 $(m-y)$ 在 f 的定义域内，类似于二值膨胀定义中要求两个运算集合至少有一个（非零）元素相交。

灰值膨胀可以通过将结构元素的原点平移到与信号重合，然后，对信号上的每一点求结构元素的最大值得到，如图 3-63 所示。

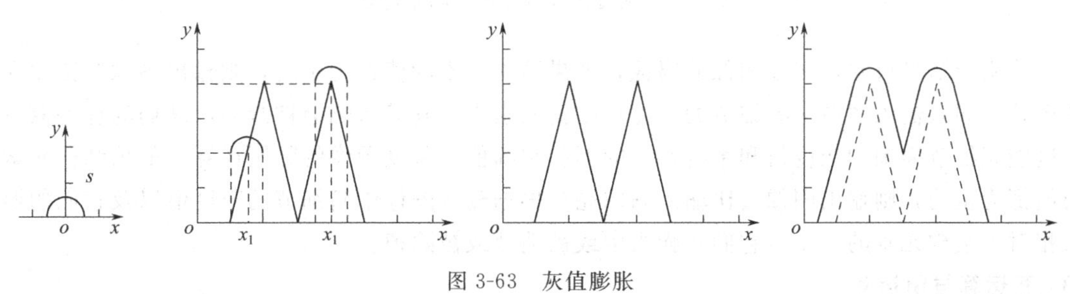

图 3-63　灰值膨胀

【例 3-16】　将如图 3-64(a) 所示的灰度图像用 MATLAB 编程进行腐蚀与膨胀处理，要

求：用五阶单位矩阵的结构元素进行腐蚀和膨胀；用半径为 5 的平坦圆盘形结构元素进行腐蚀和膨胀；显示所有腐蚀及膨胀结果。

灰值腐蚀与膨胀的 MATLAB 原程序代码如下：

```
bw1 = imread('liftingbody.png');
subplot(2,6,1:2),imshow(bw1);title('(a)原图');
s = ones(5);
bw2 = imerode(bw1,s);
subplot(2,6,3:4),imshow(bw2);title('(b)腐蚀图像一');
bw3 = imdilate(bw1,s);
subplot(2,6,5:6),imshow(bw3);title('(c)膨胀图像一');
s1 = strel('disk',5);
bw4 = imerode(bw1,s1);
subplot(2,6,8:9),imshow(bw4);title('(d)腐蚀图像二');
bw5 = imdilate(bw1,s1);
subplot(2,6,10:11),imshow(bw5);title('(e)膨胀图像二');
```

程序运行结果：图 3-64(b) 是用五阶单位矩阵的结构元素进行腐蚀的结果，图 3-64(c) 是用五阶单位矩阵的结构元素进行膨胀的结果，图 3-64(d) 是用半径为 5 的平坦圆盘形结构元素进行腐蚀的结果，图 3-64(e) 是用半径为 5 的平坦圆盘形结构元素进行膨胀的结果。

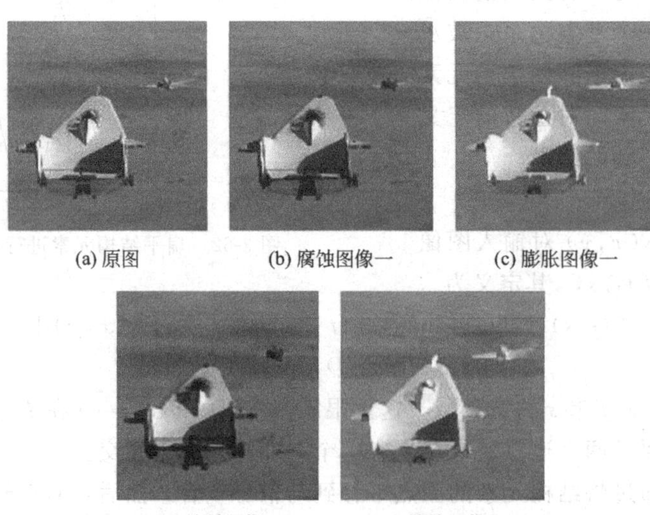

(a) 原图　(b) 腐蚀图像一　(c) 膨胀图像一

(d) 腐蚀图像二　(e) 膨胀图像二

图 3-64　灰度图像的腐蚀与膨胀运算

从实验结果可知，灰度图像的腐蚀，如果结构元素的值都为正的，则输出图像会比输入图像暗；如果输入图像中亮细节的尺寸比结构元素小，则其影响会被减弱，减弱的程度取决于这些亮细节周围的灰度值和结构元素的形状和幅值。灰度图像的膨胀运算，如果结构元素的值都为正的，则输出图像会比输入图像亮；根据输入图像中暗细节的灰度值以及它们的形状相对于结构元素的关系，它们在膨胀中或被消减或被除掉。

(3) 开运算与闭运算

数学形态学中关于灰值开和闭运算的定义与它们在二值数学形态学中的对应运算是一致的。用结构元素 s（灰度图像）对灰度图像 f 进行开运算记为 $X \bigcirc S$，其定义为

$$X \bigcirc S=(X \ominus S) \oplus S \tag{3-37}$$

用结构元素 s（灰度图像）对灰度图像 f 进行闭运算记为 $X \bullet S$，其定义为

$$X \bullet S=(X \oplus S) \ominus S \tag{3-38}$$

灰值开、闭运算也有简单的几何解释，如图 3-65 所示。在图 3-65(a) 中，给出了一幅图像 $f(x,y)$ 在 y 为常数时的一个剖面 $f(x)$，其形状为一连串的山峰山谷。假设结构元素 s 是球状的，投影到 x 和 $f(x)$ 平面上是个圆。下面分别讨论开、闭运算的情况。

用 s 对 f 进行开运算，即 $f \bigcirc s$，可看作将 s 贴着 f 的下沿从一端滚到另一端。图 3-65(b) 给出了 s 在开运算中的几个位置，图 3-65(c) 给出了开运算操作的结果。从图 3-65(c) 可看出，对所有比 s 的直径小的山峰其高度和尖锐度都减弱了。换句话说，当 s 贴着 f 的下沿滚动时，f 中没有与 s 接触的部位都削减到与 s 接触。实际中常用开运算操作消除与结构元素相比尺寸较小的亮细节，而保持图像整体灰度值和大的亮区域基本不受影响。具体地说，第一步的腐蚀去除了小的亮细节并同时减弱了图像亮度，第二步的膨胀增加了图像亮度，但又不重新引入前面去除的细节。

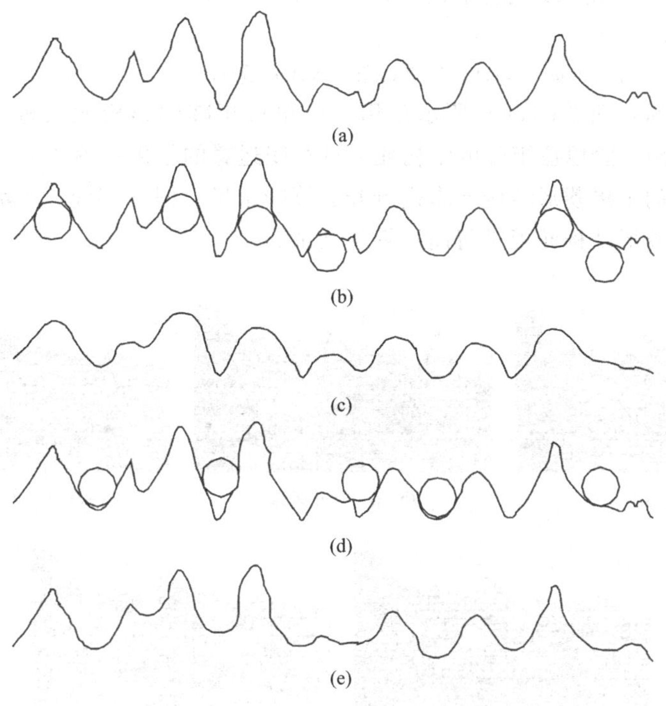

图 3-65　灰度图像的开、闭运算

用 s 对 f 进行闭运算，即 $f \bullet s$，可看作将 s 贴着 f 的上沿从一端滚到另一端。图 3-65(d) 给出了 s 在闭运算操作中的几个位置，图 3-65(e) 给出了闭运算操作的结果。从图 3-65(e) 可看出，山峰基本没有变化，而所有比 s 的直径小的山谷得到了“填充”。换句话说，当 s 贴着 f 的上沿滚动时，f 中没有与 s 接触的部位都得到“填充”，使其与 s 接触。实际中常用闭运算操作消除与结构元素相比尺寸较小的暗细节，而保持图像整体灰度值和大的暗区域基本不受影响。具体来说，第一步的膨胀去除了小的暗细节并同时增强了图像亮度，第二步的腐蚀减弱了图像亮度但又不重新引入前面去除的细节。

【例 3-17】 将如图 3-66(a) 所示灰度图像用 MATLAB 编程进行开和闭运算，要求：用

三阶单位矩阵的结构元素进行开和闭运算；用原点到顶点距离均为 2 的平坦菱形结构元素进行开和闭运算；显示所有开和闭运算的结果。

原程序代码如下：

```
bw1 = imread('autumn.tif');
bw1 = rgb2gray(bw1);
bw1 = imnoise(bw1,'Gaussian',0.02);
subplot(2,6,1:2);imshow(bw1);title('(a)原图形');
s = ones(2,2);
bw2 = imopen(bw1,s);
subplot(2,6,3:4);imshow(bw2);title('(b)第一次开运算');
bw3 = imclose(bw1,s);
subplot(2,6,5:6);imshow(bw3);title('(c)第一次闭运算');
s1 = strel('diamond',2);
bw4 = imopen(bw1,s1);
subplot(2,6,8:9);imshow(bw4);title('(d)第二次开运算');
bw5 = imclose(bw1,s1);
subplot(2,6,10:11);imshow(bw5);title('(e)第二次闭运算');
```

程序运行结果为：图 3-66(b) 所示是用三阶单位矩阵的结构元素进行开运算的结果；图 3-66(c) 所示是用三阶单位矩阵的结构元素进行闭运算的结果；图 3-66(d) 所示是用原点到顶点距离均为 2 的平坦菱形结构元素进行开运算的结果；图 3-66(e) 所示是用原点到顶点距离均为 2 的平坦菱形结构元素进行闭运算的结果。

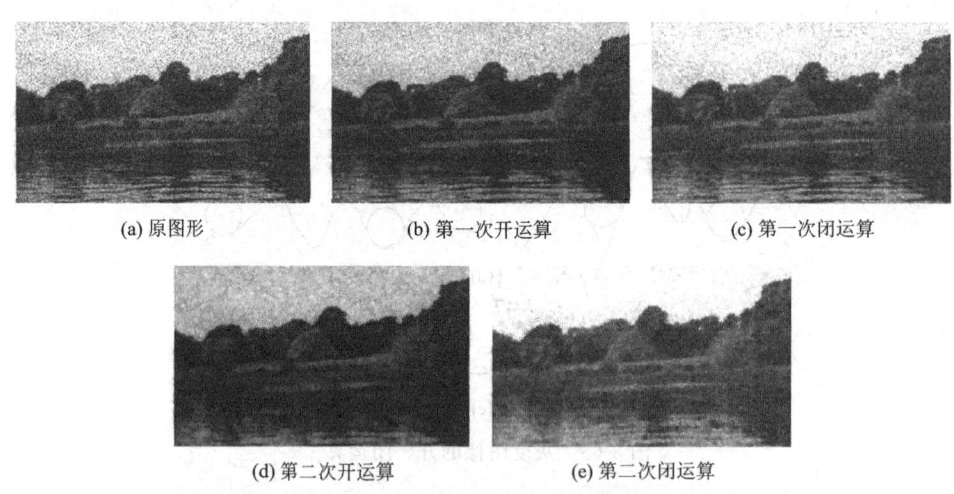

(a) 原图形　(b) 第一次开运算　(c) 第一次闭运算

(d) 第二次开运算　(e) 第二次闭运算

图 3-66　灰度图像的开、闭运算

3.4.4　形态学滤波

前面已经介绍了二值形态学和灰度形态学的基本运算——腐蚀、膨胀、开和闭运算及其一些性质，通过对它们的组合可以得到一系列二值形态学和灰度形态学的实用算法。灰度形态学的主要算法有灰度形态学梯度、形态学平滑、纹理分割等。这里主要介绍形态学滤波。可以从几何角度理解形态学的一些非常实用的技术。

由于开、闭运算所处理的信息分别与图像的凸、凹处相关，因此，它们本身都是单边算子，可以利用开、闭运算去除图像的噪声、恢复图像，也可交替使用开、闭运算以达到双边滤波的目的。一般地，可以将开、闭运算结合起来构成形态学噪声滤波器，例如 $(X \bigcirc S) \bullet S$ 或 $(X \bullet S) \bigcirc S$ 等。下面讨论开、闭运算对噪声污染图像所具有的恢复能力。图 3-67 给出了消除噪声的一个图例。图 3-67(a) 包括一个长方形的目标 X，由于噪声的影响在目标内部有一些噪声孔而在目标周围有一些噪声块。现在用图 3-67(b) 所示的结构元素 S 通过形态学操作来滤除噪声，这里的结构元素应当比所有的噪声孔和块都要大。先用 S 对 X 进行腐蚀得到图 3-67(c)，再用 S 对腐蚀结果进行膨胀得到图 3-67(d)，这两个操作的串行结合就是开运算，它将目标周围的噪声块消除掉了。再用 S 对图 3-67(d) 进行一次膨胀得到图 3-67(e)，然后用 S 对膨胀结果进行腐蚀得到图 3-67(f)，这两个操作的串行结合就是闭运算，它将目标内部的噪声孔消除掉了。整个过程是先进行开运算再进行闭运算。

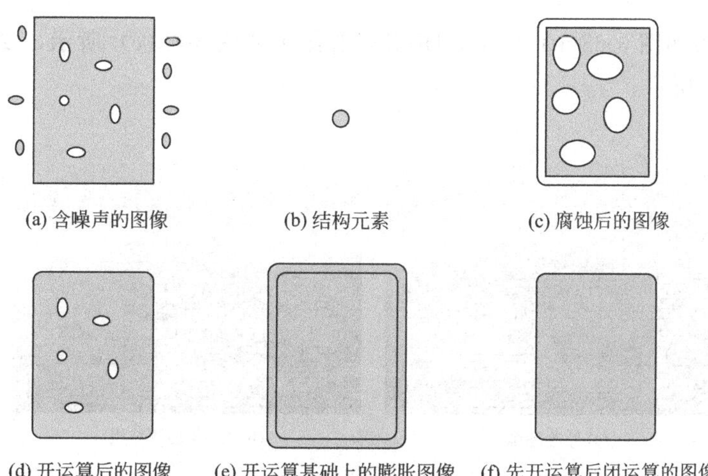

图 3-67　二维图形形态学滤波示意图

灰值开运算可用于过滤最大噪声（高亮度噪声），因为被滤掉的噪声位于信号的上方。如果将图中信号上方的尖峰视为噪声，那么，开运算后可得到很好的滤波效果。根据对偶性，闭运算可以滤掉信号下方的噪声尖峰。

从统计学角度看，以开运算作为滤波器，存在这样的问题：除非噪声图像位于非噪声图像的上方，例如存在极大噪声的情况，否则滤波器的输出将会产生偏移现象。这是因为进行过开运算的图像总是位于噪声图像下方的缘故。闭运算也存在同样的问题。使用迭代运算的目的之一就是要减弱这些偏移现象。

【例 3-18】 将图 3-68(a) 采用形态学方法进行滤波，通过 MATLAB 编程实现滤波，并显示部分结果和最终结果。

用 MATLAB 实现的形态学滤波的原程序代码如下：

```
f = imread('tt.bmp');
figure(1);
imshow(f);
se = strel('disk',1);
f1 = imopen(f,se);
f2 = imclose(f1,se);
figure(2);
```

```
imshow(f2);
f3 = imclose(f,se);
f4 = imopen(f3,se);
figure(3);
imshow(f4);
f5 = f;
for k = 2:3
  se = strel('disk',k);
  f5 = imclose(imopen(f5,se),se);
end
figure(4);
imshow(f5);
```

开-闭运算结果如图 3-68(b) 所示，闭-开运算结果如图 3-68(c) 所示，交替顺序滤波后结果如图 3-68(d) 所示。

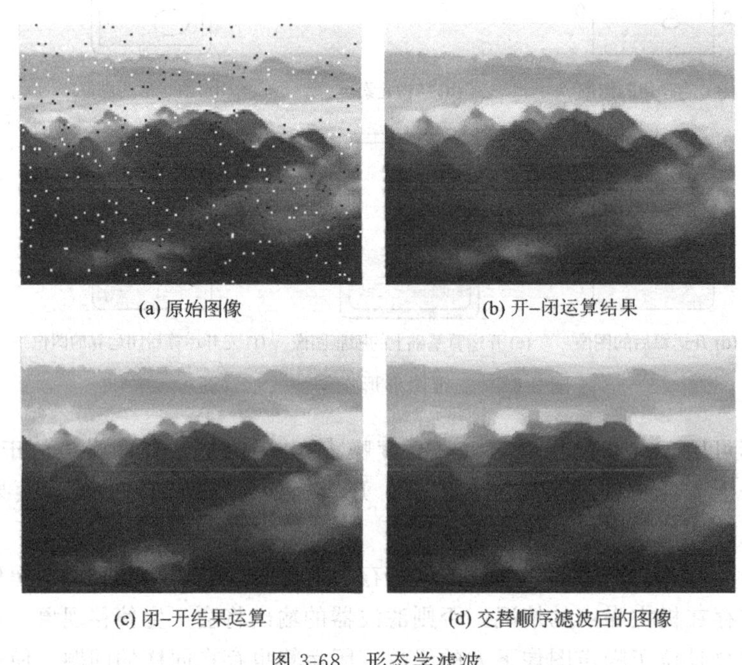

(a) 原始图像　(b) 开–闭运算结果

(c) 闭–开结果运算　(d) 交替顺序滤波后的图像

图 3-68　形态学滤波

3.5　伪彩色增强

伪彩色增强是把一幅黑白域图像的不同灰度级映射为一幅彩色图像的技术手段。由于人类视觉分辨不同彩色的能力特别强，而分辨灰度的能力相比之下较弱，因此，把人眼无法区别的灰度变化，施以不同的彩色，人眼便可以区别它们了，这便是伪彩色增强的基本依据。伪彩色处理技术常用于遥感图片、气象云图、医学 XCT 图像等领域的判读方面。伪彩色处理技术可以用计算机来完成，也可以用专用硬设备来实现。同时也可以在空间域或频率域中实现。本小节将主要讨论伪彩色增强的两种基本方法。

3.5.1　灰度分层法伪彩色处理

灰度分层法又称灰度分割法或密度分层法，是伪彩色处理技术中最基本、最简单的方法。设一幅灰度图像 $f(x,y)$ 可以看成是坐标 (x,y) 的一个密度函数，把此图像的灰度分成若干等级，即相当于用一些和坐标平面（即 x-y 平面）平行的平面在相交的区域中切割此密度函数。例如，分成 L_1、L_2、…、L_N N 个区域，每个区域分配一种彩色，即每个灰度区间指定一种颜色 $C_i(i=1,2,\cdots,N)$，从而将灰度图像变为有 N 种颜色的伪彩色图像。灰度分层的原理如图 3-69 所示。

图 3-70 给出了从灰度级到彩色的阶梯映射。密度分层伪彩色处理简单易行，仅用硬件就可以实现。但所得伪彩色图像彩色生硬，且量化噪声大。

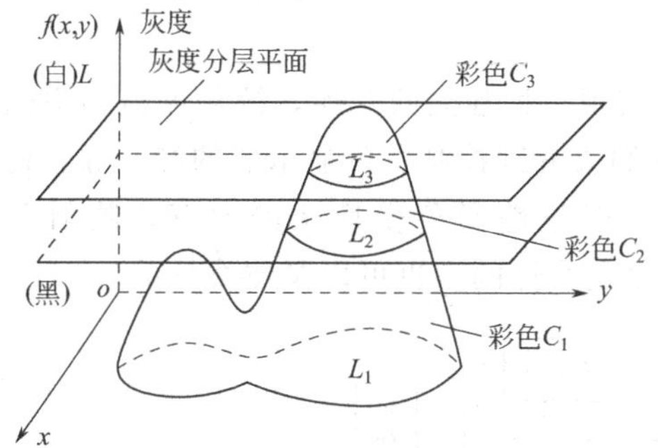

图 3-69　灰度分层的原理

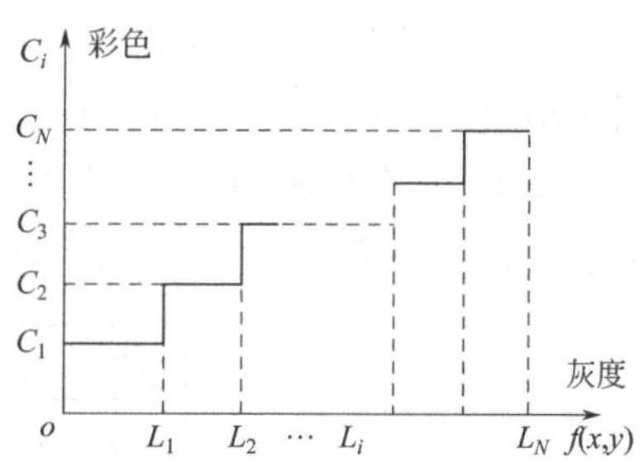

图 3-70　灰度与伪彩色处理的映射

【例 3-19】 使用 MATLAB 灰度分层函数 grayslice 实现伪彩色图像处理。

```
% MATLAB 中的灰度分层法伪彩色图像的实现
clc;
I = imread('leopard.png'); % 输入灰度图像
imshow(I); % 显示灰度图像[见图 3-71(a)]
title('originalimage')
X = grayslice(I,16); % 原灰度图像灰度分 16 层
figure,imshow(X,hot(16)); % 显示伪彩色处理的图像
title('grayslicelimage')
```

程序运行结果如图 3-71(b) 所示。

(a) 原图像

(b) 处理后的图像

图 3-71　灰度分层与伪彩色处理示例

3.5.2 灰度变换法伪彩色处理

灰度变换法伪彩色变换的方法是先将 $f(x,y)$ 灰度图像送入具有不同变换特性的红、绿、蓝三个变换器，然后再将三个变换器的不同输出分别送到彩色显像管的红、绿、蓝电子枪。根据色度学原理，任何一种彩色均可由红、绿、蓝三基色按适当比例合成。所以伪彩色处理一般可描述为

$$R(x,y)=T_R[f(x,y)]$$
$$G(x,y)=T_G[f(x,y)]$$
$$B(x,y)=T_B[f(x,y)] \tag{3-39}$$

式中，$f(x,y)$ 为原始图像的灰度值；$T_R[f(x,y)]$、$T_G[f(x,y)]$、$T_B[f(x,y)]$ 代表三基色值与灰度值之间的映射关系；$R(x,y)$、$G(x,y)$、$B(x,y)$ 为伪彩色图像红、绿、蓝三种分量的数值。

式（3-39）说明变换法是对输入图像的灰度值实现三种独立的变换，按灰度值的不同映射成不同大小的红、绿、蓝三基色值。然后，用它们去分别控制彩色显示器的红、绿、蓝电子枪，以产生相应的彩色显示。图 3-72 示意了灰度至伪彩色变换法的原理，映射关系 $T_R[f(x,y)]$、$T_G[f(x,y)]$、$T_B[f(x,y)]$ 可以是线性的，也可以是非线性的。

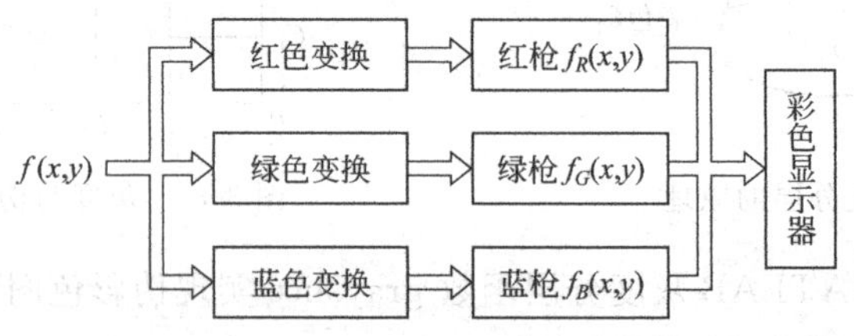

图 3-72 灰度至伪彩色变换处理原理

图 3-73(a)、(b)、(c) 显示了一组典型的红色、绿色、蓝色的传递函数。图 3-73(d) 是三种变换函数共同合成的三基色。在图 3-73(a) 中，红色变换将任何低于 $L/2$ 的灰度级映射成最暗的红色，在 $L/2 \sim 3L/4$ 之间红色输入线性增加，灰度级在 $3L/4 \sim L$ 区域内映射保持不变，等于最亮的红色调。用类似的方法可以解释其他的彩色映射。从图 3-73 可以看出，若 $f(x,y)=0$，则 $f_R(x,y)=f_G(x,y)=0, f_B(x,y)=L$，从而显示蓝色；若 $f(x,y)=L/2$，则，$f_R(x,y)=f_B(x,y)=0$，$f_G(x,y)=L$，从而显示绿色；若 $f(x,y)=L$ 则 $f_R(x,y)=L, f_G(x,y)=f_B(x,y)=0$，从而显示红色。可见，只在灰度轴的两端和正中心才映射为纯粹的基色。

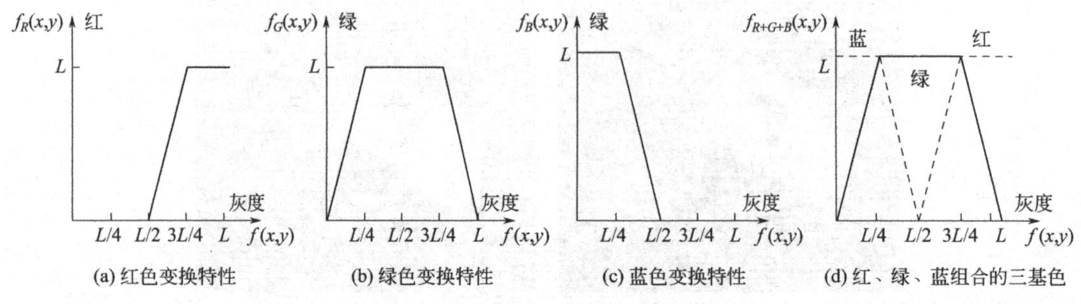

图 3-73 典型的彩色变换函数特性

【例 3-20】 变换法伪彩色处理的实现。

```
%变换法伪彩色处理的 MATLAB 程序
clc
I = imread('cameraman.tif'); 读入灰度图像
subplot(1,2,1),imshow(I);title('原图形'); % 显示灰度图像
I = double(I);
[M, N] = size(I);
L = 256;
for i = 1:M
    for j  = 1:N
        if I(i,j)< = L/4
          R(i,j) = 0;
          G(i,j) = 4 * I(i,j);
          B(i,j) = L;
        else if I(i,j)< = L/2
          R(i,j) = 0;
          G(i,j) = L;
          B(i,j) = - 4 * I(i,j) + 2 * L;
        else if I(i,j)< = 3 * L/4
          R(i,j) = 4 * I(i,j) - 2 * L;
          G(i,j) = L;
          B(i,j) = 0;
        else
           R(i,j) = L;
           G(i,j) = - 4 * I(i,j) + 4 * L;
           B(i,j) = 0;
          end
        end
      end
    end
end

for i = 1:M
    for j  = 1:N
           OUT(i,j,1) = R(i,j);
           OUT(i,j,2) = G(i,j);
           OUT(i,j,3) = B(i,j);
    end
end
OUT = OUT/256;
subplot(1,2,2), imshow(OUT);title('伪彩色处理后');
```

程序运行结果如图 3-74 所示。

(a) 原图像

(b) 伪彩色处理后

图 3-74　变换法伪彩色处理

习题与思考题

3-1　图像增强的目的是什么，它包含哪些内容？

3-2　灰度变换的目的是什么？有哪些实现方法？

3-3　什么是灰度直方图？如何计算？如何用 MATLAB 编程实现直方图均衡化？

3-4　什么是图像平滑？空间域图像平滑的方法有哪些？

3-5　叙述均值滤波的基本原理。

3-6　什么是中值滤波？中值滤波的特点是什么？它主要用于消除什么类型的噪声？

3-7　多图像平均法为什么能去除噪声？该方法的主要难点是什么？

3-8　频域低通滤波的原理是什么？有哪些滤波器可以利用？

3-9　什么是伪彩色图像增强？伪彩色处理的方法有哪些？其主要目的是什么？

3-10　不同的结构元素对同一幅图像的腐蚀或膨胀会有所不同，说明结构元素的哪些因素对图像的腐蚀、膨胀有影响。

3-11　画出用一个半径为 $r/4$ 的圆形结构元素膨胀一个半径为 r 的圆的示意图。

3-12　画出用一个半径为 $r/4$ 的圆形结构元素腐蚀一个 $r \times r$ 的正方形的示意图。

3-13　通过形态学的开、闭运算，利用图 3-75(b) 中的结构元素，去除图 3-75(a) 中存在的噪声（内部的噪声孔和目标外部的噪声块）。简述滤波方法，画出滤波过程简图。

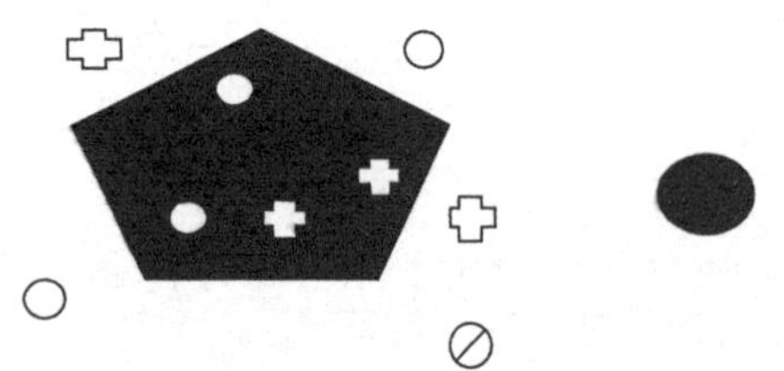
(a) 含噪声的图像　　(b) 结构元素

图 3-75　去除图像噪声

3-14　编写一个完整的程序，实现二值图像的腐蚀、膨胀以及开和闭运算，并对一幅二值图像进行处理。

3-15　编写一个完整的程序，实现灰度图像的腐蚀、膨胀以及开和闭运算，并对一幅灰度图像进行处理。

第 4 章　图像分割与特征分析

图像分割是把图像分成若干个有意义区域的处理技术。从本质上说是将各像素进行分类的过程。分类所依据的特性可以是像素的灰度值、颜色或多谱特性、空间特性和纹理特性等。在每个区域内部有相同或者相近的特性，而相邻区域的特性不相同。一般假设在同一区域内特性的变化平缓，而在区域的边界上特性的变化剧烈。简单地讲，就是在一幅图像中，把目标从背景中分离出来，以便于进一步处理。

使用计算机分析和识别图像，必须分析图像的特征，图像特征是指图像中可用作标志的属性，可以分为视觉特征和统计特征。图像的视觉特征是指人的视觉直接感受到的自然特征(如区域的颜色、亮度、纹理或轮廓等)；统计特征则是需要通过变换或测量才能得到的人为特征（如各种变换的频谱、直方图、各阶矩等)。

本章主要讲述阈值分割、区域分割、边缘检测、Hough 变换以及图像特征分析等内容，并对图像配准的基本方法等进行简单介绍。

4.1　阈值分割

若图像中目标和背景具有不同的灰度集合，即目标灰度集合与背景灰度集合，且两个灰度集合可用一个灰度级阈值 T 进行分割，这样就可以用阈值分割灰度级的方法在图像中分割出目标区域与背景区域，这种方法称为灰度阈值分割方法。

设图像为 $f(x,y)$，其灰度级范围是 $[0,L-1]$，在 0 和 $L-1$ 之间选择一个合适的灰度阈值 T，则图像分割方法可由式（4-1）描述为

$$g(x,y)=\begin{cases}1 & f(x,y)\geq T\\0 & f(x,y)<T\end{cases} \tag{4-1}$$

这样，得到的 $g(x,y)$ 是一幅二值图像。在阈值分割中，重要的是阈值的选取。阈值的选取方法很多，一般可以分为全局阈值法和局部阈值法两类。如果分割过程中对图像上每个像素所使用的阈值相等，则为全局阈值法；如果每个像素所使用的阈值不同，则为局部阈值法。局部阈值法常常用于照度不均或灰度连续变化的图像的分割。

4.1.1　灰度阈值分割

这里主要讨论利用像素的灰度值，通过取阈值进行分类的过程。这种分类技术是基于下列假设的：每个区域是由许多灰度值相近的像素构成的，物体和背景之间或不同物体之间的灰度值有明显的差别，可以通过取阈值来区分。待分割图像的特性愈接近于这个假设，用这种方法分割的效果就愈好。其主要性质为：根据像素点的灰度不连续性进行分割，边缘微分算子就是利用该性质进行图像分割的；利用同一区域具有某种灰度特性（或相似的组织特性）进行分割，灰度阈值法就是利用这一特性进行分割的。

(1) 灰度图像二值化

灰度阈值法是一种最常用同时也是最简单的分割方法。只要选取一个适当的灰度级阈值 T，然后将每个像素灰度和它进行比较，将灰度点超过阈值 T 的像素点重新分配以最大灰

度（如 255），低于阈值的分配以最小灰度（如 0），那么，就可以组成一个新的二值图像，这样可把目标从背景中分割开来。

图像阈值化处理实质是一种图像灰度级的非线性运算，阈值处理可用方程加以描述，并且随阈值的取值不同，可以得到具有不同特征的二值图像。

例如：若原图像 $f(i,j)$ 的灰度范围为 $[r_1,r_2]$，那么在 r_1、r_2 之间选择一个灰度值 T 作为阈值，就可以有两种方法定义阈值化后的二值图像。

① 令阈值化后的图像为

$$g(i,j)=\begin{cases}255 & f(i,j)\geqslant T\\ 0 & \text{其他}\end{cases} \tag{4-2}$$

② 令阈值化后的图像为

$$g(i,j)=\begin{cases}255 & f(i,j)\leqslant T\\ 0 & \text{其他}\end{cases} \tag{4-3}$$

这两种变换函数曲线如图 4-1 所示。

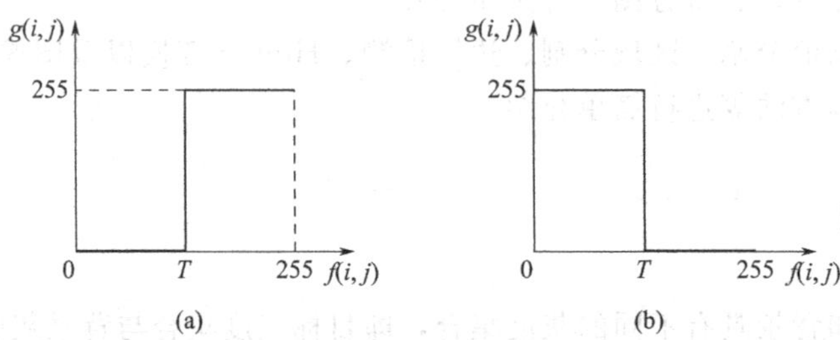

图 4-1　两种变换函数曲线

对式（4-2）和式（4-3）所定义的基本阈值分割有许多修正。一种是将图像分割为具有一个集合 D 内的灰度的区域而其他作为背景，即

$$g(i,j)=\begin{cases}255 & f(i,j)\in D\ \text{时}\\ 0 & \text{其他}\end{cases} \tag{4-4}$$

还有一种分割，其定义为

$$g(i,j)=\begin{cases}f(i,j) & f(i,j)\geqslant T\\ 0 & \text{其他}\end{cases} \tag{4-5}$$

这种分割称为半阈值化，这样分割的目的是屏蔽图像背景，留下物体部分的灰度信息。

【例 4-1】 利用图像分割测试图像中的微小结构。

```
%  图像分割测试图像中的微小结构
I = imread( 'cell.tif'); % 读入原始图像到 I 变量
subplot(1,4,1),imshow (I),title ( '原始图像');
Ic = imcomplement (I); % 调用 imcomplement 函数对图像求反色
BW = im2bw( Ic,graythresh (Ic) ); % 使用 im2bw 函数,转换成二值图像来阈值分割
subplot ( 1,4,2 ),imshow (BW),title ('阈值截取分割后图像');
se = strel( 'disk' ,6); % 创建形态学结构元素,选择一个半径为 6 个像素的圆盘形结构元素
BWc = imclose ( BW,se); % 图像形态学关闭运算
BWco = imopen ( BWc,se); % 图像形态学开启运算
subplot ( 1,4,3 ),imshow (BWco),title ( '对小图像进行删除后图像');
```

```
mask = BW&BWco; % 对两幅图像进行逻辑"与"操作
subplot ( 1,4,4 ),imshow (mask),title ( '检测结果的图像' );
```

程序运行结果如图 4-2 所示。

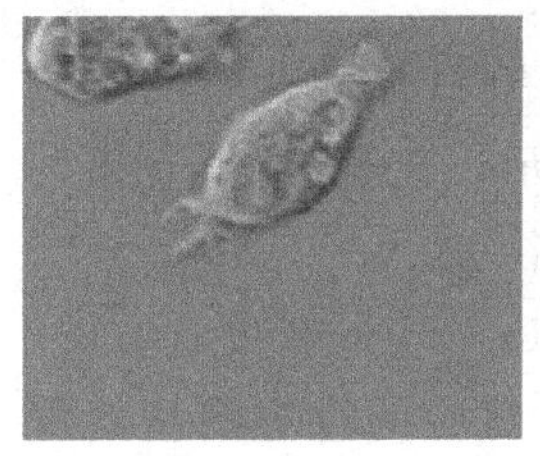
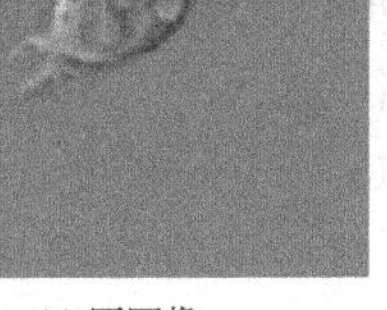

(a) 原图像

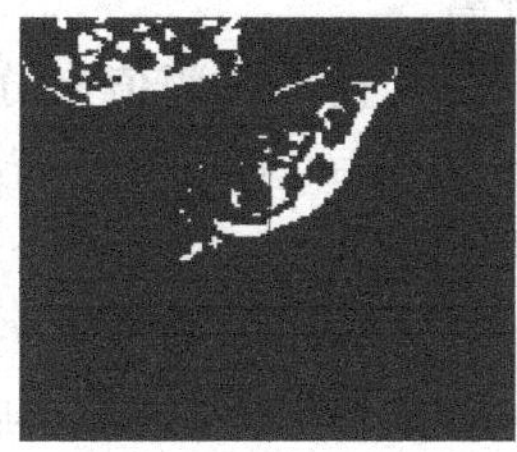

(b) 阈值截取分割后的图像

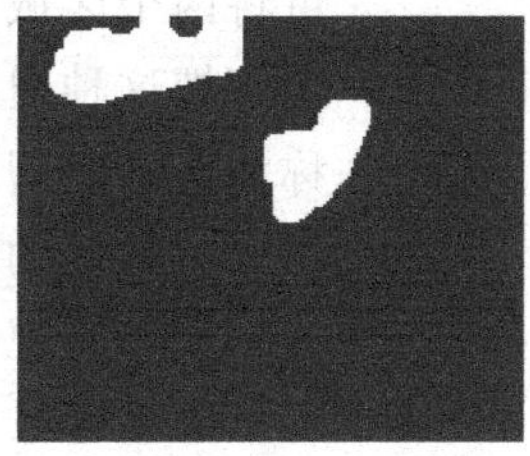

(c) 删除微小结构后的图像

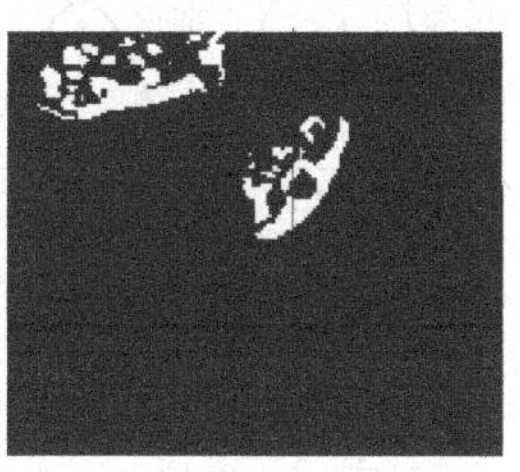

(d) 检测结果的图像

图 4-2　搜索图像中的微小结构

(2) 灰度图像多区域阈值分割

在灰度图像中分离出有意义区域最基本的方法是设置阈值的分割方法。假设图像中存在背景 S_0 和 n 个不同意义的部分 S_1，S_2，…，S_n，如图 4-3 所示。

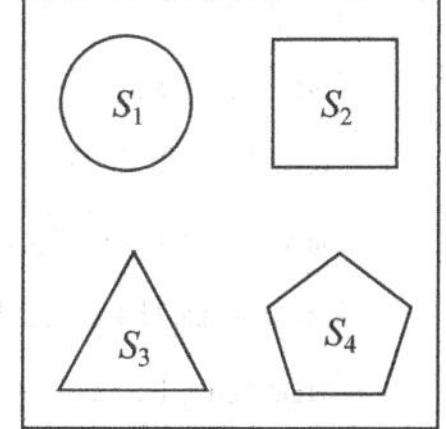

图 4-3　图像中的区域 ($n=4$)

或者说图像由 $(n+1)$ 个区域组成，各个区域内的灰度值相近，而各区域之间的灰度特性有明显差异，并设背景的灰度值最小，则可根据各区域的灰度差异设置 n 个阈值 $T_0,T_1,T_2,\cdots,T_{n-1}(T_0<T_1<T_2\cdots<T_{n-1})$，并进行如下分割处理：

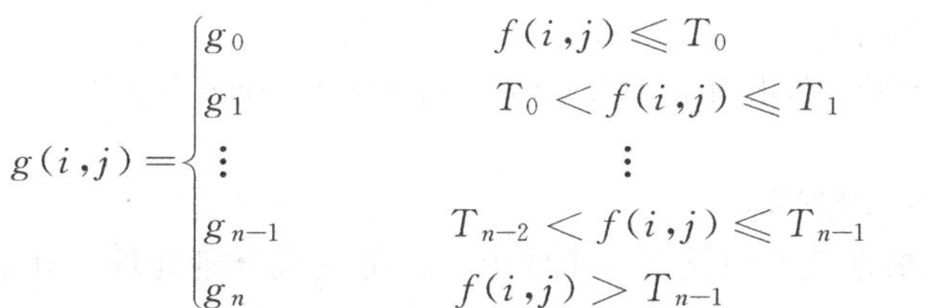

$$g(i,j)=\begin{cases} g_0 & f(i,j)\leqslant T_0 \\ g_1 & T_0<f(i,j)\leqslant T_1 \\ \vdots & \vdots \\ g_{n-1} & T_{n-2}<f(i,j)\leqslant T_{n-1} \\ g_n & f(i,j)>T_{n-1} \end{cases} \tag{4-6}$$

式中，$f(i,j)$ 为原图像像素的灰度值；$g(i,j)$ 为区域分割处理后图像上像素的输出结果；g_0，g_1，g_2，…，g_n 分别为处理后背景 S_0，区域 S_1，区域 S_2…，区域 S_n 中像素的输出值或某种标记。含有多目标图像的直方图如图 4-4 所示。

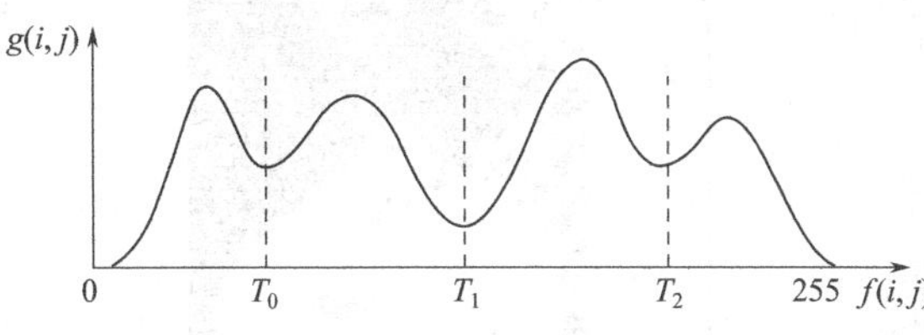

图 4-4　含有多目标图像的直方图

图像中各点经上述灰度阈值法处理后，各个有意义区域就从图像背景中分离出来。

4.1.2　直方图阈值分割

(1) 直方图阈值双峰法

若灰度图像的灰度级范围为 $i=0,1,\cdots,L-1$，当灰度级为 k 时的像素数为 n_k，则一幅图像的总像素 N 为

$$N=\sum_{i=0}^{L-1}n_i=n_0+n_1+\cdots+n_{L-1} \tag{4-7}$$

灰度级 i 出现的概率为

$$p_i=\frac{n_i}{N}=\frac{n_i}{n_0+n_1+\cdots+n_{L-1}} \tag{4-8}$$

当灰度图像中画面比较简单且对象物的灰度分布比较有规律时，背景和对象物在图像的灰度直方图上各自形成一个波峰，由于每两个波峰间形成一个低谷，因而选择双峰间低谷处所对应的灰度值为阈值，可将两个区域分离。

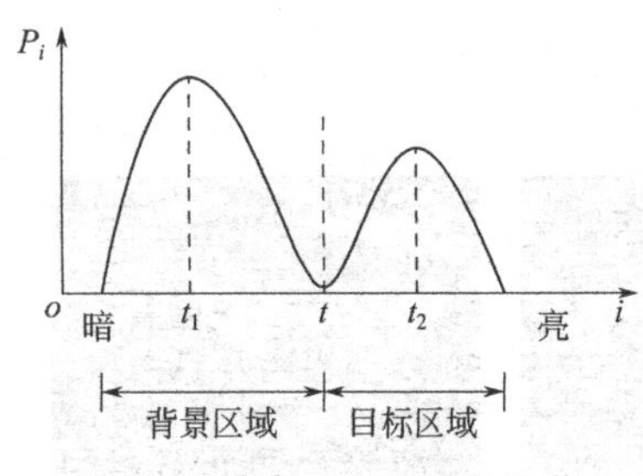

图 4-5 直方图的双峰与阈值

把这种通过选取直方图阈值来分割目标和背景的方法称为直方图阈值双峰法。如图 4-5 所示，在灰度级 t_1 和 t_2 两处有明显的峰值，而在 t 处是一个谷点。

具体实现的方法是先作出图像 $f(x,y)$ 的灰度直方图，若只出现背景和目标物两区域部分所对应的直方图呈双峰且有明显的谷底，则可以将谷底点所对应的灰度值作为阈值，然后根据该阈值进行分割，就可以将目标从图像中分割出来。这种方法适用于目标和背景的灰度差较大，直方图有明显谷底的情况。

【例 4-2】 用直方图双峰法阈值分割图像。

```
%直方图双峰法阈值分割图像程序
clear;
I = imread('pout.tif'); % 读入灰度图像并显示
subplot(1,3,1);
imshow(I);
subplot(1,3,2);
imhist(I); % 显示灰度图像直方图
Inew = im2bw(I,140/255); % 图像二值化,根据 140/255 确定的阈值,划分目标与背景
subplot(1,3,3);
imshow(Inew); %显示分割后的二值图像
```

分割结果如图 4-6 所示，根据直方图设置一个阈值，就能完成分割处理，并形成仅有两种灰度值的二值图像。

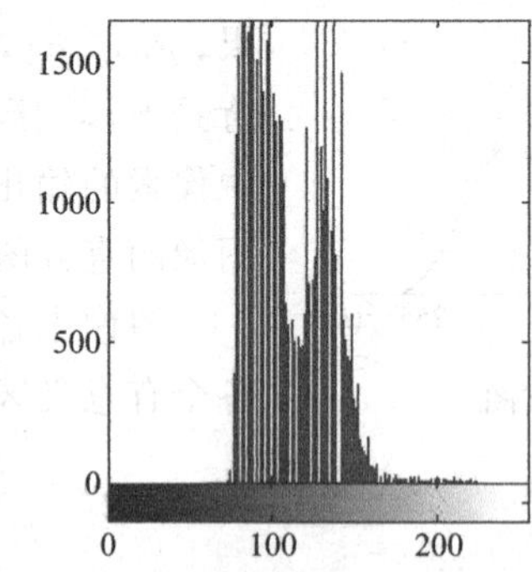

图 4-6 直方图阈值双峰法的图像分割效果

双峰法比较简单，在可能的情况下常常作为首选的阈值确定方法，但是图像的灰度直方图的形状随着对象、图像输入系统、输入环境等因素的不同而千差万别，当出现波峰间的波谷平坦、各区域直方图的波形重叠等情况时，用直方图阈值法难以确定阈值，必须寻求其他方法来选择适宜的阈值。

(2) 动态阈值法

在有些情况下，整幅图像用一个固定的阈值来分割，可能得不到好的分割效果。此时可

以利用取动态门限值的方法分割图像。取动态门限值是先将图像分成若干块，对每一块按其局部直方图由上述方法选择门限值。

4.1.3　最大熵阈值分割

图像最大熵阈值分割方法是应用信息论中熵的概念与图像阈值化技术，使选择的阈值分割图像目标区域、背景区域两部分灰度统计的信息量为最大。

设分割阈值为 t，P_i 为灰度 i 出现的概率，$i \in \{0,1,2,\cdots,L-1\}$，$\sum_{i=0}^{L-1} P_i = 1$。

对数字图像阈值分割的图像灰度直方图如图 4-7 所示，其中，灰度级低于 t 的像素点构成目标区域 O，灰度级高于 t 的像素点构成背景区域 B，由此得到目标区域 O 的概率分布和背景区域 B 的概率分布。

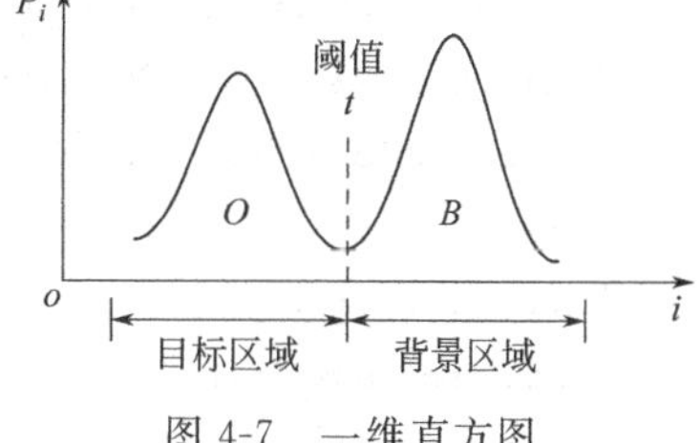

图 4-7　一维直方图

目标区域 O 的概率灰度分布为

$$P_O = P_i / P_t \quad (i = 0,1,\cdots,t) \tag{4-9}$$

背景区域 B 的概率灰度分布为

$$P_B = P_i / (1 - P_t) \quad (i = t+1, t+2, \cdots, L-1) \tag{4-10}$$

其中

$$P_t = \sum_{i=0}^{t} P_i$$

由此得到数字图像的目标区域和背景区域熵的定义为

$$H_O(t) = -\sum_{i=0}^{t} P_O \log_2 P_O \quad (i = 0,2,\cdots,t) \tag{4-11}$$

$$H_B(t) = -\sum_{i=t+1}^{L-1} P_B \log_2 P_B \quad (i = t+1, t+2, \cdots, L-1) \tag{4-12}$$

由目标区域和背景区域熵 $H_O(t)$ 和 $H_B(t)$ 得到熵函数 $\phi(t)$ 定义为

$$\phi(t) = H_O + H_B \tag{4-13}$$

当熵函数 $\phi(t)$ 取得最大值时，对应的灰度值 t^* 就是所求的最佳阈值：

$$t^* = \max_{0<t<L-1} [\phi(t)] \tag{4-14}$$

【例 4-3】 信息熵图像分割程序设计。

(1) 算法程序描述

信息熵算法的具体描述如下：

① 根据信息熵算法定义，求出原始图像信息熵 H_0，为阈值 T 选择一个初始估计值阈值 T_0，将其取为图像中最大和最小灰度的中间值。

② 根据 T_0 将图像分为 G_1 和 G_2 两部分，灰度大于 T_0 的像素组成区域 G_1，灰度小于 T_0 的像素组成区域 G_2。

③ 计算 G_1 和 G_2 区域中像素的各自平均灰度值 M_1 和 M_2。

取新的阈值为

$$T_2 = \frac{M_1 + M_2}{2} \tag{4-15}$$

④ 根据 T_2 分割图像，分别求出对象与背景的信息熵 H_d 和 H_b，比较原始图像信息熵

H_0 与 H_d+H_b 的大小关系，如果 H_0 与 H_d+H_b 相等或者相差在规定的范围内，或者达到规定的迭代次数，则可将 T_2 作为最终阈值结果，否则将 T_2 赋给 T_0， 将 H_d+H_b 赋给 H_0， 重复②～④步的操作，直至满足要求为止。

(2) 最大信息熵算法程序的实现

```
% 基于最大信息熵算法程序
clear;
close all;
I = imread('cameraman.tif'); % 输入原图像
subplot(1,2,1),imshow(I);title('原始彩色图像'); % 显示原始彩色图像
if length(size(I)) = = 3 % 如果是彩色图像转换为灰度图像
    I = rgb2gray(I); % 将 RGB 图像转换为灰度图像
end
[X,Y] = size(I);
V_max = max(max(I));
V_min = min(min(I));
T0 = (V_max + V_min)/2; % 初始分割阈值
h = imhist(I); % 计算图像直方图
grayp = imhist(I)/numel(I); % 求图像像素概率
I = double(I);
H0 = - sum(grayp(find(grayp(1:end)>0)).* log(grayp(find(grayp(1:end)>0))));
cout = 100; % 设置迭代次数为 100 次
while(cout>0)
    Tmax = 0; % 初始化
grayPd = 0;
grayPb = 0;
    Hd = 0;
    Hb = 0;
    T1 = T0;
    A1 = 0;
    A2 = 0 ;
    B1 = 0;
    B2 = 0;
    for i = 1:X % 计算灰度平均值
        for j = 1:Y
            if(I(i,j)< = T1)
                A1 = A1 + 1;
                B1 = B1 + I(i,j);
            else
                A2 = A2 + 1;
                B2 = B2 + I(i,j);
            end
        end
    end
```

```
        M1 = B1/A1;
        M2 = B2/A2;
        T2 = (M1 + M2)/2;
        TT = round(T2);
        grayPd = sum(grayp(1:TT)); % 计算分割区域 G1 的概率和
        if grayPd = = 0
            grayPd = eps;
        end
        grayPb = 1 - grayPd;
        if grayPb = = 0
            grayPb = eps;
        end
        Hd = - sum((grayp(find(grayp(1:TT)>0))/grayPd). * log((grayp(find(grayp(1:TT)>0))/grayPd))); % 计算分割后区域 G1 的信息熵
    Hb = - sum(grayp(TT + (find(grayp(TT + 1:end)>0)))/grayPb. * log(grayp(TT + (find(grayp(TT + 1:end)>0)))/grayPb)); % 计算分割后区域 G2 的信息熵
    H1 = Hd + Hb;
    cout = cout - 1;
        if  (abs(H0 - H1)<0.0001)|(cout = = 0)
            Tmax = T2;
            break;
        else
            T0 = T2;
            H0 = H1;
        end
    end
    Tmax
    cout
    for i = 1:X % 根据所求阈值 Tmax 转换图像
        for j = 1:Y
            if(I(i,j)< = Tmax)
            I(i,j) = 0;
            else
            I(i,j) = 1;
            end
        end
    end
    subplot(1,2,2),imshow(I); % 输出图像分割处理后的结果
    title('图像处理分割后的结果');
```

程序运行结果如图 4-8 所示。

最大信息熵算法通过编程可以迅速得到计算结果，但对大小不同尺寸的图像，运行速度会受到影响。总体来看，经过最大信息熵图像分割处理，照片画面清晰，图像信息得到最大的保留。

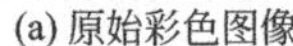

(a) 原始彩色图像　　(b) 图像分割处理后的结果

图 4-8　最大信息熵图像分割的效果

4.2　区域分割

阈值分割可以认为是将图像由大到小（即从上到下）进行拆分，而区域分割则相当于由小到大（从下到上）对像素进行合并。如果将上述两种方法结合起来对图像进行划分，就是分裂-合并算法。区域生长法，分裂-合并法是区域图像分割的重要方法。

4.2.1　区域生长法

区域生长也称为区域增长，它的基本思想是将具有相似性质的像素集合起来构成一个区域。实质就是将具有相似特性的像素元连接成区域。这些区域是互不相交的，每一个区域都满足特定区域的一致性。具体实现时，先在每个分割的区域找一个种子像素作为生长的起始点，再将种子像素周围邻域中与种子像素有相同或相似性质的像素（根据某种事先确定的生长或相似准则来判定）合并到种子像素所在的区域中。将这些新像素当作新的种子像素继续进行上面的过程，直到再没有满足条件的像素可被包括进来，通过区域生长，一个区域就长成了。如图 4-9 所示。

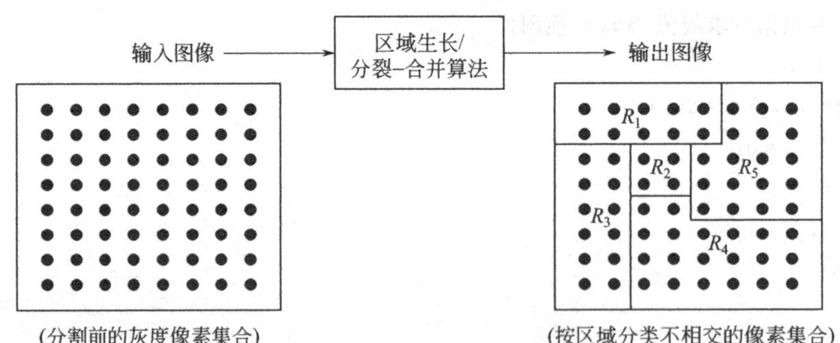

图 4-9　区域生长分割示意图

在实际应用区域生长法时需要由以下三个步骤来实现：

① 确定选择一组能正确代表所需区域的起始点种子像素。

② 确定在生长过程中将相邻像素包括进来的（相似性判别生长）准则。这个相似性准则可以是灰度级、彩色值、结构、梯度或其他特征。相似性的测度可以由所确定的阈值来判定。

③ 确定区域生长过程停止的条件或规则。

当然，区域生长法针对不同的实际应用，需要根据具体图像的具体特征来确定种子像素和生长及停止准则。

(1) 灰度差判别式

相似性的判别值可以选取像素与邻域像素间的灰度差，也可以选取微区域与相邻微区域间的灰度差。如在 3×3 的微区域中与 $f(m,n)$ 像素相邻的像素数有 8 个。

设 (m,n) 为基本单元（即像素或微区域）的坐标；$f(m,n)$ 为基本单元灰度值或微区域的平均灰度值，T 为灰度差阈值，$f(i,j)$ 为与 (m,n) 相邻的尚不属于任何区域的基本单元的灰度值，并设有标记。

则灰度差判别式为

$$\{C=|f(i,j)-f(m,n)|\}\begin{cases}<T & \text{合并,属于同一标记}\\ \geqslant T & \text{不变}\end{cases} \tag{4-16}$$

当 $C<T$ 时，说明基本单元 (i,j) 与 (m,n) 相似，(i,j) 应与 (m,n) 合并，即加上与 (m,n) 相同的标志，并计算合并后微区域的平均灰度值；当 $C\geqslant T$ 时，说明两者不相似，$f(i,j)$ 保持不变，仍为不属于任何区域的基本单元。

(2) 区域生长过程的案例分析

【例 4-4】 区域生长的简单示例。

图 4-10 给出了一个简单的例子。此例的相似性准则是邻近点的灰度级与物体的平均灰度级的差小于 2（阈值 $T=2$）。图 4-10 中被接受的点和起始点均用下划线标出，其中图 4-10(a) 是输入图像；图 4-10(b) 是第一步接受的邻近点；图 4-10(c) 是第二步接受的邻近点；图 4-10(d) 是第三步也是最后一步接受的邻近点。由此得到区域生长结果的区域如图 4-10(d) 中线框内所示。这种区域生长方法是一个自底向上的运算过程。

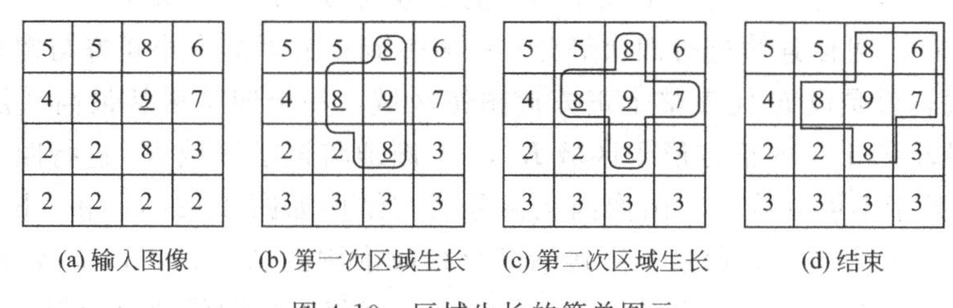

图 4-10　区域生长的简单图示

【例 4-5】 原图像灰度值见图 4-11(a)，设阈值 $T=2$，举例说明用灰度差判别准则的合并法形成区域的过程。

在图 4-11 中区域标记为 A、B、C。用光栅扫描顺序确定合并起点的基本单元，第一个合并起点如图 4-11(b) 所示，标记为 A，灰度值 $f_A=2$。分别比较该基本单元与其三个邻点 1、5、1 的灰度差，由判别准则和设置的阈值 T 可得两个邻点 1、1 与基本单元合并，只有一个邻点 5 不能合并，其结果如图 4-11(c) 所示，然后确定以此小区域中的三个基本单元 A A A 为中心的不属于任何区域的邻点有五个，并分别进行相似判别得结果如图 4-11(d) 所示。依此类推，得到小区域 A 不能再扩张的结果如图 4-11(e) 所示，至此第一次合并结束。图 4-11(e) 中的 B 为第二个合并起点，重复上述过程，得到与区域 A 灰度特性不同的区域 B，如图 4-11(f) 所示。最终结果将图像分割成 A、B、C 三个区域，如图 4-11(g) 所示。

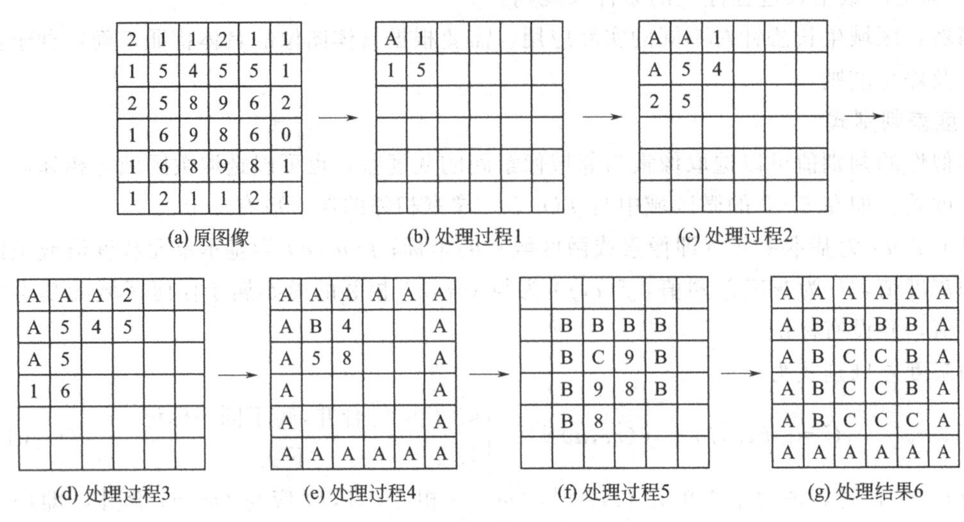

图 4-11 灰度差判别准则的区域合并

4.2.2 分裂-合并法

分裂-合并分割方法是指从树的某一层开始，按照某种区域属性的一致性测度，对应该合并的相邻块加以合并，对应该进一步划分的块再进行划分的分割方法。分裂-合并分割方法差不多是区域生长的逆过程，它从整个图像出发，不断分裂得到各个子区域，然后再把前景区域合并，实现目标提取。典型的分割技术是以图像四叉树或金字塔作为基本数据结构的分裂-合并方法。

(1) 图像四叉树结构

四叉树要求输入图像 $f(x,y)$ 的大小为 2 的整数次幂。设 $N=2^n$，对于 $N \times N$ 大小的输入图像 $f(x,y)$，可以连续进行四次等分，一直分到正方形的大小正好与像素的大小相等为止。换句话说，就是设 R 代表整个正方形图像区域，一个四叉树从最高 0 层开始，把 R 连续分成越来越小的 1/4 的正方形子区域 R_i，不断地将该子区域 R_i 进行四等分，并且最终使子区域 R_i 处于不可分状态。图像四叉树分裂与结构如图 4-12(a) 和 (b) 所示。区域生长是先从单个生长点开始，通过不断接纳满足接收准则的新生长点，最后得到整个区域，其实是从树的叶子开始，由下至上最终到达树的根，最终完成图像的区域划分。无论由树的根开始，由上至下决定每个像元的区域类归属，还是由树的叶子开始，由下至上完成图像的区域划分，它们都要遍历整个树。

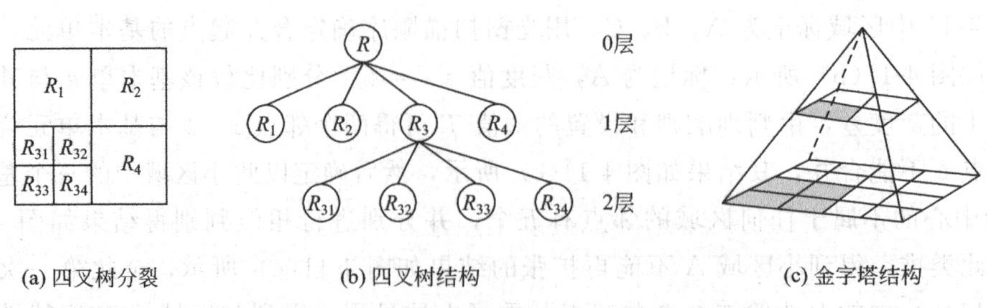

图 4-12 图像金字塔分裂-合并基本数据结构

(2) 金字塔数据结构

金字塔数据结构如图 4-12(c) 所示。是一个从 1×1 到 $N\times N$ 逐次增加的 $n+1$ 个图像构成的序列。序列中的 $N\times N$ 图像就是原数字图像 $f(x,y)$，将 $f(x,y)$ 划分为 $\frac{N}{2}\times\frac{N}{2}$ 个大小相同互不重叠的正方区域，每个区域都含有四个像素，各区域中四个像素灰度平均值分别作为 $\frac{N}{2}\times\frac{N}{2}$ 图像相应位置的像素灰度；然后再将 $\frac{N}{2}\times\frac{N}{2}$ 图像划分为 $\frac{N}{4}\times\frac{N}{4}$ 个大小相同互不重叠的正方区域，依此类推，就可最终得到图像的金字塔数据结构表达。数据的总层数为 $n+1$，在第 l 层 ($0<l\leqslant n$)，方块的边长为 $N/2^l$。

(3) 分裂-合并案例分析

图像的四叉树分解指的是将一幅图像分解成一个个具有同样特性的子块。这一方法能揭示图像的结构信息。同时，它作为自适应压缩算法的第一步。实现四叉树分解可以使用 qtdecomp 函数。该函数首先将一幅方块图像分解成四个小方块图像，然后检测每一小块中像素值是否满足规定的同一性标准。如果满足就不再分解。如果不满足，则继续分解，重复迭代，直到每一小块达到同一性标准。这时小块之间进行合并，最后的结果是几个大小不等的块。

MATLAB 图像处理工具箱中提供了专门的 qtdecomp 四叉树分解函数，它的调用格式为

S=qtdecomp(I)

S=qtdecomp(I,threshold ,mindim)

qtdecomp(I) 为对灰度图像 I 进行四叉树分解，返回的四叉树结构是稀疏矩阵 S。直到分解的每一小块内的所有元素值相等。qtdecomp(I, threshold) 通过指定阈值 threshold，使分解图像的小块中最大像素值和最小像素值之差小于阈值。注意，qtdecomp 函数本质上只适合方阵的阶为 2 的正整数次方。

例如，128×128 或 512×512 可以分解到 1×1。如果图像不是 2 的正整数次方，分到一定的块后就不能再分解了。例如：图像是 96×96，可以分块 48×48，24×24，12×12，6×6，最后 3×3 不能再分解了。四叉树分解处理这个图像就需要设置最小值 mindim 为 3（或 2 的 3 次方）。

【例 4-6】 调用 qtdecomp 函数实现对图像的四叉树分解。

```
% 用 qtdecomp 函数实现四叉树分解
I = imread('cameraman.tif'); % 读入原始图像[见图 4-13(a)]
S = qtdecomp(I,0.25); % 四叉树分解,返回四叉树结构稀疏矩阵 S
blocks = repmat(uint8(0),size(S));
for dim = [512 256 128 64 32 16 8 4 2 1] % 定义新区域显示分块
  numblocks = length(find(S = = dim)); % 各分块的可能维数
  if (numblocks > 0) % 找出分块的现有维数
    values = repmat(uint8(1),[dim dim numblocks]);
    values(2:dim,2:dim,:) = 0;
    blocks = qtsetblk(blocks,S,dim,values);
  end
end
```

```
blocks(end,1:end) = 1;
blocks(1:end,end) = 1;
subplot(1,2,1);imshow(I); title('原始图像'); % 显示原始图像
subplot(1,2,2);imshow(blocks,[]);title('分解后图像'); % 显示四叉树分解后的图像
```

(a) 原始图像

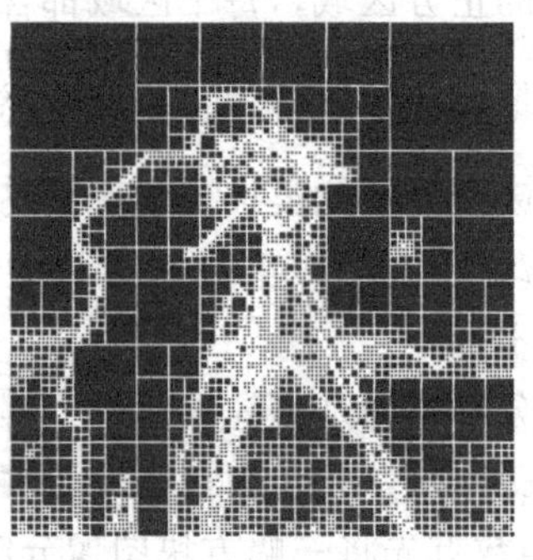
(b) 四叉树分解后的图像

图 4-13 用 qtdecomp 函数实现四叉树分解

结果如图 4-13(b) 所示。

分裂-合并算法是借助金字塔数据结构进行分裂和合并运算的典型算法，利用四叉树进行分裂-合并算法的主要方法如下：

① 分裂：设定预定允许误差阈值，如果某区域 R_i 不满足均一性准则，即均一性准则的参数指标大于允许误差阈值，其表示区域 R_i 不是由同一类型区域组成的，则将节点分裂为四个小方块，并计算各小方块的均一性准则的参数指标。

② 合并：进入 R_i 所对应节点的四个子节点 $node_{Li}(i=1,2,3,4)$，如果四个子节点 $node_{Li}$，有公共父节点，且四个子节点均一性准则的参数指标小于允许误差阈值，则表示这四个子域是同一类型区域，就将这四个子域合并成一个区域，进入到这四个节点的父节点。

【例 4-7】 分裂-合并算法分析。

设 8×8 图像的 0 层、1 层、2 层、3 层如图 4-14 所示，3 层为树叶，其中的数值为灰度值以及各层的小区域平均灰度值。根的灰度值表示图像的平均亮度。

① 根据合并准则，用小区域平均灰度与该区域内的 4 个值中任一之差小于或等于 5 作为合并准则。合并由第二层开始合并。对每四块用准则判两次，只有右上角四块子区域的各灰度值满足：

$$|\{34,36,37,38\}-(平均灰度值(34+36+37+38)/4=36.25)|<5;$$

满足合并准则，将它们合并成一个较大的子块，如图 4-14(b)、(c) 所示。

② 根据分裂准则，对在图 4-14(b) 中不能合并的小区域考虑分裂，在第 3 层对任意四叉树进行判断。每一个像素与平均灰度的差超过 5，即分裂，分裂小块如图 4-14(d) 所示。因为已到了第 3 层，分裂到了各像素则停止。

③ 把各小块区域进行总合并，即以第 2 层中不分裂的区域为中心，向四周已分裂小区块合并，仍用合并准则，这样就形成了不规则的大区域，由此最后完成区域的合并与分裂，如图 4-14(e) 和 (f) 所示。

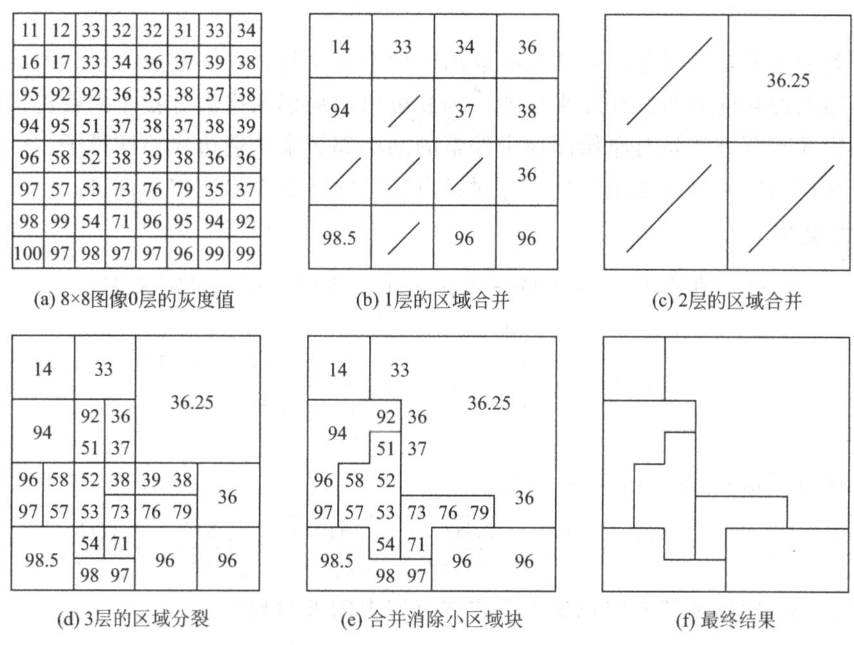

图 4-14　四叉树分裂-合并算法处理实例

4.3　边缘检测

图像边缘是图像最基本的特征，边缘在图像分析中起着重要的作用。边缘是指图像局部特性的不连续性，灰度或结构等信息的突变处。例如，灰度级的突变、颜色的突变、纹理结构的突变等。边缘是一个区域的结束，也是另一个区域的开始，利用该特征可以分割图像。常见的边缘点有三种：第一种是阶梯形边缘，即从一个灰度到比它高很多的另一个灰度，理想的阶梯形边缘如图 4-15(a) 所示；第二种是屋顶形边缘，它的灰度是慢慢增加到一定程度然后慢慢减少，理想的屋顶形边缘如图 4-15(b) 所示；第三种是线性边缘，它的灰度从一个级别跳到另一个灰度级别之后然后回来，是阶梯形图像边缘的一个特例，理想的线性边缘如图 4-15(c) 所示。

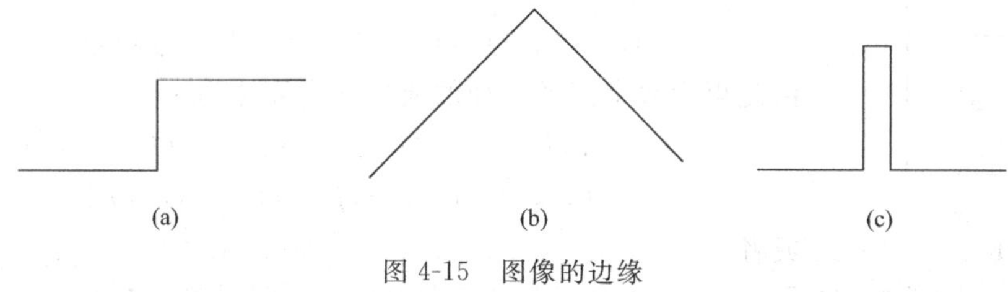

图 4-15　图像的边缘

边缘检测在实际应用中非常重要。首先，人眼通过追踪未知物体的轮廓（轮廓是由一段段的边缘片段组成的）而扫视一个未知物体。其次，若能成功地得到图像的边缘，那么图像分析就会大大简化，图像识别就会容易得多。再次，很多图像并没有具体的物体，对这些图像理解取决于它们的纹理性质，而提取这些性质与边缘检测有极其密切的关系。

边缘检测的实质是采用某种算法来提取出图像中对象与背景间的交界线。图像灰度的变化情况可以用图像灰度分布的梯度来反映，因此可以用局部图像微分技术来获得边缘检测算子。经典的边缘检测方法是对原始图像中像素的某小邻域来构造边缘检测算子。以下是对几种经典的边缘检测算子进行理论分析，并对各自的性能特点作出比较和评价。

4.3.1　梯度算子

对图像 $f(x,y)$，在点 (x,y) 上的梯度是一个二维列向量，可定义为

$$G[f(x,y)]=\begin{bmatrix}\dfrac{\partial f}{\partial x}\\ \dfrac{\partial f}{\partial y}\end{bmatrix}=[G_x \quad G_y]^{\mathrm{T}}=\begin{bmatrix}\dfrac{\partial f}{\partial x} & \dfrac{\partial f}{\partial y}\end{bmatrix}^{\mathrm{T}} \tag{4-17}$$

梯度幅度（模值）$|G[f(x,y)]|$ 为

$$|G[f(x,y)]|=\sqrt{G_x^2+G_y^2}=\sqrt{\left(\frac{\partial f}{\partial x}\right)^2+\left(\frac{\partial f}{\partial y}\right)^2}=\left[\left(\frac{\partial f}{\partial x}\right)^2+\left(\frac{\partial f}{\partial y}\right)^2\right]^{1/2} \tag{4-18}$$

函数 $f(x,y)$ 沿梯度的方向在最大变化率方向上的方向角 θ 为

$$\theta=\arctan\left[\frac{G_y}{G_x}\right]=\arctan\begin{bmatrix}\dfrac{\dfrac{\partial f}{\partial y}}{\dfrac{\partial f}{\partial x}}\end{bmatrix} \tag{4-19}$$

不难证明，梯度幅度 $|G[f(x,y)]|$ 是一个各向同性的算子，并且是 $f(x,y)$ 沿 G 向量方向上的最大变化率。梯度幅度是一个标量，它用到了平方和开方运算，具有非线性，并且总是正的。为了方便起见，以后把梯度幅度简称为梯度。

在实际计算中，为了降低图像的运算量，常用绝对值或最大值代替平方和平方根运算，所以近似求梯度幅度（模值）为

$$|G[f(x,y)]|=\sqrt{G_x^2+G_y^2}\approx|G_x|+|G_y|=\left|\frac{\partial f}{\partial x}\right|+\left|\frac{\partial f}{\partial y}\right| \tag{4-20}$$

$$|G[f(x,y)]|=\sqrt{G_x^2+G_y^2}\approx\max\{|G_x|,|G_y|\} \tag{4-21}$$

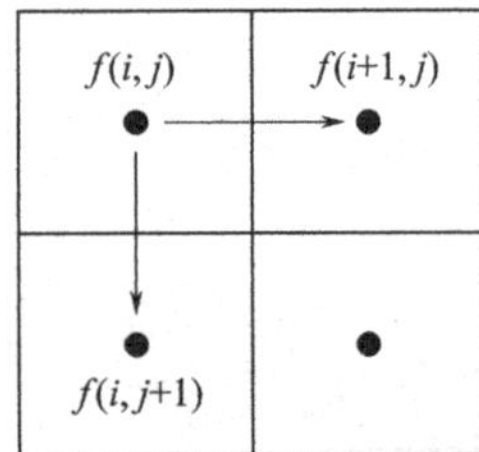

图 4-16　梯度的计算方法

把微分近似用差分 $\Delta_x f(i,j)$、$\Delta_y f(i,j)$ 代替，沿 x 和 y 方向的一阶差分可写成式（4-22），如图 4-16 所示。

$$\begin{cases}G_x=\Delta_x f(i,j)=f(i+1,j)-f(i,j)\\ G_y=\Delta_y f(i,j)=f(i,j+1)-f(i,j)\end{cases} \tag{4-22}$$

由此得到数字图像处理的典型梯度算法为

$$|G[f(i,j)]|\approx|G_x|+|G_y|=|f(i+1,j)-f(i,j)|+|f(i,j+1)-f(i,j)| \tag{4-23}$$

或者

$$|G[f(i,j)]|\approx\max\{|G_x|,|G_y|\}=\max\{|f(i+1,j)-f(i,j)|,|f(i,j+1)-f(i,j)|\} \tag{4-24}$$

【例 4-8】 对图 4-17(a) 求梯度。

图 4-17(a) 为二值图像，设二值图像黑色为 0，白色为 1，其任意行如图 4-17(a) 标注

的行其像素可表示为 000000000111100000001111000000000，现对该行进行梯度运算就可得到 000000001000010000001000010000000000，即得到图 4-17(b) 标注所对应的图像，若对所有行逐行梯度运算就会得到图 4-17(b) 所示的边缘图像。

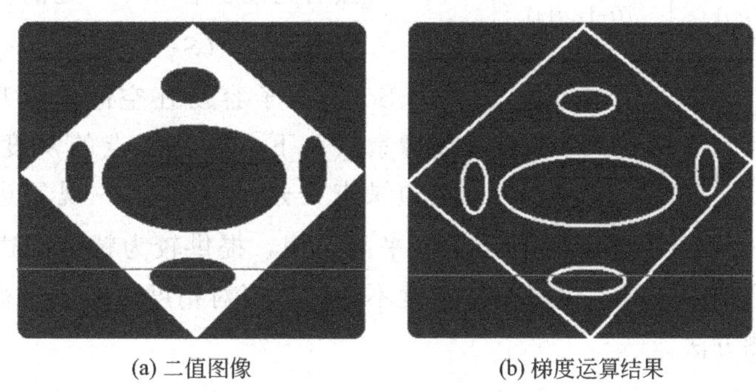

图 4-17　图像梯度锐化结果

以梯度算子作为理论依据，人们提出了许多算法，其中比较常用的边缘检测方法有 Sobel 边缘检测算子、Roberts 边缘检测算子、Prewitt 边缘检测算子，它们是一阶微分算子，而 Canny 算子和 LOG 算子是二阶微分算子。

4.3.2　一阶微分算子

(1) Roberts 边缘检测算子

Roberts 算子根据计算梯度的原理，采用对角线方向相邻两像素之差得该算子，如图 4-18 所示，采用交叉差分表示为

$$\begin{cases} G_x = f(i+1,j+1) - f(i,j) \\ G_y = f(i,j+1) - f(i+1,j) \end{cases} \tag{4-25}$$

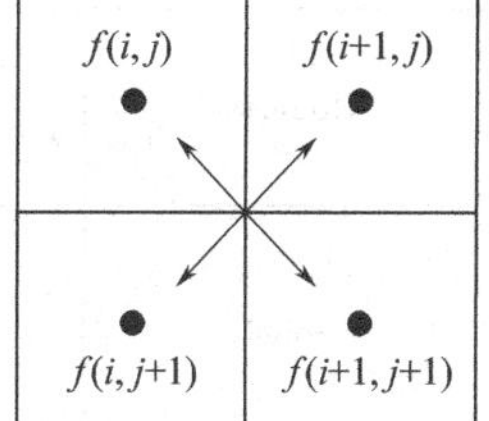

图 4-18　Roberts 计算方法

可得 Roberts 梯度为

$$|G[f(i,j)]| = \nabla f(i,j) \approx |f(i+1,j+1) - f(i,j)| + |f(i,j+1) - f(i+1,j)| \tag{4-26}$$

或者

$$|G[f(i,j)]| = \nabla f(i,j) \approx \max\{|f(i+1,j+1) - f(i,j)|, |f(i,j+1) - f(i+1,j)|\} \tag{4-27}$$

Roberts 算子采用对角线方向相邻两像素之差近似梯度幅值检测边缘。检测水平和垂直边缘的效果好于斜向边缘，定位精度高，但对噪声敏感。

(2) Sobel 算子

以待增强图像的任意像素 $f(i,j)$ 为中心，取 3×3 像素窗口，8 邻域像素值如图 4-19 所示。

Sobel 算子用模板表示为

$$S_x = \begin{bmatrix} 1 & 0 & -1 \\ 2 & 0 & -2 \\ 1 & 0 & -1 \end{bmatrix}, \quad S_y = \begin{bmatrix} 1 & 2 & 1 \\ 0 & 0 & 0 \\ -1 & -2 & -1 \end{bmatrix} \tag{4-28}$$

根据图 4-19 和式 (4-28) 可得窗口中心像素在 x 和 y 方向的梯度为

$$S_x = [f(i-1,j-1) + 2f(i,j-1) + f(i+1,j-1)]$$

$$-[f(i-1,j+1)+2f(i,j+1)+f(i+1,j+1)] \tag{4-29}$$

$$S_y=[f(i-1,j-1)+2f(i-1,j)+f(i-1,j+1)]$$
$$-[f(i+1,j-1)+2f(i+1,j)+f(i+1,j+1)] \tag{4-30}$$

f(i-1, j-1)	f(i-1, j)	f(i-1, j+1)
f(i, j-1)	f(i, j)	f(i, j+1)
f(i+1, j-1)	f(i+1, j)	f(i+1, j+1)

图 4-19　8 邻域像素值

增强后的图像在 (i,j) 处的灰度值为

$$f'(i,j)=(S_x^2+S_y^2)^{\frac{1}{2}}=\sqrt{S_x^2+S_y^2} \tag{4-31}$$

Sobel 算子容易在空间上实现，Sobel 算子利用像素点上下、左右邻点的灰度加权算法，根据在边缘点处达到极值这一现象进行边缘的检测。Sobel 算子受噪声的影响比较小，对噪声具有平滑作用，提供较为精确的边缘方向信息，但它同时也会检测出许多伪边缘，边缘定位精度不够高。当对精度要求不是很高时，它是一种较为常用的边缘检测方法。

(3) Prewitt 算子

$$f'(i,j)=(S_x^2+S_y^2)^{\frac{1}{2}}=\sqrt{S_x^2+S_y^2} \tag{4-32}$$

用模板表示为

$$S_x=\begin{bmatrix}1 & 0 & -1\\1 & 0 & -1\\1 & 0 & -1\end{bmatrix},\quad S_y=\begin{bmatrix}-1 & -1 & -1\\0 & 0 & 0\\1 & 1 & 1\end{bmatrix} \tag{4-33}$$

为了方便使用，下面对上述常用的一阶微分算子的模板进行了总结，见表 4-1。

表 4-1　常用的一阶微分边缘检测算子模板

算　　子	$\Delta_x f(x,y)$	$\Delta_y f(x,y)$	特　　点
Roberts	$\begin{bmatrix}1 & 0\\0 & -1\end{bmatrix}$	$\begin{bmatrix}0 & 1\\-1 & 0\end{bmatrix}$	· 边缘定位准 · 对噪声敏感
Sobel	$\begin{bmatrix}1 & 0 & -1\\2 & 0 & -2\\1 & 0 & -1\end{bmatrix}$	$\begin{bmatrix}1 & 2 & 1\\0 & 0 & 0\\-1 & -2 & -1\end{bmatrix}$	· 加权平均 · 边宽≥2 像素
Prewitt	$\begin{bmatrix}1 & 0 & -1\\1 & 0 & -1\\1 & 0 & -1\end{bmatrix}$	$\begin{bmatrix}-1 & -1 & -1\\0 & 0 & 0\\1 & 1 & 1\end{bmatrix}$	· 平均、微分 · 对噪声有抑制作用

前面都是利用边缘处的梯度最大（正的或者负的）这一性质来进行边缘检测，即利用了灰度图像的拐点位置是边缘的性质。除了这一点，边缘还有另外一个性质，即在拐点位置处的二阶导数为零，二阶导数为零交叉点处对应的即是图像的拐点。所以，也可以通过寻找二阶导数的零交叉点来寻找边缘。

4.3.3　二阶微分算子

(1) Canny 边缘检测算子

Canny 算子边缘检测的基本原理是：采用二维高斯函数的任一方向上的一阶方向导数为噪声滤波器，通过与图像 $f(x,y)$ 卷积进行滤波；然后对滤波后的图像寻找图像梯度的局部极大值，以确定图像边缘。

Canny 边缘检测算子是一种最优边缘检测算子。其实现检测图像边缘的步骤与方法是：

① 用高斯滤波器平滑图像。

② 计算滤波后图像梯度的幅值和方向。

③ 对梯度幅值应用非极大值抑制，其过程为找出图像梯度中的局部极大值点，把其他非局部极大值点置零以得到细化的边缘。

④ 最后再用双阈值算法检测和连接边缘。

(2) 拉普拉斯高斯算子 (LOG)

拉普拉斯高斯算子是常用的边缘增强算子，拉普拉斯高斯算子比较适用于改善因为光线的漫反射造成的图像模糊。拉普拉斯运算也是偏导数运算的线性组合运算，而且是一种各向同性（旋转不变性）的线性运算。拉普拉斯高斯算子为

$$\nabla^2 f(x,y)=\frac{\partial^2 f}{\partial x^2}+\frac{\partial^2 f}{\partial y^2} \tag{4-34}$$

如果图像的模糊是由扩散现象引起的（如胶片颗粒化学扩散等），则锐化后的图像 g 为

$$g=f-k\nabla^2 f \tag{4-35}$$

式中 f、g 为锐化前、后的图像；k 为与扩散效应有关的系数。

式（4-35）表示模糊图像 f 经拉普拉斯高斯算子锐化以后得到新图像 g。k 的选择要合理，太大会使图像中的轮廓边缘产生过冲；k 太小，锐化不明显。

对数字图像来讲，$f(x,y)$ 的二阶偏导数可表示为

$$\begin{aligned}\frac{\partial^2 f(x,y)}{\partial x^2}&=\nabla_x f(i+1,j)-\nabla_x f(i,j)\\&=[f(i+1,j)-f(i,j)]-[f(i,j)-f(i-1),j]\\&=f(i+1,j)+f(i-1,j)-2f(i,j)\end{aligned}$$

$$\frac{\partial^2 f(x,y)}{\partial y^2}=f(i,j+1)+f(i,j-1)-2f(i,j)$$

$$\begin{aligned}\nabla^2 f&=\frac{\partial^2 f(x,y)}{\partial x^2}+\frac{\partial^2 f(x,y)}{\partial y^2}\\&=f(i+1,j)+f(i-1,j)+f(i,j+1)+f(i,j-1)-4f(i,j)\\&=-5\{f(i,j)-\frac{1}{5}[f(i+1,j)+f(i-1,j)+f(i,j+1)\\&\quad+f(i,j-1)+f(i,j)]\}\end{aligned}$$

$$\begin{aligned}g(i,j)&=f(i,j)-\nabla^2 f(i,j)\\&=5f(i,j)-f(i+1,j)-f(i-1,j)-f(i,j+1)-f(i,j-1)\end{aligned}$$

可见，数字图像在 (i,j) 点的拉普拉斯高斯算子，可以由 (i,j) 点灰度值减去该点邻域平均灰度值来求得。当 $k=1$ 时，拉普拉斯锐化后的图像为 $g=f-\nabla^2 f$。

【例 4-9】 设有 $1\times n$ 的数字图像 $f(i,j)$，其各点的灰度如下：

…0，0，0，1，2，3，4，5，5，5，5，5，5，6，6，6，6，6，6，3，3，3，3，3…

计算 $\nabla^2 f$ 及锐化后的各点灰度值 g（设 $k=1$）。

由于在 x 方向上没有偏移量，故

$$\nabla^2 f=\frac{\partial^2 f(x,y)}{\partial y^2}=f(i,j+1)+f(i,j-1)-2f(i,j)$$

各点拉普拉斯高斯算子如下：

…0，0，1，0，0，0，0，−1，0，0，0，0，1，−1，0，0，0，0，−3，3，0，0，0…

锐化后各点的灰度值如下：

…0，0，−1，1，2，3，4，6，5，5，5，5，4，7，6，6，6，6，9，0，3，3，3…

拉普拉斯高斯算子可以表示成模板的形式，如图 4-20 所示。同梯度算子进行锐化一样，拉普拉斯高斯算子也增强了图像的噪声，但与梯度法相比，拉普拉斯高斯算子对噪声的作用较梯度法弱。故用拉普拉斯高斯算子进行边缘检测时，有必要先对图像进行平滑处理。

$$\begin{bmatrix} 0 & -1 & 0 \\ -1 & 4^* & -1 \\ 0 & -1 & 0 \end{bmatrix}$$

图 4-20 拉普拉斯高斯模板

【例 4-10】 用 MATLAB 编程可得到二维 LOG 算子的图像与边缘提取的图像。

```
%  拉普拉斯高斯算子(LOG)边缘检测
% 显示 LOG 算子的图像
clear;
x = - 2:0.1:2;
y = - 2:0.1:2;
sigma = 0.5;
y = y';
for i = 1:(4/0.1 + 1)
      xx(i,:) = x;
      yy(:,i) = y;
end
r = 1/(pi * sigma^4) * ((xx.^2 + yy.^2)/(2 * sigma^2) - 1). * …
      exp( - (xx.^2 + yy.^2)/(2 * sigma^2));
figure;colormap(jet(16));
mesh(xx,yy,r)
% 用 LOG 算子进行边缘提取
I = imread('liftingbody.png'); % 读入原图像[见图(4-22)a]
figure;subplot(1,2,1);imshow(I);
BW = edge(I,'log'); % LOG 算子边缘提取
subplot(1,2,2);  imshow(BW);
```

运行结果如图 4-21(b)、(c) 所示。

(a) 输入原始图像

(b) LOG算子边缘提取结果

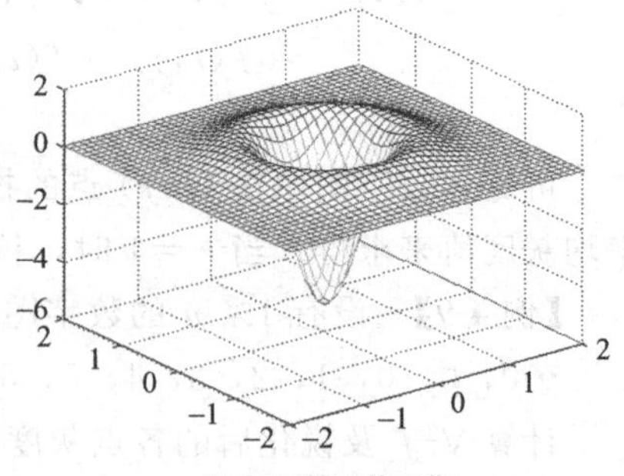

(c) LOG算子的图像

图 4-21 拉普拉斯高斯算子（LOG）与边缘提取

LOG 滤波器在 (x,y) 空间中的图形，其形状与墨西哥草帽相似，故又称为墨西哥草帽算子。

【例 4-11】 利用 edge 函数，分别采用 Sobel、Roberts、Prewitt、LOG、Canny，五种不同的边缘检测算子编程实现对图 4-22(a) 所示的原始图像进行边缘提取，并比较边缘检测图像的效果有何不同。

其程序代码示例如下，检测效果如图 4-22(b)～(f) 所示。

```
%  MATLAB  调用 edge 函数实现各算子进行边缘检测
I = imread('tire.tif'); % 读入原始灰度图像并显示
figure(1),imshow(I);
BW1 = edge(I,'sobel',0.1); % 用 Sobel 算子进行边缘检测,判别阈值为 0.1
figure(2),imshow(BW1)
BW2 = edge(I,'roberts',0.1); % 用 Roberts 算子进行边缘检测,判别阈值为 0.1
figure(3),imshow(BW2)
BW3 = edge(I,'prewitt',0.1); % 用 Prewitt 算子进行边缘检测,判别阈值为 0.1
figure(4),imshow(BW3)
BW4 = edge(I,'log',0.01); % 用 LOG 算子进行边缘检测,判别阈值为 0.01
figure(5),imshow(BW4)
BW5 = edge(I,'canny',0.1); % 用 Canny 算子进行边缘检测,判别阈值为 0.1
figure(6),imshow(BW5)
```

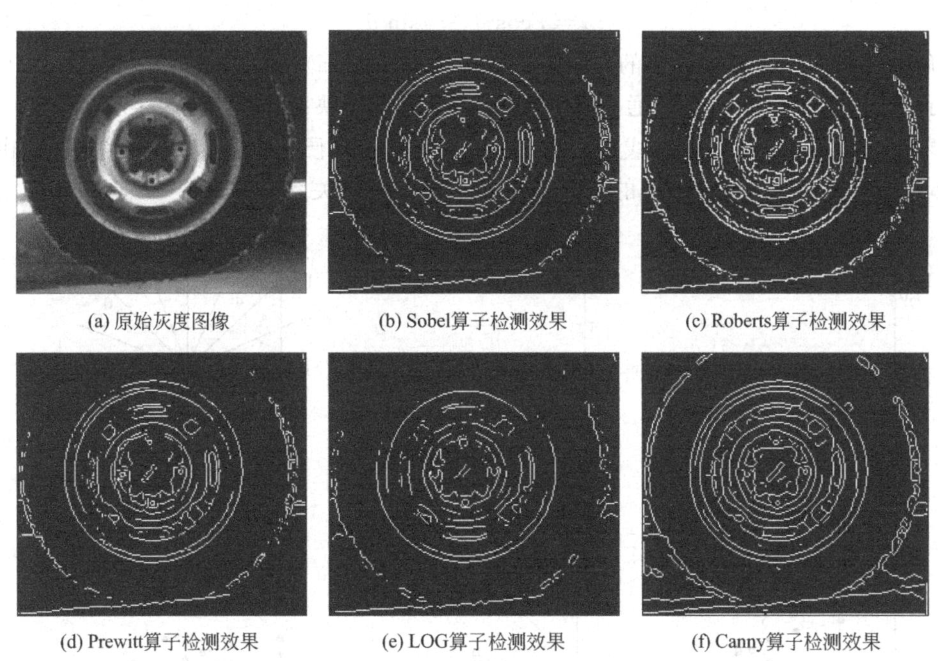

(a) 原始灰度图像　(b) Sobel算子检测效果　(c) Roberts算子检测效果

(d) Prewitt算子检测效果　(e) LOG算子检测效果　(f) Canny算子检测效果

图 4-22　采用各种边缘检测算子得到的边缘图像效果

从图 4-22 中可以看出，在采用一阶微分算子进行边缘检测时，除了微分算子对边缘检测结果有影响外，阈值选择也对边缘检测有着重要的影响。比较几种算法的边缘检测结果，可以看出 Canny 算子提取边缘较完整，其边缘连续性很好，效果优于其他算子。其次是 Prewitt 算子，其边缘比较完整。再次就是 Sobel 算子。

4.4　Hough 变换

4.4.1　Hough 变换原理

霍夫（Hough）变换是一种线描述方法。它可以将图像空间中用直角坐标表示的直线变换为极坐标空间中的点。一般常将 Hough 变换称为线-点变换，利用 Hough 变换法提取直线的基本原理是：把直线上点的坐标变换到过点的直线的系数域，通过利用共线和直线相交的关系，使直线的提取问题转化为计数问题。Hough 变换提取直线的主要优点是受直线中的间隙和噪声影响较小。

(1) 直角坐标中的 Hough 变换

在图像空间的直角坐标中，经过点 (x, y) 的直线可表示为

$$y = ax + b \tag{4-36}$$

式中，a 为斜率，b 为截距。式(4-36) 可变换为

$$b = -ax + y \tag{4-37}$$

该变换即为直角坐标中对 (x, y) 点的 Hough 变换，它表示参数空间的一条直线。

(2) 极坐标中的 Hough 变换

如果用 ρ 代表原点距直线的法线距离，θ 为该法线与 x 轴的夹角，则可用如下参数方程来表示该直线。这一直线的霍夫变换为

$$\rho = x\cos\theta + y\sin\theta \tag{4-38}$$

直角坐标系的线与极坐标系的一个点的对应如图 4-23(a) 和(b) 所示。如图 4-23(c) ～(f) 所示，在 xy 直角坐标系中通过公共点的一簇直线，映射到 $\rho\theta$ 极坐标系中便是一个点集；反之在 xy 直角坐标系中共线的点映射到 $\rho\theta$ 极坐标系便成为共点的一簇曲线。由此可见，Hough 变换使不同坐标系中的线和点建立了一种对应关系。

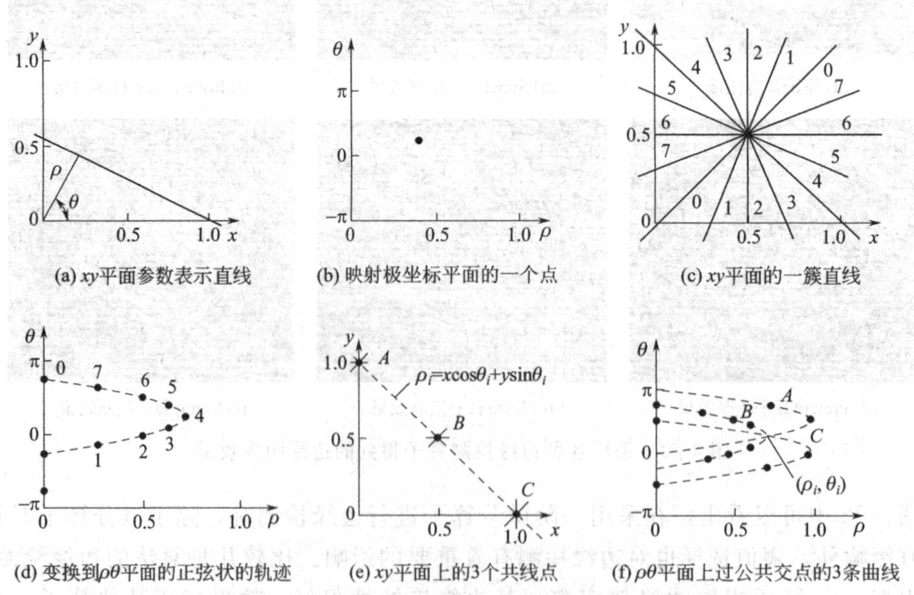

图 4-23　霍夫变换的原理示意图

综上所述，Hough 变换的性质如下：

① 通过 xy 平面域上一点的一簇直线变换到极坐标变换域 $\rho\theta$ 平面时，将形成一条类似正弦状的正弦曲线。

② $\rho\theta$ 平面上极坐标变换域中的一点对应于 xy 平面域中的一条直线。

③ xy 平面域中一条直线上的 n 个点对应于 $\rho\theta$ 平面上极坐标变换域中经过一个公共点的 n 条曲线。

④ $\rho\theta$ 平面上极坐标变换域中一条曲线上的 n 个点对应于 xy 平面域中过一公共点的 n 条直线。

由图 4-23(e) 和 (f) 可知，若在 xy 平面上有三个共线点，它们变换到 $\rho\theta$ 平面上为有一公共交点的三条曲线，交点的 $\rho\theta$ 参数就是三点共线的直线参数。

4.4.2　应用 Hough 变换检测空间曲线

(1) Hough 变换对直线的检测

用 Hough 变换提取检测直线。通常将 xy 称为图像平面，$\rho\theta$ 称为参数平面。

利用点与线的对偶性，将图像空间的线条变为参数空间的聚集点，从而检测给定图像是否存在给定性质的曲线。

【例 4-12】 利用 Hough 变换在图像中检测直线。

在 MATLAB 中，利用 Hough 变换查找直线的方法，可采用系统提供的 hough、houghpeaks 和 houghlines 函数来直接编程实现检测直线。具体编程如下。

```
%用 Hough 变换对直线进行检测
clc;
close all;
I = imread('circuit.tif'); %读入原始图像
figure(1);subplot(1,3,1),imshow(I);title('原始图像'); %显示原始图像
Img = edge(I,'prewitt'); %利用 prewitt 算子提取边缘
subplot(1,3,2),imshow(Img);title('提取图像边缘'); %显示提取边缘的图片
[H,T,R] = hough(Img); %Hough 变换
figure(2),imshow(sqrt(H),[]); title('映射到一簇曲线'); %显示 Hough 变换的映射
P = houghpeaks(H,15,'threshold',ceil(0.3 * max(H(:))));   %寻找最大点
lines = houghlines(Img,T,R,P,'FillGap',10,'MinLength',20); %返回找到的直线
figure(1);subplot(1,3,3),imshow(I),title('标识出图像查找的直线');
hold on         % 在原始图像上标识出查找的直线
  max_len = 0;
  for k = 1:length(lines)
     xy = [lines(k).point1; lines(k).point2];
     plot(xy(:,1),xy(:,2),'LineWidth',2,'Color','green');
     plot(xy(1,1),xy(1,2),'x','LineWidth',2,'Color','yellow');
     plot(xy(2,1),xy(2,2),'x','LineWidth',2,'Color','red');
  end
```

程序运行结果如图 4-24 所示。

(2) Hough 变换对圆的检测

根据 Hough 变换原理，Hough 变换检测圆的 xy 与 $\rho\theta$ 映射关系如下。

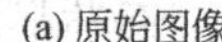
(a) 原始图像

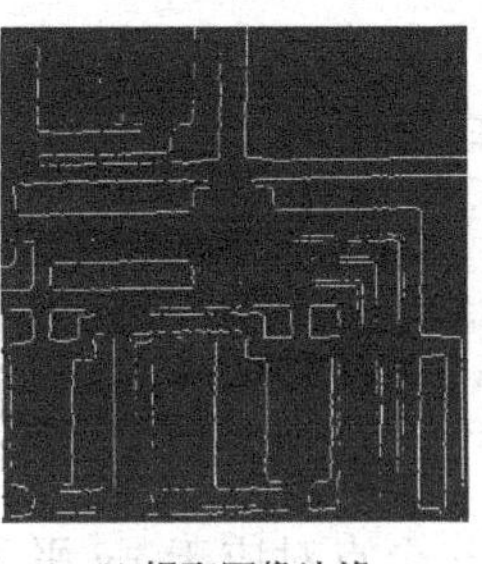
(b) 提取图像边缘

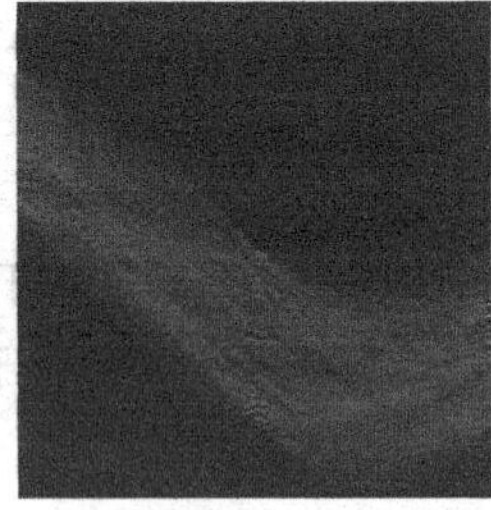
(c) 映射到ρθ一簇曲线

(d) 标识出查找的直线

图 4-24 用 Hough 变换在图像中检测直线

① 在直角坐标系圆的一般方程为

$$(x-a)^2+(y-b)^2=r^2 \tag{4-39}$$

② 在极坐标系的 $\rho\theta$ 参数平面，圆的极坐标方程为

$$\begin{cases} x=a+r\cos\theta \\ y=b+r\sin\theta \end{cases} \tag{4-40}$$

式中，a、b 为圆心坐标；r 为圆的半径。图像空间中有三个参数 a、b、r，因此，在参数空间中累加数组的大小相应的是三维的，通过 Hough 变换，将图像空间 (x,y) 对应到参数空间 (a,b,r)。由此，提取圆的 Hough 变换可以概括如下：对圆的检测，其参数空间增加到三维，其基本思想是对参数空间适当量化，得到一个三维的累加器阵列，并计算图像每点强度的梯度信息得到边缘，再计算与边缘上的每一个像素 (x_i,y_i) 距离为圆半径 r 的所有点，同时将相应立方小格的累加器加 1，当检测完毕后，对三维阵列的所有累加器求峰值，其峰值小格的坐标就对应着图像空间圆形边界的圆心。

【例 4-13】 编写 Hough 变换圆检测的主程序和子函数 hough _ circle 示例。

① Hough 变换圆检测主程序

```
% = = = = = = Hough 变换对圆检测的主程序 = = = = = = = = = = = =
clc,clear all;
I = imread('circles.png'); % 输入原始图像
[m,n,l] = size(I);
if l>1
    I = rgb2gray(I); % 将 RGB 图像转换为灰度图像
end
BW = edge(I,'sobel'); 用 Sobel 算子提取原图像边缘
step_r = 0.01; % 设置检测圆的半径步长为 1
step_angle = 0.1; % 设置检测圆的角度为 0.1rad
minr = 20; %最小圆半径
maxr = 30; %最大圆半径
thresh = 0.7; %阈值
[hough_circle] = hough_circle(BW,step_r,step_angle,minr,maxr,thresh); %调用子函数 hough_circle
subplot(131),imshow(I),title('原图像'); % 显示原始图像
subplot(132),imshow(BW),title('边缘'); % 显示 Sobel 算子提取的原图像边缘
subplot(133),imshow(hough_circle),title('检测结果'); % 显示检测的结果
```

② 编写 Hough 变换圆检测子函数 hough _ circle

```
function[hough_circle] = hough_circle(BW,step_r,step_angle,r_min,r_max,p);
```

```
% +++++++++++++++++++++++++++++++++++++++++++++
% input
% BW:          二值图像;
% step_r:      检测的圆半径步长
% step_angle:  角度步长,单位为弧度
% r_min:       最小圆半径
% r_max:       最大圆半径
% p:阈值:      0~1之间的数
% +++++++++++++++++++++++++++++++++++++++++++++
% output
% hough_space: 参数空间,h(a,b,r)表示圆心在(a,b)半径为r的圆上的点数
% hough_circl: 二值图像,检测到的圆
% para:        检测到的圆的圆心、半径
% +++++++++++++++++++++++++++++++++++++++++++++
[m n] = size(BW);
size_r = round((r_max - r_min)/step_r) + 1;
size_angle = round(2 * pi/step_angle);
hough_space = zeros(m,n,size_r);
[rows,cols] = find(BW);
ecount = size(rows);
% Hough变换
% 将图像空间(x,y)对应到参数空间(a,b,r)
% a = x - r * cos(angle)
% b = y - r * sin(angle)
for i = 1:ecount
    for r = 1:size_r
        for k = 1:size_angle
            a = round(rows(i) - (r_min + (r - 1) * step_r) * cos(k * step_angle));
            b = round(cols(i) - (r_min + (r - 1) * step_r) * sin(k * step_angle));
            if(a>0&a<= m&b>0&b<= n)
                hough_space(a,b,r) = hough_space(a,b,r) + 1;
            end
        end
    end
end
% 搜索超过阈值的聚集点
max_para = max(max(max(hough_space)));
index = find(hough_space>= max_para * p);
length = size(index);
hough_circle = false(m,n);
for i = 1:ecount
    for k = 1:length
        par3 = floor(index(k)/(m * n)) + 1;
        par2 = floor((index(k) - (par3 - 1) * (m * n))/m) + 1;
```

```
            par1 = index(k) - (par3 - 1) * (m * n) - (par2 - 1) * m;
            if((rows(i) - par1)^2 + (cols(i) - par2)^2<(r_min + (par3 - 1) * step_r)^2 + 5&...
                    (rows(i) - par1)^2 + (cols(i) - par2)^2>(r_min + (par3 - 1) * step_r)^2 - 5)
                hough_circle(rows(i),cols(i)) = true;
            end
        end
end
% 输出检测的参数结果
for k = 1:length
    par3 = floor(index(k)/(m * n)) + 1;
    par2 = floor((index(k) - (par3 - 1) * (m * n))/m) + 1;
    par1 = index(k) - (par3 - 1) * (m * n) - (par2 - 1) * m;
    par3 = r_min + (par3 - 1) * step_r;
    fprintf(1,'Center %d %d radius %d\n',par1,par2,par3);
    para(:,k) = [par1,par2,par3];
end
```

运行 Hough 变换圆检测程序得到结果如图 4-25 所示。

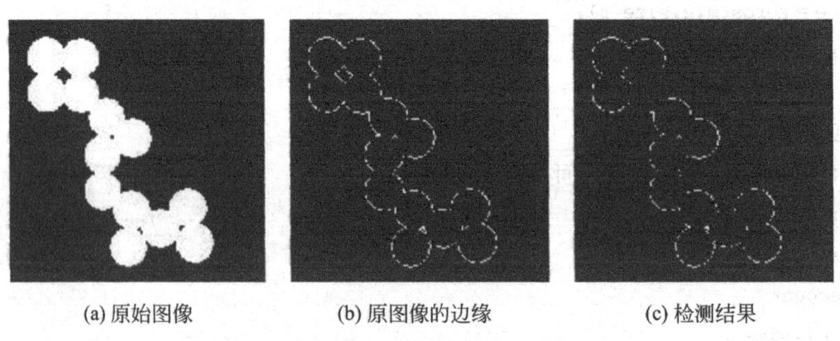

(a) 原始图像　　(b) 原图像的边缘　　(c) 检测结果

图 4-25　霍夫变换对圆检测的效果

4.5 几何及形状特征分析

4.5.1 链码

(1) 链码的概念

链码在图像处理和模式识别中是常用的一种表示方法，它最初是由 Freeman 于 1961 年提出来的，用来表示线条模式，至今它仍被广泛使用。根据链的斜率不同，常用的有 4 方向和 8 方向链码，其方向定义分别如图 4-26(a)、(b) 所示。在 4 方向链码中，4 个方向码的长度都是一个像素单位；在 8 方向链码中，水平和垂直方向的方向码的长度都是一个像素单位，而对角线方向的四个方向码为 $\sqrt{2}$ 倍的像素单位，因此它们的共同特点是直线段的长度固定，方向数有限，因此可以利用一系列具有这些特点的相连的直线段来表示目标的边界，这样只有边界的起点需要用绝对坐标表示，其余点都可只用接续方向来代表

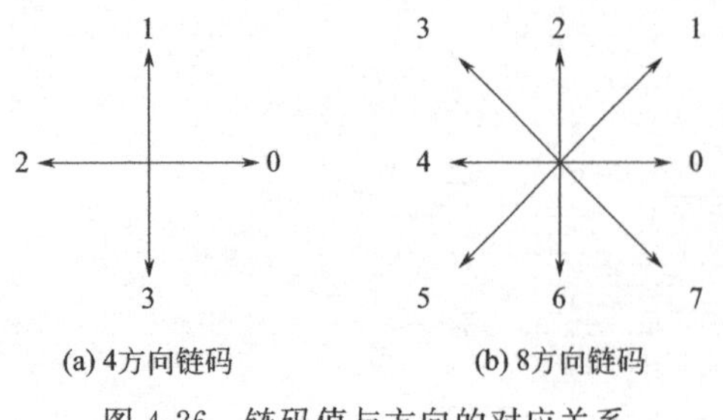

(a) 4方向链码　　(b) 8方向链码

图 4-26　链码值与方向的对应关系

偏移量。由于表示一个方向数比表示一个坐标值所需比特数少，而且对每一个点又只需一个方向数就可以代替两个坐标值，因此链码表达可大大减少边界表示所需的数据量，所以常常用链码来作为对边界点的一种编码表示方法。

从在物体边界上任意选取的某个起始点坐标开始，跟踪边界并赋给每两个相邻像素的连线一个方向值，最后按照逆时针方向沿着边界将这些方向码连接起来，就可以得到链码。因此链码的起始位置和链码完整地包含了目标的形状和位置信息。

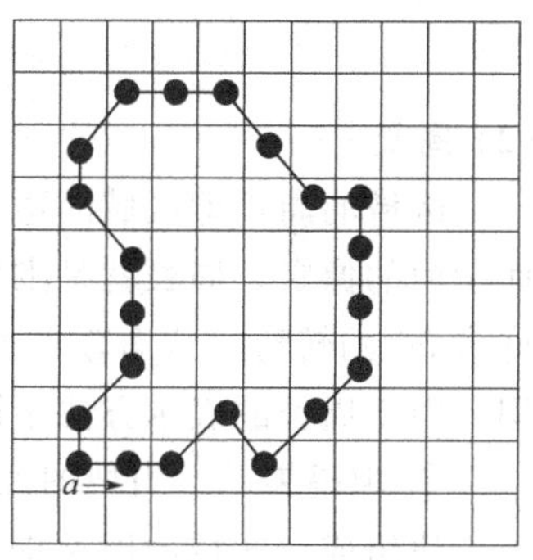

图 4-27　以 a 为起点、箭头为走向的闭合边界

例如，在图 4-27 所示的以 a 为起点、箭头为走向的闭合边界，其 8 方向链码为 00171122243344567665 6。

使用链码时，起点的选择常是很关键的。对同一个边界，如用不同的边界点作为链码的起点，得到的链码则是不同的。为解决这个问题可把链码归一化，具体做法如下：给定一个从任意点开始产生的链码，把它看作一个由各方向数构成的自然数，首先，将这些方向数依一个方向循环，以使它们所构成的自然数的值最小，然后，将这样转换后所对应的链码起点作为这个边界的归一化链码的起点。

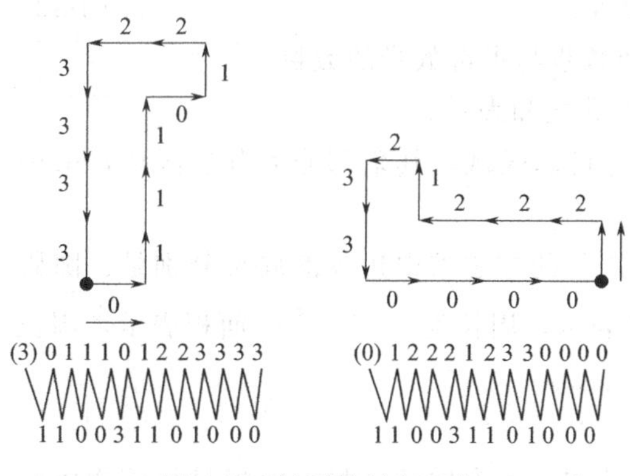

图 4-28　链码旋转归一化

(2) 链码的旋转不变性

用链码表示给定目标的边界时，如果目标平移，链码不会发生变化，而如果目标旋转，则链码会发生变化。为解决这个问题，可利用链码的一阶差分来重新构造一个表示原链码各段之间方向变化的新序列，这相当于把链码进行旋转归一化。差分可用相邻两个方向数按反方向相减（后一个减去前一个）得到。如图 4-28 所示，上面一行为原链码（括号中为最右一个方向数循环到左边），下面一行为上面一行的数两两相减得到的差分码。左边的目标在逆时针旋转 90°后成为右边的形状，可见，原链码发生了变化，但差分码并没有变化。

4.5.2　几何特征的描述

(1) 质心

由于目标在图像中总是有一定的面积大小，通常不是一个像素的，因此有必要定义目标在图像中的精确位置。定义目标面积中心点就是该目标物在图像中的位置，面积中心就是单位面积质量恒定的相同形状图形的质心，如图 4-29 所示。

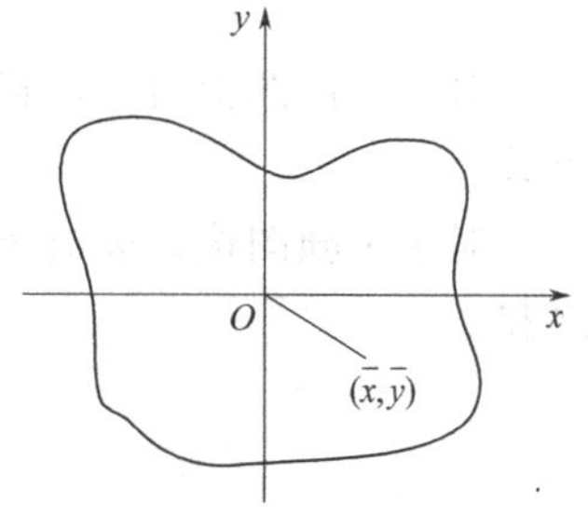

图 4-29　质心表示物体的位置

对大小为 $M \times N$ 的数字图像 $f(x,y)$，其质心坐标定义为

$$\bar{x} = \frac{1}{MN}\sum_{x=1}^{M}\sum_{y=1}^{N} x_i f(x_i, y_j)$$

$$\bar{y} = \frac{1}{MN}\sum_{x=1}^{M}\sum_{y=1}^{N} y_j f(x_i, y_j) \tag{4-41}$$

对二值图像，其质量分布是均匀的，故质心和形心重合，

其质心坐标为

$$\overline{x}=\frac{1}{MN}\sum_{x=1}^{M}\sum_{y=1}^{N}x_i$$

$$\overline{y}=\frac{1}{MN}\sum_{x=1}^{M}\sum_{y=1}^{N}y_j \tag{4-42}$$

(2) 周长

区域的周长即区域的边界长度，一个形状简单的物体用相对较短的周长来包围它所占有面积内的像素，周长就是围绕所有这些像素的外边界的长度。通常，测量这个长度时包含了许多90°的转弯，从而夸大了周长值。区域的周长在区别具有简单或复杂形状物体时特别有用。由于周长的表示方法不同，因而计算方法也不同，常用的简便方法如下：

① 隙码表示　当把图像中的像素看作单位面积小方块时，则图像中的区域和背景均由小方块组成，区域的周长即为区域和背景缝隙的长度和，交界线有且仅有水平和垂直两个方向。

② 链码表示　当把像素看作一个个点时，周长定义为区域边界像素的8链码的长度之和。当链码值为奇数时，其长度记作$\sqrt{2}$；当链码值为偶数时，其长度记作1。则周长P表示为

$$P=N_e+\sqrt{2}N_o \tag{4-43}$$

式中，N_e和N_o分别是8方向边界链码中走偶数步与走奇数步的数目。

③ 边界所占面积表示　即周长用区域的边界点数之和表示。

【例 4-14】 图4-30中所示的区域，阴影部分为目标区域，其余部分为背景区域，采用上述三种计算周长的方法分别求出区域的周长。

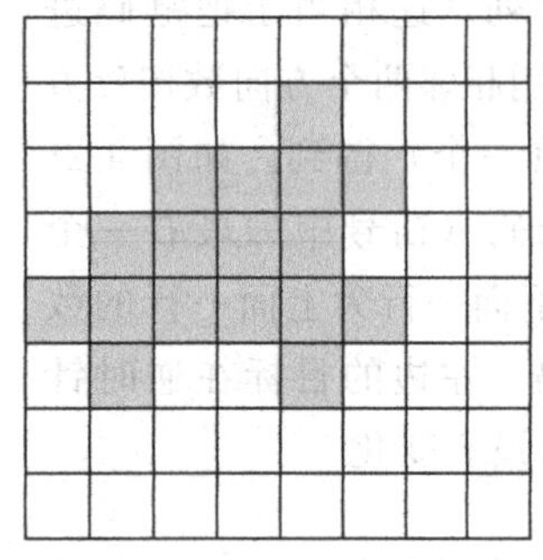

图 4-30　区域周长示例

采用上述三种计算周长的方法求得边界的周长分别是：隙码表示，周长为26；链码表示，周长为$2+10\sqrt{2}$；面积表示，周长为12。

(3) 面积

面积是物体的总尺寸的一个方便的度量，面积只与该物体的边界有关，而与其内部灰度级的变化无关。一个形状简单的物体可用相对较短的周长来包围它所占有的面积。

① 像素计数面积　对某个图像区域R_i，其面积A_i就是统计R_i中边界内部（也包括边界上）的像素点数，计算公式如下：

$$A_i=\sum_{x=1}^{N}\sum_{y=1}^{M}f(x,y) \tag{4-44}$$

对于二值图像而言，若用1表示目标，用0表示背景，其面积就是统计$f(x,y)=1$的个数。

对于一帧图像，设有k个区域，即$i=1,2,3,\cdots,k$，其总面积A就是各个区域面积之和。

$$A=\sum_{i=1}^{k}A_i \tag{4-45}$$

② 链码计算面积　若给定封闭边界的某种表示，则相应连通区域的面积应为区域外边界包围的面积与内边界包围的面积（孔的面积）之差。

下面以用边界链码表示面积为例，说明通过边界链码求出所包围面积的方法。设屏幕左上角为坐标原点，起始点坐标为 (x_0, y_0)，第 k 段链码终端的 y_k 坐标为

$$y_k = y_0 + \sum_{i=1}^{k} \Delta y_i \tag{4-46}$$

其中

$$\Delta y_i = \begin{cases} -1 & \varepsilon_i = 1,2,3 \\ 0 & \varepsilon_i = 0,4 \\ 1 & \varepsilon_i = 5,6,7 \end{cases} \tag{4-47}$$

式中，ε_i 是第 i 个码元。

设

$$\Delta x_i = \begin{cases} 1 & \varepsilon_i = 0,1,7 \\ 0 & \varepsilon_i = 2,6 \\ -1 & \varepsilon_i = 3,4,5 \end{cases} \tag{4-48}$$

$$a = \begin{cases} 1/2 & \varepsilon_i = 1,5 \\ 0 & \varepsilon_i = 0,2,4,6 \\ -1/2 & \varepsilon_i = 3,7 \end{cases} \tag{4-49}$$

则相应边界所包围的面积为

$$A = \sum_{i=1}^{n} (y_{i-1} \Delta x_i + a) \tag{4-50}$$

用上述面积公式求得的面积，即用链码表示边界时边界内所包含的单元方格数。

(4) 距离

度量图像中两点 $P(i,j)$ 和 $Q(h,k)$ 之间的距离，常用的有以下三种方法，如图 4-31 所示。

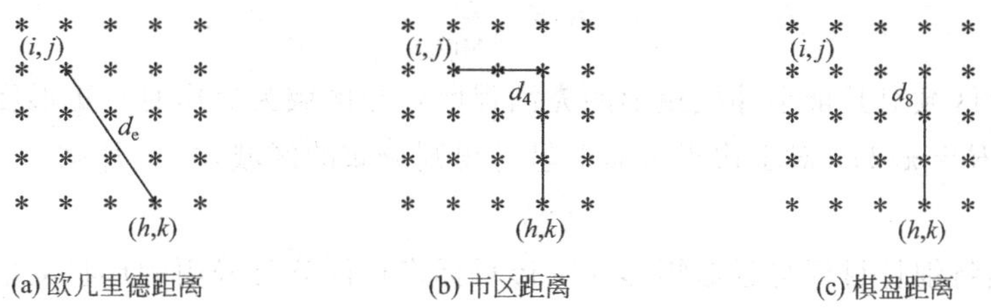

图 4-31　三种距离示例

① 欧几里德距离

$$d_e(P,Q) = \sqrt{(i-h)^2 + (j-k)^2} \tag{4-51}$$

② 市区距离（4 邻域距离）

$$d_4(P,Q) = |i-h| + |j-k| \tag{4-52}$$

③ 棋盘距离（8 邻域距离）

$$d_8(P,Q) = \max(|i-h|, |j-k|) \tag{4-53}$$

4.5.3　形状特征的描述

(1) 长轴和短轴

当物体的边界已知时，用其外接矩形的尺寸来刻画它的基本形状是最简单的方法，

如图 4-32(a) 所示，求物体在坐标系方向上的外接矩形，只需计算物体边界点的最大和最小坐标值，就可得到物体的水平和垂直跨度。但是，对任意朝向的物体，水平和垂直不一定是感兴趣的方向，这时，就有必要确定物体的主轴，然后计算反映物体形状特征的主轴方向上的长度和与之垂直方向上的宽度，这样的外接矩形是物体的最小外接矩形（Minimum Enclosing Rectangle，MER）。

计算 MER 的一种方法是，将物体的边界以每次 3°左右的增量在 90°范围内旋转，每旋转一次记录一次其坐标系方向上的外接矩形边界点的最大和最小 x、y 值，旋转到某一个角度后，外接矩形的面积达到最小，取面积最小的外接矩形的参数为主轴意义下的长度和宽度，如图 4-32(b) 所示。此外，主轴可以通过矩的计算得到，也可以用求物体的最佳拟合直线的方法求出。

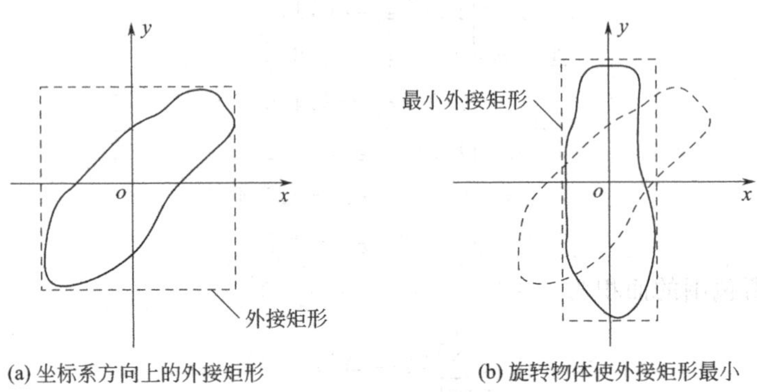

图 4-32 MER 法求物体的长轴和短轴

(2) 矩形度

图像区域面积 A_0 与其最小外接矩形的面积 A_{MER} 之比即为矩形度。

$$R=\frac{A_0}{A_{\mathrm{MER}}} \tag{4-54}$$

矩形度反映区域对其最小外接矩形的充满程度，当区域为矩形时，矩形度 $R=1.0$；当区域为圆形时，$R=\pi/4$；对于边界弯曲、呈不规则分布的区域，$0<R<1$。

(3) 长宽比

长宽比 r 是将细长目标与近似矩形或圆形目标进行区分时采用的形状度量。长宽比 r 为最小外接矩形的宽与长的比值，定义式如下：

$$r=\frac{W_{\mathrm{MER}}}{L_{\mathrm{MER}}} \tag{4-55}$$

(4) 圆形度

圆形度用来刻画物体边界的复杂程度，有四种圆形度测度，这里只介绍致密度。

致密度又称复杂度，也称分散度，其定义为区域周长（P）的平方与面积（A）的比：

$$C=\frac{P^2}{A} \tag{4-56}$$

致密度描述了区域单位面积的周长大小，致密度大，表明单位面积的周长大，即区域离散，为复杂形状；反之，致密度小，为简单形状。当图像区域为圆时，C 有最小值 4π；其他任何形状的图像区域，$C>4\pi$；且形状越复杂，C 值越大。不管面积多大，正方形区域致密

度 $C=16$，正三角形区域致密度 $C=12\sqrt{3}$。

(5) 球状性

球状性（Sphericity）S 既可以描述二维目标也可以描述三维目标，其定义为

$$S=\frac{r_i}{r_c} \tag{4-57}$$

在二维情况下，r_i 代表区域内切圆的半径，而 r_c 代表区域外接圆的半径，两个圆的圆心都在区域的重心上，如图 4-33 所示。

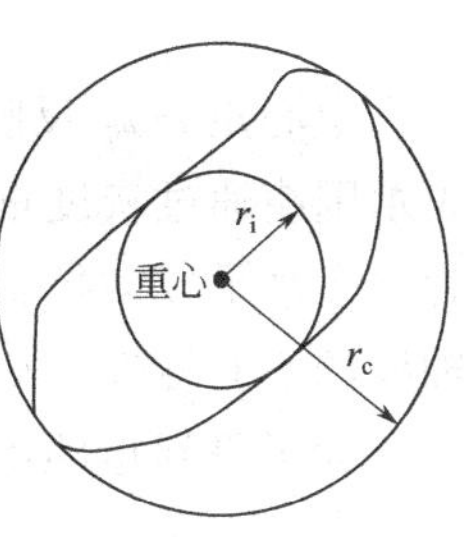

图 4-33　球状性定义示意图

当区域为圆时，球状性的值 S 达到最大值 1.0；而当区域为其他形状时，则有 $S<1.0$；S 不受区域平移、旋转和尺度变化的影响。

4.5.4　不变矩

矩特征是利用力学中矩的概念，将区域内部的像素作为质点，像素的坐标作为力臂，从而以各阶矩的形式来表示区域的形状特征。

(1) 矩的定义

对于大小为 $M\times N$ 的数字图像 $f(i,j)$，其 $p+q$ 阶矩为

$$M_{pq}=\sum_{i=1}^{M}\sum_{j=1}^{N}i^p j^q f(i,j) \quad p,q=0,1,2\cdots \tag{4-58}$$

式中，$f(i,j)$ 相当于一个像素的质量；M_{pq} 为不同 p、q 值下的图像的矩。

当 p,q 取不同的值时，可以得到阶数不同的矩。

零阶矩（$p=0,q=0$）：

$$M_{00}=\sum\sum f(i,j) \tag{4-59}$$

一阶矩（$p+q=1$）：

$$M_{10}=\sum\sum if(i,j)$$
$$M_{01}=\sum\sum jf(i,j) \tag{4-60}$$

式中，M_{10} 为图像对 j 轴的矩；M_{01} 为图像对 i 轴的矩。

二阶矩（$p+q=2$）

$$M_{20}=\sum\sum i^2 f(i,j)$$
$$M_{02}=\sum\sum j^2 f(i,j)$$
$$M_{11}=\sum\sum ijf(i,j) \tag{4-61}$$

式中，M_{20} 为图像对 j 轴的惯性矩；M_{02} 为图像对 i 轴的惯性矩。

(2) 中心矩

① 质心

$$(\bar{i},\bar{j})=(M_{10}/M_{00},M_{01}/M_{00}) \tag{4-62}$$

零阶矩 M_{00} 是区域密度的总和，可以理解为厚度为 1 的物体的质量，所以一阶矩 M_{10} 和 M_{01} 分别除以零阶矩 M_{00} 所得到的 $(\bar{i},\bar{j})$ 便是物体质量中心的坐标，或者说是区域灰度重心的坐标，故也称为质心。

② 中心矩

$$m_{pq}=\sum\sum(i-\bar{i})^{p}(j-\bar{j})^{q}f(i,j) \tag{4-63}$$

中心矩 m_{pq} 反映了区域中的灰度相对于灰度重心是如何分布的。例如，m_{20} 和 m_{02} 分别表示围绕通过灰度重心的垂直和水平轴线的惯性矩，如果 $m_{20}>m_{02}$，则可能所计算的区域为一个水平方向拉长的区域；又如 m_{30} 和 m_{03} 的幅值可以度量所分析的区域对于垂直和水平轴线的不对称性，如果某区域为垂直和水平对称，则 m_{30} 和 m_{03} 之值为零。

为了得到矩的不变特征，定义归一化的中心矩为

$$\mu_{pq}=\frac{m_{pq}}{m_{00}{}^{r}} \tag{4-64}$$

式中，$r=(p+q)/2+1$，$p+q=2,3,4\cdots$

(3) 不变矩

利用归一化的中心矩，可以获得利用 μ_{pq} 表示的 7 个具有平移、比例和旋转不变性的矩不变量（注意，φ_7 只具有比例和平移不变性）。

$$\varphi_1=\mu_{20}+\mu_{02} \tag{4-65}$$

$$\varphi_2=(\mu_{20}-\mu_{02})^2+4\mu_{11}{}^2 \tag{4-66}$$

$$\varphi_3=(\mu_{30}-3\mu_{12})^2+(3\mu_{21}-\mu_{03})^2 \tag{4-67}$$

$$\varphi_4=(\mu_{30}+\mu_{12})^2+(\mu_{21}+\mu_{03})^2 \tag{4-68}$$

$$\varphi_5=(\mu_{30}-3\mu_{12})(\mu_{30}+\mu_{12})[(\mu_{30}+\mu_{12})^2-3(\mu_{21}+\mu_{03})^2] +(3\mu_{21}-\mu_{03})(\mu_{21}+\mu_{03})[3(\mu_{30}+\mu_{12})^2-(\mu_{21}+\mu_{03})^2] \tag{4-69}$$

$$\varphi_6=(\mu_{20}-\mu_{02})[(\mu_{30}+\mu_{12})^2-(\mu_{21}+\mu_{03})^2]+4\mu_{11}(\mu_{30}+\mu_{12})(\mu_{21}+\mu_{03}) \tag{4-70}$$

$$\varphi_7=(3\mu_{21}-\mu_{03})(\mu_{30}+\mu_{12})[(\mu_{30}+\mu_{12})^2-3(\mu_{21}+\mu_{03})^2] -(\mu_{30}-3\mu_{12})(\mu_{21}+\mu_{03})[3(\mu_{30}+\mu_{12})^2-(\mu_{21}+\mu_{03})^2] \tag{4-71}$$

由于图像经采样和量化后会导致图像灰度层次和离散化图像的边缘表示不精确，因此图像离散化会对图像矩特征的提取产生影响，特别是对高阶矩特征的计算影响较大，这是因为高阶矩主要描述图像的细节，而低阶矩主要描述图像的整体特征，如面积、主轴等，相对而言影响较小。

不变矩及其组合具备了好的形状特征应具有的某些性质，已经用于印刷体字符的识别、飞机形状区分、景物匹配和染色体分析中。

【例 4-15】 图 4-34(a) 所示为原始图像，分别对其进行逆时针旋转 5°、垂直镜像、尺度缩小为原图的一半，分别求出原图及变换后的各个图像的七阶矩，可以得出这七个矩的值对于旋转、镜像及尺度变换不敏感。

主程序 MATLAB 源代码如下：

```
clc;
I = imread('pout.tif'); % 读取图像
I1 = I;
I0 = I;
subplot(141);imshow(I1); % 显示图像
I2 = imrotate(I,5,'bilinear'); % 旋转变化
subplot(142);imshow(I2);
```

```
I3 = fliplr(I); % 镜像变化
subplot(143);imshow(I3);
I4 = imresize(I,0.1,'bilinear'); % 尺度变化
subplot(144);imshow(I4);
display('原图像')
qijieju(I1); % 计算原图像的七阶矩
display('旋转变化')
qijieju(I2); % 计算旋转变化图像的七阶矩
display('镜像变化')
qijieju(I3); % 计算镜像变化图像的七阶矩
display('尺度变化')
qijieju(I4); % 计算尺度变化图像的七阶矩
```

子程序 MATLAB 源代码如下：

```
function qijieju(I0); % 求七阶矩 qijieju 函数清单
A = double(I0);
[nc,nr] = size(A);
[x,y] = meshgrid(1:nr,1:nc);
x = x(:);
y = y(:);
A = A(:);
m00 = sum(A);
if m00 = = 0
    m00 = eps;
end
m10 = sum(x. * A);
m01 = sum(y. * A);
xmean = m10/ m00;
ymean = m01/ m00;
cm00 = m00;
cm02 = (sum((y - ymean).^2. * A))/( m00^2);
cm03 = (sum((y - ymean).^3. * A))/( m00^2.5);
cm11 = (sum((x - xmean). * (y - ymean). * A))/( m00^2);
cm12 = (sum((x - xmean). * (y - ymean).^2. * A))/(m00^2.5);
cm20 = (sum((x - xmean).^2. * A))/( m00^2);
cm21 = (sum((x - xmean).^2. * (y - ymean). * A))/(m00^2.5);
cm30 = (sum((x - xmean).^3. * A))/(m00^2.5);
ju(1) = cm20 + cm02; % 求七阶矩
ju(2) = (cm20 - cm02)^2 + 4 * cm11^2;
ju(3) = (cm30 - 3 * cm12)^2 + (3 * cm21 - cm03)^2;
ju(4) = (cm30 + cm12)^2 + (cm21 + cm03)^2;
ju(5) = (cm30 - 3 * cm12) * (cm30 + cm12) * ((cm30 + cm12)^2 - 3 * (cm21 + cm03)^2) + (3 * cm21 - cm03)
* (cm21 + cm03) * (3 * (cm30 + cm12)^2 - (cm21 + cm03)^2);
ju(6) = (cm20 - cm02) * ((cm30 + cm12)^2 - (cm21 + cm03)^2) + 4 * cm11 * (cm30 + cm12) * (cm21 + cm03);
ju(7) = (3 * cm21 - cm03) * (cm30 + cm12) * ((cm30 + cm12)^2 - 3 * (cm21 + cm03)^2) + (3 * cm12 - cm30)
```

```
*(cm21+cm03)*(3*(cm30+cm12)^2-(cm21+cm03)^2);
    qijieju=abs(log(ju));
```

图 4-34(a) 原始图像经过旋转变化、镜像变化和尺度变化后的结果如图 4-34(b)、(c)、(d) 所示。程序运行所得七阶矩数据结果如下：

```
原图像
qijieju=
    6.5235    16.3199    25.7319    24.5010    50.4446    32.6666    49.8227
旋转变化
qijieju=
    6.5234    16.3197    25.7313    24.5006    50.4431    32.6661    49.8220
镜像变化
qijieju=
    6.5235    16.3199    25.7319    24.5010    50.4446    32.6666    49.7236
尺度变化
qijieju=
    6.5216    16.0377    25.5369    24.5563    50.3762    32.5770    49.8218
```

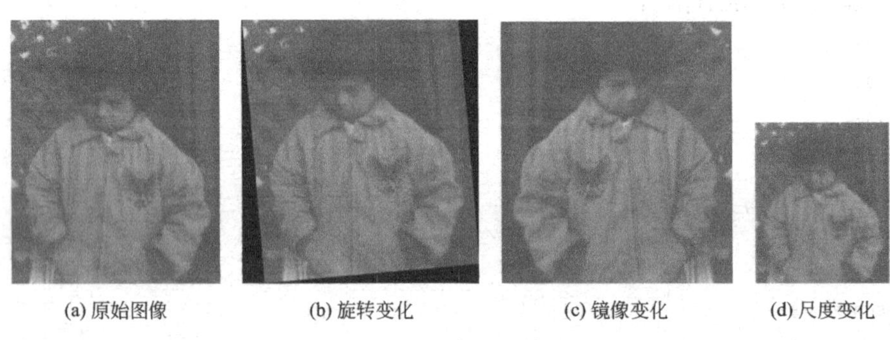

(a) 原始图像　　(b) 旋转变化　　(c) 镜像变化　　(d) 尺度变化

图 4-34　程序运行结果

4.6　纹理特征分析

纹理的概念，至今还没有一个公认的确切的定义。一般将类似于布纹、犬毛、鹅卵石、软木塞、草地、砖砌墙面等具有重复性结构的图像称为纹理图像。纹理图像在局部区域内可能呈现不规则性，但整体上则表现出某种规律性，其灰度分布往往表现出某种周期性。通常，把图像中这种局部不规则，而宏观有规律的特性称为纹理。

图像的纹理分析已在许多学科得到了广泛的应用。通过观察不同物体的图像，可以抽取出构成纹理特征的两个要素：

① 纹理基元　这是一种或多种图像基元的组合，纹理基元有一定的形状和大小，例如花布的花纹。

② 纹理基元的排列组合　基元排列的疏密、周期性、方向性等的不同，能使图像的外观产生极大的改变。例如在植物长势分析中，即使是同类植物，由于地形的不同，生长条件及环境的不同，植物散布形式也有不同，反映在图像上就是纹理的粗细（植物生长的疏密）、走向（如靠阳和水的地段应有生长茂盛的植被）等特征的描述和解释。

纹理特征提取指的是通过一定的图像处理技术抽取出纹理特征，从而获得纹理的定量或定性描述的处理过程。因此，纹理特征提取应包括两方面的内容：检测出纹理基元和获得有关纹理基元排列分布方式的信息。

纹理分析方法，大致分为统计方法和结构方法。统计方法适用于分析像木纹、森林、山脉、草地那样的纹理细而且不规则的物体；结构方法则适用于像布料的印刷图案或砖花样等一类纹理基元排列较规则的图像。本节将着重介绍几种最常用的方法。

4.6.1　自相关函数

图 4-35 是两幅由分布规律相同而大小不同的圆组成的图像。如果在两张图上分别放上一个与原图相同的透明片，并将该透明片朝同一方向移动同样距离 Δx。如果令 S_L 表示尺寸较大的圆的重叠面积，S_R 表示尺寸较小的圆的重叠面积，则 S_R 比 S_L 下降的速度快。而重叠面积的数学含义就是图像的自相关函数，因此可以用自相关函数来描述纹理结构。

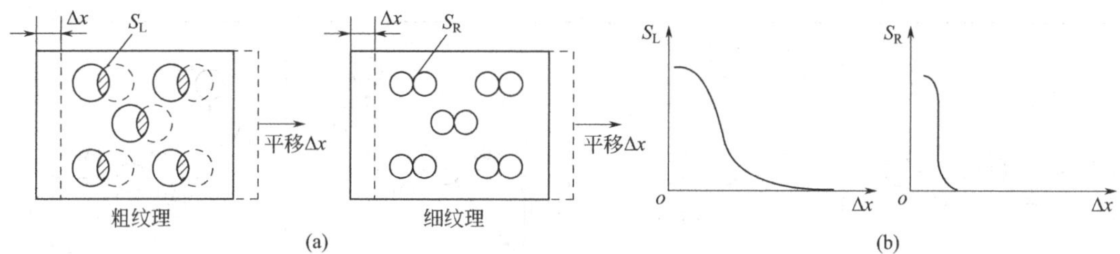

图 4-35　测量不同粗细纹理的实验

设图像为 $f(m,n)$，自相关函数可由下式定义：

$$R(\varepsilon,\eta,j,k)=\frac{\sum_{m=j-w}^{j+w}\sum_{n=k-w}^{k+w}f(m,n)f(m-\varepsilon,n-\eta)}{\sum_{m=j-w}^{j+w}\sum_{n=k-w}^{k+w}[f(m,n)]^2} \tag{4-72}$$

由式（4-72）可求出窗口为 $(2w+1)\times(2w+1)$ 内每一个像素点 (j,k) 的自相关函数。在 $0\leqslant R(\varepsilon,\eta,j,k)\leqslant 1$ 范围内，如果自相关函数散布宽，则说明像素间的相关性强，此时对应较粗的纹理；相反，则对应较细的纹理。因此，利用自相关函数随 ε、η 大小而变化的规律，可以描述图像的纹理特征。

4.6.2　灰度共生矩阵法

(1) 基本原理

由于纹理是由灰度分布在空间位置上反复出现而形成的，因而在图像空间中相隔某距离的两像素间会存在一定的灰度关系，这种关系称为图像中灰度的空间相关性，通过研究灰度的空间相关性来描述纹理，这正是灰度共生矩阵的思想基础。

从灰度级为 i 的像素点出发，距离为 δ 的另一个像素点的同时发生的灰度级为 j，定义这两个灰度在整个图像中发生的概率分布，称为灰度共生矩阵。灰度共生矩阵用 $P_\delta(i,j)(i,j=0,1,2,\cdots,L-1)$ 表示。其中 i，j 分别为两个像素的灰度；L 为图像的灰度级数；δ 决定了两个像素间的位置关系，用 $\delta=(\Delta x,\Delta y)$ 表示，即两个像素在 x 方向和 y 方向上的

距离分别为 $|\Delta x|$ 和 $|\Delta y|$，如图 4-36 所示。不同的 δ 决定了两个像素间的距离和方向，这里所说的方向，一般取值 0°、45°、90°和 135°四个方向，如图 4-37 所示。

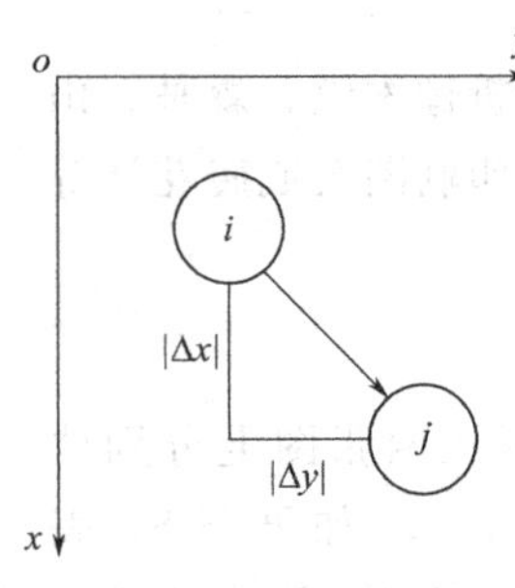

图 4-36　两个像素间的位置关系

这样，两个像素灰度级同时发生的概率就将 (x,y) 的空间坐标转换为 (i,j) 的“灰度对”的描述。灰度共生矩阵可以理解为像素对或灰度级对的直方图，这里所说的像素对和灰度级对是有特定含义的，一是像素对的距离不变，二是像素灰度级不变。

可以看出，灰度共生矩阵反映了图像灰度关于方向、相邻间隔、变化幅度的综合信息，它确实可以作为分析图像基元和排列结构的信息。目前一幅图像的灰度级数目一般是 256，这样计算出来的灰度共生矩阵过大，为了解决这个问题，常常在求灰度共生矩阵之前，将图像变换为 16 级的灰度图像。

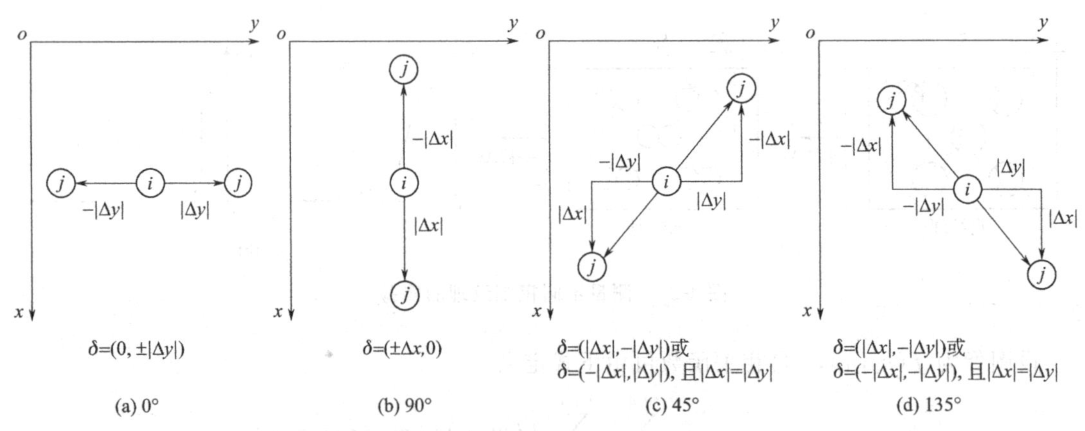

图 4-37　常用的四种方向上的位置关系

【例 4-16】 针对如图 4-38 所示的纹理 A 和 B，求出常用的 4 个方向位置关系下的灰度共生矩阵，并利用 MATLAB 编程予以实现。

0	0	1	1	2	2	3	3
0	0	1	1	2	2	3	3
0	0	1	1	2	2	3	3
0	0	1	1	2	2	3	3
0	0	1	1	2	2	3	3
0	0	1	1	2	2	3	3
0	0	1	1	2	2	3	3
0	0	1	1	2	2	3	3

(a) 纹理A

0	1	2	3	0	1	2	3
1	2	3	0	1	2	3	0
2	3	0	1	2	3	0	1
3	0	1	2	3	0	1	2
0	1	2	3	0	1	2	3
1	2	3	0	1	2	3	0
2	3	0	1	2	3	0	1
3	0	1	2	3	0	1	2

(b) 纹理B

图 4-38　纹理图像

① 0°方向（水平方向）　位置关系为水平方向，即 $\Delta x=0$。现令 $|\Delta y|=1$，则 $\delta=(0,\pm1)$。若统计 $P_\delta(0,0)$ 值，就是指位置关系分别为 $\delta=(0,1)$ 和 $\delta=(0,-1)$ 的两像素灰度都为 0 出现的次数之和。$\delta=(0,1)$ 表示了某像素与其右像素的位置关系，$\delta=(0,-1)$ 表示了某像素与其左像素的位置关系，则对于纹理 A，$P_\delta(0,0)=8+8=16$；同理可求出 P_δ 矩阵中其他值，这样就可得到位置关系为 $\delta=(0,\pm1)$ 的纹理 A 和 B 的灰度共生矩阵为

$$p_{A\delta}(0°)=\begin{bmatrix}16 & 8 & 0 & 0\\ 8 & 16 & 8 & 0\\ 0 & 8 & 16 & 8\\ 0 & 0 & 8 & 16\end{bmatrix}\qquad p_{B\delta}(0°)=\begin{bmatrix}0 & 14 & 0 & 14\\ 14 & 0 & 14 & 0\\ 0 & 14 & 0 & 14\\ 14 & 0 & 14 & 0\end{bmatrix}$$

② 90°方向（垂直方向）

$$p_{A\delta}(90°)=\begin{bmatrix}28&0&0&0\\0&28&0&0\\0&0&28&0\\0&0&0&28\end{bmatrix} \quad p_{B\delta}(90°)=\begin{bmatrix}0&14&0&14\\14&0&14&0\\0&14&0&14\\14&0&14&0\end{bmatrix}$$

③ 45°方向

$$p_{A\delta}(45°)=\begin{bmatrix}14&7&0&0\\7&14&7&0\\0&7&14&7\\0&0&7&14\end{bmatrix} \quad p_{B\delta}(45°)=\begin{bmatrix}24&0&0&0\\0&24&0&0\\0&0&24&0\\0&0&0&26\end{bmatrix}$$

④ 135°方向

$$p_{A\delta}(135°)=\begin{bmatrix}14&7&0&0\\7&14&7&0\\0&7&14&7\\0&0&7&14\end{bmatrix} \quad p_{B\delta}(135°)=\begin{bmatrix}0&0&25&0\\0&0&0&24\\25&0&0&0\\0&24&0&0\end{bmatrix}$$

%主程序 MATLAB 源代码如下：

```
clc;
clear all;
IN1 = [0 0 1 1 2 2 3 3;0 0 1 1 2 2 3 3; 0 0 1 1 2 2 3 3;0 0 1 1 2 2 3 3;…
        0 0 1 1 2 2 3 3;0 0 1 1 2 2 3 3;0 0 1 1 2 2 3 3;0 0 1 1 2 2 3 3;];
IN2 = [0 1 2 3 0 1 2 3;1 2 3 0 1 2 3 0;2 3 0 1 2 3 0 1;3 0 1 2 3 0 1 2;…
        0 1 2 3 0 1 2 3;1 2 3 0 1 2 3 0;2 3 0 1 2 3 0 1;3 0 1 2 3 0 1 2];
gray = 8;  % 赋给 gray 初值
[p01,p901,p451,p1351] = comatrix(IN1,4);
[p02,p902,p452,p1352] = comatrix(IN2,4);
% 灰度共生矩阵子函数
function [p0,p90,p45,p135] = comatrix(IN,gray);
g = gray;
[R,C] = size(IN);
p0 = zeros(g);
p90 = zeros(g);
p45 = zeros(g);
p135 = zeros(g);
% 计算 0°方向共生矩阵
for M = 1:R
    for N = 1:(C - 1)
        p0(IN(M,N) + 1,IN(M,N + 1) + 1) = p0(IN(M,N) + 1,IN(M,N + 1) + 1) + 1;
        p0(IN(M,N + 1) + 1,IN(M,N) + 1) = p0(IN(M,N + 1) + 1,IN(M,N) + 1) + 1;
    end
end
% 计算 90°方向共生矩阵
for M = 1:(R - 1)
```

```
        for N = 1:C
            p90(IN(M,N) + 1,IN(M + 1,N) + 1) = p90(IN(M,N) + 1,IN(M + 1,N) + 1) + 1;
            p90(IN(M + 1,N) + 1,IN(M,N) + 1) = p90(IN(M + 1,N) + 1,IN(M,N) + 1) + 1;
        end
    end
    % 计算 45°方向共生矩阵
    for M = 1:(R - 1)
        for N = 2:C
            p45(IN(M,N) + 1,IN(M + 1,N - 1) + 1) = p45(IN(M,N) + 1,IN(M + 1,N - 1) + 1) + 1;
            p45(IN(M + 1,N - 1) + 1,IN(M,N) + 1) = p45(IN(M + 1,N - 1) + 1,IN(M,N) + 1) + 1;
        end
    end
    % 计算 135°方向共生矩阵
    for M = 1:(R - 1)
        for N = 1:(C - 1)
            p135(IN(M,N) + 1,IN(M + 1,N + 1) + 1) = p135(IN(M,N) + 1,IN(M + 1,N + 1) + 1) + 1;
            p135(IN(M + 1,N + 1) + 1,IN(M,N) + 1) = p135(IN(M + 1,N + 1) + 1,IN(M,N) + 1) + 1;
        end
    end
```

(2) 矩阵特点

① 归一化　为了分析方便，灰度共生矩阵元素常用概率值来表示，即将各元素 $p_\delta(i,j)$ 除以各元素之和 S，得到各元素都小于 1 的归一化值 $\hat{p}_\delta(i,j)$，即

$$\hat{p}_\delta(i,j)=p_\delta(i,j)/S \tag{4-73}$$

由此得到的共生矩阵为归一化矩阵，灰度共生矩阵中各元素之和 S 表示了图像上一定位置关系下像素对的总组合数，对于确定的位置关系 δ，像素对总组合数是一个常数。若图像的大小为 $M\times N$，当 $\delta=(0,\pm1)$ 时，每一行形成的像素对组合数为 $2\times(N-1)$，M 行的像素对总组合数为 $S=2M(N-1)$，上述共生矩阵的归一化表示如下（$|\Delta x|=1$ 或 0，$|\Delta y|=1$ 或 0）：

$$\hat{p}_{A\delta}(0°)=\begin{bmatrix}1/7 & 1/14 & 0 & 0\\ 1/14 & 1/7 & 1/14 & 0\\ 0 & 1/14 & 1/7 & 1/14\\ 0 & 0 & 1/14 & 1/7\end{bmatrix}\quad \hat{p}_{A\delta}(90°)=\begin{bmatrix}1/4 & 0 & 0 & 0\\ 0 & 1/4 & 0 & 0\\ 0 & 0 & 1/4 & 0\\ 0 & 0 & 0 & 1/4\end{bmatrix}$$

$$\hat{p}_{B\delta}(45°)=\begin{bmatrix}12/49 & 0 & 0 & 0\\ 0 & 12/49 & 0 & 0\\ 0 & 0 & 12/49 & 0\\ 0 & 0 & 0 & 12/49\end{bmatrix}\quad \hat{p}_{B\delta}(135°)=\begin{bmatrix}0 & 0 & 25/98 & 0\\ 0 & 0 & 0 & 12/49\\ 25/98 & 0 & 0 & 0\\ 0 & 12/49 & 0 & 0\end{bmatrix}$$

② 对称性　在 $L\times L$ 矩阵中，$i=j$ 的元素连成的线称为主对角线，对于在上述常用的四个方向的位置关系下生成的灰度共生矩阵，各元素值必定对称于主对角线，即 $p_\delta(i,j)=p_\delta(j,i)$，故称为对称矩阵。

③ 主对角线元素的作用　灰度共生矩阵中主对角线上的元素是一定位置关系下的两像素同灰度组合出现的次数，由于存在沿纹理方向上相近像素的灰度基本相同，垂直纹理方向

上相近像素间有较大灰度差的一般规律，因此，这些主对角线元素的大小有助于判别纹理的方向和粗细，对纹理分析起着重要的作用。如图 4-38 中的两种纹理，纹理 A 为 90°方向，纹理 B 为 45°方向，当采用 $|\Delta x|=1$ 或 0，$|\Delta y|=1$ 或 0 的四种方向位置关系生成共生矩阵时，不难发现，沿着纹理方向的共生矩阵如上述 $\hat{p}_{A\delta}(90°)$、$\hat{p}_{B\delta}(45°)$ 中，主对角线元素值很大，而其他元素值全为零，这正说明了沿着纹理方向上没有灰度变化。可见，大的主对角线元素提供了识别纹理方向的可能性。垂直纹理方向如上述 $\hat{p}_{A\delta}(0°)$、$\hat{p}_{B\delta}(135°)$，对于纹理 B，主对角线元素全为零，说明在垂直纹理的方向上相邻像素的灰度都不相同。那就是说，灰度变化频繁，纹理较细。相对来说，纹理 A 较粗，共生矩阵主对角线上的元素不为零，表明了相邻像素的灰度变化缓慢。

④ 元素值的离散性　灰度共生矩阵中元素值相对于主对角线的分布可用离散性来表示，它常常反映纹理的粗细程度。离开主对角线远的元素的归一化值高，即元素值的离散性大，也就是说，一定位置关系的两像素间灰度差大的比例高。仍以 $|\Delta x|=1$ 或 0，$|\Delta y|=1$ 或 0 的位置关系为例，离散性大意味着相邻像素间灰度差大的比例高，说明图像上垂直于该方向的纹理较细；相反，图像上垂直于该方向上的纹理较粗。当非主对角线上的元素的归一化值全为零时，元素值的离散性最小，即图像上垂直于该方向上不可能出现纹理。比较前述元素值的离散性可知，纹理 B 的 $\hat{p}_{B\delta}(135°)$ 的离散性较纹理 A 的 $\hat{p}_{A\delta}(0°)$ 的离散性大，因而纹理 A 较粗，纹理 B 较细。

(3) 特征参数

从灰度共生矩阵抽取出的纹理特征参数有以下几种。

① 角二阶矩

$$f_1=\sum_{i=0}^{L-1}\sum_{j=0}^{L-1}\hat{p}_\delta{}^2(i,j) \tag{4-74}$$

角二阶矩是图像灰度分布均匀性的度量。当灰度共生矩阵中的元素分布较集中于主对角线时，说明从局部区域观察图像的灰度分布是较均匀的。从图像整体来观察，纹理较粗，此时角二阶矩值 f_1 则较大，反过来则角二阶矩值 f_1 较小。角二阶矩是灰度共生矩阵元素值平方的和，所以，它也称为能量。粗纹理角二阶矩值 f_1 较大，可以理解为粗纹理含有较多的能量。细纹理 f_1 较小，亦即它含有较少的能量。

② 对比度

$$f_2=\sum_{n=0}^{L-1}n^2\left\{\sum_{i=0}^{L-1}\sum_{j=0}^{L-1}\hat{p}_\delta{}^2(i,j)\right\} \tag{4-75}$$

式中，$|i-j|=n$。

图像的对比度可以理解为图像的清晰度，即纹理清晰程度。在图像中，纹理的沟纹越深，则其对比度 f_2 越大，图像的视觉效果越清晰。

③ 相关

$$f_3=\frac{\sum_{i=0}^{L-1}\sum_{j=0}^{L-1}ij\hat{p}_\delta(i,j)-u_1u_2}{\sigma_1^2\sigma_2^2} \tag{4-76}$$

式中，u_1、u_2、σ_1、σ_2 分别定义为

$$u_1=\sum_{i=0}^{L-1}i\sum_{j=0}^{L-1}\hat{p}_\delta(i,j)$$

$$u_2=\sum_{j=0}^{L-1} j \sum_{i=0}^{L-1} \hat{p}_{\delta}(i,j)$$

$$\sigma_1^2=\sum_{i=0}^{L-1}(i-u_1)^2 \sum_{j=0}^{L-1} \hat{p}_{\delta}(i,j)$$

$$\sigma_2^2=\sum_{j=0}^{L-1}(j-u_2)^2 \sum_{i=0}^{L-1} \hat{p}_{\delta}(i,j)$$

相关是用来衡量灰度共生矩阵的元素在行的方向或列的方向的相似程度。例如，某图像具有水平方向的纹理，则图像在 $\theta=0°$ 的灰度共生矩阵的相关值 f_3 往往大于 $\theta=45°$、$\theta=90°$、$\theta=135°$ 的灰度共生矩阵的相关值 f_3。

④ 熵

$$f_4=-\sum_{i=0}^{L-1}\sum_{j=0}^{L-1} \hat{p}_{\delta}(i,j) \log_2 \hat{p}_{\delta}(i,j) \tag{4-77}$$

熵值是图像所具有的信息量的度量，纹理信息也属图像的信息。若图像没有任何纹理，则灰度共生矩阵几乎为零阵，则熵值 f_4 接近为零。若图像充满着细纹理，则 $\hat{p}_{\delta}(i,j)$ 的数值近似相等，该图像的熵值 f_4 最大。若图像中分布着较少的纹理，$\hat{p}_{\delta}(i,j)$ 的数值差别较大，则该图像的熵值 f_4 较小。

上述四个统计参数为应用灰度共生矩阵进行纹理分析的主要参数，可以组合起来成为纹理分析的特征参数使用。

4.6.3　频谱法

频谱法借助于傅里叶频谱的频率特性来描述周期的或近似周期的二维图像模式的方向性。常用的三个性质是：傅里叶频谱中凸起的峰值对应纹理模式的主方向；这些峰在频域平面的位置对应模式的基本周期；如果利用滤波把周期性成分除去，剩下的非周期性部分可用统计方法描述。

实际检测中，为简便起见可把频谱转化到极坐标系中，此时频谱可用函数 $S(r,\theta)$ 表示，如图 4-39 所示。对每个确定的方向 θ，$S(r,\theta)$ 是一个一维函数 $S_\theta(r)$；对每个确定的频率 r，$S(r,\theta)$ 是一个一维函数 $S_r(\theta)$。对给定的 θ，分析 $S_\theta(r)$ 得到频谱沿原点射出方向的行为特性；对给定的 r，分析 $S_r(\theta)$ 得到频谱在以原点为中心的圆上的行为特性。如果把这些函数对下标求和可得到更为全局性的描述，即

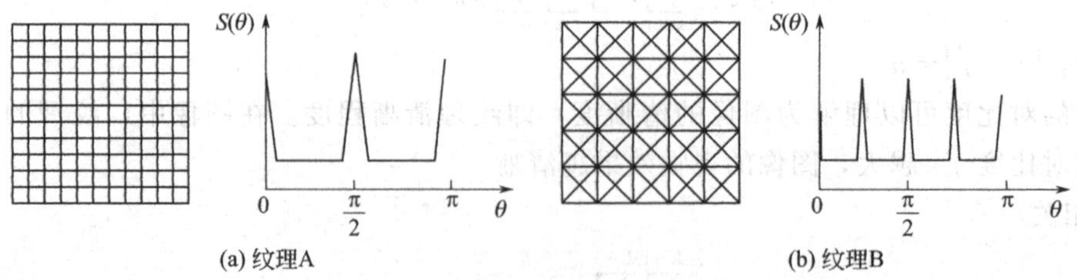

图 4-39　纹理和对应的频谱示意图

$$S(r)=\sum_{\theta=0}^{\pi} S_\theta(r) \tag{4-78}$$

$$S(\theta)=\sum_{r=1}^{R} S_r(\theta) \tag{4-79}$$

式中，R 是以原点为中心的圆的半径。

$S(r)$ 和 $S(\theta)$ 构成整个图像或图像区域纹理频谱能量的描述。图 4-39(a)、(b) 给出了两个纹理区域和频谱示意图，比较两条频谱曲线可看出两种纹理的朝向区别，还可从频谱曲线计算它们的最大值的位置等。

4.7 标记与拓扑描述符

4.7.1 标记

标记（Signature）的基本思想是把二维的边界用一维的较易描述的函数形式来表达。产生标记最简单的方法是先求出给定物体的重心，然后把边界点与重心的距离作为角度的函数就得到一种标记。图 4-40(a)、(b) 给出了两个标记的例子。通过标记，就可把二维形状描述的问题转化为一维波形分析问题。

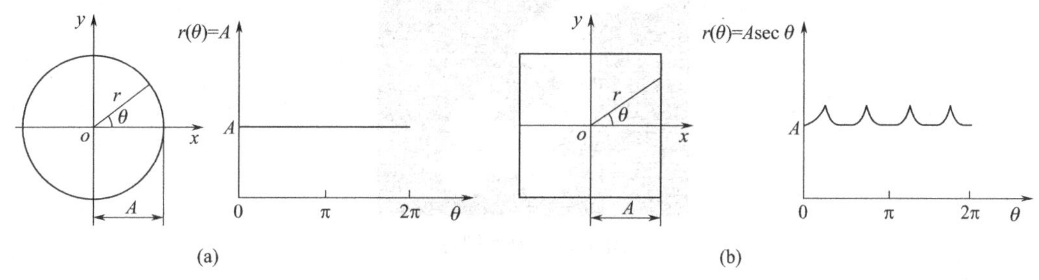

图 4-40　两个标记的例子

上述方法产生的标记不受目标平移的影响，但与尺度变换及旋转都有关。尺度变换会造成标记的幅值发生变化，这个问题可用把最大幅值归一化到单位值的方法来解决。解决旋转影响常用的一种方法是选离重心最远的点作为标记起点；另一种方法是求出边界主轴，以主轴上离重心最远的点作为标记起点。后一种方法考虑了边界上所有的点，因此计算量较大，但也比较可靠。

4.7.2 拓扑描述符

拓扑学（Topology）研究图形不受畸变变形（不包括撕裂或折叠）影响。区域的拓扑性质对区域的全局描述很有用，这些性质既不依赖于距离，也不依赖于基于距离测量的其他特性。

如果把区域中的孔洞数 H 作为拓扑描述子，显然，这个性质不受伸长、旋转的影响，但如果撕裂或折叠时孔洞数会发生变化。如图 4-41 所示。

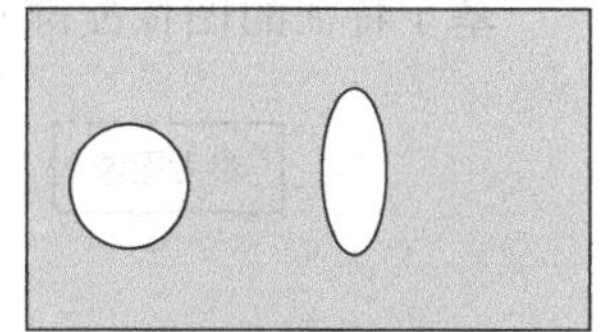

图 4-41　具有两个孔洞的区域

区域内的连接部分 C 的个数是区域的另一拓扑特性。一个集合的连接部分就是它的最大子集，在这个子集的任何地方都可以用一条完全在子集中的曲线相连接，图 4-42 中有两个连接部分。

欧拉数也是一个区域的拓扑描述符，欧拉数 E 定义如下：

$$E = C - H \tag{4-80}$$

对于图 4-43 所示的图像中字母 A 有 1 个连接部分和 1 个孔，它的欧拉数 E 为 0，而字母 B 有 1 个连接部分和 2 个孔，它的欧拉数 E 为 −1。所以可以通过欧拉数识别字母 A 和 B。

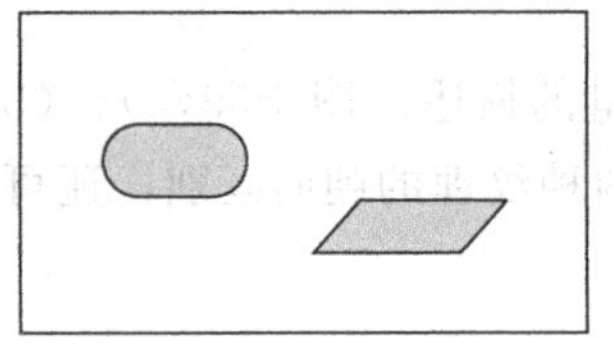
图 4-42　有两个连接部分的区域

(a) 字母A

(b) 字母B

图 4-43　字母 A 与 B 的识别

【**例 4-17**】　求如图 4-44 所示原始图像的欧拉数。

```
BW = imread('circles.png');              %读取图像
figure,imshow(BW);                       %显示图像
eulernum = bweuler(BW);                  %求欧拉数
```

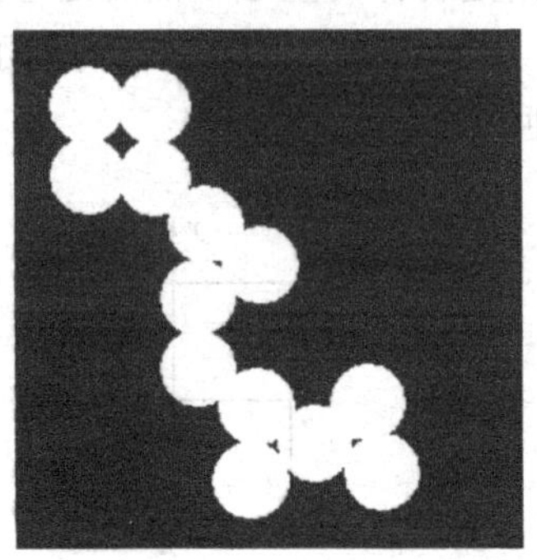
图 4-44　原始图像

运行程序显示的欧拉数结果为

eulernum＝－3

4.8　图像配准方法简介

基于特征的图像配准是配准中最常见的方法，对于不同特性的图像，选择图像中容易提取并能够在一定程度上代表待配准图像相似性的特征作为配准依据。它可以克服利用图像灰度信息进行图像配准的缺点，主要体现在以下三个方面：图像的特征点比图像的像素点要少很多，从而大大减少了匹配过程的计算量；特征点的匹配度量值对位置变化比较敏感，可以大大提高匹配的精度；特征点的提取过程可以减少噪声的影响，对灰度变化、图像形变以及遮挡等都有较好的适应能力。因此，基于特征的图像配准方法是实现高精度、快速有效和适用性广的配准算法的最佳选择。

基于特征的图像配准算法的基本流程如图 4-45 所示，具体步骤如下。

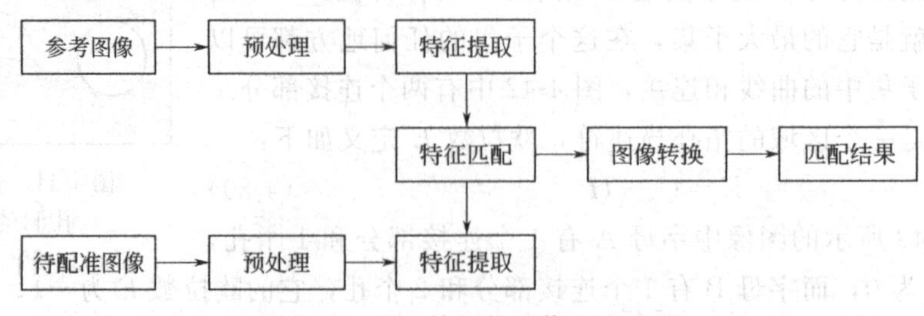

图 4-45　基于特征的图像配准过程

(1) 图像预处理

不同条件下得到的两幅图像之间存在着一定的差异，主要包括灰度值偏差和几何变形，为了图像配准能够顺利进行，在图像配准之前应尽量消除或减少图像间的这些差异。

(2) 特征选择

根据图像性质提取适合于图像配准的几何或灰度特征。在特征选择时，要遵循如下几个原则：一是相似性原则，即配准的特征应该是相同类型的，且具有某种不变性；二是唯一性原则，即最终确定的配准特征应该是一一对应的，而不允许出现一对多和多对一的情况；三是稳定性原则，当图像受噪声影响或者两幅图像成像时间、成像设备等不同时，从两幅图像中所提取的特征应该是一致的，不会发生剧烈的变化。同时，要求所提取的特征在两幅图像比例缩放、旋转、平移等变换中保持一致性。

(3) 特征匹配

将待配准图像和标准图像中的特征一一对应，删除没有对应的特征。

(4) 图像转换

利用匹配好的特征代入符合图像形变性质的图像转换以最终配准两幅图像。

根据特征选择和特征匹配方法的不同衍生出多种不同的基于特征的图像配准方法，可分为基于点特征的图像配准算法和基于线特征的图像配准算法。这里介绍基于点特征的图像配准算法。

已知 $P=\{p_1,p_2,\cdots,p_m\}$ 是标准参考图像上的特征点集，$Q=\{q_1,q_2,\cdots,q_n\}$ 是待配准图像上的特征点集，配准要实现的目的就是确立两个点集之间的对应关系。利用对应关系来求解变换模型参数。

【例 4-18】 标准图像和待配准图像分别如图 4-46(a) 和图 4-46(b) 所示，基于点特征的图像配准过程如下：

① 对参考图像上的特征点集 P 中的一个特征点 p_i 建立以其为中心，大小为 $n\times n$ 的目标窗口 P_{nn}。

② 相对于参考图像上的特征点 p_i，在待配准图像上取大小为 $m\times m$ 的窗口 Q_{mm}（$m\gg n$），确保特征点 p_i 的同名特征点在搜索窗口 Q_{mm} 内。

③ 目标窗口 P_{nn} 在搜索窗口 Q_{mm} 上滑动，同时计算其相似性度量，确定特征点 p_i 的同名特征点 q_i。

源代码如下：

```
%读标准图像和待配准图像
unregistered = imread('westconcordaerial.png');
figure,imshow(unregistered);
figure,imshow('westconcordorthophoto.png');
%选取目标窗口和控制点
load westconcordpoints;
cpselect(unregistered(:,:,1),'westconcordorthophoto.png',input_points,base_points);
%根据选取的控制点对待配准图像进行变换
info = imfinfo('westconcordorthophoto.png');
registered = imtransform(unregistered,t_concord,'XData',[1 info.Width],'YData',[1 info.Height]);
figure,imshow(registered)
```

程序运行结果如图 4-46(c) 所示。

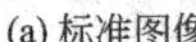
(a) 标准图像

(b) 待配准图像

(c) 配准后的图像

图 4-46 遥感图像的配准结果

习题与思考题

4-1 什么是图像分割？什么是边缘检测？实现方法有哪些？

4-2 应用 MATLAB 语言编写实例对 Sobel、Prewitt、Roberts、LOG、Canny 方法的边缘检测性能进行比较。

4-3 在灰度阈值法分割中，阈值如何选择？用 MATLAB 语言编写出相应的程序。

4-4 什么是 Hough 变换？试述采用 Hough 变换检测直线的原理。Hough 变换检测直线时，为什么不采用 $y=kx+b$ 的表示形式？

4-5 区域的周长有不同的表示方法，试用链码表示的方法编写程序实现图像区域的周长。

4-6 应用 MATLAB 语言编写对一幅灰度图像进行边缘检测、二值化的程序（检测和二值化的方法可以根据实际图像进行选择）。

4-7 区域生长法进行图像分割时可采用很多生长准则，请采用灰度差判别式生长准则实现图像分割，编写相应的程序。

4-8 字符 B、i、r、d 的欧拉数各是多少？

4-9 图像的纹理特征分析常用的方法有哪些？

4-10 灰度共生矩阵的基本思想是什么？针对图 4-47 所示纹理图像，求其在 0°、45°、90°和 135°四个方向上的灰度共生矩阵。

$$\begin{matrix} 0 & 1 & 2 & 0 & 1 & 2 \\ 0 & 1 & 2 & 0 & 1 & 2 \\ 2 & 0 & 1 & 2 & 0 & 1 \\ 1 & 2 & 0 & 1 & 2 & 0 \\ 2 & 0 & 1 & 2 & 0 & 1 \\ 1 & 2 & 0 & 1 & 2 & 0 \end{matrix}$$

图 4-47 纹理图像

第 5 章　数字视频及压缩编码技术

数字视频图像是把若干连续的静止图像（帧）在时间上关联起来，成为一个图像序列。数字视频可被当作一个静止图像序列来处理。其中各帧的处理是相对独立的，一般情况都是针对视频图像序列中的关键帧进行的。而数字视频技术中的核心是图像压缩技术，这是由数字图像本身的特点所决定的。近年来，多媒体技术得到迅速发展，一个多媒体计算机系统必然涉及静态图像和动态视频图像的各种处理。微电子和数字信号处理技术的应用，推动着计算机视频技术迅速发展。

本章在介绍数字视频基本概念的基础上，讲述了视频检测技术和视频压缩技术，并对熵编码和变换编码进行阐述。

5.1　数字视频的几个概念

5.1.1　模拟视频与数字视频

视频就其本质而言，就是其内容随时间变化的一组静态图像（每秒 25 帧或 30 帧），所以视频又被称为运动图像或活动图像。模拟视频是一种用于传输图像和声音且随时间连续变化的电信号。早期视频的获取、存储和传输都是采用模拟方式。人们在电视上所见到的视频图像就是以模拟电信号的形式记录下来，并用模拟调幅的手段在空间传播、再由磁带录像机将其模拟电信号记录在磁带上。

为了存储视觉信息，模拟视频信号的山峰和山谷必须通过模/数转换器（A/D）来转变为数字的“0”或“1”。这个转变过程就是视频捕捉（或采集过程）。如果要在电视机上观看数字视频，则需要一个从数字到模拟的转换器将二进制信息解码成模拟信号，才能进行播放。

数字视频就是以数字形式记录的视频，数字视频有不同的产生方式、存储方式和播放方式，比如通过数字摄像机直接产生数字视频信号存储在数字带、磁盘上等。模拟视频的数字化包括许多技术问题，如电视信号具有不同的制式而且采用复合的 YUV 信号方式，而计算机工作在 RGB 空间；电视机是隔行扫描，计算机显示器大多逐行扫描；电视图像的分辨率与显示器的分辨率也不尽相同等。因此，模拟视频的数字化主要包括色彩空间的转换、光栅扫描的转换以及分辨率的统一。模拟视频一般采用分量数字化方式，先把复合视频信号中的亮度和色度分离，得到 YUV 或 YIQ 分量，然后用三个模/数转换器对三个分量分别进行数字化，最后再转换成 RGB 空间。

一般来说，视频包括可视的图像和可闻的声音，然而由于伴音是处于辅助的地位，并且在技术上视像和伴音是同步合成在一起的，因此具体讨论时有时把视频（video）与视像（visual）等同，而声音或伴音则总是用 audio 表示。所以，在用到“视频”这个概念时，它是否包含伴音要视具体情况而定。

5.1.2　数字视频的特点

由于视频最初是以模拟的电信号形式产生和发展起来的，所以，数字视频的发展也就必然从模拟视频数字化开始。这既是视频技术要求的，同时也是计算机多媒体技术要求的。数字视频有以下几个特点：

① 在数字环境下，视频（包括音频）从整体上讲已不再是一个连续的随时间变化的电信号，而是一个由离散数字“0”和“1”编码的能够传输和记录的“比特流”。

② 在数字环境下，活动影音的图像也不再是连续的电子图像，而是一个不连续的以像素为单元的点阵化数字图像。图像的清晰与否是由点阵化的像素数量决定的。

③ 未经压缩的原始数字视频的数据量是非常大的。

④ 在数字环境下，数字视频有无数种“媒体格式”。它们大都是按照不同的压缩编码标准、存储介质类型、记录方式及其平台类型等形成自己不同的格式标准。

⑤ 在数字环境下，数字视频是可以进行非线性编辑和非线性检索的，并可以有选择地进行实时和非实时播放，以及适应带宽条件调整画面分辨率。

5.1.3 数字视频的采样格式

根据电视信号的特征，亮度信号的带宽是色度信号带宽的两倍。因此，其数字化时可采用幅色采样法，即对信号的色差分量的采样率低于对亮度分量的采样率。用 Y∶U∶V 来表示 YUV 三分量的采样比例，则数字视频的采样格式分别有 4∶1∶1、4∶2∶2和 4∶4∶4三种。视频图像既是空间的函数，也是时间的函数，而且又是隔行扫描式，所以其采样方式比扫描仪扫描图像的方式要复杂得多。分量采样时采到的是隔行样本点，要把隔行样本组合成逐行样本，然后进行样本点的量化，YUV 到 RGB 色彩空间的转换等，最后才能得到数字视频数据。

(1) Y∶U∶V=4∶1∶1

这种方式是在每 4 个连续的采样点上，取 4 个亮度 Y 的样本值，而色差 U、V 分别取其第一点的样本值，共 6 个样本。显然这种方式的采样比例与全电视信号中的亮度、色度的带宽比例相同，数据量较小。

(2) Y∶U∶V=4∶2∶2

这种方式是在每 4 个连续的采样点上，取 4 个亮度 Y 的样本值，而色差 U、V 分别取其第一点和第三点的样本值，共 8 个样本。这种方式能给信号的转换留有一定余量，效果更好一些。这是通常所用的方式。

(3) Y∶U∶V=4∶4∶4

在这种方式中，对每个采样点，亮度 Y、色差 U、V 各取一个样本。显然这种方式对于原本就具有较高质量的信号源，可以保证其色彩质量，但信息量大。

5.1.4 常用视频文件格式

视频格式可以分为适合本地播放的本地影像视频和适合在网络中播放的网络流媒体影像视频两大类。网络流媒体影像视频的广泛传播性使之正被广泛应用于视频点播、网络演示、远程教育、网络视频广告等因特网信息服务领域。目前，各种各样的视频格式很多，每一种视频格式都有各自的特点，只有熟悉了各种各样的视频格式，才能够为视频格式的转换打好基础。下面简单地介绍一些常见的视频格式。

(1) AVI 格式

它的英文全称为 Audio Video Interleaved，即音频视频交错格式。它于 1992 年被 Microsoft 公司推出，随 Windows3.1 一起被人们所认识和熟知。音频视频交错就是可以将视频和音频交织在一起进行同步播放。这种视频格式的优点是图像质量好，可以跨多个平台使用，但是其缺点是体积过于庞大，而且压缩标准不统一，因此经常会遇到高版本 Windows 媒体播放器播放不了采用早期编码编辑的 AVI 格式视频，而低版本 Windows 媒体播放器又播放不了采用最新编码编辑的 AVI 格式视频。

(2) DV-AVI 格式

DV 的英文全称是 Digital Video Format，是由索尼、松下、JVC 等多家厂商联合提出的一种家用数字视频格式。目前非常流行的数码摄像机就是使用这种格式记录视频数据的。它可以通过电脑的 IEEE 1394 端口传输视频数据到电脑，也可以将电脑中编辑好的视频数据回录到数码摄像机中。这种视频格式的文件扩展名一般也是 .avi，所以习惯地称它为 DV-AVI 格式。

(3) MPEG 格式

它的英文全称为 Moving Picture Expert Group，即运动图像专家组格式，家里常看的 VCD、SVCD、DVD 就是这种格式。MPEG 文件格式是运动图像压缩算法的国际标准，它采用了有损压缩方法从而减少运动图像中的冗余信息。MPEG 的压缩方法说得更加深入一点就是保留相邻两幅画面绝大多数相同的部分，而把后续图像中和前面图像有冗余的部分去除，从而达到压缩的目的。目前 MPEG 格式有三个压缩标准，分别是 MPEG-1、MPEG-2、和 MPEG-4。

MPEG-1：是针对 1.5Mbps 以下数据传输率的数字存储媒体运动图像及其伴音编码而设计的国际标准。也就是通常所见到的 VCD 制作格式。这种视频格式的文件扩展名包括 .mpg、.mlv、.mpe、.mpeg 及 VCD 光盘中的 .dat 文件等。

MPEG-2：这种格式主要应用在 DVD/SVCD 的制作（压缩）方面，同时在一些 HDTV（高清晰电视广播）和一些高要求视频编辑、处理上面也有相当的应用。这种视频格式的文件扩展名包括 .mpg、.mpe、.mpeg、.m2v 及 DVD 光盘上的 .vob 文件等。

MPEG-4：为了播放流式媒体的高质量视频而专门设计的，它可利用很窄的带度，通过帧重建技术，压缩和传输数据，以求使用最少的数据获得最佳的图像质量。这种视频格式的文件扩展名包括 .asf、.mov 和 DivX、AVI 等。

(4) MOV 格式

它是美国 Apple 公司开发的一种视频格式，默认的播放器是苹果的 Quick Time Player。具有较高的压缩比率和较完美的视频清晰度等特点，但是其最大的特点还是跨平台性，即不仅能支持 MacOS，同样也能支持 Windows 系列。

(5) ASF 格式

用户可以直接使用 Windows 自带的 Windows Media Player 对其进行播放。由于它使用了 MPEG-4 的压缩算法，所以压缩率和图像的质量都很不错。

(6) WMF 格式

它是微软推出的一种采用独立编码方式并且可以直接在网上实时观看视频节目的文件压缩格式。主要优点包括：本地或网络回放、可扩充的媒体类型、可伸缩的媒体类型、多语言支持、环境独立性、丰富的流间关系以及扩展性等。

5.1.5 数字视频常用处理技术

由于视频图像是由其内容随时间变化的一组静态图像组成，所以，在处理时，只要将连续的视频序列分出一帧帧的静态图像，应用静态图像处理技术于每帧即可。然而，视频图像从数据形式和表现特征来看都与静态图像不同，它所表现的信息量和丰富程度要远大于静态图像。其处理技术也不可能单单靠静态图像的处理技术，视频处理大多数根据时间轴上连续的视频帧之间存在的相关性，并结合静态图像的处理方法来达到所需的目的。视频图像常用的处理技术主要有视频检测、视频压缩、视频检索、视频剪辑和视频融合等内容，本章主要介绍视频检测和视频压缩。

5.2 视频检测技术

视频检测所研究的对象通常是图像序列，运动目标分割的目的是从序列图像中将变化区域从背景中分割出来。静态图像 $f(x,y)$ 是空间位置 (x,y) 的函数，它与时间 t 变化无关，只由单幅静止图像无法描述物体的运动。而图像序列的每一幅称为一帧，图像序列一般可以表示为 $f(x,y,t)$，和静态图像相比，多了一个时间参数 t，当采集的多帧图像获取时间间隔相等，那么，图像序列也可表示为 $f(x,y,i)$，i 为图像帧数。通过分析图像序列，获取景物的运动参数及各种感兴趣的视觉信息是计算机视觉的重要内容，而运动分割是它的关键技术。

在应用视觉系统中，检测运动目标常用差分图像的方法，一般有两种情况：一是当前图像与固定背景图像之间的差分，称为减背景法；二是当前连续两幅图像（时间间隔 Δt ）之间的差分，称为相邻帧差分法。差影法实际上就是图像的相减运算，是指把同一景物在不同时间拍摄的图像或同一景物在不同波段的图像相减。差值图像提供了图像间的差异信息，能用以指导动态监测、运动目标检测和跟踪、图像背景消除及目标识别等。其算法流程图如图 5-1 所示。

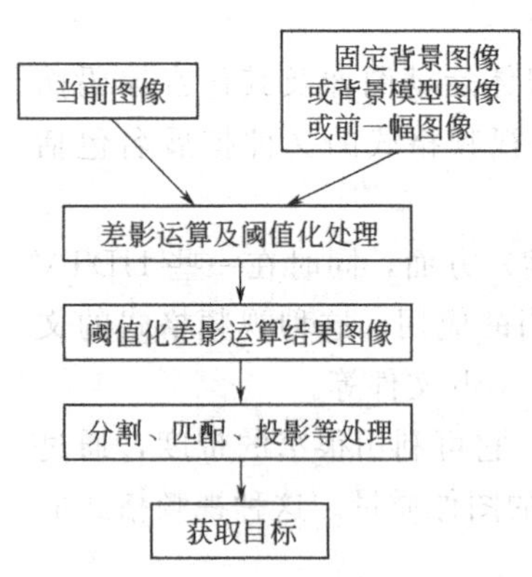

图 5-1 差影法视频检测流程图

在银行金库内，摄像头每隔一小段时间拍摄一幅图像，并与上一幅图像进行差影，如果图像差别超过了预先设置的阈值，说明有异常情况发生，这时就应该拉响警报。在利用遥感图像进行动态监测时，用差值图像可以发现森林火灾、洪水泛滥，监测灾情变化及估计损失等；也能用来监测河口、海岸的泥沙淤积及监视江河、湖泊、海岸等的污染。利用差值图像还能鉴别出耕地及不同的作物覆盖情况。可广泛应用于视频检测。

5.2.1 帧间差分法

帧间差分法是在序列图像中，检测图像序列相邻两帧之间变化，通过逐像素比较可直接求取前后两帧图像对应像素点之间灰度值的差别。

它是当图像背景不是静止时，无法用背景差值法检测和分割运动目标的另外一种简单方法。在这种方式下，帧 $f(x,y,i)$ 与帧 $f(x,y,j)$ 之间的变化可用一个二值差分图像 $D_f(x,y)$ 表示：

$$D_f(x,y)=\begin{cases}1 & |f(x,y,j)-f(x,y,i)|>T \\ 0 & \text{其他}\end{cases} \tag{5-1}$$

式中，T 是阈值。同样，在差分图像中，取值为 1 的像素点代表变化区域。一般来说，变化区域对应于运动对象，当然它也有可能是由噪声或光照变化所引起的。阈值在这里同样起着非常重要的作用。对于缓慢运动的物体和缓慢光强变化引起的图像变化，在某些阈值下可能检测不到。帧间差分法要求图像帧与帧之间要配准得很好，否则容易产生大的误差。

帧间差分法可以将图像中目标的位置和形状变化突出出来。如图 5-2(a) 所示，设目标的灰度比背景亮，则在差分的图像中，可以得到在运动前方为正值的区域，而在运动后方为负值的区域，这样可以获得目标的运动矢量，也可以得到目标上一定部分的形状，如果对一系列图像两两求差，并把差分图像中值为正或负的区域进行逻辑和运算，就可以得到整个目标的形状。图 5-2(b) 给出一个示例，将长方形区域逐渐下移，依次划过椭圆目标的不同部分，将各次结果组合起来，就得到完整的椭圆目标。

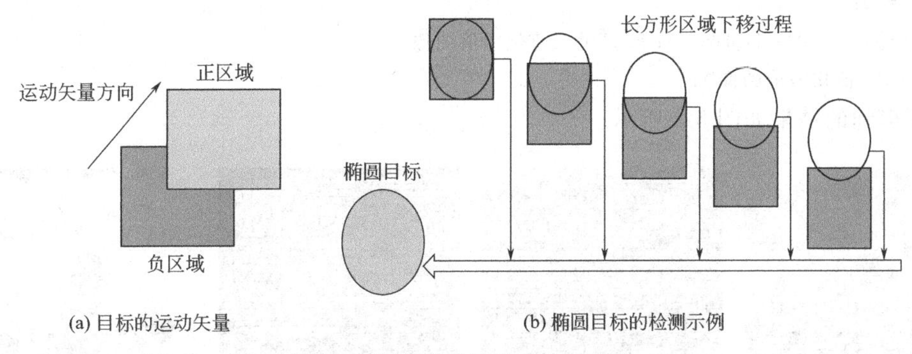

图 5-2　图像差分法运动检测原理

5.2.2　背景差值法

背景差值法是在假设图像背景不随图像帧数而变，即图像背景是静止不变的，可表示为 $b(x,y)$，这时让每一帧图像的灰度值减去背景的灰度值而得到一个差值图像 $id(x,y,i)$ 的过程：

$$id(x,y,i)=f(x,y,i)-b(x,y) \tag{5-2}$$

式中，图像系列为 $f(x,y,i)$；(x,y) 为图像位置坐标；i 为图像帧数。

二值化差值图像可通过设置一个阈值 T 而得到：

$$id(x,y,i)=\begin{cases}1 & |id(x,y,i)|\geqslant T\\ 0 & |id(x,y,i)|<T\end{cases} \tag{5-3}$$

取值为 1 和 0 的像素分别对应于前景（运动目标区域）和背景（非运动区域），阈值 T 的选择方法可采用静态图像中阈值分割所使用的方法，由此可见背景差值法的原理是比较简单的，利用该方法可以对静止背景下的运动目标进行分割。

【例 5-1】 用背景差值法从静止的背景中分割出目标图像。

```
%  用背景差值法分割图像(要求两幅图像大小一致)
f = imread('M1.bmp'); % 读入原始目标图像
subplot(2, 2, 1);    imshow(f); % 显示原始图像
title('原始图像');
b = imread('b.bmp');
subplot(2, 2, 2);    imshow(b); % 显示背景图像
title('背景图像');
df = im2double(f); % 转换图像矩阵为双精度型
```

```
db = im2double(b)
c = df - db; % 差值图像计算
d = im2uint8 (c); % 转换图像矩阵为 8 位无符号整型
subplot(2, 2, 3);   imshow(d); % 显示差值图像
title('差值图像')
T= 50; % 阈值
T = T/255;
i = find(abs(c)>= T); % 阈值分割处理
c(i) = 1;
i = find(abs(c)<T);
c(i) = 0;
subplot(2, 2, 4); imshow(c); % 显示二值化差值图像
title ('二值化差值图像');
```

程序得到的结果如图 5-3 所示。

(a) 原始图像

(b) 背景图像

(c) 差值图像

(d) 二值化差值图像

图 5-3　用背景差值法分割图像

阈值 T 选择准确与否直接影响到二值图像的质量。如果阈值 T 选得太高，二值图像中判定为运动目标的区域会产生碎化现象；相反，如果选得太低，又会引入大量的噪声。背景差值法的特点：速度快，检测准确，其关键是背景图像的获取。但是在有些情况下，静止背景是不易直接获得的，此外，由于噪声等因素的影响，仅仅利用单帧的信息容易产生错误，这就需要通过视频序列的帧间信息来估计和恢复背景，即背景重建。需要指出的是，将一帧图像的灰度值减去背景图像的灰度值所得到的差值图像并不完全精确等于运动目标的图像，但用该方法，可起到分割和检测图像的作用，除非背景图像的像素值全为零。

5.3　视频压缩编码技术基础

5.3.1　视频压缩编码的必要性和可能性

(1) 压缩编码的必要性

随着信息技术的发展，图像信息已经成为通信和计算机系统中一种重要的处理对象，图像的最大特点也是最大难点就是海量数据的表示与传输，如果不对数据进行压缩处理，数量巨大的数据就很难在计算机系统及其网络上存储、处理和传输，所以必须对图像进行压缩编码。例如：一幅分辨率 640×480 像素的彩色图像其数据量 921.6KB，若以 30 帧/s 的速度播放，则每秒的数据量为 221.12Mbit，若存在 650MB 的光盘中，一张光盘只能播放 24s。若不进行压缩，这样的视频是无法观看的。

(2) 压缩编码的可能性

数据是用来表示信息的，如果不同的方法为表示给定量的信息使用了不同的数据量，那么使用较多数据量的方法中，有些数据必然是代表了无用的信息，或者是重复地表示了其他数据已经表示的信息，这就是数据冗余的概念。

由于图像数据本身固有的冗余性和相关性，使一个大的图像数据文件转换成较小的图像数据文件成为可能，图像数据压缩就是要去掉信号数据的冗余性，一般来说，图像数据中存在着以下几种冗余：

① 空间冗余（像素间冗余、几何冗余）　这是图像数据中所经常存在的一种冗余。在同一幅图像中，规则物体和规则背景（规则是指表面是有序的而不是完全杂乱无章的排列）的表面物理特性具有相关性，这些相关性的光成像结果在数字化图像中就表现为数据冗余。

② 时间冗余　在序列图像（电视图像、运动图像）中，相邻两帧图像之间有较大的相关性。如图 5-4 所示，F_1帧中有一辆小汽车和一个路标，在时间 T 后的 F_2图像中仍包含以上两个物体，只是小车向前行驶了一段路程，此时 F_1 和 F_2 中的路标和背景都是时间相关的，小车也是时间相关的，因而 F_2 和 F_1 具有时间冗余。

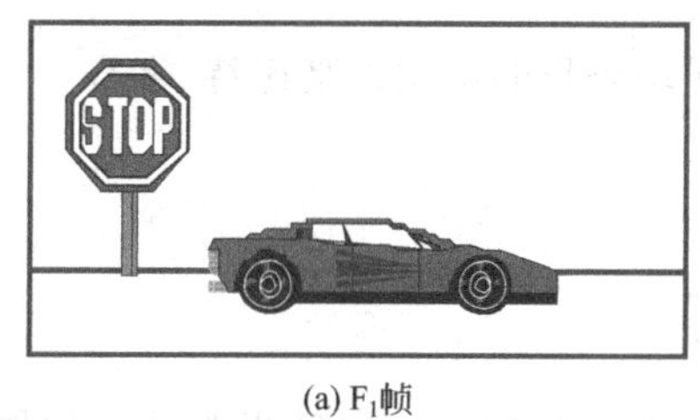

(a) F_1帧

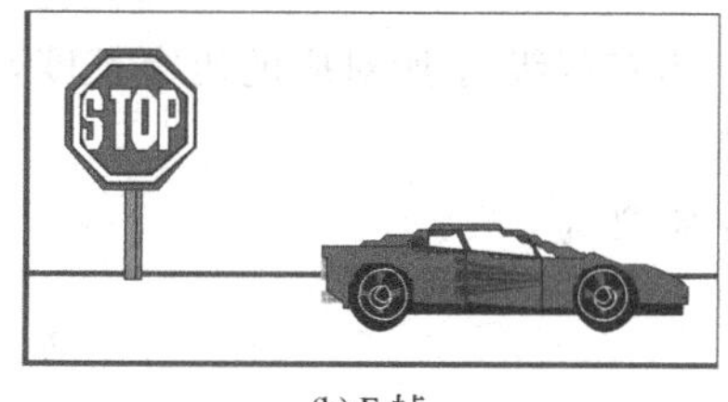

(b) F_2帧

图 5-4　时间冗余示例

③ 信息熵冗余　也称为编码冗余，如果图像中平均每个像素使用的比特数大于该图像的信息熵，则图像中存在冗余，称为信息熵冗余。

④ 结构冗余　有些图像存在较强的纹理结构，如墙纸、草席等图像，称之为存在结构冗余。

⑤ 知识冗余　有许多图像的理解与某些基础知识有相当大的相关性，例如人脸的图像有固定的结构，比如说嘴的上方有鼻子，鼻子的上方有眼睛，鼻子位于正脸图像的中线上等，这类规律性的结构可由先验知识和背景知识得到，称此类冗余为知识冗余。

⑥ 心理视觉冗余　人类的视觉系统对于图像场的注意是非均匀和非线性的，特别是视觉系统并不是对于图像场的任何变化都能感知，即眼睛并不是对所有信息都有相同的敏感度，有些信息在通常的视觉感觉过程中与另外一些信息相比来说并不那么重要，这些信息可认为是心理视觉冗余的，去除这些信息并不会明显地降低所感受到的图像的质量。心理视觉冗余的存在是与人观察图像的方式有关的，由于每个人所具有的先验知识不同，对同一幅图像的心理视觉冗余也就因人而异。

5.3.2　压缩编码的主要性能指标

(1) 信息量、图像的熵与平均码字长度

令图像像素灰度级集合为 $\{l_1, l_2, \cdots, l_m\}$，其对应的概率分别为 $P(l_1), P(l_2), \cdots P(l_m)$，则根据香农信息论，定义其信息量为

$$I(l_i)=-\log_2 P(l_i) \tag{5-4}$$

如果将图像所有可能灰度级的信息量进行平均，就得到信息熵（entropy），熵就是平均信息量。

图像熵定义为

$$H=\sum_{i=1}^{m}P(l_i)I(l_i)=-\sum_{i=1}^{m}P(l_i)\log_2 P(l_i) \tag{5-5}$$

式中，H 的单位为比特/字符，图像熵表示图像灰度级集合的比特数均值，或者说描述了图像信源的平均信息量。

当灰度级集合 $\{l_1,l_2,\cdots,l_m\}$ 中 l_i 出现的概率相等，都为 2^{-L} 时，熵 H 最大，等于 L 比特；只有当 l_i 出现的概率不相等时，H 才会小于 L。

香农信息论已经证明：信源熵是进行无失真编码的理论极限，低于此极限的无失真编码方法是不存在的，这是熵编码的理论基础。

平均码长定义为

$$R=\sum_{i=1}^{m}n_i P(l_i) \tag{5-6}$$

式中，n_i 为灰度级 l_i 所对应的码字长度，平均码长的单位也是比特/字符。

(2) 编码效率

编码效率定义为

$$\eta=\frac{H}{R} \tag{5-7}$$

如果 R 和 H 相等，编码效果最佳；如果 R 和 H 接近，编码效果为佳；如果 R 远大于 H，则编码效果差。

(3) 压缩比

压缩比是衡量数据压缩程度的指标之一，到目前为止，尚无压缩比的统一定义，目前常用的压缩比 P_r 定义为

$$P_r=\frac{L_s-L_d}{L_s}\times 100\% \tag{5-8}$$

式中，L_s 为源代码长度；L_d 为压缩后的代码长度。

压缩比的物理意义是被压缩掉的数据占源数据的百分比，一般来讲，压缩比大，则说明被压缩掉的数据量多，当压缩比 P_r 接近 100%时，压缩效率最理想。

(4) 冗余度

如果编码效率 $\eta\neq 100\%$，就说明还有冗余，冗余度 r 定义为

$$r=1-\eta \tag{5-9}$$

r 越小，说明可压缩的余地越小。

总之，一个编码系统要研究的问题是设法减小编码平均长度 R，使编码效率尽量趋于1，而冗余度尽量趋于0。

5.3.3 压缩编码的分类

图像编码压缩的方法目前有很多种，其分类方法根据出发点不同而有差异。

(1) 有损压缩和无损压缩

根据解压重建后的图像和原始图像之间是否具有误差，图像编码压缩分为无损（也

称无失真、无误差、信息保持型）编码和有损（有失真、有误差、信息非保持型）编码两大类。

在视频压缩中有损和无损的概念与静态图像中基本类似。无损压缩亦即压缩后的数据和压缩前的原始信号完全一致。无损压缩的压缩比太低，这限制了在视频压缩中的应用。有损压缩是解压缩后的数据与压缩前的数据不一致。在压缩过程中要丢失一些人眼和人耳所不敏感的图像和音频信息，而且丢失的信息不可恢复。几乎所有高压缩的算法都采用有损压缩，这样才能达到低数据率的目标。丢失的数据率与压缩比有关，压缩比越高，丢失的数据越多，解压缩后的效果一般越差。

(2) 帧内压缩和帧间压缩

按照压缩编码器处理的像素分布范围来分类时有帧内压缩和帧间压缩。帧内压缩也称空间压缩。当压缩一帧图像时，仅考虑本帧的数据而不考虑相邻帧之间的冗余信息，这实际上与静态图像压缩类似。帧内一般采用有损压缩算法，由于帧内压缩时各个帧之间没有相互关系，所以压缩后的视频数据仍可以以帧为单位进行编辑。帧内压缩一般达不到很高的压缩比。

采用帧间压缩是基于视频或动画的相邻帧具有很大的相关性，或者说前后两帧变化很小，根据连续视频其相邻帧之间具有冗余信息这一特性，压缩相邻帧之间的冗余就可以进一步增加压缩量，提高压缩比。帧间压缩也称为时间压缩，它通过比较时间轴上不同帧之间的数据进行压缩。帧间压缩一般是无损的。帧差值算法是一种典型的时间压缩法，它通过比较本帧与相邻帧之间的差异，仅记录本帧与其相邻帧的差值，这样可以大大减少数据量。

(3) 熵编码、预测编码和变换编码

根据编码原理图像编码分为无损编码和有损编码，如熵编码、预测编码、变换编码和混合编码等。主要的编码方法如图 5-5 所示。

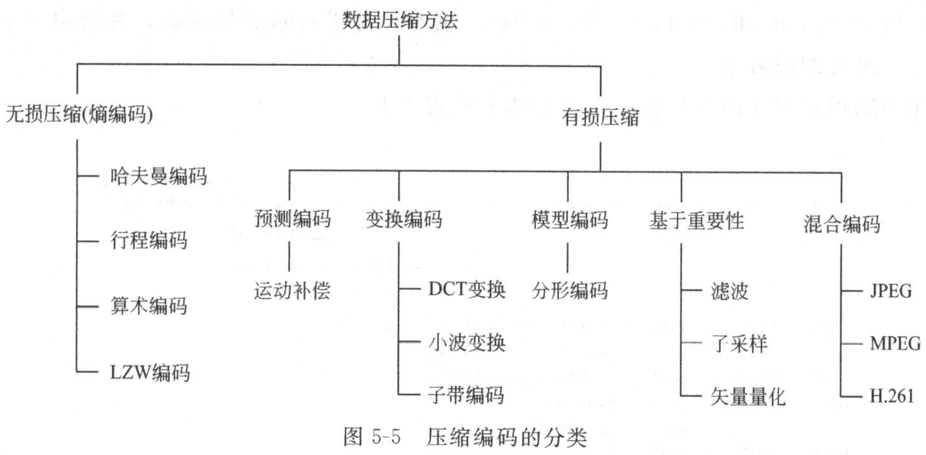

图 5-5　压缩编码的分类

5.4　熵编码

这是纯粹基于信号统计特性的编码技术，是一种无损编码。熵编码的基本原理是给出现概率较大的符号赋予一个短码字，而给出现概率较小的符号赋予一个长码字，从而使最终的平均码长很小。常见的熵编码方法有哈夫曼编码、算术编码和行程编码。

5.4.1 哈夫曼编码

根据信息论中信源码理论，可以证明在平均码长 R 大于或等于图像熵 H 的条件下，总可以设计出某种无失真编码方法，当然如果编码结果使 R 远大于 H，表明这种编码方法效率很低，占用比特数太多；最好的编码结果是使 R 等于或接近于 H，这种状态的编码方法称为最佳编码，它既不丢失信息而引起图像失真，又占用最少的比特数。

熵编码的目的就是要使编码后的图像平均码长 R 尽可能接近图像熵 H，一般是根据图像灰度级数出现的概率大小赋予不同长度码字，出现概率大的灰度级用短码字，出现概率小的灰度级用长码字。可以证明，这样的编码结果所获得的平均码字长度最短，这就是下面要介绍的变长最佳编码定理。

变长最佳编码定理：在变长编码中，对出现概率大的信息符号赋给短码字，而对于出现概率小的信息符号赋给长码字，如果码字长度严格按照所对应符号出现概率大小逆序排列，则编码结果平均码字长度一定小于任何其他排列方式。

哈夫曼编码过程如下：

① 把信源符号按出现的概率由大到小排成一个序列。如 $P_1 > P_2 > \cdots > P_{m-1} > P_m$。

② 把其中两个最小的概率 P_{m-1}、P_m 挑出来，且将符号“1”赋给其中最小的，即 $P_m \to 1$；符号“0”赋给另一稍大的即 $p_{m-1} \to 0$。

③ 求出 P_{m-1}、P_m 之和 P_i，将 P_i 设想成对应于一个新的信息的概率。

$$P_i = P_{m-1} + P_m$$

④ 将 P_i 与上面未能处理的 $m-2$ 个信息的概率重新由大到小再排列，构成一个新的概率序列。

⑤ 重复步骤②、③、④，直到所有 m 个信息的概率均已联合处理为止。

【例 5-2】 已知某信源发出的 8 个信息，其信源概率分布是不均匀的，分别为 {0.1，0.18，0.4，0.05，0.06，0.1，0.07，0.04}，试对信源进行哈夫曼编码，并求出三个参数：平均码长、熵及编码效率。

具体的编码过程如图 5-6 所示，编码结果见表 5-1。

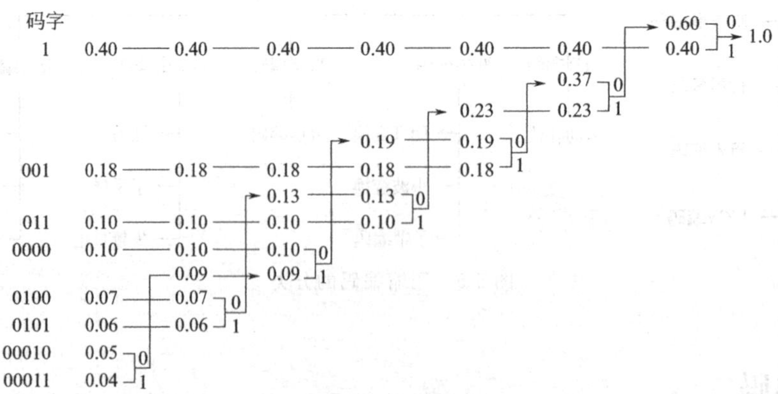

图 5-6 哈夫曼编码过程

平均码长：

$$R=\sum_{i=1}^{8} n_i P(l_i)$$

$$=1\times 0.4+3\times(0.18+0.10)+4\times(0.10+0.06+0.07)+5\times(0.05+0.04)=2.61$$

熵：
$$H=-\sum_{i=1}^{8} P(l_i)\log_2 P(l_i)=2.55$$

编码效率：
$$\eta=\frac{H}{L}=\frac{2.55}{2.61}=97.7\%$$

可见，哈夫曼方法编码的结果，码字平均长度很接近信息符号的熵值。

【例 5-3】 信源概率分布为 2 的负整数次幂，编码结果见表 5-1。

【例 5-4】 信源概率分布均匀时，编码结果见表 5-1。

表 5-1　哈夫曼编码在不同概率分布下的编码效果对比

信源符号	概率分布为不均匀			概率分布为 2 的负幂次方			概率分布均匀		
	出现概率	码字	码长	出现概率	码字	码长	出现概率	码字	码长
l_1	0.40	1	1	2^{-1}	1	1	2^{-3}	111	3
l_2	0.18	001	3	2^{-2}	01	2	2^{-3}	110	3
l_3	0.10	011	3	2^{-3}	001	3	2^{-3}	101	3
l_4	0.10	0000	4	2^{-4}	0001	4	2^{-3}	100	3
l_5	0.07	0100	4	2^{-5}	00001	5	2^{-3}	011	3
l_6	0.06	0101	4	2^{-6}	000001	6	2^{-3}	010	3
l_7	0.05	00010	5	2^{-7}	0000001	7	2^{-3}	001	3
l_8	0.04	00011	5	2^{-7}	0000000	7	2^{-3}	000	3
三个参数	$H=2.55$ $R=2.61$ $\eta=97.7\%$			$H=1.984$ $R=1.984$ $\eta=100\%$			$H=3$ $R=3$ $\eta=100\%$		

从上述三个例子中，可以看出哈夫曼编码具有以下特点：

① 哈夫曼编码构造出来的编码值不是唯一的。原因是在给两个最小概率的图像的灰度值进行编码时，可以是大概率为“0”，小概率为“1”，但也可相反；而当两个灰度值的概率相等时，“0”、“1”的分配也是随机的，这就造成了编码的不唯一性，可是其平均码长却是相同的，所以不影响编码效率和数据压缩性能。

② 哈夫曼编码对不同的信源其编码效率是不同的，如表 5-1 所示。例 5-3 中当信源概率为 2 的负幂次方时，哈夫曼编码的编码效率达到 100%；例 5-4 中概率分布也为 2 的负幂次方，其编码效率也可以达到 100%，但由于其信源概率相等，服从均匀分布，其熵最大，平均码长也很大，从其他压缩编码参数如压缩比来看，却是最低的。因此，只有当信源概率分布很不均匀时，哈夫曼编码才会收到显著的效果。换句话说，在信源概率比较接近的情况下，一般不使用哈夫曼编码方法。

③ 哈夫曼编码结果码字不等长，虽说平均码字最短，效率最高，但是码字长短不一，实时硬件实现很复杂（特别是译码），而且在抗误码能力方面也比较差，为此，研究人员提出了一些修正方法，如双字长哈夫曼编码（也称亚最佳编码方法），希望通过降低一些效率

来换取硬件实现简单的实惠。双字长编码只采用两种字长的码字，对出现概率高的符号用短码字，对出现概率低的符号用长码字。短码字中留下一个码字不用，作为长码字前缀，这种方法编码压缩效果不如哈夫曼编码，但其硬件实现相对简单，抗干扰能力也比哈夫曼编码强得多。

④ 哈夫曼编码应用时，均需要与其他编码结合起来使用，才能进一步提高数据压缩比。例如，在静态图像国际压缩标准 JPEG 中，先对图像进行分块，然后进行 DCT 变换、量化、Z 形扫描、行程编码后，再进行哈夫曼编码。

5.4.2 香农-范诺编码

(1) 香农-范诺编码

香农-范诺编码（Shannon-Fannon）也是一种常见的可变字长编码，与哈夫曼编码相似，当信源符号出现的概率正好为 2 的负幂次方时，采用香农-范诺编码同样能够达到 100% 的编码效率。香农-范诺编码的理论基础是符号的码字长度 N_i 完全由该符号出现的概率来决定，即

$$-\log_D P_i \leqslant N_i \leqslant -\log_D P_i + 1 \tag{5-10}$$

式中，D 为编码所用的数制。

香农-范诺编码的具体步骤如下：

① 将信源符号按其出现概率从大到小排序。

② 按照式（5-10）计算出各概率对应的码字长度 N_i。

③ 计算累加概率 A_i，即

$$A_1 = 0$$
$$A_i = A_{i-1} + P_{i-1} \quad i = 2, 3, \cdots, N \tag{5-11}$$

④ 把各个累加概率 A_i 由十进制转化为二进制，取该二进制数的前 N_i 位作为对应信源符号的码字。为便于比较，仍以例 5-2 中图像为对象，对其进行香农-范诺编码，结果如表 5-2 所示。

表 5-2 香农-范诺编码

信源符号	出现概率 P_i	码字长度 N_i	累加概率 A_i	转换为二进制	分配码字 B_i
l_1	0.40	2	0	0	00
l_2	0.18	3	0.40	0110	011
l_3	0.10	4	0.58	10010	1001
l_4	0.10	4	0.68	10100	1010
l_5	0.07	4	0.78	11000	1100
l_6	0.06	5	0.85	110110	11011
l_7	0.05	5	0.91	111010	11101
l_8	0.04	5	0.96	111101	11110
平均码长 $R = 3.17$		图像熵 $H = 2.55$		编码效率 $\eta = 80.4\%$	

(2) 二分法香农-范诺编码

二分法香农-范诺编码方法的步骤如下：

① 将信源符号按照其出现概率从大到小排序。

② 从这个概率集合中的某个位置将其分为两个子集合，并尽量使两个子集合的概率和近似相等，给前面一个子集合赋值为 0，后面一个子集合赋值为 1。

③ 重复步骤②，直到各个子集合中只有一个元素为止。

④ 将每个元素所属的子集合的值依次串起来，即可得到各个元素的香农-范诺编码。

表 5-3 给出了对例 5-2 中的图像进行的二分法香农-范诺编码结果。

表 5-3　二分法香农-范诺编码

<table>
<tr><th>分配码字</th><th>信源符号</th><th>出现概率</th><th></th><th></th><th></th><th></th></tr>
<tr><td>00</td><td>l_1</td><td>0.40</td><td rowspan="2">0.58(0)</td><td>0.40(0)</td><td></td><td></td></tr>
<tr><td>01</td><td>l_2</td><td>0.18</td><td>0.18(1)</td><td></td><td></td></tr>
<tr><td>100</td><td>l_3</td><td>0.10</td><td rowspan="6">0.42(1)</td><td rowspan="2">0.20(0)</td><td>0.10(0)</td><td></td></tr>
<tr><td>101</td><td>l_4</td><td>0.10</td><td>0.10(1)</td><td></td></tr>
<tr><td>1100</td><td>l_5</td><td>0.07</td><td rowspan="4">0.22(1)</td><td rowspan="2">0.13(0)</td><td>0.07(0)</td></tr>
<tr><td>1101</td><td>l_6</td><td>0.06</td><td>0.06(1)</td></tr>
<tr><td>1110</td><td>l_7</td><td>0.05</td><td rowspan="2">0.09(1)</td><td>0.05(0)</td></tr>
<tr><td>1111</td><td>l_8</td><td>0.04</td><td>0.04(1)</td></tr>
<tr><td colspan="3">平均码长 $R=2.64$</td><td colspan="2">图像熵 $H=2.55$</td><td colspan="2">编码效率 $\eta=96.59\%$</td></tr>
</table>

5.4.3　算术编码

算术编码是 20 世纪 80 年代发展起来的一种熵编码方法，这种方法不是将单个信源符号映射成一个码字，而是把整个信源表示为实数线上的 0～1 之间的一个区间，其长度等于该序列的概率，再在该区间内选择一个有代表性的小数，转化为二进制作为实际的编码输出，信息序列中的每个元素都要缩短为一个区间，信息序列中元素越多，所得到的区间就越小，当区间变小时，就需要更多的数位来表示这个区间，采用算术编码，每个符号的平均编码长度可以为小数。

算术编码有两种模式：一种是基于信源概率统计特性的固定编码模式；另一种是针对未知信源概率模型的自适应模式。自适应模式中各个符号的概率初始值都相同，它们依据出现的符号而相应地改变。只要编码器和解码器都使用相同的初始值和相同的改变值的方法，那么它们的概率模型将保持一致。上述两种形式的算术编码均可用硬件实现，其中自适应模式适用于不进行概率统计的场合。有关实验数据表明，在未知信源概率分布的情况下，算术编码一般要优于哈夫曼编码。在 JPEG 扩展系统中，就用算术编码取代了哈夫曼编码。

下面结合一个实例来阐述固定模式的算术编码的具体方法。

【例 5-5】 设一待编码的数据序列（即信源）为“cadacdb”，信源中各符号出现的概率依次为 $P(a)=0.1, P(b)=0.4, P(c)=0.2, P(d)=0.3$，写出对这个信源进行算术编码的过程，并利用 MATLAB 编程予以实现。

首先，数据序列中的各数据符号在区间[0,1]内的间隔（赋值范围）设定为

$$a=[0,0.1), b=[0.1,0.5), c=[0.5,0.7), d=[0.7,1.0)$$

算术编码所依据的公式为

$$\begin{aligned} \text{Start}_N &= \text{Start}_B + L \times \text{Left}_C \\ \text{End}_N &= \text{Start}_B + L \times \text{Right}_C \end{aligned} \tag{5-12}$$

式中，$Start_N$、End_N为新间隔（或称为区间）的起始位置和结束位置；$Start_B$为前一间隔的起始位置；L 为前一间隔的长度；$Left_C$、$Right_C$为当前编码符号的初始区间的左端和右端。

初始化时，$Start_B=0$，$L=1.0-0=1.0$。

① 对第一个信源符号 c 编码：

$$Start_N = Start_B + L \times Left_C = 0 + 1 \times 0.5 = 0.5$$

$$End_N = Start_B + L \times Right_C = 0 + 1 \times 0.7 = 0.7$$

信源符号 c 将区间 [0,1)→[0.5,0.7)；下一个信源的范围为

$$L = End_N - Start_N = 0.7 - 0.5 = 0.2$$

② 对第二个信源符号 a 编码：

$$Start_N = Start_B + L \times Left_C = 0.5 + 0.2 \times 0 = 0.5$$

$$End_N = Start_B + L \times Right_C = 0.5 + 0.2 \times 0.1 = 0.52$$

信源符号 a 将区间 [0.5,0.7)→[0.5,0.52)；下一个信源的范围为

$$L = End_N - Start_N = 0.52 - 0.5 = 0.02$$

③ 对第三个信源符号 d 编码：

$$Start_N = Start_B + L \times Left_C = 0.5 + 0.02 \times 0.7 = 0.514$$

$$End_N = Start_B + L \times Right_C = 0.5 + 0.02 \times 1 = 0.52$$

信源符号 d 将区间 [0.5,0.52)→[0.514,0.52)；下一个信源的范围为

$$L = End_N - Start_N = 0.52 - 0.514 = 0.006$$

④ 对第四个信源符号 a 编码：

$$Start_N = Start_B + L \times Left_C = 0.514 + 0.006 \times 0 = 0.514$$

$$End_N = Start_B + L \times Right_C = 0.514 + 0.006 \times 0.1 = 0.5146$$

信源符号 a 将区间 [0.514,0.52)→[0.514,0.5146)；下一个信源的范围为

$$L = End_N - Start_N = 0.5146 - 0.514 = 0.0006$$

⑤ 对第五个信源符号 c 编码：

$$Start_N = Start_B + L \times Left_C = 0.514 + 0.0006 \times 0.5 = 0.5143$$

$$End_N = Start_B + L \times Right_C = 0.514 + 0.0006 \times 0.7 = 0.51442$$

信源符号 c 将区间 [0.514,0.5146)→[0.5143,0.51442)；下一个信源的范围为

$$L = End_N - Start_N = 0.51442 - 0.5143 = 0.00012$$

⑥ 对第六个信源符号 d 编码：

$$Start_N = Start_B + L \times Left_C = 0.5143 + 0.00012 \times 0.7 = 0.514384$$

$$End_N = Start_B + L \times Right_C = 0.5143 + 0.00012 \times 1 = 0.51442$$

信源符号 d 将区间 [0.5143,0.51442)→[0.514384,0.51442)；下一个信源的范围为

$$L = End_N - Start_N = 0.51442 - 0.514384 = 0.000036$$

⑦ 对第七个信源符号 b 编码：

$$Start_N = Start_B + L \times Left_C = 0.514384 + 0.000036 \times 0.1 = 0.5143876$$

$$End_N = Start_B + L \times Right_C = 0.514384 + 0.000036 \times 0.5 = 0.514402$$

信源符号 b 将区间 [0.514384，0.51442）→ [0.5143876，0.514402）；最后，从 [0.5143876,0.514402] 中选择一个数作为编码输出，选择 0.5143876。

解码是编码的逆过程，通过编码最后的下标界值 0.5143876 得到信源“cadacdb”是唯

一的编码。

由于 0.5143876 在 [0.5,0.7] 区间，所以可知第一个信源符号为 c。

得到信源符号 c 以后，由于已知信源符号 c 的上界和下界，利用编码的可逆性，减去信源符号 c 的下界 0.5，得 0.0143876，再用信源符号 c 的范围 0.2 去除，得到 0.071938，由于已知 0.071938 落在信源符号 a 的区间，所以得到第二个信源符号为 a；同样，再减去信源符号 a 的下界 0，除以信源 a 的范围 0.1，得到 0.71938，已知 0.71938 落在信源符号 d 的区间，所以得到第三个信源符号为 d，……，同理操作下去，直至解码结束。

具体解码操作过程如下：

$$\frac{0.5143876-0}{1}=0.5143876\Rightarrow c;\quad \frac{0.5143876-0.5}{0.2}=0.071938\Rightarrow a$$

$$\frac{0.071938-0}{0.1}=0.71938\Rightarrow d;\quad \frac{0.71938-0.7}{0.3}=0.0646\Rightarrow a$$

$$\frac{0.0646-0}{0.1}=0.646\Rightarrow c;\quad \frac{0.646-0.5}{0.2}=0.73\Rightarrow d$$

$$\frac{0.73-0.7}{0.3}=0.1\Rightarrow b;\quad \frac{0.1-0.1}{0.4}=0\Rightarrow \text{结束}$$

主程序 MATLAB 源代码如下：

```
clear all;
format long e;
symbol = ['abcd'];
ps = [0.1 0.4 0.2 0.3]; % 信源各符号出现的概率
inseq = ('cadacdb'); % 待编码的数据序列
codeword = suanshubianma(symbol,ps,inseq) % 算术编码
outseq = suanshujiema(symbol,ps,codeword,length(inseq)) % 算术解码
% 算术编码函数 suanshubianma
function acode = suanshubianma(symbol,ps,inseq);
high_range = [];
for k = 1:length(ps)
    high_range = [high_range sum(ps(1:k))];
end
low_range = [0 high_range(1:length(ps - 1))];
sbidx = zeros(size(inseq));
for i = 1:length(inseq)
    sbidx(i) = find(symbol = = inseq(i));
end
low = 0;
high = 1;
for i = 1:length(inseq)
    range = high - low;
    high = low + range * high_range(sbidx(i));
    low = low + range * low_range(sbidx(i));
end
acode = low;
```

```
%算术解码函数 suanshujiema
function symbos = suanshujiema(symbol,ps,codeword,symlen);
format long e;
high_range = [];
for k = 1:length(ps)
    high_range = [high_range sum(ps(1:k))];
end
low_range = [0 high_range(1:length(ps) - 1)];
psmin = min(ps);
symbos = [];
for i = 1:symlen
    idx = max(find(low_range< = codeword));
    codeword = codeword - low_range(idx);
    if abs(codeword - ps(idx))<0.01 * psmin
        idx = idx + 1;
        codeword = 0;
    end
    symbos = [symbos symbol(idx)];
    codeword = codeword/ps(idx);
    if abs(codeword)<0.01 * psmin
        i = symlen + 1;
    end
end
```

运行结果为

```
codeword = 5.143876000000001e-001
outseq = cadacdb
```

5.5 变换编码

变换编码的基本概念就是将原来在空间域上描述的图像等信号，通过一种数学变换（常用二维正交变换如傅里叶变换、离散余弦变换、沃尔什变换等），变换到变换域中进行描述，达到改变能量分布的目的，即将图像能量在空间域的分散分布变为在变换域的能量的相对集中分布，达到去除相关的目的，再经过适当的方式量化编码，进一步压缩图像。

信息论的研究表明，正交变换不改变信源的熵值，变换前后图像的信息量并无损失，完全可以通过反变换得到原来的图像值。统计分析表明，图像经过正交变换后，把原来分散在原空间的图像数据在新的坐标空间中得到集中，对于大多数图像，大量的变换系数很小，只要删除接近于0的系数，并且对较小的系数进行粗量化，而保留包含图像主要信息的系数，以此进行压缩编码。在重建图像进行解码（逆变换）时，所损失的将是一些不重要的信息，几乎不会引起图像的失真，图像的变换编码就是利用这些来压缩图像的，这种方法可得到很高的压缩比。

一个典型的变换编码系统如图5-7所示，编码器执行四个步骤：图像分块、变换、量化和编码。

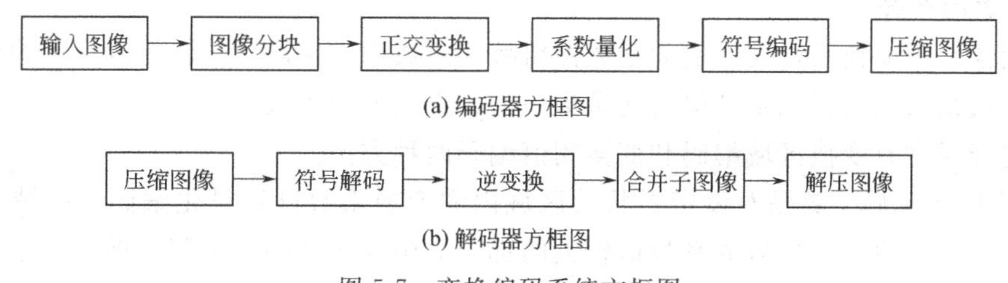

图5-7　变换编码系统方框图

变换编码首先将一幅 $N \times N$ 大小的图像分成 $(N/n)^2$ 个子图像，然后对子图像进行变换操作，解除子图像像素间的相关性，达到用少量的变换系数包含尽可能多的图像信息的目的；接下来的量化步骤是有选择地消除或粗量化带有很少信息的变换系数，因为它们对重建图像的质量影响很小；最后是编码，一般用变长码对量化后的系数进行编码。解码是编码的逆操作，由于量化是不可逆的，所以在解码中没有对应的模块，要注意的是压缩并不是在变换步骤中取得的，而是在量化变换系数和编码时取得的。

(1) 变换的选择

许多图像变换都可以用于变换编码，在理论上，K-L变换是最优的正交变换，它能完全消除子图像块内像素间的线性相关性，经K-L变换后各变换系数在统计上不相关，其协方差矩阵为对角阵，因而大大减少了原数据的冗余度，如果丢弃特征值较小的一些变换系数，那么所造成的均方误差是所有正交变换中最小的。由于K-L变换是取原图各子图像块协方差矩阵的特征向量作为变换后的基向量，因此K-L变换的基对不同图像是不同的，与编码对象的统计特性有关，这种不确定性使K-L变换使用起来非常不方便，所以尽管K-L变换具有上述优点，一般只将它作为理论上的比较标准。

在目前常用的正交变换中，DCT变换的性能接近最佳，仅次于K-L变换，所以DCT变换被认为是一种准最佳变换。另一方面，DCT变换矩阵与图像内容无关，而且由于它是构造成对称的数据序列，从而避免了子图像边界处的跳跃和不连续现象，并且也有快速算法(FDCT)，所以在图像编码的应用中，往往都采用二维DCT。在JPEG基本系统中，就是采用二维DCT的算法作为压缩的基本方法。

傅里叶变换是应用最早的变换之一，也有快速算法，但它的不足之处在于子图像的变换系数在边界处的不连续而造成恢复的子图像在其边界也不连续，于是由各恢复子图像构成的整幅图像将呈现隐约可见的子图像的方块状结构，影响图像质量。

沃尔什变换与DCT变换相比，其算法简单（只有加法和减法），因而运算速度快，适用于高速实时系统，而且也容易硬件实现，但性能比DCT变换要差一些。

(2) 子图像尺寸的选择

如果将一幅图像作为一个二维矩阵，则其正交变换的计算量太大，难以实现，所以在实用中变换编码并不是对整幅图像进行变换和编码，而是将图像分成若干个 $n \times n$ 的子图像后分别处理，原因如下：小块图像的变换计算容易；距离较远的像素之间的相关性比距离较近的像素之间的相关性小。

实践证明，子图像取4×4、8×8、16×16适合图像的压缩，这是因为：如果子图像尺寸取得太小，虽然计算速度快，实现简单，但压缩能力有限；如果子图像尺寸取得太大，虽然去相关效果好，因为DFT、DCT等变换均有渐近最佳性，但也渐趋饱和，由于图像本身的相关性很小，反而使其压缩效果不明显，而且增加了计算的复杂性。

(3) 变换系数的选择

对子图像经过变换后，变换后的系数保留哪些系数用作编码和传输将直接影响信号恢复的质量，变换系数的选择原则是保留能量集中的、方差大的系数。

系数选择通常有变换区域编码和变换阈值编码两种方法。

① 变换区域编码　就是对设定形状的区域内的变换系数进行量化编码，区域外的系数就被舍去。一般来说，变换后的系数值较大的都会集中在区域的左上部，即低频率分量都集中在此部分，保留的也是这一部分。其他部分的系数被舍去，在恢复信号时再对它们补以零。这样，由于保留了大部分图像信号能量，在恢复信号后，其质量不会产生显著变化。实验研究指出，以均方误差为准则的最佳区域是最大方差区域，一般具有最大方差的系数集中于接近图像变换的原点处（左上角为原点），典型的分区模板如图 5-8 所示（阴影部分为保留系数）。在分区采样过程里保留的系数需要量化和编码，所以分区模块中的每个元素也可用对每个系数编码所需的比特数表示，典型的分区比特分配如图 5-9 所示。

1	1	1	1	1	0	0	0
1	1	1	1	0	0	0	0
1	1	1	0	0	0	0	0
1	1	0	0	0	0	0	0
1	0	0	0	0	0	0	0
0	0	0	0	0	0	0	0
0	0	0	0	0	0	0	0
0	0	0	0	0	0	0	0

图 5-8　典型的分区模板

8	7	6	4	3	2	1	0
7	6	5	4	3	2	1	0
6	5	4	3	3	1	1	0
4	4	3	3	2	1	0	0
3	3	3	2	1	1	0	0
2	2	1	1	1	0	0	0
1	1	1	0	0	0	0	0
0	0	0	0	0	0	0	0

图 5-9　典型的分区比特分配

变换区域编码的明显缺陷，就是高频分量丢失。反映在恢复图像上将是轮廓及细节模糊。克服这一缺陷的方法，可以预先设定几个区域，根据实际系数分布自动选取能量最大的区域。

② 变换阈值编码　就是根据实际情况设定某一大小幅度的阈值，若变换系数超过该阈值，则保留这些系数进行编码传输，其余的补以零。这样，多数低频成分被编码输出，而且少数超过阈值的高频成分也将被保留下来进行编码输出，这在一定程度上弥补了区域法的不足，但这种选择系数的方法有两个问题需要解决：一个是被保留下来进行编码的系数在矩阵中的位置是不确定的，因此，尚需增加"地址"编码比特数，其码率相对地要高一些；另一个问题是"阈值"需要通过实验来确定，当然也可以根据总比特数，进行自适应阈值选择，但需要一定的技术，将增加编码的复杂程度。

图 5-10(a) 为 8×8 原始图像的灰度分布矩阵，经过哈达玛变换后，变换系数分布如图 5-10(b) 所示。假定表示图像像素位置的行号、列号均以 4 位表示，设阈值大于 10，变换系数统一用 7 比特编码，则对于图 5-10(b) 来说，编码输出总码长为 45 比特，具体编码为 0000 0000 0111101 0001 0001 0011001 0110 0110 0010101。

【例 5-6】 图 5-11(a) 为原始图像，用 MATLAB 编程实现将原始图像分割成 8×8 的子图像，对每个子图像进行 DCT，这样每个子图像有 64 个系数，舍去 50%小的变换系数，进行 2∶1的压缩，显示解码图像。

1	2	3	0	3	0	1	0
0	1	0	1	1	1	0	1
1	0	1	2	1	2	1	0
0	1	2	2	2	2	0	1
1	0	3	2	1	2	1	0
0	0	1	3	2	3	0	1
1	0	1	0	1	0	1	0
0	1	0	1	0	1	0	1

(a) 原始图像的灰度分布矩阵

61	−1	1	−1	1	−1	−27	−1
3	25	−1	−7	7	1	3	1
9	3	1	−1	1	−1	−7	−5
7	5	−1	−7	7	1	−1	−11
5	3	5	−1	1	−5	1	−9
3	−3	3	1	−1	−3	−1	1
−15	7	5	−1	1	−5	21	−13
7	9	3	1	−1	−3	−5	−11

(b) 哈达玛变换系数矩阵

图 5-10　阈值编码示例

MATLAB 源代码如下：

```
clear;
cr = 0.5;
initialimage = imread('baboon.bmp'); % 读取原图像
imshow(initialimage); % 显示原图像
title('原始图像');
initialimage = double(initialimage);
t = dctmtx(8);
dctcoe = blkproc(initialimage,[8,8],'P1 * x * P2',t,t'); % 将图像分成 8×8 子图像,求 DCT
coevar = im2col(dctcoe,[8,8],'distinct'); % 将变换系数矩阵重新排列
coe = coevar;
[y,ind] = sort(coevar);
[m,n] = size(coevar);
snum = 64 - 64 * cr; % 根据压缩比确定要将系数变为 0 的个数
for i = 1:n
    coe(ind(1:snum),i) = 0; % 将最小的 snum 个变换系数设为 0
end
b2 = col2im(coe,[8,8],[512,512],'distinct'); % 重新排列系数矩阵
i2 = blkproc(b2,[8,8],'P1 * x * P2',t',t); % 求逆离散余弦变换(IDCT)
i2 = uint8(i2);
figure;
imshow(i2); % 显示压缩后的图像。
title('压缩图像');
```

程序运行的解压缩图像如图 5-11(b) 所示。

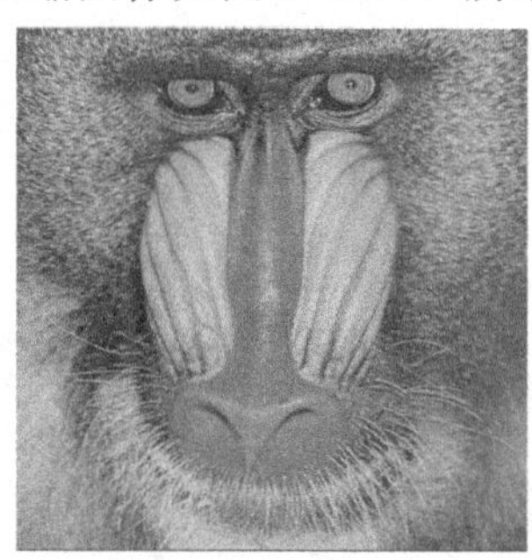

(a) 原始图像

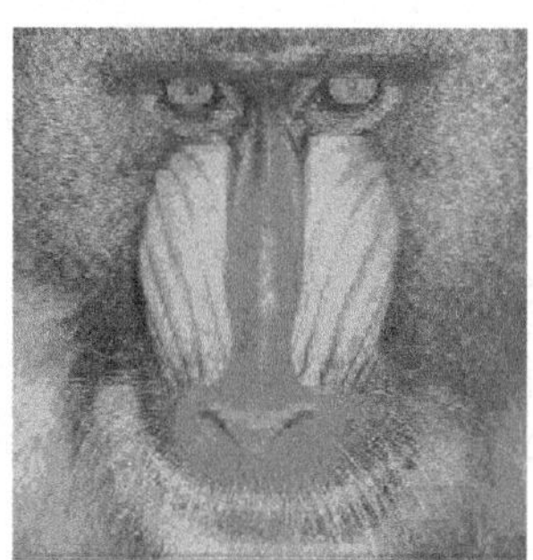

(b) 解压缩图像

图 5-11　实验运行结果

习题与思考题

5-1　什么是数字视频？简述主要格式。

5-2　什么是背景差值法？采用图像差分法最重要的一点是什么？

5-3　简述图像压缩编码的必要性和可能性。

5-4　设一幅灰度级为 8（分别用 S1、S2、S3、S4、S5、S6、S7、S8 表示）的图像中，各灰度所对应的概率分别是 0.30、0.20、0.16、0.14、0.09、0.07、0.03、0.01，将其进行哈夫曼编码，写出编码过程及最终的编码结果，并求出编码效率。

5-5　设一幅灰度级为 6（分别用 S1、S2、S3、S4、S5、S6 表示）的图像中，各灰度所对应的概率分别是 0.32、0.20、0.18、0.15、0.10、0.05，将其进行香农-范诺编码，写出编码过程、码字及编码效率。

5-6　正交变换编码的基本原理是什么？

5-7　什么是变换区域编码？什么是变换阈值编码？

第 6 章　数字图像处理实例分析

数字图像处理以信息量大、处理和传输方便、应用范围广等一系列优点已成为人类获取信息的重要来源和利用信息的重要手段，已经在宇宙探测、遥感、生物医学、工农业生产、军事、公安、办公自动化等领域得到了广泛应用，并显示出广泛的应用前景。

本章以红外目标识别、可视密码共享、图像置乱、印刷电路板缺陷检测、图像拼接等内容阐述图像处理及识别的基本过程及方法。为学习及从事数字图像处理与分析的人员，提供一种分析问题和解决问题的方法，促进数字图像处理在各方面的广泛应用。

6.1　红外图像识别技术

红外图像的目标识别技术近年来发展较快，且在很多领域都获得了广泛应用。图像识别的主要工作就是提取所拍摄目标的图像进行分析，从中分离出目标，提取其有效的特征并进行识别。本节以飞机的红外图像识别为例，对红外图像识别进行介绍。

飞机红外图像识别主要是利用图像匹配技术，将待识别飞机与模板飞机进行比较，来判断飞机类型，其具体方法是根据红外图像自身特点，提取五个红外特征组成特征向量，之后通过比较待识别飞机红外特征向量与模板飞机红外特征向量的距离来进行机型的判别。

6.1.1　飞机红外图像分割

对飞机红外图像的分割采用一种基于最大类间方差法的自适应阈值图像分割方法，用分割出的目标区域和背景区域的灰度统计量，判断是否得到正确的分割。

对一幅大小为 $M \times N$ 的图像，设其灰度范围为 $\{0, 1, \cdots, l-1\}$，灰度为 i 的像素个数为 n_i，图像总的像素数为

$$N = n_0 + n_1 + \cdots + n_i + \cdots + n_{l-1} \tag{6-1}$$

灰度为 i 的像素出现的概率为

$$P_i = n_i / N,\ P_i \geqslant 0,\ \sum_{i=0}^{l-1} P_i = 1 \tag{6-2}$$

选取阈值 t，将图像划分为 C_1 暗区和 C_2 亮区两类。C_1：$\{0, 1, \cdots, t\}$；C_2：$\{t+1, t+2, \cdots, l-1\}$。$C_1$类和 C_2类出现的概率分别为

$$P_1(t) = \sum_{i=0}^{t} P_i,\ P_2(t) = \sum_{i=t+1}^{l-1} P_i \tag{6-3}$$

其均值分别为

$$\mu_1(t) = \sum_{i=0}^{t} iP_i / P_1(t),\ \mu_2(t) = \sum_{i=t+1}^{l-1} iP_i / P_2(t) \tag{6-4}$$

图像的总体灰度均值为

$$\mu_T = \sum_{i=0}^{l-1} iP_i \tag{6-5}$$

按模式识别理论求出 C_1和 C_2类的类间方差为

$$\sigma_b^2(t)=P_1(t)[\mu_1(t)-\mu_T]^2+P_2(t)[\mu_2(t)-\mu_T]^2 \tag{6-6}$$

以此作为衡量分割出的类别性能的测量准则，则求 $\sigma_b^2(t)$ 的最大值的过程即为自动确定最佳阈值的过程，因此，最佳阈值为

$$t^*=\arg\max_{0<t<l-1}\sigma_b^2(t) \tag{6-7}$$

对红外目标而言，当目标较小时，它的灰度信息在整幅图中所占比例较小，如果用整幅图的灰度直方图确定分割最佳阈值，则不能将目标与背景很好地分开，为了得到好的分割效果，必须使目标的灰度信息在待分割直方图中所占比例增大，最简单直接的方法就是将整幅图像进行分块，在每一个均等的子块中目标的灰度信息量就会增大，之后采用最大类间方差法进行分割。但这种方法存在以下缺点：目标被分成子块处理时，会出现明显的块状效应；如果分割出来的子块中几乎全部是目标或全部是背景时，则分割效果将很难让人满意。为此，将分割出的目标和背景的灰度统计量作为判断准则，之后对图像的灰度直方图进行多次分割从而获得最佳的阈值。

在对原始图像采用最大类间方差法进行分割时，如果目标的灰度值比背景灰度值高时，则原始图像的灰度直方图中高于阈值的部分可看作是目标区域的灰度统计直方图。当一幅图像中只有目标和背景时，其灰度直方图可看作目标与背景像素灰度混合分布的概率密度函数，且其混合分布的两个分量 $p(i,1)$，$p(i,2)$ 认为是正态分布，对应的均值、方差、先验概率分布记为 μ_1、μ_2、σ_1、σ_2、P_1、P_2，其中 μ_1、μ_2 由式（6-4）给出，σ_1、σ_2 为

$$\sigma_1(t)=\{\sum_{i=0}^{t}[i-\mu_1(t)^2]^2P_1/\sum_{i=0}^{t}P_i\}^{1/2} \tag{6-8}$$

$$\sigma_2(t)=\{\sum_{i=t+1}^{l-1}[i-\mu_2(t)^2]^2P_2/\sum_{i=t+1}^{l-1}P_i\}^{1/2} \tag{6-9}$$

满足

$$\mu_2-\mu_1>\alpha(\sigma_1+\sigma_2) \tag{6-10}$$

此时，认为目标与背景灰度分布分得足够开，式中参数 α 一般在 2～3 之间选取，具体的要依据目标背景在图像中的灰度分布特性而定。

当选取某一阈值对图像分割时，若分割出的两部分的灰度分布均值和标准差满足式（6-10），则认为该阈值能够较好地将目标和背景分开，如果不能满足式（6-10），则认为该阈值不能将目标分割出来，需要对分割出的目标区域进行进一步分割，如此一步一步分割下去后，目标信息会占据越来越大的比例，从而获得正确的分割结果。以下是图像分割的 MATLAB 程序：

```
function Iout = threshold(I);
% I = imread('rootpath'); % 单独运行该子程序时用,读入指定路径的图像
% 求图像的灰度直方图 H
s = size(I);
S = s(1) * s(2); % 图像 I 的像素点个数 S
H = zeros(1,256);
for m = 1:S
    i = I(m) + 1;
    H(i) = H(i) + 1;
end
figure(1);
```

```
bar(H);
title('直方图');
%单独运行该子程序时用到如下 4 行注释
%figure(2)
%subplot(1,2,1)
%imshow(I,[])
%title('处理前')
%最大类间方差法求最佳阈值
Gtemp = 0;
G = zeros(1,256);
level = 0;
for t = 0:255
    N0 = 0;N1 = 0;
    H0 = 0;H1 = 0;
%1. 求目标、背景点数占图像比及平均灰度
    for j = 1:256
        if (j - 1)< = t
            N0 = N0 + H(j);
            H0 = H0 + H(j) * j;
        else
            N1 = N1 + H(j);
            H1 = H1 + H(j) * j;
        end
    end
    W0 = N0/S; %目标点数占图像比
    W1 = 1 - W0; %背景点数占图像比
    U0 = H0/N0; %目标平均灰度
    U1 = H1/N1; %背景平均灰度
    U = W0 * U0 + W1 * U1; %总平均灰度
    G(t + 1) = W0 * (U0 - U)^2 + W1 * (U1 - U)^2; %类间方差值
%2. 遍历求出最大类间方差值时的 t
     if G(t + 1)> = Gtemp
         Gtemp = G(t + 1);
         level = t; %阈值 level
     end
end
%根据阈值二值法分割
for i = 1:S
    if I(i)< = level
        I(i) = 255;
    else
        I(i) = 0;
    end
end
```

```
Iout = I;
%单独运行该子程序时用
%subplot(1,2,2)
%imshow(I,[])
%title('处理后')
```

图 6-1 是对三种飞机红外图像采用自适应阈值法进行图像分割的结果。

(a) (1) 型机分割结果

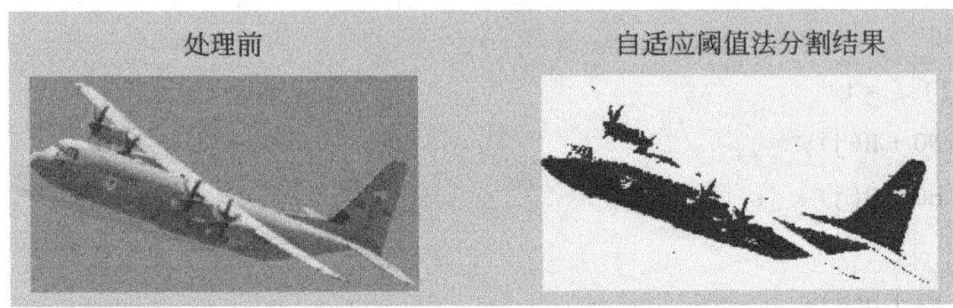

(b) (2) 型机分割结果

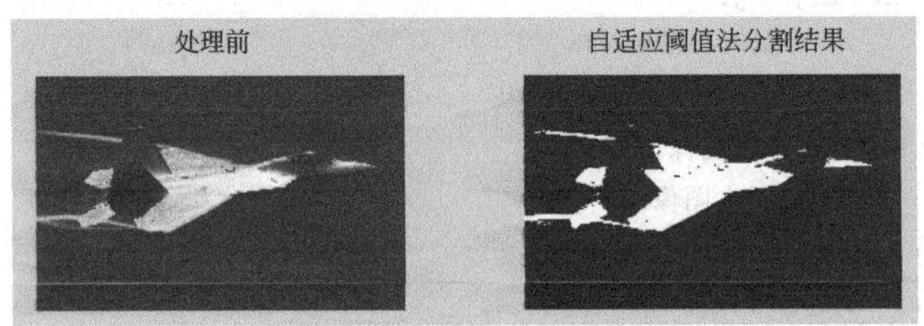

(c) (3) 型机分割结果

图 6-1 飞机红外图像自适应阈值分割结果

6.1.2 飞机红外图像特征提取

目标红外特征量选择的目的是为了在尽可能保留识别信息的前提下，结合使用环境对特征数目进行选择，以达到有效的识别。在特征提取时，需要对原始的特征集进行选择或转换，以构成一个新的用于识别的特征集，在保证识别精度、速度和可靠性的前提下，减少特征数目，使识别过程既快又准确，这就要求所选用的识别特征应具有很好的可分性。对于混叠、不易判别的特征应舍去；另外需要注意的一点是所选的特征不应重复，即对相关性强的特征，由于其并没有增加更多的识别信息，也应去掉。基于以上思想，提出如下五个红外特征量。

(1) 长宽比 (Length/Width)：目标最小外接矩形的长度与宽度的比值

首先对图像使用边缘检测算子进行处理，将边缘提取出来转换为二值图。从矩阵第一行开始扫描数据，如果没有为 1 的数据，则开始扫描第二行，直到出现第一个数据 1，记录下相应的行数（记为 r_1）；从最后一行开始扫描数据，直到出现第一个 1，记下相应行数 r_2；

从第一列开始扫描数据，直到出现第一个 1，记下相应列数 c_1；从最后一列开始扫描数据，直到出现第一个 1，记下相应列数为 c_2，则最小外接矩阵的长宽比为 $H_1=\dfrac{r_2-r_1+1}{c_2-c_1+1}$，这个特征量反映了目标的几何形状。以下是求该特征的 MATLAB 程序：

```
%之后处理的图像都是经过分割的图像,用 I0 表示
function location = minrectangle(image);
Label = bwlabel(image); % 标注二值图像中的连通区域
area_num = regionprops(Label,'Area');
len_area = length(area_num); % 计算连通区域的个数
%找出包含相应区域的最小矩形
area_bounding = regionprops(Label,'BoundingBox');
max_ind = 1;
max_num = area_num(1).Area;
for i = 1:len_area % 找出矩形面积最大的区域
   if max_num<area_num(i).Area
     max_num = area_num(i).Area;
     max_ind = i;
   end
end
area = area_num(max_ind).Area; % 目标区域面积
%计算目标区域的长宽比
Ration = area_bounding(max_ind).BoundingBox(4)/area_bounding(max_ind).BoundingBox(3);
H1 = Ration;
%给出计算之后的几个特征量所需的相关量
location = [area_bounding(max_ind).BoundingBox area Ration];
format short g, location ;
```

该子程序将在红外特征向量提取函数中调用，运行结果包括红外特征向量中的第一个特征量 H_1 以及求其他特征量时所需要的相关量。

(2) 复杂度 (Complexity)：边界像素数与总目标像素数的比值

在数字图像中，目标边缘像素点个数就等于目标边缘曲线的周长 C，而整个目标像素点即为目标区域的面积 T_area。

这里采用 Roberts 边缘检测算子，得到细致的图像边缘，然后对边界像素进行统计，可得到 C 值，目标像素点个数等于（1）中求得的目标区域的面积，复杂度的计算公式为 $H_2=\dfrac{C}{T\_area}$，该量反映了红外目标轮廓的复杂度情况。以下是计算复杂度的 MATLAB 程序：

```
function CM = complex1(image_BW);
A = minrectangle(image_BW);
t = A(5);
BW = edge(image_BW,'roberts'); % 检测(1)中目标边缘
[x y] = find(BW>0); % 统计边缘像素点个数
m = size(x,1);
H2 = m/t; % 此处的 t 为目标总的像素点数,与(1)中的“area”相同
```

该子程序将在红外特征向量提取函数中调用，运行结果是红外特征向量中的 H_2。

(3) 紧凑度（Compactness）：目标像素数与包围目标的矩形内的像素数之间的比值

目标最小外接矩形内的像素数就等于目标的最小外接矩形的面积，由（1）中计算长宽比时所得的各个量可知，$R\_area=(r_2-r_1+1)\quad(c_2-c_1+1)$，目标像素数即为目标区域面积 T_area，由此得到目标紧凑度 $H_3=\frac{R\_area}{T\_area}$。以下是计算紧凑度的MATLAB子函数：

```
function TM = tight_measure(image_in);
A = minrectangle(image_in); % 调用(1)中求最小外接矩形的函数
T_area = A(5); % 目标区域面积
R_area  = A(3) * A(4); % 最小外接矩形面积
H3 = T_area/R_area; % 计算紧凑度
```

该子程序将在红外特征向量提取函数中调用，运行结果是红外特征向量中的 H_3。

(4) 均值对比度（Mean Contrast）：目标灰度均值与局部背景灰度均值之比

首先对原始图像 I_1 应用图像阈值分割方法把图像目标分割出来，保留目标区域的灰度值不变，其他区域置为零，图像记为 I_2，计算目标区域的灰度均值 T_mean，然后，$I_3=I_1-I_2$，I_3 即为只剩下背景的图像，原来目标的位置都为零，而背景区域灰度值不变，计算背景区域的灰度平均值 B_mean，则均值对比度为 $H_4=\frac{T\_mean-B\_mean}{T\_mean}$，均值对比度反映了目标的物理特性与背景的物理特性之间的关系。以下是获取均值对比度的MATLAB子函数：

```
function B = LightAndMean(X);
[m,n] = size(X);
vHist = imhist(X);
p = vHist(find(vHist>0))/(m * n); % 求每一不为零的灰度值的概率
  c1 = sum((find(vHist>0))./p); % 求不为零的灰度值概率倒数的加权累加和
  c2 = sum(ones(size(p))./p); % 求不为零的灰度值概率倒数的累加和
  th = c1/c2; % 求出灰度值的加权平均值,即为待求阈值
  segImg = (X>th);
X1 = X;
for i = 1 : m
    for j = 1 : n
        if segImg(i,j) = = 0
            X1(i,j) = X1(i,j);
        else
            X1(i,j) = 0;
        end
    end
end
t1 = mean(X1);
X2 = im2double(X) - im2double(X1);
t2 = mean(X2);
% 计算均值对比度
H4 = (t1 - t2)/t1;
```

该子程序将在识别红外特征量提取函数中调用，运行结果是红外特征向量中的 H_4。

(5) 部分最亮像素点数与目标总像素数的比值 (Ratio Bright Pixels/total Pixels)：比目标最亮点亮度小 10%以内的像素点个数与目标总像素个数之间的比值

在目标图像中找出目标的最大灰度值 Max_gray，将其值的 10%作为阈值，在目标图像中搜索大于该阈值的像素点，并统计个数记为 T，目标总像素个数由前边已经求得，则最亮像素点数与目标总像素数的比值计算公式为 $H_5=\frac{T}{T\_area}$。以下是求该特征的 MATLAB 代码，将其与（4）中的求均值对比度的函数放在一个子函数中：

```
[m1 n1] = size(X1);
t = 1;
%查找最亮点像素值,统计目标区域总像素数
snum = 0; pnum = 0;
for i = 1 : m1
    for j = 1 : n1
        if X1 (i,j)>0
            if  X1 (i,j)> = t
                t = X1 (i,j);
            end
            snum =   snum + 1;
        end
    end
end
%查找满足大于最亮点像素值 10%的点
for i = 1 : m1
    for j = 1 : n1
        if X1 (i,j)>0
            if X1 (i,j)>0.1 * t
                pnum = pnum + 1;
            end
        end
    end
end
%计算亮度比值
H5 = pnum/snum ;
```

6.1.3　飞机红外图像识别

在识别过程中，主要利用欧式距离进行判断，将待识别飞机的红外特征向量与模板飞机的红外特征向量进行比较，设定阈值（该阈值需要经过多次实验确定）来进行最终的机型判定，该部分通过 1 个主函数和 3 个子函数实现，以下是实现的 MATLAB 代码：

```
% 识别主函数
function main(a);
clc;
rootpath = '待识别图像所在路径';
```

```
I0 = imread([ rootpath '待识别 . jpg']); % 读取待识别图像
   If isrgb(I0)
    I0 = rgb2gray(I0);
   End
I0 = threshold(I1);
b1 = character_distill(I0); % 求红外特征量子函数
B = LightAndMean(I1); % 亮度和均值对比度
H4 = B(1);
H5 = B(2);
b2 = [H4 H5];
b = [b1 b2];
D = Compute_ED(b);  % 判断欧氏距离子函数
% 给出与模板飞机的欧式距离
H2 = msgbox(['与模板的距离:','[',num2str(D),']']);
% 给出判断结果
if D<0.5   % 设定判断阈值
  msgbox(['与模板飞机属于同种类型飞机']);
else
  msgbox(['与模板飞机不是同种类型飞机']);
end
% 红外特征向量提取函数
function H = character_distill(image_BW);
A = minrectangle(image_BW); % 最小外接矩形
TR = image_BW(A(2):A(2) + A(4) - 1,A(1):A(1) + A(3) - 1);
figure;
imshow(TR);
title('检测区域确定');
H1 = A(6);
H2 = complex1(TR); % 复杂度
H3 = tight_measure(image_BW); % 紧凑度
H = [H1 H2 H3];
% 判断欧氏距离函数
function D = Compute_ED(H);
% 此处的特征向量为模板特征向量,需要提前设定
Hm = [0.2907  0.0918  0.3613  0.9948  0.9970];
Hd = [ Hm; H];
D = pdist(Hd, 'euclidean');
```

图 6-2　实验用模板飞机

以图 6-2 所示飞机作为模板飞机进行测试，图 6-3 所示飞机为待检测的同种机型，图 6-4 所示飞机为待检测的不同种机型，图 6-5、图 6-6 分别表示识别出同种飞机和不同种飞机的结果。

本实验所用飞机的红外特征向量为 Hm＝［0.2907　0.0918　0.3613　0.9948　0.9970］，设定检测阈值

为 0.5，即当待检测机型的红外特征向量与模板飞机的红外特征向量间的欧式距离小于 0.5 时认为是同种机型，否则认为是不同种机型。

图 6-3　实验用待识别同种飞机

图 6-4　实验用待识别不同种飞机

(a) 确定检测区域

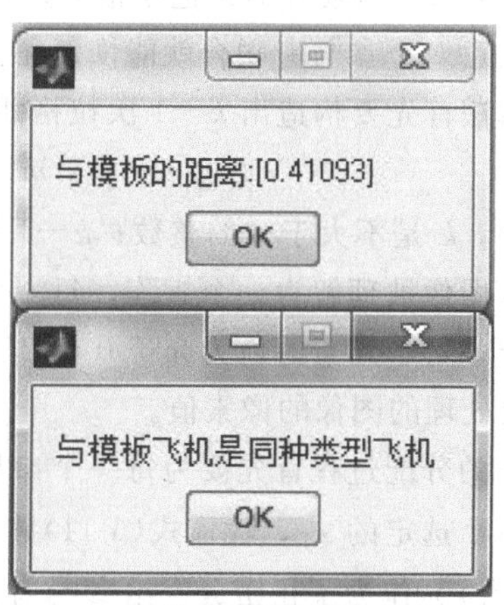

(b) 识别结果显示

图 6-5　同种飞机识别结果

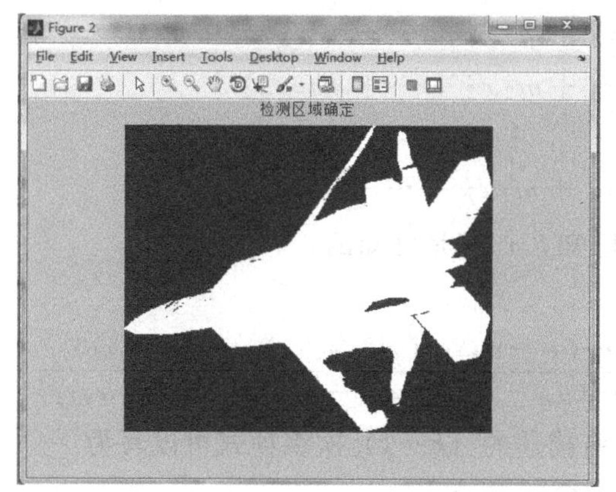

(a) 确定检测区域

(b) 识别结果显示

图 6-6　不同种飞机识别结果

6.2　可视密码共享技术

可视密码共享方案提供了一种将一个秘密的图像分割成多个子图像的方案，即将一份图像信息进行拆分产生 n 个分享图像实现隐藏，n 张分存图像可以打印到胶片上、存入电脑或移动存储器中，且分别由 n 个人保存。每个分存图像看起来杂乱无章，与原图像毫不相关，因此不会泄露秘密图像的信息。解密时需 r 个人（或 r 个以上）将各自的分存图像叠加在一起时才能恢复出秘密图像，少于 r 个分享将不能获得任何关于秘密图像的信息。秘密共享已成为现代密码学领域中一个非常重要的分支，同时，它也是信息安全方向一个重要的研究内容。

可视密码共享技术可通过拉格朗日插值法、像素扩展法、多维空间中点的方法等多种方案实现，本节主要讲述利用拉格朗日插值算法，如何实现灰度图像的密码共享。

6.2.1 拉格朗日插值算法

(k,n) 门限方案是基于拉格朗日插值多项式算法的密码共享方案，秘密即为图像的重要信息。(k,n) 门限方案是把秘密 s 分成 n 份（n 个子秘密或影子）并分发给 n 个参与者，只要其中任意 k 个参与者联合就能恢复秘密，为了实现此方案 Shamir 提出了拉格朗日插值算法，该算法首先要构造出 $k-1$ 次拉格朗日插值多项式：

$$F(x)=y+m_1x+m_2x^2+\cdots+m_{k-1}x^{k-1} \tag{6-11}$$

式中，k 是不大于 n 的整数；$k-1$ 个整数 m_1，m_2，…，m_k 是随机选择的。在计算机中，灰度图像被理解为一个矩阵，每一个像素对应矩阵中的每一个元素，像素的颜色由元素的值确定，每个元素的值为介于 0 到 255 的整数。将一个像素一个像素地对图像进行处理。y 即为要处理的图像的像素值。

秘密的分配过程首先要为每一个参与者选择一个公开的 ID 号，设为 x_i，不能重复；然后对每一个选定的 x_i，代入式(6-11)计算出对应的值 $F(x_i)$； 把方程计算所得的每一组解 $(x_i,F(x_i))$ 作为子秘密分发给参与者。在以上秘密的分配过程中，所有的子秘密生成以后，m 值不需要保存，因为恢复秘密时它们同时也被恢复。

首先从 n 个子秘密中选出 k 个，构造如下方程组：

$$\begin{cases}F(x_1)=y+m_1x_1+m_2x_1^2+\cdots+m_{k-1}x_1^{k-1}\\F(x_2)=y+m_1x_2+m_2x_2^2+\cdots+m_{k-1}x_2^{k-1}\\\qquad\vdots\\F(x_k)=y+m_1x_k+m_2x_k^2+\cdots+m_{k-1}x_k^{k-1}\end{cases} \tag{6-12}$$

式(6-12)方程组中 $l<i<k$，F 为已知，x_i都是已知的。

拉格朗日插值公式为

$$L_k(x)=\frac{(x-a_1)(x-a_2)\cdots(x-a_{k-1})(x-a_{k+1})\cdots(x-a_{n+1})}{(a_k-a_1)(a_k-a_2)\cdots(a_k-a_{k-1})(a_k-a_{k+1})\cdots(a_k-a_{n+1})}$$

利用拉格朗日插值公式，式 (6-11) 所描述的 $(k-1)$ 次多项式可以写为

$$\begin{aligned}F(x)=F(x_1)&\frac{(x-x_2)(x-x_3)\cdots(x-x_k)}{(x_1-x_2)(x_1-x_3)\cdots(x_1-x_k)}\\+F(x_2)&\frac{(x-x_1)(x-x_3)\cdots(x-x_k)}{(x_2-x_1)(x_2-x_3)\cdots(x_2-x_k)}\\+\cdots+F(x_k)&\frac{(x-x_1)(x-x_2)\cdots(x-x_{k-1})}{(x_k-x_1)(x_k-x_2)\cdots(x_k-x_{k-1})}\end{aligned} \tag{6-13}$$

然后通过计算，$y=F\ (0)$，y 恢复出来了，亦即秘密得到了恢复，具体公式如下：

$$F(x)=y=F(0)=(-1)^{k-1}\left[F(x_1)\frac{x_2x_3\cdots x_k}{(x_1-x_2)(x_1-x_3)\cdots(x_1-x_k)}\right.$$
$$+F(x_2)\frac{x_1x_2\cdots x_k}{(x_2-x_1)(x_2-x_3)\cdots(x_2-x_k)}$$
$$\left.+\cdots+F(x_k)\frac{x_1x_2\cdots x_{k-1}}{(x_k-x_1)(x_k-x_2)\cdots(x_k-x_{k-1})}\right] \tag{6-14}$$

运用式（6-14）时，只有 k 个或 k 个以上的 $(x,F(x))$ 才能解出 s，即只有 k 个或 k 个以上的参与者共同拿出子秘密时才能恢复秘密，而少于 k 个参与者是恢复不了秘密的。

6.2.2　实现可视密码共享的步骤

秘密图像的每一个像素值的具体隐藏步骤如下。

① 根据拉格朗日差值多项式生成下式：

$$F(x)=(y+m_1x+m_2x^2+\cdots+m_{k-1}x^{k-1})\bmod 251$$

秘密图像的每一个像素值 s 即为上式中的 y，再随机取 $k-1$ 个整数 m_i（$0<i<k$），并注意 $m_i<251$，此时将 $x_j=j(0<j<n+1)$带入以上的方程中，得出的相应的 $F(x_j)$ 的值便是 s_i。

在此过程中，有两个问题需要说明：

a. 方程中的 y 值和 $m_i(0<i<k)$以及自变量 $x_j(0<j<n+1)$的取值都应该限定在素数 251 内，即整数区间(0,250)之内，但由于 y 值和 x_j 的取值范围是在整数区间(0,255)之内，所以要对秘密图像和影子图像进行预处理，把秘密图像和影子图像中大于 250 的像素点变为 250，由于人眼的视觉特性，对图像中极少数像素点的值进行的微调并不会对图像的整体造成可以凭肉眼感觉出来的影响。

b. 可以看出，以上生成的方程与经典的拉格朗日插值多项式是不同的，在方程的末尾多了 mod 251 的运算，为什么要加上模的运算呢，因为分存的图像的存储空间有限，所以 s 必须控制在一定的范围之内，否则，若 s 的值过大，分存的图像将没有足够的空间存储 s，有了 mod 251 的运算之后，s 的值就被控制在了区间(0,250)之内。那么模数为什么要取 251 呢？首先 251 满足模数为素数的条件，其次，由于像素点的值在区间(0,255)的范围内，模数取 251 可以最大限度地反映像素点的真实值，一般情况下，即使有极少数的像素点的值在区间(251,255)之内，经模运算后像素值发生了大的改变，但在总体上的影响可以忽略不计。

② 将 n 个不同的 x_j 分别代入构造的多项式中得到 $h_j(x_j)$。

③ 将 $h_j(x_j)$ 分别存储在分存图像的中，其位置与原图像相应的像素位置一致。

如果这 r 个分存图像是 x_1，x_2，$\cdots$，x_r，以及每个分存图像中对应位置的像素值是 $h_1(x_1)$，$h_2(x_2)$，$\cdots$，$h_r(x_r)$，可以构造方程组：

$$\begin{cases}h_1(x_1)=y+a_1x_{11}+a_2x_{21}+\cdots+a_{r-1}x_{r-1}\bmod 251\\h_2(x_2)=y+a_1x_{12}+a_2x_{22}+\cdots+a_{r-1}x_{2r-1}\bmod 251\\\vdots\\h_r(x_r)=y+a_1x_{1r}+a_2x_{2r}+\cdots+a_{r-1}x_{rr-1}\bmod 251\end{cases}$$

求解方程组得到 y，a_1，a_2，$\cdots$，a_{r-1}，其中 y_i 就是要恢复的像素值，将其存储在要恢复图像的相应位置。分别对每个像素进行处理，最终可得到恢复图像。

假设有一幅秘密图像为 $s=\begin{bmatrix}2&6\\9&5\end{bmatrix}$，按照(3,5)门限方案来共享秘密 s，把秘密 s 分成

5 个子秘密，并且只要拿出其中任意 3 个就能恢复原秘密 s。

秘密的分发过程如下：

① 选取素数 $q=11$（$q>5$ 且 $q>9$）并构造 3−1 次多项式：

$$y=f(x)=(a+3x+2x^2)\ \mathrm{mod}\ 11 \tag{6-15}$$

其中，a 依次取秘密图像 s 的每个像素 2，9，6，5；系数 3 和 2 是随机选定的。

② 选取 5 个不同的 x 值代入式（6-15），如 1，2，3，4，5，分别计算：

$$y_1=(2+3\times1+2\times1^2)\mathrm{mod}\ 11=7$$

$$y_2=(2+3\times2+2\times2^2)\mathrm{mod}\ 11=5$$

$$y_3=(2+3\times3+2\times3^2)\mathrm{mod}\ 11=7$$

$$y_4=(2+3\times4+2\times4^2)\mathrm{mod}\ 11=2$$

$$y_5=(2+3\times5+2\times5^2)\mathrm{mod}\ 11=1$$

至此，得到第一个像素的 5 个子秘密(1,7)，(2,5)，(3,7)，(4,2)，(5,1)。

利用循环对每个像素重复步骤②，就得到 5 个影子图像：

$$s_1=\begin{bmatrix}7 & 0\\ 3 & 10\end{bmatrix},\ s_2=\begin{bmatrix}5 & 9\\ 1 & 8\end{bmatrix},\ s_3=\begin{bmatrix}7 & 0\\ 3 & 10\end{bmatrix},\ s_4=\begin{bmatrix}2 & 6\\ 9 & 5\end{bmatrix},\ s_5=\begin{bmatrix}1 & 5\\ 8 & 4\end{bmatrix}$$

③ 把 5 个影子图像分发给 5 个参与者。

秘密的恢复过程如下：

① 任意选取 3 个子秘密如(1,7)，(2,5)，(3,7)用于恢复秘密。

② 根据子秘密，用拉格朗日插值法通过计算恢复常数项，即原秘密。

③ 重复上述步骤，直到处理完所有像素，最后得到恢复后的图像为 $r=\begin{bmatrix}2 & 6\\ 9 & 5\end{bmatrix}$，与原图像 s 一致。

6.2.3 (3,4)门限的可视密码共享实例分析

对图 6-7 所示图像实现(3,4)门限的可视密码共享。

(1) 将彩色图像（图 6-7）转化为灰度图像（图 6-8）

图 6-7 原始图像

图 6-8 灰度图像

```
clear all;
close all;
M = imread('0.jpg'); % 读取图像
ss = rgb2gray(M); % 转换为灰度图像
figure;
imshow(ss); % 显示灰度图像
```

(2) 生成影子图像

为生成影子图像分配空间，g 代表多项式的值，yy 代表多项式的值模除 251，y 表示将 yy 转换成图像数据格式。

```
[m n] = size(ss); % 读取图片的大小
for i = 1:m * n % 把灰度值大于 250 的像素变为 250
  if ss(i)>250
    ss(i) = 250;
  end
 end
 s = double(ss) + 1; % 把数据类型转换为函数符合要求的双精度型
 x = [1 2 3 4]; % x 的取值为 1,2,3,4
g1 = zeros(m,n); % 为每个分存图像预分配空间
g2 = zeros(m,n);
g3 = zeros(m,n);
g4 = zeros(m,n);
yy1 = zeros(m,n);
yy2 = zeros(m,n);
yy3 = zeros(m,n);
yy4 = zeros(m,n);
y1 = zeros(m,n);
y2 = zeros(m,n);
y3 = zeros(m,n);
y4 = zeros(m,n);
for j = 1:m * n % 循环处理每个像素生成影子图像
   a1 = mod(2 * j,251); % 随机生成系数
   a2 = mod(3 * j,251);
   f = [a1 a2 s(j)]; % 构造函数
   g1(j) = polyval(f,x(1)); % x = x1 时,多项式的值
   yy1(j) = mod(g1(j),251); % 多项式的值模除 251
   g2(j) = polyval(f,x(2)); % x = x2 时,多项式的值
   yy2(j) = mod(g2(j),251); % 多项式的值模除 251
   g3(j) = polyval(f,x(3)); %  x = x3 时,多项式的值
   yy3(j) = mod(g3(j),251); % 多项式的值模除 251
   g4(j) = polyval(f,x(4)); %  x = x4 时,多项式的值
   yy4(j) = mod(g4(j),251); % 多项式的值模除 251
end
y1 = uint8(yy1 - 1) % 转换成图像数据格式
y2 = uint8(yy2 - 1);
y3 = uint8(yy3 - 1);
y4 = uint8(yy4 - 1);
figure,imshow(y1); % 显示影子图像
figure,imshow(y2);
figure,imshow(y3);
figure,imshow(y4);
```

生成影子图像如图 6-9～图 6-12 所示。

图 6-9　影子图像

图 6-10　影子图像

图 6-11　影子图像

图 6-12　影子图像

(3) 秘密图像的恢复

```
l1 = x(2) * x(3)/[(x(1) - x(2)) * (x(1) - x(3))];
l2 = x(1) * x(3)/[(x(2) - x(1)) * (x(2) - x(3))];
l3 = x(1) * x(2)/[(x(3) - x(1)) * (x(3) - x(2))];
rr1 = zeros(m,n);
r = zeros(m,n);
for j = 1:m * n
  rr1(j) = mod(yy1(j) * l1 + yy2(j) * l2 + yy3(j) * l3,251); % 恢复出每个像素的值
end
r = uint8(rr1 - 1);
figure,imshow(r); % 显示恢复的图像
```

图 6-13　恢复图像

恢复图像如图 6-13 所示。

图 6-9～图 6-12 为子秘密图像，图 6-13 为恢复图像，当 x 分别取值 1，2，3，4 时，对应得到的影子图像 1，2，3，4 都是一些杂乱无章的图像，从中得不到除图像大小外任何关于原秘密图像的信息，把它们作为子秘密分发给 4 个参与者是可行的。此实例展示的是一个(3,4)门限的可视密码共享，三张分存图像或多于三张分存图像可以恢复出原始图像，少于三张不能恢复出原始图像。

6.3　数字图像置乱技术研究

所谓“置乱”，就是将图像的信息次序打乱，a 像素移动到 b 像素位置上，b 像素移动到

c 像素位置上……使其变换成杂乱无章难以辨认的图片。

数字图像置乱技术属于加密技术，是指发送方借助数学或其他领域的技术，对一幅有意义的数字图像进行变换使之变成一幅杂乱无章的图像用于传输。在图像传输过程中，它通过对图像像素矩阵的重排，破坏了图像矩阵的相关性，使非法截获者无法从杂乱无章的图像中获得原图像信息，以此实现信息的加密，达到安全传输图像的目的。接收方经去乱解密，可恢复原图像。

6.3.1　图像置乱原理

图像置乱的实质是破坏相邻像素点间的相关性，使图像"面目全非"，看上去如同一幅没有意义的噪声图像。单纯使用位置空间的变换来置乱图像，像素的灰度值不会改变，直方图不变，只是几何位置发生了变换。置乱算法的实现过程可以视为构造映射的过程，该映射是原图的置乱图像的一一映射，如果重复使用此映射，就构成了多次迭代置乱。

假设原始图像为 A_0，映射关系用字母 σ 表示，得到的置乱图像为 A_1，则原图到置乱图像的关系，可简单的表示为

$$A_0 \xrightarrow{\sigma} A_1$$

置乱映射 σ 元素存在两种形式：一种是序号形式，用 $(i * width + j)$ 表示图像中像素的排列序号，其中的 $width$ 为矩阵的宽度；另一种是坐标形式，(i, j) 表示第 i 行第 j 列。从 A_0 映射到 A_1 的对应的置乱映射 σ 就可表示为式 (6-16) 的形式：

$$\sigma = \begin{bmatrix} 14 & 6 & 8 & 4 \\ 9 & 11 & 15 & 1 \\ 10 & 13 & 0 & 2 \\ 7 & 3 & 5 & 12 \end{bmatrix} \text{或}\ \sigma = \begin{bmatrix} (3,2) & (1,2) & (2,0) & (1,0) \\ (2,1) & (2,3) & (3,3) & (0,1) \\ (2,2) & (3,1) & (0,0) & (0,2) \\ (1,3) & (0,3) & (1,1) & (3,0) \end{bmatrix} \tag{6-16}$$

映射 σ 元素表示：原图中相应于 σ 变换的坐标位置上的元素，在置乱后的新图像中所对应的位置坐标，即置乱后的位置重新排列，或是对应坐标的 σ 变换得到新的置乱图像。

比如式 (6-17) A_0 中坐标为(0,1)的像素点 a_{01} 经过映射 σ 变换，即对原图像中的(0,1)坐标上的像素点进行(1,2) σ 变换，换句话说就是把 a_{01} 进行位置变化，变换到 A_1 中的(1,2)位置上，使之成为置乱后的图像中的(1,2)坐标上的像素点。同理，对 A_0 中(2,3)坐标上的像素点 a_{23} 进行置乱变换，即对应于 σ 变换映射矩阵中的(0,2)变换，使最后变换的结果变成置乱后的图像中(0,2)坐标位置上的像素点，应用这样的计算公式，对原图进行图像置乱一次，因而使原图中每个像素点相对于原来的位置发生了改变，最终得到置乱图像 A_1。

$$A_0 = \begin{bmatrix} a_{00} & a_{01} & a_{02} & a_{03} \\ a_{10} & a_{11} & a_{12} & a_{13} \\ a_{20} & a_{21} & a_{22} & a_{23} \\ a_{30} & a_{31} & a_{32} & a_{33} \end{bmatrix} \xrightarrow{\sigma = \begin{bmatrix} (3,2) & (1,2) & (2,0) & (1,0) \\ (2,1) & (2,3) & (3,3) & (0,1) \\ (2,2) & (3,1) & (0,0) & (0,2) \\ (1,3) & (0,3) & (1,1) & (3,0) \end{bmatrix}} A_1 = \begin{bmatrix} a_{22} & a_{13} & a_{23} & a_{31} \\ a_{03} & a_{32} & a_{01} & a_{30} \\ a_{02} & a_{10} & a_{20} & a_{11} \\ a_{33} & a_{21} & a_{00} & a_{12} \end{bmatrix} \tag{6-17}$$

经过一次置乱变换的结果也可以写成 $A_1 = \begin{bmatrix} a_{22}^1 & a_{13}^1 & a_{23}^1 & a_{31}^1 \\ a_{03}^1 & a_{32}^1 & a_{01}^1 & a_{30}^1 \\ a_{02}^1 & a_{10}^1 & a_{20}^1 & a_{11}^1 \\ a_{33}^1 & a_{21}^1 & a_{00}^1 & a_{12}^1 \end{bmatrix}$，其中 A_1 里的元素

的上角标代表置乱次数。应用该方法对图像 A_1 再进行一次置乱变换可得到置乱图像 A_2：

$$A_1 \xrightarrow{\sigma} A_2 = \begin{bmatrix} a_{20}^2 & a_{30}^2 & a_{11}^2 & a_{21}^2 \\ a_{31}^2 & a_{00}^2 & a_{13}^2 & a_{33}^2 \\ a_{23}^2 & a_{03}^2 & a_{02}^2 & a_{32}^2 \\ a_{12}^2 & a_{10}^2 & a_{22}^2 & a_{01}^2 \end{bmatrix}$$

因此使用置乱映射 σ 进行迭代置乱，原图 A_0 应用映射 σ 迭代适当的次数 n 后，能够得到理想置乱图像 A_n，或称为 A。不同的映射 σ 关系对应于不同的置乱结果。每种置乱映射关系都有自己的优缺点，在不同的情况下会有不同作用，因情况而定。根据映射矩阵 σ 的逆变换，即在映射 σ 置乱变换的基础上再进行 σ^{-1} 变换使处理图像恢复原状。相应地对 A 应用逆置乱映射，还原得到原始图像 A_0，即

$$A \xrightarrow{\sigma^{-1}} A_0$$

6.3.2　Arnold 变换及应用

Arnold 变换又称猫脸变换，设想在平面单位正方形内绘制一个猫脸图像，通过下述变换，猫脸图像将由清晰变得模糊。矩阵表示即为

$$\begin{pmatrix} x' \\ y' \end{pmatrix} = \begin{pmatrix} 1 & 1 \\ 1 & 2 \end{pmatrix} \begin{pmatrix} x \\ y \end{pmatrix} \bmod (N) \tag{6-18}$$

(x', y') 是图像中 (x, y) 的像素变换后的新的位置。反复进行此变换，即可得到置乱的图像。

若已知图像 $A_0 = \begin{bmatrix} 215 & 186 \\ 87 & 169 \end{bmatrix}$，应用上述 Arnold 变换算法计算 A_0 经过一次 Arnold 变换后的图像 A_1。

已知 Arnold 变换矩阵 $\begin{pmatrix} x' \\ y' \end{pmatrix} = \begin{pmatrix} 1 & 1 \\ 1 & 2 \end{pmatrix} \begin{pmatrix} x \\ y \end{pmatrix} \bmod (N)$。

$N=2$，$A_0 = \begin{bmatrix} m_{00} & m_{01} \\ m_{10} & m_{11} \end{bmatrix} = \begin{bmatrix} 215 & 186 \\ 87 & 169 \end{bmatrix}$，$\begin{pmatrix} 1 & 1 \\ 1 & 2 \end{pmatrix} \begin{pmatrix} 0 \\ 1 \end{pmatrix} \bmod (2) = \begin{pmatrix} 1 \\ 0 \end{pmatrix} = m_{10}^1 = m_{01}$，

$\begin{pmatrix} 1 & 1 \\ 1 & 2 \end{pmatrix} \begin{pmatrix} 1 \\ 0 \end{pmatrix} \bmod (2) = \begin{pmatrix} 1 \\ 1 \end{pmatrix} = m_{11}^1 = m_{10}$，$\begin{pmatrix} 1 & 1 \\ 1 & 2 \end{pmatrix} \begin{pmatrix} 0 \\ 0 \end{pmatrix} \bmod (2) = \begin{pmatrix} 0 \\ 0 \end{pmatrix} = m_{00}^1 = m_{00}$，

$\begin{pmatrix} 1 & 1 \\ 1 & 2 \end{pmatrix} \begin{pmatrix} 1 \\ 1 \end{pmatrix} \bmod (2) = \begin{pmatrix} 2 \\ 3 \end{pmatrix} \bmod (2) = \begin{pmatrix} 0 \\ 1 \end{pmatrix} = m_{01}^1 = m_{11}$，$A_1 = \begin{bmatrix} m_{00}^1 & m_{01}^1 \\ m_{10}^1 & m_{11}^1 \end{bmatrix}$。

所以得到一次 Arnold 变换后的置乱图像

$$A_1 = \begin{bmatrix} m_{00}^1 & m_{01}^1 \\ m_{10}^1 & m_{11}^1 \end{bmatrix} = \begin{bmatrix} m_{00} & m_{11} \\ m_{01} & m_{10} \end{bmatrix} = \begin{bmatrix} 215 & 169 \\ 186 & 87 \end{bmatrix}。$$

图像的二维 Arnold 变换，实现像素位置的置乱，Arnold 算法实质就是对原图像中的每一个像素点的坐标进行变换，即应用参考映射矩阵 $\begin{pmatrix} 1 & 1 \\ 1 & 2 \end{pmatrix}$ 与坐标相乘，再与图像矩阵的宽度进行模除，最终得到置乱后的图像的坐标位置。所以经过 Arnold 变换处理的图像，其灰度直方图与原图一样。下面以 380×380 的 zhiwu 图像为例，进行 10 次、50 次、90 次置乱

之后的图像，在 90 次置乱后，又回到原始图像（见图 6-14）。

(a) 原图

(b) 10次置乱

(c) 50次置乱

(d) 90次置乱

图 6-14　Arnold 算法置乱图片

用 MATLAB 实现 Arnold 变换的程序如下：

```
    function [ Arnold ];
    i = imread('zhiwu. jpg'); % 进行 Arnold 变换的原始图片
    k = imresize(i,[380,380]); % 图片尺寸变换为 380 × 380
    j = rgb2gray(k); % 图片进行灰度化处理
    subplot(1,4,1),imshow(j),title('原始图片');
    size_j = size(j);
    q = size_j;
    for t = 1:10
      for a = 1:q
        for b = 1:q
            h(mod(a + b,q) + 1,mod(a + 2 * b,q) + 1) = j(a,b); % 进行矩阵变换
        end
      end
    j = h;
end
subplot(1,4,2),imshow(j),title('10 次置乱图片'); % 输出 10 次置乱图片
 for t = 1:40
      for a = 1:q
        for b = 1:q
            h(mod(a + b,q) + 1,mod(a + 2 * b,q) + 1) = j(a,b);
        end
      end
      j = h;
end
subplot(1,4,3),imshow(j),title('50 次置乱图片')
for t = 1:40
   for a = 1:q
     for b = 1:q
          h(mod(a + b,q) + 1,mod(a + 2 * b,q) + 1) = j(a,b);
     end
  end
  j = h;
```

```
end
subplot(1,4,4),imshow(j),title('90 次置乱图片')；% 输出一个变换周期后的图片
```

数字图像经过 Arnold 变换后，变得混乱不堪，继续使用 Arnold 变换若干次后，会呈现与原图一样的图片，说明 Arnold 变换具有周期性。置乱变换的周期性变换性质，对于研究图像的恢复有积极的作用。

由于 Arnold 变换具有周期性，不同大小的图像经过一定的迭代变换就可以恢复到原始图像。表 6-1 是不同阶数下的图像迭代恢复到原始图像的周期 m_N。

表 6-1 各种大小为 $N\times N$ 的图像的二维 Arnold 变换周期

N	2	3	4	5	6	7	8	9	10	11	12	16	24	25
周期	3	4	3	10	12	8	6	12	30	5	12	12	12	50
N	32	40	48	49	56	60	64	100	120	125	128	256	380	450
周期	24	30	12	56	24	60	48	150	60	250	96	192	90	300

6.3.3 Arnold 反变换及图像恢复

Arnold 变换具有周期性，当迭代到某一步时，将重复得到原始图像。传统的 Arnold 变换的图像恢复是利用 Arnold 变换的周期性。根据表 6-1 可知，不同尺寸的图像进行 Arnold 置乱变换的周期也会不同。正如前面给出的图像矩阵 $A_0=\begin{bmatrix}215 & 186\\87 & 169\end{bmatrix}$，经过一次 Arnold 变换得到 $A_1=\begin{bmatrix}215 & 169\\186 & 87\end{bmatrix}$，再经过一次置乱得到 $A_2=\begin{bmatrix}215 & 87\\169 & 186\end{bmatrix}$，$A_0$ 经过三次 Arnold 置乱得到 $A_3=\begin{bmatrix}215 & 186\\87 & 169\end{bmatrix}$，恢复到原始图像 A_0，所以得到尺寸大小为 2×2 的图像的置乱周期为 3。

根据表 6-1 中显示不同尺寸的图像对应不同的周期。由图 6-15 参考表 6-1 可使 256×256 的 zhiwu 图像进行置乱与恢复（由表 6-1 可得图像大小为 256×256 的周期为 192）。

(a) 原图

(b) 置乱192次后的图像

图 6-15 传统 Arnold 置乱的图像恢复

用 MATLAB 实现 Arnold 逆变换的程序如下：

```
i = imread('zhiwu.jpg')；% 进行 Arnold 变换的原始图像
k = imresize(i,[256,256])；% 图片尺寸变换为 256 × 256
j = rgb2gray(k)；% 图片进行灰度化处理
```

```
subplot(1,2,1),imshow(j),title('原始图片');
size_j = size(j);
q = size_j;
for t = 1:2
  for a = 1:q
      for b = 1:q
            h(mod(a + b - 2,q) + 1,mod(a + 2 * b - 3,q) + 1) = j(a,b); % 进行矩阵变换
      end
  end
  j = h;
end
for t = 1:40
  for a = 1:q
    for b = 1:q
        h(mod(a + b - 2,q) + 1,mod(a + 2 * b - 3,q) + 1) = j(a,b);
    end
  end
  j = h;
end
for t = 1:50
  for a = 1:q
    for b = 1:q
        h(mod(a + b - 2,q) + 1,mod(a + 2 * b - 3,q) + 1) = j(a,b);
    end
  end
  j = h;
end
for t = 1:50
  for a = 1:q
    for b = 1:q
        h(mod(a + b - 2,q) + 1,mod(a + 2 * b - 3,q) + 1) = j(a,b);
    end
  end
  j = h;
end
for t = 1:50
  for a = 1:q
    for b = 1:q
        h(mod(a + b - 2,q) + 1,mod(a + 2 * b - 3,q) + 1) = j(a,b);
    end
  end
  j = h;
end
subplot(1,2,2),imshow(j),title('192 次置乱图片'); % 输出一个变换周期后的图像
```

观察表 6-1，Arnold 变换的周期与图像大小相关，但并不成正比关系。例如，对于 128×128 的数字图像，它的置乱周期为 96，即原图要经过 96 次 Arnold 变换之后才能恢复原图。如果原图已经经过了 30 次 Arnold 置乱，那么，只需再进行 96－30 次即 66 次 Arnold 变换，便可恢复原图；对于已经置乱了 200 次的图像，要想恢复原图，需要变换的次数为 96－(200 mod 96)＝88。利用周期性进行置乱恢复，方法简单、便于理解和实现。

但是必须知道图像的大小，才能计算出 Arnold 变换的周期。下面命题引出了 Arnold 逆变换式，无需知道变换的周期，直接根据置乱次数，即可恢复出原图像。

对于变换式（6-18）的矩阵 A，如果用逆矩阵 $A^{-1}=\begin{bmatrix}2 & -1\\ -1 & 1\end{bmatrix}$ 替代，即变成如下变换：

$$\begin{bmatrix}x'\\ y'\end{bmatrix}=\begin{bmatrix}2 & -1\\ -1 & 1\end{bmatrix}\begin{bmatrix}x\\ y\end{bmatrix} \tag{6-19}$$

式（6-19）与 Arnold 变换式（6-18）周期相同，如果把置乱图像当成输入，则式（6-19）可以作为 Arnold 逆变换式。Arnold 变换置乱与其逆变换方法是一样的，只是其中的映射矩阵不同，其使用方法是一样的。由式（6-19）可以通过迭代恢复原图，无需计算变换的周期数，与周期无关。但是，如果置乱次数很大，同样会增加逆运算的运算量。所以应根据具体情况选择恢复算法，不能一概而论。对于置乱次数小的图像，可以采用 Arnold 逆变换。通过 Arnold 逆变换算法对置乱图像进行恢复，程序运行后得到图 6-16 所示结果：

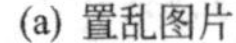
(a) 置乱图片

(b) 置乱恢复

图 6-16　应用 Arnold 逆算法恢复原图

由图 6-16 可以看出置乱图像应用 Arnold 逆算法解密后，能够顺利恢复出原始图像。

从以上置乱方法来看，图像置乱只是使图像中的像素位置发生了改变，从而使一幅有意义的图像变成了一幅“杂乱无章”的图像。重要的是，这种变换一定要有周期性，从而可以保证置乱图像的还原，如果不能保证图像置乱后还原，合法用户也不能提取原有的秘密信息，则图像置乱就失去了原有的意义。还有很多经典的图像置乱方法，比如图像分存、根据混沌理论的图像置乱算法、离散余弦变换等。

6.4 印刷电路板缺陷检测技术

在现代电子设备中，印刷电路板占有重要的地位，其质量直接影响到产品的性能，自动检测系统基于图像处理与分析、计算机和自动控制等多种技术，对生产中遇到的缺陷进行检测和处理，由于编程简单、操作容易、生产成本低和缺陷覆盖率高，用于印刷电路板装配的自动检测系统成为计算机图像分析技术的典型应用。

6.4.1 印刷电路板主要缺陷及检测方法

印刷电路板上的常见缺陷有多种，如短路、断路、多线、少线、焊盘缺失、焊盘堵塞、凸起、凹陷、铜斑等，它们对板子性能的影响程度不尽相同。

印刷电路板缺陷检测系统首先要存储一个标准的印刷电路板图像作为参考标准；然后将待检测图像进行预处理，去除图像中的干扰以利于后续处理；由于待检测印刷电路板与标准印刷电路板相比会存在各种差异，预处理后需根据标准印刷电路板对待检测印刷电路板配准；在检测过程中，将被测的印刷电路板的输入图像和标准模板进行比较，相差大于一定值，就认为此印刷电路板有安装质量缺陷，并根据相关算法判定缺陷类型。印刷电路板缺陷检测方法流程如图 6-17 所示。

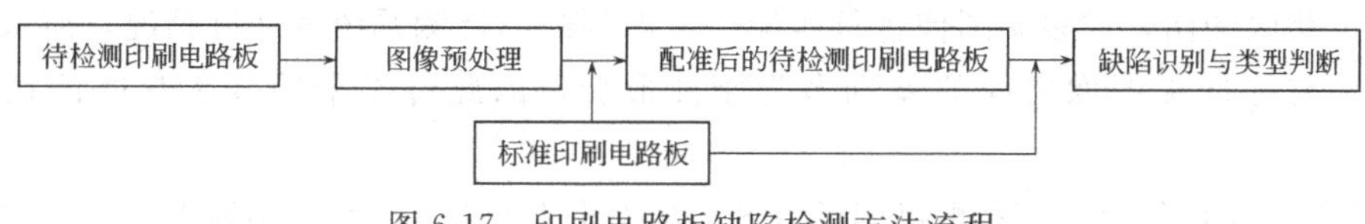

图 6-17 印刷电路板缺陷检测方法流程

6.4.2 印刷电路板图像的预处理

任何一幅未经处理的原始图像，都存在着一定程度的噪声干扰，噪声恶化了图像质量，使图像模糊，甚至淹没特征，给分析带来困难。目前，已经有许多成熟的方法可以用来对图像进行滤波处理，比如均值滤波、中值滤波、低通滤波、高通滤波、自适应滤波等。为了达到更好的去噪效果，这里采用了一些形态学的处理手段。由于其中有些操作在图像处理中非常有用，所以在图像处理工具箱中，MATLAB 将其作为预定义的操作。通过 bwmorph 函数，可以访问这些预定义的形态操作。经形态学处理后的图像质量较处理前有了很大改善，基本满足后续图像配准所需的图像质量要求。下面给出了待检测印刷电路板图像预处理程序：

```
dc印刷电路板rgb = imread('dcpcbrgb2.bmp'); % 读入待检测印刷电路板图像
figure();
imshow(dcpcbrgb);
title('待检测 pcb');
t = rgb2gray(dcpcbrgb); % 待检测印刷电路板图像灰度化
lvbo = medfilt2(t); % 中值滤波
uu = im2bw(lvbo); % 二值化
u = bwmorph(uu,'spur',8); % 去除物体小的分支
p = bwmorph(u,'fill'); % 填充孤立黑点
dc = bwmorph(p,'clean'); % 去除孤立亮点
figure();
imshow(dc);
title('预处理后待检测印刷电路板图像');
```

程序运行结果见图 6-18。

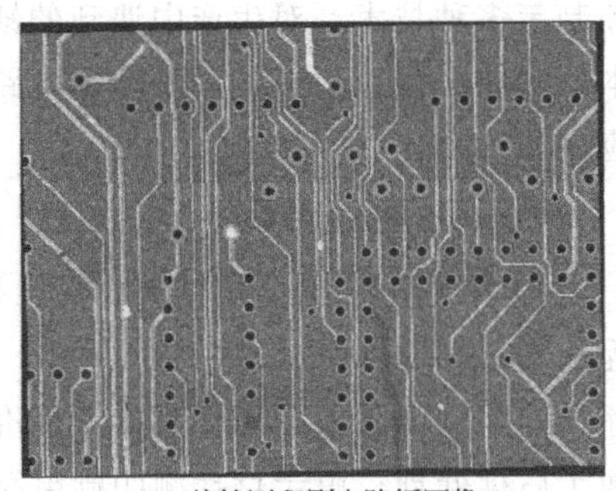

(a) 待检测印刷电路板图像

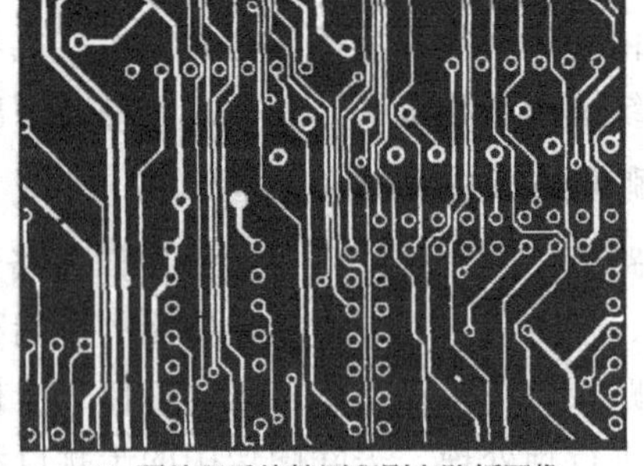

(b) 预处理后待检测印刷电路板图像

图 6-18 待检测的印刷电路板图像及预处理后待检测印刷电路板图像

6.4.3 印刷电路板图像的配准

图像配准是图像处理的基本任务之一，用于将不同时间、不同传感器、不同视角及不同拍摄条件下获取的两幅或多幅图像进行匹配。考虑到缺陷检测系统的实际情况，所采集到的待测板图像与标准板图像之间的差别多为刚性形变，因此可以采用基于灰度信息的配准方法。

假设标准参考图像为 R，待配准图像为 S，R 大小为 $m\times n$，S 大小为 $M\times N$，如图 6-19 所示，基于灰度信息的图像配准方法的基本流程是：以参考图像 R 叠放在待配准图像 S 上平移，参考图像覆盖被搜索图的那块区域称为子图 S_{ij}。(i,j)为子图左上角在待配准图像 S 上的坐标。搜索范围是

$$\begin{cases}1\leqslant i\leqslant M-m\\1\leqslant j\leqslant N-n\end{cases}\tag{6-20}$$

通过比较 R 和 S_{ij} 的相似性，完成配准过程。

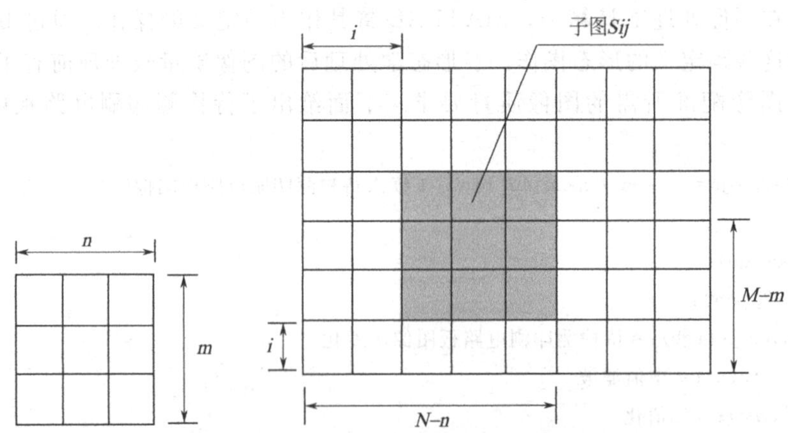

图 6-19 基于灰度信息的图像配准

根据采用的相似性度量函数不同，基于灰度信息的配准算法又可分为互相关配准方法、最大互信息配准法等多种不同的方法。这里采用互相关算法实现对两幅印刷电路板图像的配准，互相关配准方法是最基本的基于灰度统计的图像配准方法。它要求参考图像和待匹配图像具有相似的尺度和灰度信息，利用待匹配图像上选取的区域在参考模板上进行遍历，计算每个位置处参考图像和待匹配图像的互相关系数。之所以选择这种方法，是由于待测板在与

参考模板进行互相关系数计算前，先要进行旋转操作，目的是保证互相关系数的最大值在两板的轴向达到平行时取得。保持标准板方向的不变，只改变待测板，可以减小误差，提高配准的精确度。配准的基本过程如图 6-20 所示：

① 待测板图像按设定的步进值在一定角度范围内旋转（应包含正向旋转和负向旋转），每一次旋转后都对两幅图中选取的区域进行互相关计算。

② 选择互相关系数最大时对应的旋转角度，待测板图像按该角度进行修正后，两幅图像的轴向达到平行。

③ 在修正后的待测板图像上选取区域，再进行互相关系数的计算，此时主要为了得到系数最大值对应的位置。

④ 由系数最大值的位置可以推导出两幅图像对应点的像素值关系。通过平移、裁剪等操作，进而实现配准。

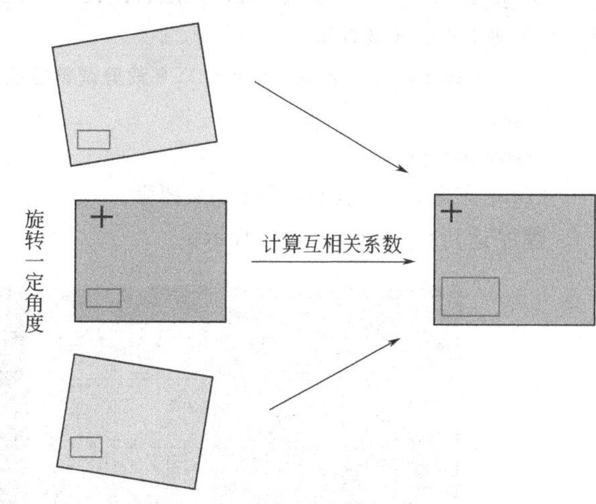

图 6-20　互相关方法图像配准过程

基于上述方法的图像匹配 MATLAB 程序如下：

```
goldenpcbrgb = imread('hh.bmp'); % 读入标准印刷电路板图像
biaozhungray = rgb2gray(goldenpcbrgb); % 标准印刷电路板图像灰度化
bj = im2bw(biaozhungray); % 二值化
figure();
imshow(goldenpcbrgb);
title('标准印刷电路板');
dc_rect = [80 370 150 130]; % 待检测印刷电路板图像中选取参与互相关计算区域的矩阵
bj_rect = [40 320 200 190]; % 标准印刷电路板图像中选取参与互相关计算区域的矩阵
bj_sub = imcrop(bj,bj_rect); % 裁剪标准印刷电路板图像
max_c = 0; % 初始化互相关最大值
for rr = -2:1:2 % 待检测印刷电路板图像依次旋转的角度(步进值可调)
   dc_rot = imrotate(dc,rr,'nearest'); % 待检测印刷电路板图像旋转,使用邻近插值法
   dc_sub = imcrop(dc_rot,dc_rect); % 裁剪待检测印刷电路板图像
   c = normxcorr2(dc_sub,bj_sub); % 计算互相关系数
   [max_c1,imax1] = max(abs(c(:))); % max_c1 为系数最大值,imax1 为系数最大值对应的位置下标
   if(max_c1>max_c) % 每一次循环的最大值进行比较
      max_c = max_c1; % 取最大的值
      angle = rr; % 把取得最大值时对应的旋转角度赋给 angle
   end
end
dc_tz = imrotate(dc,angle,'nearest'); % 按 angle 角,对待检测印刷电路板图像进行旋转修正
dc_tz_sub = imcrop(dc_tz,dc_rect); % 此时两幅图像的轴向已平行,重新计算互相关系数
cc = normxcorr2(dc_tz_sub,bj_sub);
[max_cc,imax] = max(abs(cc(:)));
[ypeak,xpeak] = ind2sub(size(cc),imax); % 将下标转化为行列的表示形式
```

```
yd = [ypeak - (dc_rect(4) + 1) xpeak - (dc_rect(3) + 1)]; % 子图需移动的量
bj_dc = [yd(1) + bj_rect(2) yd(2) + bj_rect(1)]; % 标准印刷电路板图像在调整后的待检测图像中的坐标
xz = [bj_dc(1) - dc_rect(2) bj_dc(2) - dc_rect(1)]; % 像素修正值
dc_qu_rect = [1 - xz(2) 1 - xz(1) size(bj,2) - 1 size(bj,1) - 1]; % 调整后的待检测图像中选取与标准图像同等大小的区域矩阵
dc_qu = imcrop(dc_tz,dc_qu_rect); % 裁剪调整后的待检测印刷电路板图像
figure()
imshow(dc_qu)
title('匹配后的待检测印刷电路板图像');
```

程序运行结果如图 6-21 所示。

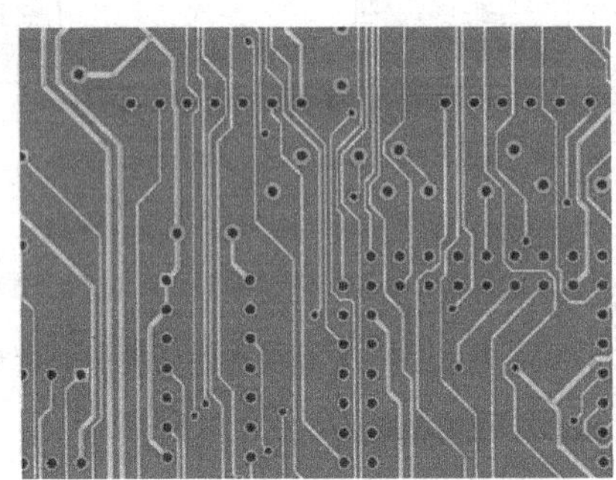

(a) 标准印刷电路板图像

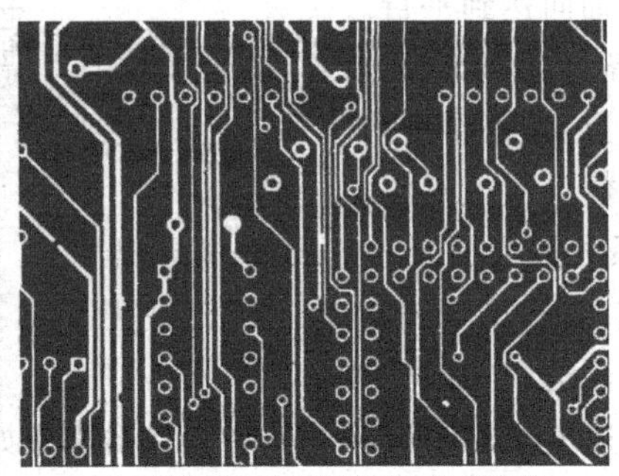

(b) 配准后的待检测印刷电路板图像

图 6-21　标准印刷电路板图像及配准后的待检测印刷电路板图像

6.4.4　印刷电路板缺陷的识别与缺陷类型的判断

经过配准后的待测板图像与标准板二值图像进行异或运算，就可以得到缺陷的大致轮廓，再经过一些形态学的处理，能得到较为满意的缺陷标注图像。缺陷标注程序如下：

```
yihuo = xor(bj,dc_qu); % 图像异或运算
MN = [3 3];
se = strel('rectangle',MN); % 定义结构元素
imr = imerode(yihuo,se); % 腐蚀运算
imd = imdilate(imr,se); % 膨胀运算
rgb = label2rgb(imd,@autumn,'g'); % 标注对象变为彩色,采用 autumn 映射表,背景为绿色
biaoji = imlincomb(.6,rgb,.4,goldenpcbrgb); % 将两幅图像按比例线性组合
figure();
imshow(biaoji);
title('缺陷标注');
```

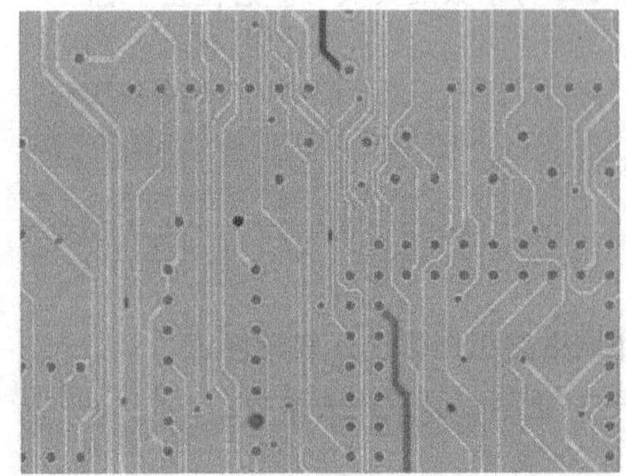

图 6-22　待检测印刷电路板缺陷标准结果

程序运行结果如图 6-22 所示。

印刷电路板缺陷的类型主要有短路、断路、多线、少线、焊盘缺失、焊盘堵塞、凸起、凹陷、铜斑等，它们在二值图像特征上存在一定差异，可以据此对它们进行分类。现对各种缺陷的特征进行如下分析。

① 多线和少线：这两种缺陷属于非常严重的缺陷，它们的特点是缺陷图像的面积较大，并且远远大于其他类型缺陷，因此可以据此将这两种类型的缺陷分离出来。

② 焊盘缺失：会造成二值图像面积减小，单独一个焊盘图像的欧拉数为零，因此欧拉数保持不变。

③ 凹陷：会造成二值图像面积减小，欧拉数不变。

④ 断路：会造成二值图像面积减小，欧拉数增加。

⑤ 铜斑：会造成二值图像面积增加，缺陷所在对象面积和缺陷差影图像面积基本相同。

⑥ 凸起：会造成二值图像面积增加，欧拉数不变。

⑦ 短路：会造成二值图像面积增加，欧拉数减小（或由于对象数增加，或由于空洞数增加）。

⑧ 焊盘堵塞：会造成二值图像面积增加，欧拉数减小。

根据以上的分析，可以得出缺陷类型的判断流程，如图 6-23 所示。

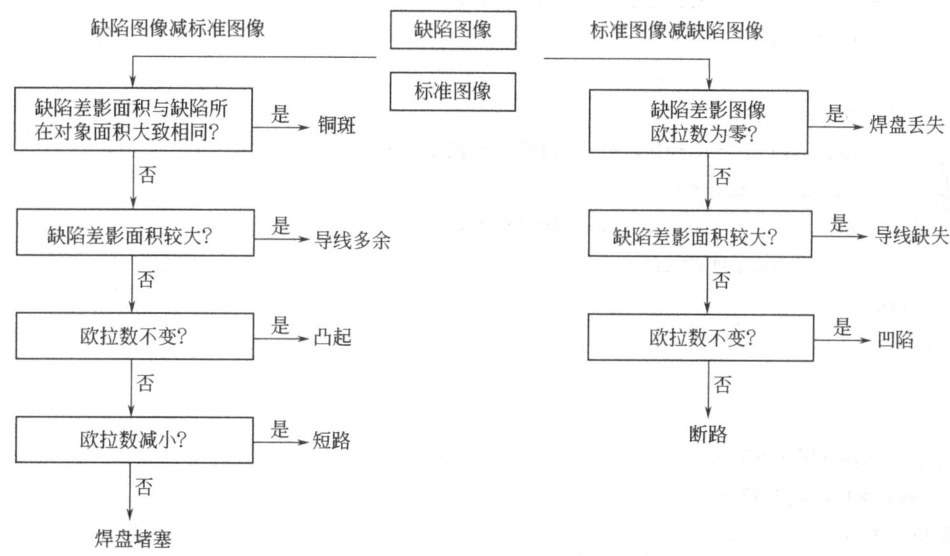

图 6-23　缺陷类型判断流程

缺陷类型判断程序如下：

```
a1 = bj; % 标准印刷电路板
b1 = dc_qu; % 配准后的缺陷印刷电路板(简称缺陷印刷电路板)
c1 = a1 - b1; % 标准印刷电路板减缺陷印刷电路板
c2 = b1 - a1; % 缺陷印刷电路板减标准印刷电路板
MN = [5 3];
se = strel('rectangle',MN); % 定义结构元素
h1 = imerode(c1,se); % 腐蚀运算 c1
h2 = imerode(c2,se); % 腐蚀运算 c2
[i,j] = find(h1 = = 1); % 选取特点坐标
p1 = bwselect(c1,j,i,8); % 选择图像中特定点
[q1,mu1] = bwlabel(p1); % 标记图像中特定点
num1 = 0;
num1 = mu1
hpqs = 0; % 焊盘缺失数初始化
dxqs = 0; % 导线缺失数初始化
```

```
aoxian = 0; % 凹陷数初始化
duan4lu = 0; % 断路数初始化
for k1 = 1:num1 % 循环寻找缺陷
  r1 = zeros(size(q1)); % 欧拉数
  ij1 = find(q1 = = k1);
  r1(ij1) = 1;
  [i1,j1] = find(q1 = = k1);
  f1 = bwselect(a1,j1,i1,8);
  if bweuler(r1) = = 0; % 根据欧拉数判定是否焊盘缺失
      hpqs = hpqs + 1;
  else
     if bwarea(r1)>500 % 根据面积判定是否导线缺失
          dxqs = dxqs + 1;
     else
        s1 = f1 - r1;
        if bweuler(s1) = = bweuler(f1) % 判断是否凹陷
             aoxian = aoxian + 1;
        else bweuler(s1)>bweuler(f1) % 判定是否断路
           duan4lu = duan4lu + 1;
        end
     end
 end
end
[i0,j0] = find(h2 = = 1);
p2 = bwselect(c2,j0,i0,8);
[q2,mu2] = bwlabel(p2);
num2 = 0;
num2 = mu2;
hpds = 0; % 焊盘阻塞数初始化
dxdy = 0; % 导线多余数初始化
tuqi = 0; % 凸起数初始化
duan3lu = 0; % 短路数初始化
tongban = 0; % 铜斑数初始化
for k2 = 1:num2 % 循环寻找缺陷
  r2 = zeros(size(q2));
  ij2 = find(q2 = = k2);
  r2(ij2) = 1;
  [i2,j2] = find(q2 = = k2);
  f2 = bwselect(b1,j2,i2,8);
  if bwarea(f2) - bwarea(r2)< = 10 % 判断是否存在铜斑
      tongban = tongban + 1;
  else
      if bwarea(r2)>300 % 判断是否导线多余
         dxdy = dxdy + 1;
```

```
        else
          s2 = f2 - r2;
          if bweuler(s2) = = bweuler(f2) % 判断是否凸起
              tuqi = tuqi + 1;
          elseif bweuler(s2)>bweuler(f2) % 判断是否短路
              duan3lu = duan3lu + 1;
          else bweuler(s2)<bweuler(f2) % 判断是否焊盘阻塞
          hpds = hpds + 1;
          end
        end
      end
    end
    hpqs % 显示焊盘缺失数
    dxqs % 显示导线缺失数
    aoxian % 显示凹陷数
    duan4lu % 显示断路数
    hpds % 显示焊盘堵塞数
    dxdy % 显示导线多余数
    tuqi % 显示凸起数
    duan3lu % 显示短路数
    tongban % 显示铜斑数
```

程序运行结果为：hpqs＝1，dxqs＝1，aoxian＝1，duan4lu＝1，hpds＝1，dxdy＝1，tuqi＝1，duan3lu＝1，tongban＝1。即待检测的印刷电路板中存在九种缺陷，它们分别是短路、断路、多线、少线、焊盘缺失、焊盘堵塞、凸起、凹陷、铜斑，且每种缺陷在待检测的印刷电路板图像中存在 1 处。

6.5　图像拼接技术研究

图像拼接技术也称图像镶嵌技术，就是将一组重叠图像集合拼接成一幅大型的无缝高分辨率图像。其目的是将一系列真实世界的图像拼接成一幅更宽视野的大型场景图像。图像拼接技术是一种利用计算机表示真实世界的有效方法，通常参与拼接的真实世界的序列图像有一定程度的重叠，采用图像拼接技术，可以剔除冗余信息，压缩信息存储量，从而更加客观而形象有效地表示真实世界。本节将介绍如何基于 MATLAB 利用数字图像模式识别技术实现对两幅图像的拼接。

6.5.1　图像拼接流程

基于特征的数字图像拼接系统典型流程如图 6-24 所示。主要分为三大部分：特征提取及描述子的生成、基于描述子的特征匹配和图像无缝融合。

(1) 预处理

预处理的目的包括减小噪声影响、纠正图像形变和凸显图像特征等。主要的操作包括滤波处理、直方图操作、模板选取和对图像进行某种变换，如 wavelet 变换、Gabor 变换、频域内 FFT 变换等。它并不是图像拼接的必要阶段。

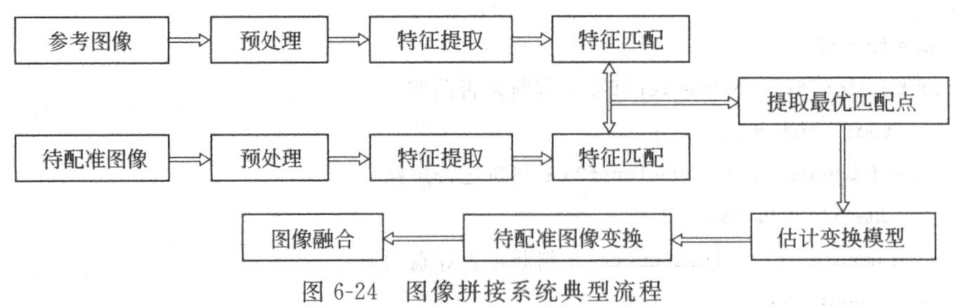

图 6-24　图像拼接系统典型流程

(2) 特征提取

特征点的提取是进行图像拼接的第一步，特征选择的成功与否对于下一步的匹配有着至关重要的影响。在特征的选取上必须考虑三点因素：首先，选取的特征必须是参考图像和待配准图像所共同具有的特征；其次，特征集必须包含足够多的特征，并且这些特征在图像上要分布均匀；最后，选取的特征必须易于进行特征匹配。选择合理的特征空间可以提高配准算法的适应性、降低搜索空间、减小噪声等不确定性因素对匹配算法的影响。本节主要对基于多尺度空间的 SIFT 特征描述符进行讨论。

(3) 特征匹配

特征匹配即使用特征描述算子在规定的搜索空间中进行距离和点之间的匹配，配准策略可采用距离函数和穷尽搜索等。

(4) 最优匹配点的提取

其目的是在初步提取到的特征中进行筛选，鲁棒性最好的特征作为内点保留。变换模型的选择对拟合结果尤为重要。

(5) 变换模型的估计

此即建立一个参考图像和待配准图像之间的转换关系，包含了图像间形变、旋转、移位等变换信息，一般情况下符合投影变换的规律。

(6) 图像融合

图像融合作为图像拼接的最后一步，可以消除缝隙处的拼接线并实现融合处的平滑过渡，实现较好的视觉效果。在求取变换矩阵之后，以参考图像为标准，对待配准图像进行一个投影过程。因为前后坐标系不同，变换图像中像素点坐标需进行插值和重采样操作以便拥有整数坐标值。

本节在讲述基础算法之后，以图 6-25 中两幅图像作为参考图像及待配准图像进行特征提取、配准及融合的实验。

(a)参考图片　　(b)待配准图片

图 6-25　参考图片和待配准图片

6.5.2　SIFT 描述子的提取

SIFT 算法，其全称是 Scale Invariant Feature Transform，即尺度不变特征变换。SIFT 算法首先在尺度空间进行特征检测，并确定特征点的位置和特征点所处的尺度，然后使用特征点邻域梯度的主方向作为该特征点的方向特征，以实现算子对尺度和方向的无关性。下面对 SIFT 算法原理进行详细介绍。

(1) 高斯尺度空间的极值检测

高斯核函数是实现尺度变换的唯一变换核函数，也是唯一的线性核，因此，尺度空间理论的主要思想是利用高斯核函数对原始图像进行尺度变换，获得图像多尺度下的尺度空间表示序列，再对这些序列进行尺度空间特征提取。

一幅二维图像的尺度空间可由高斯核函数与原图像卷积得到，定义为

$$L(x, y, \sigma) = G(x, y, \sigma) * I(x, y) \tag{6-21}$$

式中，$G(x, y, \sigma)$ 为尺度可变的高斯核函数。

$$G(x, y, \sigma) = \frac{1}{2\pi\sigma^2} e^{-(x^2+y^2)/(2\sigma^2)} \tag{6-22}$$

σ 称为尺度空间因子，其值越小表征该图像被平滑得越少，相应地尺度也越小。大尺度对应图像的概貌特征，而小尺度则对应图像的细节特征。L 代表了图像所在的尺度空间，选择合适的尺度平滑因子是建立尺度空间的关键。

① 建立高斯金字塔　将图像 $I(x,y)$ 与不同尺度因子下的高斯核函数 $G(x,y,\sigma)$ 进行卷积操作，构建高斯金字塔。在构建高斯金字塔过程中要注意，第 1 阶第 1 层是放大两倍的原始图像，其目的是为了得到更多的特征点；在同一阶中相邻两层的尺度因子比例是 k，则第 1 阶第 2 层的尺度因子是 k，然后其他层依此类推则可；第 2 阶的第 1 层由第 1 阶的中间层尺度图像进行子抽样获得，其尺度因子是 k^2，然后第 2 阶的第 2 层的尺度因子是第一层的 k 倍即 k^3。第 3 阶的第 1 层由第 2 阶的中间层尺度图像进行子抽样获得。其他阶的构成依此类推，本次计算 k 取值为 $\sqrt[3]{2}$。

② 建立差分金字塔（DOG）为了更加高效地在尺度空间检测出特征点，采用高斯差值方程同图像卷积得到差分尺度空间并求取极值。高斯差值方程用 $D(x,y,\sigma)$ 表示：

$$D(x,y,\sigma) = (G(x,y,k\sigma) - G(x,y,\sigma)) * I(x,y) = L(x,y,k\sigma) - L(x,y,\sigma) \tag{6-23}$$

每一阶相邻尺度空间的高斯图像相减，就得到了高斯差分图像，即 DOG 图像。

③ 求取 DOG 极值　为了得到高斯差分图像中的极值点，样本像素点需要和它同层相邻的 8 个像素点和上下相邻图像层中的各 9 个像素点进行比较，共需要与 26 个像素进行比较。图 6-26 为 DOG 同一尺度空间的三个相邻尺度图像，如果样本点是这些点中的灰度极值点（极大值或极小值），则把这个点当作候选特征点提取出来，否则按此规则继续比较其他的像素点。极值点提取出来以后要记下极值点的位置和尺度。

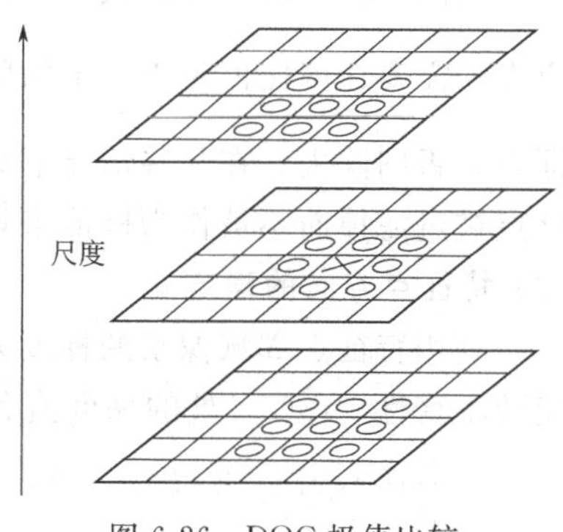

图 6-26　DOG 极值比较

(2) 特征点位置的确定

由于 DOG 对噪声和边缘比较敏感，因此应将候选特征点中低对比度及位于边缘的点过滤掉，以增强匹配稳定性和抗噪能力。

① 滤去低对比度的特征点　将尺度空间函数按泰勒级数展开：

$$D(X)=D+\frac{\partial D^{\mathrm{T}}}{\partial X}X+\frac{1}{2}X^{\mathrm{T}}\frac{\partial^2 D}{\partial X^2}X \tag{6-24}$$

其中$X=(x,y,\sigma)^{\mathrm{T}}$，$\frac{\partial D^{\mathrm{T}}}{\partial X}=\begin{bmatrix}\frac{\partial D}{\partial x} & \frac{\partial D}{\partial y} & \frac{\partial D}{\partial \sigma}\end{bmatrix}$，$\frac{\partial^2 D}{\partial X^2}=\begin{bmatrix}\frac{\partial^2 D}{\partial x^2} & \frac{\partial^2 D}{\partial xy} & \frac{\partial^2 D}{\partial \sigma}\\ \frac{\partial^2 D}{\partial yx} & \frac{\partial^2 D}{\partial y^2} & \frac{\partial^2 D}{\partial y\sigma}\\ \frac{\partial^2 D}{\partial \sigma x} & \frac{\partial^2 D}{\partial \sigma y} & \frac{\partial^2 D}{\partial \sigma^2}\end{bmatrix}$

对式（6-24）求导并令方程等于 0 可得到极值点：

$$\hat{X}=-\frac{\partial^2 D^{-1}}{\partial X^2}\times\frac{\partial D}{\partial X} \tag{6-25}$$

把式（6-25）代入式（6-24）得：

$$D(\hat{X})=D+\frac{1}{2}\times\frac{\partial D^{\mathrm{T}}}{\partial X} \tag{6-26}$$

$D(\hat{X})$的值对于剔除低对比度的不稳定特征点十分有用，通常将$D(\hat{X})<0.03$的极值点视为低对比度的不稳定特征点，进行剔除。同时，在此过程中获取了特征点的精确位置以及尺度。

② 滤去边缘特征点　利用图像边缘的特征点在高斯差分函数的峰值处与边缘交叉处的主曲率值较大，而在垂直方向曲率值较小的特征可以滤去边缘特征点。

特征点的 Hessian 矩阵的特征值与 D 的主曲率是成正比的，这里借助于 Harris 角点检测的方法，只求特征值的比值。Hessian 矩阵为

$$H=\begin{bmatrix}D_{xx} & D_{xy}\\ D_{xy} & D_{yy}\end{bmatrix} \tag{6-27}$$

设α、β分别是 Hessian 矩阵 H 的最大和最小特征值，且$\gamma=\frac{\alpha}{\beta}$，则有

$$\begin{aligned} tr(H)&=D_{xx}+D_{xy}=(\alpha+\beta)^2\\ Det(H)&=D_{xx}D_{xy}-(D_{xy})^2=\alpha\beta \end{aligned} \tag{6-28}$$

$$\frac{tr(H)}{Det(H)}=\frac{(\alpha+\beta)^2}{\alpha\beta}=\frac{(\gamma\beta+\beta)^2}{\gamma\beta^2}=\frac{(\gamma+1)^2}{\gamma} \tag{6-29}$$

当两个特征值相等时式（6-29）取得的值最小，随着γ的增大而增大。为了剔除边缘响应点，需要让该比值小于一定的阈值，一般取$\gamma=10$，即$\frac{tr(H)}{Det(H)}<\frac{(\gamma+1)^2}{\gamma}$时保留该特征点，否则滤去。在某些情况下如果行列式$H$的值为负，则曲率值会有不同的符号，那么该点被过滤掉而不被作为极值来处理。

(3) 特征点方向的确定

利用特征点邻域像素的梯度方向分布特性为每个特征点指定方向参数，从而使算子具备旋转不变性。(x,y)处的梯度值和方向分别为

$$\begin{cases} m(x,y)=\sqrt{(L(x+1,y)-L(x-1,y))^2+(L(x,y+1)-L(x,y-1))^2}\\ \theta(x,y)=\arctan((L(x,y+1)-L(x,y-1))/(L(x+1,y)-L(x-1,y))) \end{cases} \tag{6-30}$$

其中 L 所用的尺度为每个关键点各自所在的尺度。在以特征点为中心的邻域窗口内采

样，并用梯度方向直方图来统计邻域像素的梯度方向。梯度直方图的范围是 0°～360°，其中每 10°一个柱，总共 36 个柱。梯度方向直方图的峰值代表了该特征点处邻域梯度的主方向，即作为该特征点的主方向。当存在另一个相当于主峰值 80%能量的峰值时，则将这个方向认为是该特征点的辅方向。一个特征点可能会被指定具有多个方向（一个主方向，一个以上辅方向），这可以增强匹配的鲁棒性。如图 6-27 所示，圆形区域内箭头所指方向为其邻域梯度的主方向，在梯度直方图中红色区域所在角度为其主方向所在角度。

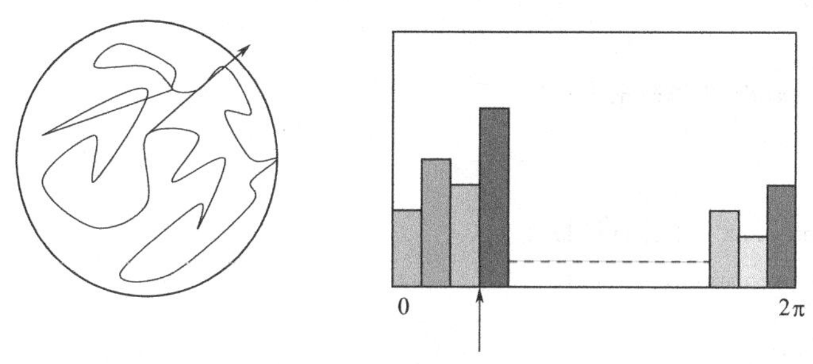

图 6-27　主梯度方向示意图

(4) 生成 SIFT 特征描述符

计算特征向量是为了更精确地描述特征点邻域内像素的特点。为了保持旋转的不变性，首先要将坐标轴旋转至特征点方向。之后如图 6-28 所示，在特征点周围的邻域中选取一个 8×8 的窗口，特征点所在行和所在列不选，计算所选邻域区域内每个像素点的梯度值和方向，图中每个方框代表一个像素点，方框里的箭头及其长短分别代表该像素点的梯度方向和大小，然后在每个 4×4 的窗口上计算该窗口里所有像素的梯度值和方向的统计，将梯度值累加分配到 8 个方向上，那么每个 4×4 窗口就生成了一个 8 维的向量，而特征点周围有 4 个这样的窗口，那就生成了一个 32 维的向量，图中的圆圈为高斯加权范围，对越靠近中心像素点的像素点梯度给予越大的权值。这种邻域方向性信息联合的思想增强了算法抗噪声的能力，同时对于含有定位误差的特征匹配也提供了很好的容错性。

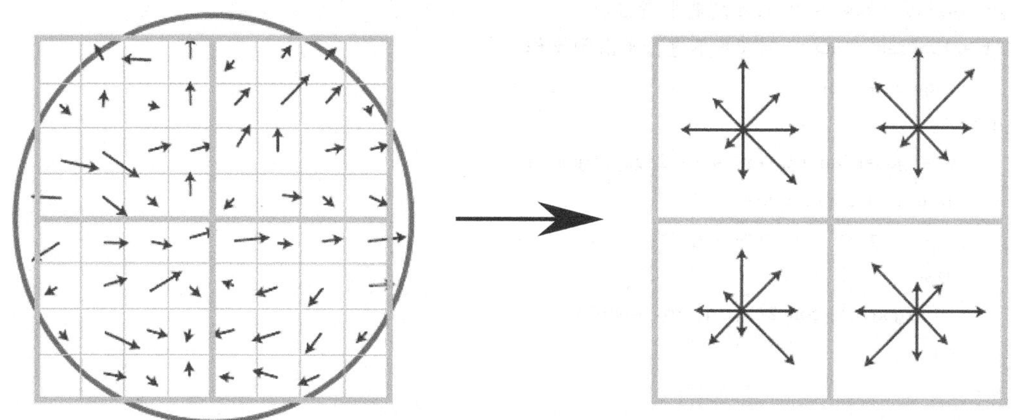

图 6-28　特征描述子生成

此次在计算每个关键点的特征描述符时共使用 4×4 共 16 个种子点来描述，一个关键点共用 128 个数据来描述，最终生成 128 维的特征向量，此时 SIFT 特征向量已经去除了尺度变化、旋转等集合变形因素的影响，再继续将特征向量的长度归一化，则可以进一步去除光照变化的影响。

SIFT 特征检测：

```
function [ pos, scale, orient, desc ] = features_detection( im, octaves, intervals, object_mask,
contrast_threshold, curvature_threshold, interactive );
  % 设置输入参数默认值
  if ~exist('octaves') % 最大阶数
      octaves = 4;
  end
  if ~exist('intervals') % 每阶最大层数
      intervals = 2;
  end
  if ~exist('object_mask') % 计算模板大小
      object_mask = ones(size(im));
  end
  if size(object_mask) ~ = size(im)
      object_mask = ones(size(im));
  end
  if ~exist('contrast_threshold') % 设置去除低对比度特征点阈值大小
      contrast_threshold = 0.02;
  end
  if ~exist('curvature_threshold') % 设置去除边缘特征点阈值大小
      curvature_threshold = 10.0;
  end
  if ~exist('interactive') % 设置迭代次数
      interactive = 1;
  end
  tic;
  antialias_sigma = 0.5; % 高斯平滑参数
  if antialias_sigma = = 0 % 不进行平滑预操作
     signal = im;
  else
     g = gaussian_filter( antialias_sigma );
     if exist('corrsep') = = 3
        signal = corrsep( g, g, im );
     else
        signal = conv2( g, g, im, 'same' );
     end
  end
  signal = im;
  [X Y] = meshgrid( 1:0.5:size(signal,2), 1:0.5:size(signal,1) );
  signal = interp2( signal, X, Y, '* linear' );
  subsample = [0.5]; % 图像的下采样率为 0.5
  preblur_sigma = sqrt(sqrt(2)^2 - (2 * antialias_sigma)^2);
  if preblur_sigma = = 0
```

```
        gauss_pyr{1,1} = signal;
    else
        g = gaussian_filter( preblur_sigma );
        if exist('corrsep') = = 3
            gauss_pyr{1,1} = corrsep( g, g, signal );
        else
            gauss_pyr{1,1} = conv2( g, g, signal, 'same' );
        end
    end
    clear signal;
    pre_time = toc;
    initial_sigma = sqrt( (2 * antialias_sigma)^2 + preblur_sigma^2 ); % 模糊金字塔第一阶第一层时
sigma 值
    % 对不同的阶层的 sigma 值进行跟踪
    absolute_sigma = zeros(octaves,intervals + 3);
    absolute_sigma(1,1) = initial_sigma * subsample(1);
    % 对形成金字塔的滤波核大小和标准差进行跟踪
    filter_size = zeros(octaves,intervals + 3);
    filter_sigma = zeros(octaves,intervals + 3);
    tic;
    % 计算差分高斯金字塔
    for octave = 1:octaves
        sigma = initial_sigma;
        g = gaussian_filter( sigma );
        filter_size( octave, 1 ) = length(g);
        filter_sigma( octave, 1 ) = sigma;
        DOG_pyr{octave} = zeros(size(gauss_pyr{octave,1},1),size(gauss_pyr{octave,1},2),intervals + 2);
        % 从第二层计算差分 DOG 塔
        for interval = 2:(intervals + 3)
            sigma_f = sqrt(2^(2/intervals) - 1) * sigma;
            g = gaussian_filter( sigma_f );
            sigma = (2^(1/intervals)) * sigma; % 得到下一个 sigma
            absolute_sigma(octave,interval) = sigma * subsample(octave);
            % 存储滤波器的核大小及标准差
            filter_size(octave,interval) = length(g);
            filter_sigma(octave,interval) = sigma;
            if exist('corrsep') = = 3
                gauss_pyr{octave,interval} = corrsep( g, g, gauss_pyr{octave,interval - 1} );
            else
            % 卷积后获得当前层的高斯金字塔
                gauss_pyr{octave,interval} = conv2( g, g, gauss_pyr{octave,interval - 1}, 'same' );
            end
            % 获得 DOG
            DOG_pyr{octave}(:,:,interval - 1) = gauss_pyr{octave,interval} - gauss_pyr{octave,interval - 1};
```

```
        end
        if octave < octaves
            sz = size(gauss_pyr{octave,intervals + 1});
            [X Y] = meshgrid( 1:2:sz(2), 1:2:sz(1) );
            gauss_pyr{octave + 1,1} = interp2(gauss_pyr{octave,intervals + 1},X,Y,'* nearest');
            absolute_sigma(octave + 1,1) = absolute_sigma(octave,intervals + 1);
            subsample = [subsample subsample(end) * 2];
        end
    end
    pyr_time = toc;
    %在交互模式展示金字塔
    if interactive >= 2
        sz = zeros(1,2);
        sz(2) = (intervals + 3) * size(gauss_pyr{1,1},2);
        for octave = 1:octaves
            sz(1) = sz(1) + size(gauss_pyr{octave,1},1);
        end
        pic = zeros(sz);
        y = 1;
        %显示所有阶层的图像
        for octave = 1:octaves
            x = 1;
            sz = size(gauss_pyr{octave,1});
            for interval = 1:(intervals + 3)
                pic(y:(y + sz(1) - 1),x:(x + sz(2) - 1)) = gauss_pyr{octave,interval};
                x = x + sz(2);
            end
            y = y + sz(1);
        end
    end
    %交互模式下显示DOG塔
    if interactive >= 2
        sz = zeros(1,2);
        sz(2) = (intervals + 2) * size(DOG_pyr{1}(:,:,1),2);
        for octave = 1:octaves
            sz(1) = sz(1) + size(DOG_pyr{octave}(:,:,1),1);
        end
        pic = zeros(sz);
        y = 1;
        for octave = 1:octaves
            x = 1;
            sz = size(DOG_pyr{octave}(:,:,1));
            for interval = 1:(intervals + 2)
                pic(y:(y + sz(1) - 1),x:(x + sz(2) - 1)) = DOG_pyr{octave}(:,:,interval);
```

```
            x = x + sz(2);
        end
      y = y + sz(1);
   end
end
% 求取特征点的位置
curvature_threshold = ((curvature_threshold + 1)^2)/curvature_threshold;
xx = [ 1 -2  1 ];
yy = xx';
xy = [ 1 0 -1; 0 0 0; -1 0 1 ]/4;
raw_keypoints = [];
contrast_keypoints = [];
curve_keypoints = [];
tic;
% 检测 DOG 塔中局部极大值
loc = cell(size(DOG_pyr));
for octave = 1:octaves
   for interval = 2:(intervals+1)
      keypoint_count = 0;
      contrast_mask = abs(DOG_pyr{octave}(:,:,interval)) >= contrast_threshold;
      loc{octave,interval} = zeros(size(DOG_pyr{octave}(:,:,interval)));
      if exist('corrsep') == 3
         edge = 1;
      else
         edge = ceil(filter_size(octave,interval)/2);
      end
      for y = (1+edge):(size(DOG_pyr{octave}(:,:,interval),1) - edge)
         for x = (1+edge):(size(DOG_pyr{octave}(:,:,interval),2) - edge)
            % 仅检测对应目标模板中值为 1 处的极值点
            if object_mask(round(y*subsample(octave)),round(x*subsample(octave))) == 1
               if( (interactive >= 2) | (contrast_mask(y,x) == 1) )
                  tmp = DOG_pyr{octave}((y-1):(y+1),(x-1):(x+1),(interval-1):(interval+1));
                  pt_val = tmp(2,2,2);
                  if( (pt_val == min(tmp(:))) | (pt_val == max(tmp(:))) )
                     % 存储 DOG 金字塔中的极值点
                     raw_keypoints = [raw_keypoints; x*subsample(octave) y*subsample(octave)];
                     if abs(DOG_pyr{octave}(y,x,interval)) >= contrast_threshold
                        % 摒弃低对比度点
                        contrast_keypoints = [contrast_keypoints; raw_keypoints(end,:)];
                        % 计算极值位置处的汉森矩阵
                        Dxx = sum(DOG_pyr{octave}(y,x-1:x+1,interval) .* xx);
                        Dyy = sum(DOG_pyr{octave}(y-1:y+1,x,interval) .* yy);
                        Dxy = sum(sum(DOG_pyr{octave}(y-1:y+1,x-1:x+1,interval).*xy));
                        % 计算迹和行列式
```

```
                        Tr_H = Dxx + Dyy;
                        Det_H = Dxx * Dyy - Dxy^2;
                        curvature_ratio = (Tr_H^2)/Det_H; % 计算主曲率
                        if ((Det_H >= 0) & (curvature_ratio < curvature_threshold))
                        % 并出边缘点，值为 1 处表明为特征点
                          curve_keypoints = [curve_keypoints; raw_keypoints(end,:)];
                          loc{octave,interval}(y,x) = 1;
                          keypoint_count = keypoint_count + 1;
                        end
                      end
                    end
                  end
                end
              end
            end
          end
        end
keypoint_time = toc;
clear raw_keypoints contrast_keypoints curve_keypoints;
g = gaussian_filter( 1.5 * absolute_sigma(1,intervals+3) / subsample(1) );
zero_pad = ceil( length(g) / 2 );
tic;
% 梯度大小及方向计算
mag_thresh = zeros(size(gauss_pyr));
mag_pyr = cell(size(gauss_pyr));
grad_pyr = cell(size(gauss_pyr));
for octave = 1:octaves
    for interval = 2:(intervals+1)
        diff_x = 0.5 * (gauss_pyr{octave,interval}(2:(end-1),...
3:(end)) - gauss_pyr{octave,interval}(2:(end-1),1:(end-2)));
        diff_y = 0.5 * (gauss_pyr{octave,interval}(3:(end),2:(end-1)) - ...
gauss_pyr{octave,interval}(1:(end-2),2:(end-1)));
        % 计算梯度的大小
        mag = zeros(size(gauss_pyr{octave,interval}));
        mag(2:(end-1),2:(end-1)) = sqrt( diff_x .^ 2 + diff_y .^ 2 );
        % 在金字塔中存储梯度大小，以零填充
        mag_pyr{octave,interval} = zeros(size(mag) + 2 * zero_pad);
        mag_pyr{octave,interval}((zero_pad+1):(end-zero_pad),...
(zero_pad+1):(end-zero_pad)) = mag;
        % 计算梯度方向
        grad = zeros(size(gauss_pyr{octave,interval}));
        grad(2:(end-1),2:(end-1)) = atan2( diff_y, diff_x );
        grad(find(grad == pi)) = -pi;
        % 在金字塔中存储梯度方向，以零填充
```

```
        grad_pyr{octave,interval} = zeros(size(grad) + 2 * zero_pad);
        grad_pyr{octave,interval}((zero_pad + 1):(end - zero_pad),…
(zero_pad + 1):(end - zero_pad)) = grad;
    end
end
clear mag grad;
grad_time = toc;
num_bins = 36; % 直方图柱个数
hist_step = 2 * pi/num_bins; % 每个直方图相邻度数间隔
hist_orient = [ - pi:hist_step:(pi - hist_step)]; % 直方图分布
pos = []; % 特征点位置
orient = []; % 特征点方向
scale = []; % 特征点所在尺度大小
tic;
for octave = 1:octaves
    for interval = 2:(intervals + 1)
        keypoint_count = 0;
        g = gaussian_filter( 1.5 * absolute_sigma(octave,interval)/subsample(octave) );
        hf_sz = floor(length(g)/2);
        g = g' * g;
        loc_pad = zeros(size(loc{octave,interval}) + 2 * zero_pad);
        loc_pad((zero_pad + 1):(end - zero_pad),(zero_pad + 1):(end - zero_pad)) = loc{octave,interval};
        [iy ix] = find(loc_pad = = 1);
        for k = 1:length(iy)
            x = ix(k);
            y = iy(k);
            wght = g. * mag_pyr{octave,interval}((y - hf_sz):(y + hf_sz),(x - hf_sz):(x + hf_sz));
            grad_window = grad_pyr{octave,interval}((y - hf_sz):(y + hf_sz),(x - hf_sz):(x + hf_sz));
            orient_hist = zeros(length(hist_orient),1);
            for bin = 1:length(hist_orient)
               % 计算方向差
               diff = mod( grad_window - hist_orient(bin) + pi, 2 * pi ) - pi;
               % 对直方图柱图进行统计
               orient_hist(bin) = orient_hist(bin) + sum(sum(wght. * max(1 - abs(diff)/hist_step,0)));
            end
            % 通过非最大值抑制寻找方向直方图中峰值
            peaks = orient_hist;
            rot_right = [ peaks(end); peaks(1:end - 1) ];
            rot_left = [ peaks(2:end); peaks(1) ];
            peaks( find(peaks < rot_right) ) = 0;
            peaks( find(peaks < rot_left) ) = 0;
            % 标注峰值处的数值及索引值
            [max_peak_val ipeak] = max(peaks);
            peak_val = max_peak_val;
```

```
            while( peak_val > 0.8 * max_peak_val ) % 求取第二个主方向
             A = [];
             b = [];
             for j = -1:1
                 A = [A; (hist_orient(ipeak) + hist_step * j).^2 (hist_orient(ipeak) + hist_step * j) 1];
                 bin = mod( ipeak + j + num_bins - 1, num_bins ) + 1;
                 b = [b; orient_hist(bin)];
             end
             c = pinv(A) * b;
             max_orient = -c(2)/(2 * c(1));
             while( max_orient < -pi )
                max_orient = max_orient + 2 * pi;
             end
             while( max_orient >= pi )
                max_orient = max_orient - 2 * pi;
             end
             % 存储特征点的位置、方向和尺度信息
             pos = [pos; [(x - zero_pad) (y - zero_pad)] * subsample(octave) ];
             orient = [orient; max_orient];
             scale = [scale; octave interval absolute_sigma(octave,interval)];
             keypoint_count = keypoint_count + 1;
             peaks(ipeak) = 0;
             [peak_val ipeak] = max(peaks);
          end
       end
    end
end
clear loc loc_pad;
orient_time = toc;
orient_bin_spacing = pi/4;
orient_angles = [-pi:orient_bin_spacing:(pi - orient_bin_spacing)];
grid_spacing = 4;
[x_coords y_coords] = meshgrid( [-6:grid_spacing:6] );
feat_grid = [x_coords(:) y_coords(:)]';
[x_coords y_coords] = meshgrid( [-(2 * grid_spacing - 0.5):(2 * grid_spacing - 0.5)] );
feat_samples = [x_coords(:) y_coords(:)]';
feat_window = 2 * grid_spacing;
desc = [];
for k = 1:size(pos,1)
    x = pos(k,1)/subsample(scale(k,1));
    y = pos(k,2)/subsample(scale(k,1));
    % 将坐标值方向旋转至特征主方向
    M = [cos(orient(k)) -sin(orient(k)); sin(orient(k)) cos(orient(k))];
    feat_rot_grid = M * feat_grid + repmat([x; y],1,size(feat_grid,2));
```

```
    feat_rot_samples = M * feat_samples + repmat([x; y],1,size(feat_samples,2));
    feat_desc = zeros(1,128);
    for s = 1:size(feat_rot_samples,2)
        x_sample = feat_rot_samples(1,s);
        y_sample = feat_rot_samples(2,s);
        [X Y] = meshgrid( (x_sample - 1):(x_sample + 1), (y_sample - 1):(y_sample + 1) );
        J = gauss_pyr{scale(k,1),scale(k,2)};
        [m,n] = size(J);
        G = interp2(1:m,1:n,gauss_pyr{scale(k,1),scale(k,2)}, X, Y, 'linear' );
        G(find(isnan(G))) = 0;
        diff_x = 0.5 * (G(2,3) - G(2,1));
        diff_y = 0.5 * (G(3,2) - G(1,2));
        mag_sample = sqrt( diff_x^2 + diff_y^2 );
        grad_sample = atan2( diff_y, diff_x );
        if grad_sample = = pi
            grad_sample = - pi;
        end
        % 计算 x、y 方向的权值
        x_wght = max(1 - (abs(feat_rot_grid(1,:) - x_sample)/grid_spacing), 0);
        y_wght = max(1 - (abs(feat_rot_grid(2,:) - y_sample)/grid_spacing), 0);
        pos_wght = reshape(repmat(x_wght. * y_wght,8,1),1,128);
        diff = mod( grad_sample - orient(k) - orient_angles + pi, 2 * pi ) - pi;
        orient_wght = max(1 - abs(diff)/orient_bin_spacing,0);
        orient_wght = repmat(orient_wght,1,16);
        % 计算高斯权值
        g = exp( - ((x_sample - x)^2 + (y_sample - y)^2)/(2 * feat_window^2))/(2 * pi * feat_window^2);
        % 统计方向直方图
        feat_desc = feat_desc + pos_wght. * orient_wght * g * mag_sample;
    end
    feat_desc = feat_desc / norm(feat_desc);
    feat_desc( find(feat_desc > 0.2) ) = 0.2;
    feat_desc = feat_desc / norm(feat_desc);
    desc = [desc; feat_desc];
end
desc_time = toc;
sample_offset = - (subsample - 1);
for k = 1:size(pos,1)
    pos(k,:) = pos(k,:) + sample_offset(scale(k,1));
end
if size(pos,1) > 0
    scale = scale(:,3);
end
% 高斯滤波函数
function [g,x] = gaussian_filter( sigma, sample )
```

```
    sample = 3.5;
    if ~exist('sample')
        sample = 7.0/2.0;
    end
    % 设置滤波阈值
    n = 2 * round(sample * sigma) + 1;
    % x值生成
    x = 1:n;
    x = x - ceil(n/2);
    % 根据高斯函数样本来生成滤波阈值
    g = exp( - (x.^2)/(2 * sigma^2))/(sigma * sqrt(2 * pi));
end
```

特征点提取结果如图 6-29 所示，以红色十字标出。

(a) 参考图片

(b) 待配准图片

图 6-29 参考图片和待配准图片中特征点分布

6.5.3 SIFT 特征向量的配准

图像配准技术是图像拼接的核心部分，同时它作为机器视觉的基本问题之一，在目标跟踪、立体匹配、目标和场景识别及产品缺陷检测等很多领域都是一个重点研究课题。特征空间、相似性度量和搜索策略作为图像的三要素是进行图像配准的主要研究内容。三要素所包含的基本图像处理内容如表 6-2 所示。众多的匹配算法均由这三要素组合而成，大体可分为基于区域、基于特征和基于解释的三种匹配方式。

表 6-2 图像配准三要素包含的图像处理

特 征 空 间	相似性度量	搜 索 策 略
特征点	相关系数	迭代点匹配
灰度	归一化相关系数	能量最小化
边缘	汉明距离、欧氏距离	模拟退火
模型	绝对差值和、熵值	神经网络、遗传算法
高层匹配	最小距离分类器	树图匹配

(1) 基于特征描述子夹角的初始匹配

当 SIFT 特征向量生成后，通常情况下使用关键点特征向量的欧式距离来作为两幅图像中关键点的相似性判定度量，即取参考图像中的某个关键点，并找出其与待配准图像中欧式距离最近的前两个关键点，在这两个关键点中，如果最近的距离除次近的距离小于某个比例阈值，则接受这一对匹配点。

设特征描述子为 N 维，则两个特征点的特征描述子 d_i 和 d_j 之间的欧氏距离如式（6-31）所示。

$$d(i,j)=\sqrt{\sum_{m=1}^{N}(d_i(m)-d_j(m))^2} \tag{6-31}$$

基于欧氏距离的特征粗匹配：

```
function [pt1,pt2] = features_matching( database, desc,  dist_ratio , pos1 , pos2 );
num = 1;
for k = 1:size(desc,1)
    %求取特征点之间的欧式距离
    dist   = sqrt(sum((database.desc - repmat(desc(k,:),size(database.desc,1),1)).^2,2));
    [B,IX] = sort(dist); %按大小排序
    if B(1)/B(2) >= dist_ratio
        idx = 0;
    else
        pt22(num,:) = pos2(k,:);
        pt11(num,:) = pos1(IX(1),:);
        num = num + 1;
    end
end
[B1,IX] = sort(pt11(:,1));
Pt1 = pt11(IX,:);
Pt2 = pt22(IX,:);
k = 1;
%按照距离比大小得到匹配点
for i = 2:num-1
      Dist =  sqrt((Pt1(i,1) - Pt1(i-1,1))^2 +(Pt1(i,2) - Pt1(i-1,2))^2);
      if Dist > 3
          pt1(k,:) = Pt1(i,:);
          pt2(k,:) = Pt2(i,:);
          k = k + 1;
      end
end
%逆向距离匹配
[B1,IX] = sort(pt2(:,1));
Pt1 = pt1(IX,:);
Pt2 = pt2(IX,:);
kk = 1;
pt1 = [];
pt2 = [];
for i = 2:k-1
    Dist =  sqrt((Pt2(i,1) - Pt2(i-1,1))^2 +(Pt2(i,2) - Pt2(i-1,2))^2);
```

```
        if Dist > 3
                pt1(kk,:) = Pt1(i,:);
                pt2(kk,:) = Pt2(i,:);
                kk = kk + 1;
        end
    end
```

粗匹配结果如图 6-30 所示，以红色直线连接对应匹配点：

图 6-30　粗匹配结果

(2) RANSAC 剔除误匹配点

RANSAC 是一种经典的去外点方法，它可以利用特征点集的内在约束关系来去除错误的匹配。其思想如下：首先随机地选择两个点，这两个点就确定了一条直线，将这条直线的一定距离范围内的点称为这条直线的支撑，随机地选择重复次数，然后具有最大支撑集的直线被确定为是此样本点集合的拟合，在拟合的距离范围内的点被认为是内点，反之为外点。如图 6-31 所示，黑色圆点为内点，三角为外点。所画的几条直线中直线 b 所获得的内点较多，它就是这个集合的最佳估计，并有效地剔除了外点。

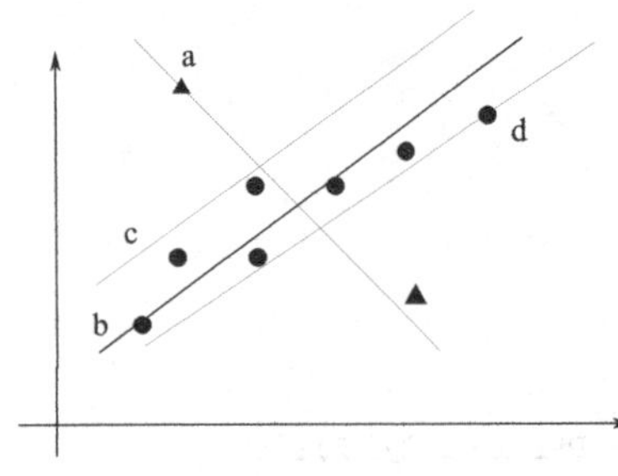

图 6-31　RANSAC 拟合直线

具体计算步骤如下：

① 重复 N 次随机采样。

② 随机选取不在同一直线上的四对匹配点，线性地计算变换矩阵 H。

③ 计算每个匹配点经过矩阵变换后到对应匹配点的距离 d。

④ 设定一距离阈值 D，通过与阈值的比较，确定有多少匹配点与 H 一致，把满足 abs$(d)<D$ 的点作为内点，并在此内点集合中重新估计 H。

RANSAC 去除误匹配点：

```
function [corners1 corners2] = Ransac(m1,m2,Nmax,Dist)
  foundNum = 0;count = 0;
  ptNum = size(m1,1);
  foundFlag =   zeros(ptNum,1);
  bestNum = 0;
  for i = 1:ptNum
      X1(1,i) = m1(i,1); %水平坐标
      X1(2,i) = m1(i,2); %垂直坐标
```

```
        X1(3,i) =  1 ;
    end
    while (count<Nmax)
        randIndex = ceil(randomMulti(ptNum));
        %生成计算透视矩阵的随机点
        for i = 1:4
            randPt1(1,i) = m1(randIndex(i),1);
            randPt1(2,i) = m1(randIndex(i),2);
            randPt2(1,i) = m2(randIndex(i),1);
            randPt2(2,i) = m2(randIndex(i),2);
        end
        H = cp2tform(randPt1',randPt2','projective');
        X1_H = H.tdata.T'* X1; %通过变换矩阵变换
        for  i = 1:ptNum
            temp0 = X1_H(1,i)/X1_H(3,i) - m2(i,1);
            temp1 = X1_H(2,i)/X1_H(3,i) - m2(i,2);
            distn = sqrt(temp0^2 + temp1^2);
            if  distn < Dist
                foundNum = foundNum + 1;
                foundFlag(i) = 1;
            end
        end
        if (foundNum> bestNum) %得到合适点大于设定阈值
            bestNum = foundNum;
            bestFlag = foundFlag;
        end
        foundNum   = 0;
        foundFlag = zeros(ptNum,1);
        count      = count + 1;
    end
    i = 1;
    for k = 1:ptNum
        if bestFlag(k) = = 1
            corners1(i,1) = m1(k,1); %水平坐标
            corners1(i,2) = m1(k,2); %水平坐标
            corners2(i,1) = m2(k,1); %垂直坐标
            corners2(i,2) = m2(k,2); %垂直坐标
            i = i + 1;
        end
    end
end
%随机求取四个点对,其中任意三点不在一条直线上
function R = randomMulti(ptNum)
    R = randi(ptNum,1,4);
```

```
    while (R(1,1) = = R(1,2)| R(1,1) = = R(1,3)| R(1,1) = = R(1,4)| R(1,2) = = R(1,3)| R(1,2) =
= R(1,4)| R(1,3) = = R(1,4)| ...
            | R(1,1) = = 0 | R(1,2) = = 0 | R(1,3) = = 0 | R(1,4) = = 0)
    R = randi(ptNum,[1,4]);
    end
end
%随机求取四个点子函数
function matrix = randi(num,a,b)
  vector = randsample(num,a * b);
  matrix = reshape(vector,a,b);
end
```

去除误匹配结果如图 6-32 所示，以黄色直线连接对应特征点。

图 6-32　RANSAC 去除误匹配

6.5.4　图像融合

图像配准的过程就是要找出待配准图像和参考图像之间的变换关系，根据变换关系将待配准图像进行变换，使两幅图像内容的相同部分能够在同一坐标系下大小方向等信息都相同，最后再进行融合，因此在图像配准的过程中找出两幅图像之间的畸变关系并对待配准图像进行校正是非常重要的一个步骤。

(1) 变换矩阵计算

对于两幅待拼接图像 I_1 和 I_2，它们之间可能存在的变换关系包括平移、缩放和旋转等。这几个形变之间的结合构成了几种图像变换方式。其中能满足所有图像变换关系的模型称为透视变换，我们的目的就是将两幅图像之间的形变关系明朗化，通过一个单应性矩阵建立转换机制。变换矩阵通常用 H 表示，如式（6-32）所示：

$$H = \begin{bmatrix} h'_{11} & h'_{12} & h'_{13} \\ h'_{21} & h'_{22} & h'_{23} \\ h'_{31} & h'_{32} & h'_{33} \end{bmatrix} \tag{6-32}$$

在齐次性坐标中将 h'_{33} 归一化，得到式（6-33）：

$$H = \begin{bmatrix} h_{11} & h_{12} & h_{13} \\ h_{21} & h_{22} & h_{23} \\ h_{31} & h_{32} & 1 \end{bmatrix} \tag{6-33}$$

在 H 中共有 8 个自由度，h_{11}，h_{12}，h_{21}，h_{22} 是旋转、缩放因子；h_{13} 和 h_{23} 对应水平

和垂直方向的平移因子；h_{31} 和 h_{32} 是图像间的仿射变换因子。常用的几种变换模型都是通过这些因子的不同取值得到的，表 6-3 详细列出了它们之间的关系。

表 6-3　图像变换模型参数

透视变换	h_{11}	h_{12}	h_{13}	h_{21}	h_{22}	h_{23}	h_{31}	h_{32}
平移变换	1	0	x_0	0	1	y_0	0	0
旋转变换	$\cos\theta$	$-\sin\theta$	0	$\sin\theta$	$\cos\theta$	0	0	0
刚性变换	$\cos\theta$	$-\sin\theta$	x_0	$\sin\theta$	$\cos\theta$	y_0	0	0
相似变换	$r\cos\theta$	$-r\sin\theta$	x_0	$r\sin\theta$	$r\cos\theta$	y_0	0	0
仿射变换	h_{11}	h_{12}	h_{13}	h_{21}	h_{22}	h_{23}	0	0

图像间存在的变换关系主要包括刚体变换、相似变换、仿射变换等。图 6-33 以一个正方形为例，直观展现了不同变换的大体形态。图像在经过透视变换后，不能保证原始平行线之间的平行关系。真实场景中的图像拼接由于手持相机的不稳定性及运动等一些外界因素，经常会遇到变形的问题。透视变换是图像间存在的最普遍的变换。可以描述图像之间的平移、旋转、角度变换和缩放等各种关系。

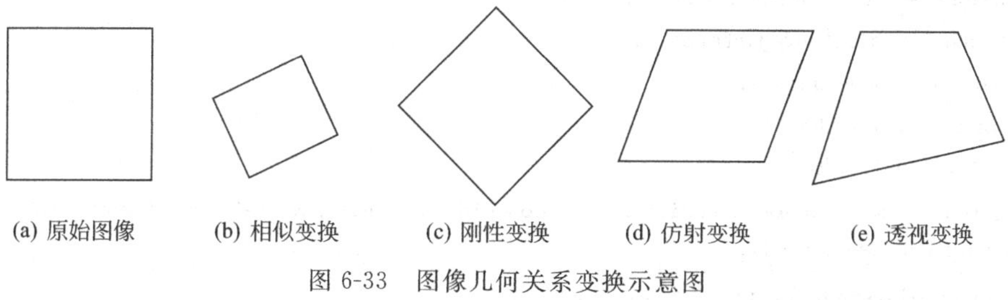

(a) 原始图像　(b) 相似变换　(c) 刚性变换　(d) 仿射变换　(e) 透视变换

图 6-33　图像几何关系变换示意图

前面的匹配步骤得到的匹配点集经过优化匹配的处理之后，对于线外点，绝大部分被去除掉了，剩下的匹配点对基本满足变换条件。设经过优化处理后的点集合矩阵为 $4\times K$（矩阵的前两行是参考图像的匹配点的坐标，矩阵的后两行对应的是待拼接图像的匹配点的坐标，并且这里每一列的两个点对是匹配的）大小，经过点的提纯以后点集内匹配点的数目小于初始匹配的点数 N。从精确配准点集中利用 randsample 函数随机挑选出 n 个点对（n 的大小取决于图像的变换模型），按照变换模型的要求对待配准图像进行变换，如果两幅图像之间满足仿射变换，则提取出 3 对匹配点，然后代入仿射变换公式，计算出仿射变换矩阵，这样将待拼接图像变换到参考图像的坐标系内，从而完成待拼接图像的变换。

(2) 灰度差值方法

在获得变换矩阵之后，通过将待配准图像根据变换矩阵投影到参考图像上即可实现图像的拼接。但是由于图像采集所带来的光照、视野等的差异，拼接好的两幅图片在相结合的部分会出现明显的拼接缝隙，图像融合技术就是为了消除这条接缝。融合策略的选择应当满足两方面的要求：拼合边界过渡应平滑，消除拼合接缝实现无缝拼接；尽量保证不因拼合处理而损失原始图像的信息。目前人们主要采用的融合方法有直接平均法、加权平均法和中值滤波法等。这里采用的是精度较高的加权平均融合法。

加权平均融合法对图像重叠区域的像素值先进行加权后再叠加平均。假设现在为两幅图像中的重叠部分分别定义一个权值，取为 a_1 和 a_2，a_1 和 a_2 都属于(0,1)，且 $a_1+a_2=1$。

那么选择合适的权值，就能够使重叠区域实现平滑的过渡。如式（6-34）所示，I_1和I_2分别代表待拼接的两幅图像，I代表融合后的图像。

$$I(x,y)=\begin{cases} I_1(x,y) & (x,y)\in S_1 \\ a_1(I_1(x,y))+a_2(I_2(x,y)) & (x,y)\in S_{12} \\ I_2(x,y) & (x,y)\in S_2 \end{cases} \tag{6-34}$$

式中，S_1表示参考图像中未与待配准图像重叠的部分；S_2表示待配准图像中未与参考图像重叠的部分；S_{12}表示两幅图像重叠的部分。

在权值的选取上采用渐入渐出法。即在重叠部分由第一幅图像慢慢过渡到第二幅图像。设式（6-34）中的a_1和a_2为渐变因子，其取值范围均限制在(0,1)之间且$a_1+a_2=1$。则在重叠的部分中，a_1由 1 渐渐过渡到 0，a_2由 0 渐渐过渡到 1，通过这样渐进的变化使重叠部分进行了融合。通常情况下a_1的取值为重叠区图像宽度的倒数。

加权融合：

```
function OUT = LMBlending(baseimage,unregistered,corners1,corners2)
%输入参数为参考图像、待配准图像及选定匹配点
t_concord = cp2tform(corners2,corners1,'projective');
%待配准图像高及宽
info.Height = size(unregistered,1);
info.Width  = size(unregistered,2);
dH = round(info.Height/2);
dW = round(info.Width/2);
%对参考图像进行变换
registered = imtransform(unregistered,t_concord, 'nearest','XData',[ - dW info.Width* 1.5], '
YData',[ - dH info.Height * 1.5]);
f1 = sum(registered(:,:,1));
f2 = sum(registered(:,:,1)');
T1 = find(f1>1);T2 = find(f2>1);
Dleft = T1(1);Dright = T1(end);
Dup = T2(1);Ddown = T2(end);
%重叠部分像素值处理
for row = 1:info.Height
    for col = 1:info.Width
        if(registered(row + dH,col + dW,1)~ = 0)
            dx = info.Height - row;dy   = info.Width - col;
            dHmin = min(dx,row);  dWmin = min(dy,col);
            %计算图像重叠区域
            Dmin1 = min(dWmin,dHmin);
            Dx = min(row + dH - Dup,Ddown - row - dH);
            Dy = min(col + dW - Dleft,Dright - col - dW);
            Dmin2 = min(Dx,Dy);
            temp0 = (Dmin1 + Dmin2);
            %渐变系数计算
            k1 = double(Dmin2/temp0);
            k2 = double(Dmin1/temp0);
```

```
            %插值计算
            registered(row + dH,col + dW,:) =  double(registered(row + dH,col + dW,:) * k1 +
baseimage(row,col,:) * k2);
        else
            %像素值直接覆盖
            registered(row + dH,col + dW,:) = double(baseimage(row,col,:));
        end
    end
end
f1 = sum(registered(:,:,1));
f2 = sum(registered(:,:,1)');
T1 = find(f1>1);T2 = find(f2>1);
OUT = registered(T2(1):T2(end),T1(1):T1(end),:);
```

图 6-34 显示了最终的融合结果。

图 6-34　加权融合结果

调用以上模块的主程序如下：

```
clear all;close all;clc;
%读入处理图像
ors1 = imread('11.bmp');
ors2 = imread('12.bmp');
[H L M] = size(ors1);
if M = = 3 %转为灰度图像
    im1 = rgb2gray(im2double(ors1));
    im2 = rgb2gray(im2double(ors2));
else
    im1 =  im2double(ors1) ;
    im2 =  im2double(ors2) ;
end
%参数设置
intervals = 3;
scl = 1.5;
dist_ratio = 0.8;
octaves1 = floor(log(min(size(im1)))/log(2) - 2);
octaves2 = floor(log(min(size(im2)))/log(2) - 2);
```

```
object_mask1   = ones(size(im1));
object_mask2   = ones(size(im2));
contrast_threshold = 0.02;
curvature_threshold = 10;
interactive = 2;
%特征检测
[pos1 scale1 orient1 desc1 ] = features_detection( im1, octaves1, intervals, object_mask1, contrast_threshold, curvature_threshold, interactive);
[pos2 scale2 orient2 desc2 ] = features_detection( im2, octaves2, intervals, object_mask2, contrast_threshold, curvature_threshold, interactive);
db = add_features_db( im1, pos1, scale1, orient1, desc1 );
%特征匹配
[pt1,pt2]= features_matching( db, desc2, dist_ratio , pos1 , pos2);
%粗匹配结果
[h1 l1] = size(im1);
[h2 l2] = size(im2);
h3 = max(h1,h2);l3 = max(l1,l2);
im3 = zeros(h3,l3+10);
im3(1:h1,1:l1) = im1;
im3(1:h2,l1+10:l1+10+l2-1) = im2;
[hh ll] = size(pt1);
figure,imshow(im3),title('粗匹配结果');
for i=1:hh
    line([pt1(i,1) l1+10+pt2(i,1)],[pt1(i,2) pt2(i,2)],'Color',[1 0 0],'LineWidth',1);
end
%RANSAC 去误匹配
[corners1 corners2] = Ransac(pt1,pt2,200,1);
figure,imshow(im3),hold on,colormap gray,title('Ransac 去错结果');
for n = 1:length(corners2);
    line([corners1(n,1) corners2(n,1) + 10 + l1],[corners1(n,2) corners2(n,2)],'Color',[1 1 0]);
end
%图像拼接
ImageBlenging = LMBlending(ors1,ors2,corners1,corners2);
figure,imagesc(ImageBlenging),title('LM 加权融合结果'),colormap gray;
```

习题与思考题

6-1 简述飞机红外图像识别中用到的五个红外特征量各自的作用。

6-2 可视密码共享中，如果实现(4,5)门限的可视密码分享，程序将如何编写？

6-3 已知图像 $M=\begin{bmatrix}68 & 20 & 126 & 90\\70 & 130 & 180 & 170\\100 & 150 & 240 & 210\\168 & 200 & 50 & 80\end{bmatrix}$。根据 Arnold 置乱算法的原理，试计算出

图像 M 经过 2 次置乱后的图像 N。

6-4　简述基于灰度图像配准方法的基本思想及其优缺点。

6-5　SIFT 对图像尺度变化和旋转具备不变性。并且，由于构造 SIFT 特征时，在很多细节上进行了特殊处理，使 SIFT 对图像的复杂变形和光照变化具有了较强的适应性，试总结这些特殊处理有哪些。

第 7 章　数字图像处理软件设计

MATLAB 不仅能进行科学计算，又能方便快速地开发出所需的图形界面。如果用户想向他人提供应用程序，制作一个能反复使用且操作简单的工具，或者想进行某种方法、技术的演示，那么设计图形用户界面是一个必不可少的环节。同时，MATLAB 丰富的功能还可以将其压缩打包为 . exe 文件，具有潜在的商业价值。本章主要讲述数字图像处理软件界面的设计方法、设计过程及需要解决的关键技术问题。

7.1　图形用户界面设计

用户界面是指人与程序或者是机器之间交互作用的工具，图形用户界面（GUI）也是这个意思，把窗口、菜单、按键、文字说明等对象结合在一起，就构成一个用户界面。用户只需通过鼠标或者是键盘与计算机前台这些控件发生交互，而所有运算、画图等操作都封装在了内部，用户无需了解这些复杂的代码执行过程。图像用户界面大大提高了用户使用程序的简单性和方便性。

不同的用户针对不同的需求，设计出的界面是千差万别的。设计一个界面时一般考虑以下四个原则：

① 简单性　简洁而又清新地体现界面功能和特征，避免杂乱无章。

② 一致性　界面要求和已经存在的界面风格保持一致。

③ 习常性　设计时，尽量使用大家熟悉的标志。

④ 其他因素　主要是指界面的动态性能，包括界面的响应速度，运算过程中是否允许中断等。

为了能获得比较满意的图形界面，在设计过程中一般执行如下操作步骤：

① 明确设计任务，对设计的界面所要实现的功能清晰明了。

② 构思草图，按照上述设计原则，上机操作实现。

③ 编写相应的程序代码，实现各项功能。

针对 MATLAB，GUI 的实现有两种方式：一种是基于全脚本的实现，全脚本方法实现的 GUI 是利用 uicontrol、uimenu、uicontextmenu 等函数编写 M 文件的方式来开发的，具有可以充分反复使用同一个 M 代码，具有代码的通用性高等优点，可以建立比较复杂的界面，并且不会额外产生一个 . fig 文件，因为这种方法是基于代码实现的，所以对 MATLAB 基础较为一般的初学者不易上手；另外一种方法就是基于 MATLAB 自带的 GUI 设计工具 GUIDE 设计方法，这种方法虽然相比全脚本的方法在复杂度和美观上有所差距，但是设计比较简单，相关控件可以随便拖用，使用比较方便，GUIDE 会生成一个 . fig 文件的同时还会生成一个 M 文件，该 M 文件包含了 fig 中控件的 Callback 函数，该方法思路清晰，容易操作，在要求不是很高的时候，是一种首选的创建方法。在这里，主要介绍一下后者。

7.1.1　控件对象的创建及其类型

首先确定使用较新的 MATLAB 版本，较低版本没有工具编辑器，本文使用的版本是

MATLAB R2010b。1.4 节中，已经介绍了 MATLAB 各个窗口还有工具栏、菜单栏，下面开始制作界面。首先运行 MATLAB 软件，如图 7-1 所示，在（Command Window）命令窗口输入 guide 命令，或者在工具栏点击，会弹出 GUIDE 设计界面，用户可以选择创建一个新的 GUI 程序或者打开已有的 GUI 程序。如图 7-2 所示。

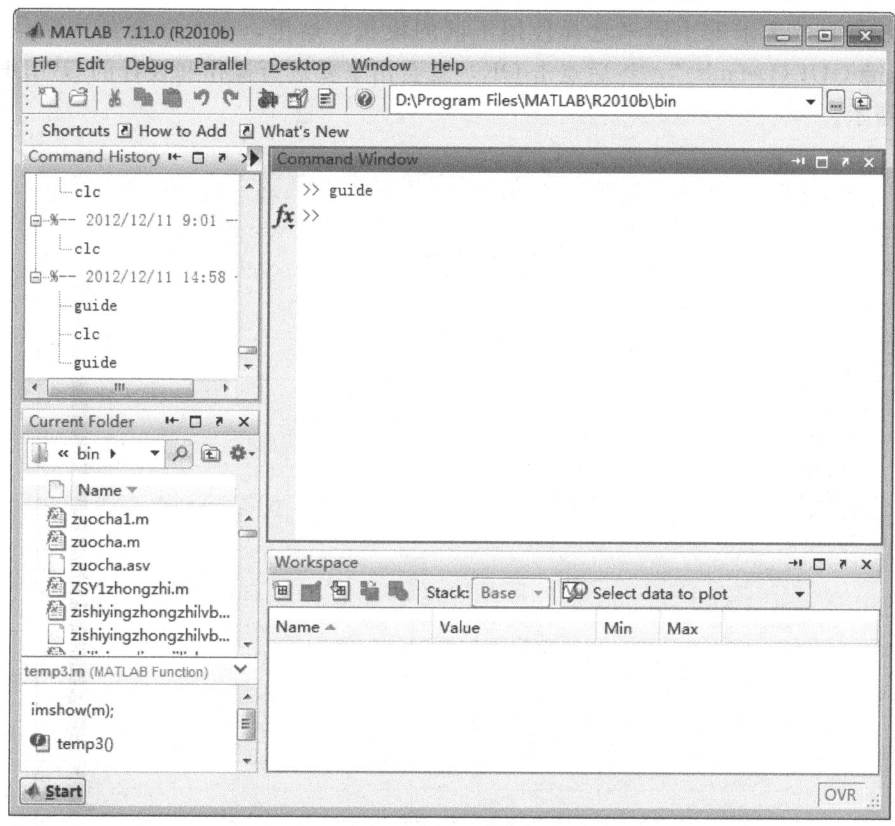

图 7-1　“guide”命令打开 GUIDE

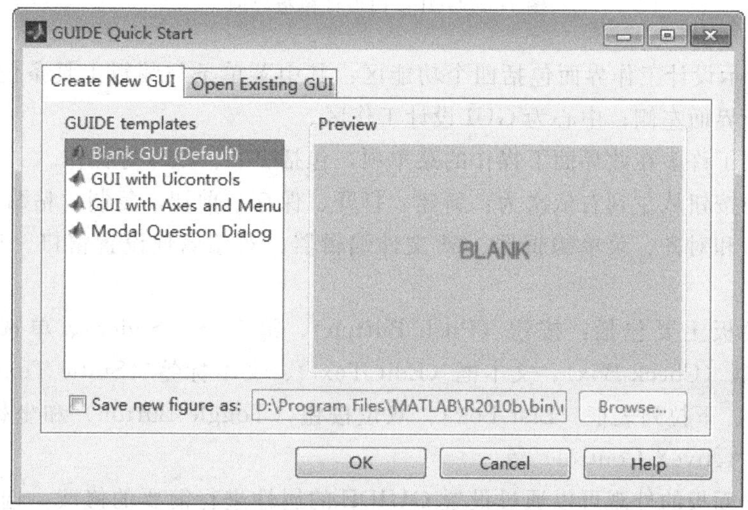

图 7-2　“GUI Quick Start”对话框

从图 7-2 可以看到，MATLAB 给提供了四种新建界面类型：

① 空白模板（Blank GUI）。

② 带控件对象的 GUI 模板（GUI with Uicontrols）。

③ 带坐标轴和菜单的模板（GUI with Axes and Menu）。

④ 带模式问题对话框的模板（Modal Question Dialog）。

可以根据自己需求的不同来选择使用不同的模板，这里，单击选择使用默认的空白模板 “Blank GUI (Default)”，然后点击 OK，就会出来要进行操作和设计的 GUIDE 界面，如图 7-3 所示。

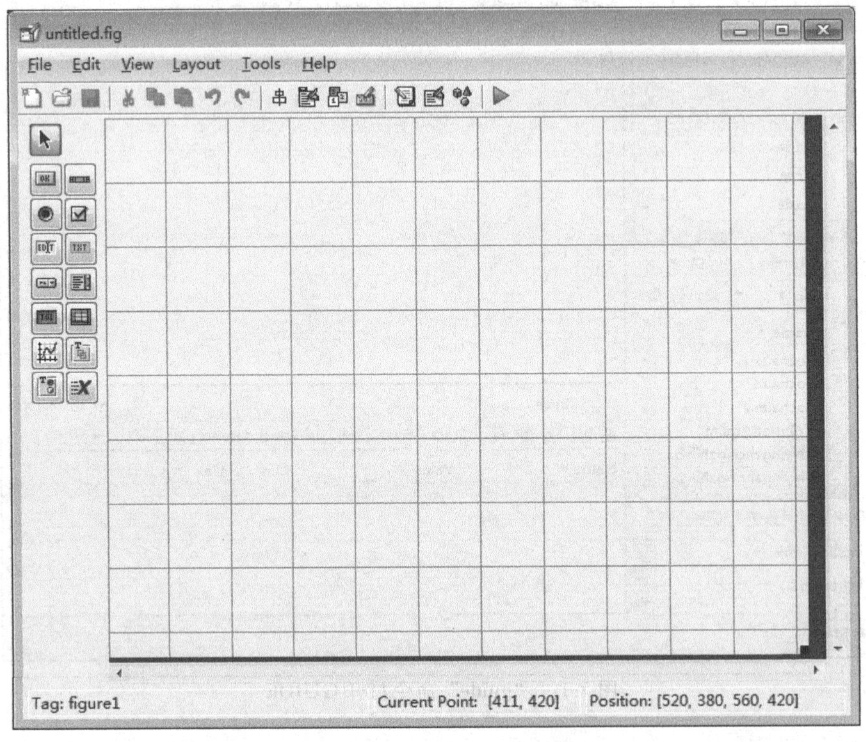

图 7-3　GUI 空白设计模板界面

图 7-3 中所示设计工作界面包括四个功能区：其中菜单条与编辑工具条位于界面顶部；控件模板区位于界面左侧；中心为 GUI 设计工作区。

菜单条提供了许多在此界面下操作的菜单项，包括 File、Edit 等操作。

工具条中的按钮从左到右依次为：新建、打开、保存、剪切、复制、粘贴、撤销、返回撤销、对象分布和对齐、菜单编辑器、M 文件编辑器、对象属性设置窗口、对象浏览器和 GUI 运行按钮。

左侧控件模板主要包括：按钮（Push Button）、滑动条（Slider）、单选按钮（Radio Button）、复选框（Check Box）、文本框（Edit Text）、文本标签（Static Text）、下拉菜单（Pop-UpMenu）、下拉列表框（List Box）、双位按钮（Toggle Button）和坐标轴（Axes）、ActiveX 控件（ActiveX Control）等。

其中，控件面板的外观可以通过设置 GUIDE 的属性进行简要的修改，选择 GUIDE 中 File 菜单下的 Reference 命令，在弹出的对话框中选择 “Show names in Component Palette”

复选框，如图 7-4 操作所示。

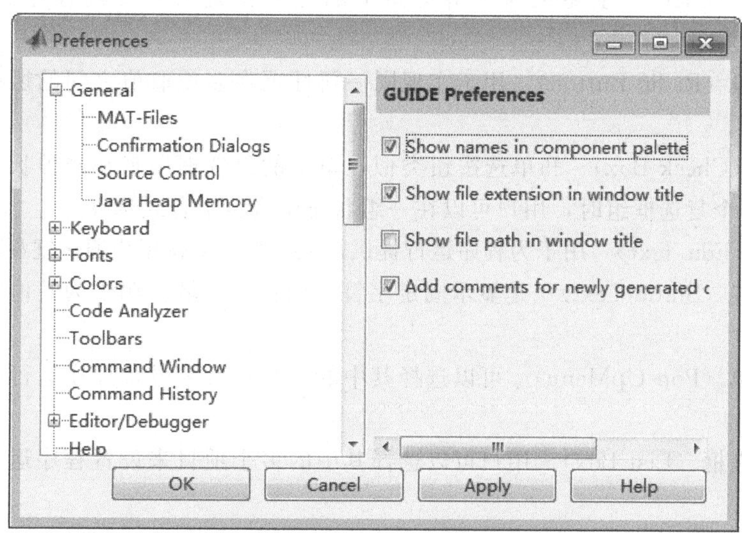

图 7-4　GUIDE 属性对话框

单击 OK，控件面板中在不同的控件旁边会显示相应控件的名称。如图 7-5 所示，左侧控件显示方式已发生变化，更加清晰直观。

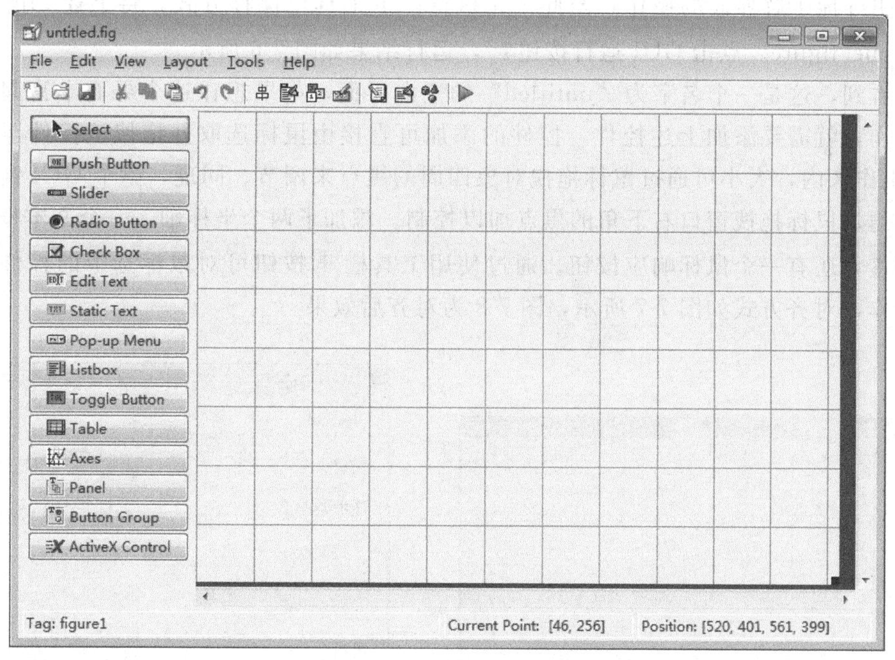

图 7-5　GUI 空白设计模板界面

控件是事件响应的图形界面对象。MATLAB 中的控件大致可分为两种：一种为动作控件，当鼠标点击该控件时会产生相应的响应，如按钮、滑动条等；另一种为静态控件，是一种不产生响应的控件，如文本框、文本标签等。现就上述主要控件，简单地介绍一下主要控件的功能和应用场合。

① 按钮（Push Button） 主要是响应鼠标的单击事件，执行预定的功能。

② 滑动条（Slider） 主要是通过滑动条上的方块位置来改变向程序提供的数值的大小。

③ 单选按钮（Radio Button） 用于实现同一属性项在多项取值之间的切换，经常是多个一组联合使用。

④ 复选框（Check Box） 和单选按钮类似，单个的复选框用来在两种状态间切换，多个复选框组成一个复选框组时，用户可以在一组状态中进行组合式选择。

⑤ 文本框（Edit Text） 用于为程序运行提供输入参数，支持用户通过键盘输入字符串。

⑥ 文本标签（Static Text） 是显示固定字符串的标签区域，用于为其他组件提供解释和说明。

⑦ 下拉菜单（Pop-UpMenu） 可以选择其中的一个项目来设置程序运行时需要的某个输入参数的取值。

⑧ 下拉列表框（List Box） 用户可以选择其中的多个项目来设置程序运行时需要的输入参数。

⑨ 双位按钮（Toggle Button） 主要用于相应鼠标单击事件，一般用于后台程序运行、终止等。

⑩ 坐标轴（Axes） 是图形化显示后台程序运行输出结果的区域，用于显示图形和图像。

⑪ ActiveX 控件（ActiveX Control） 主要用于 MATLAB 和其他应用程序的交互。

为了更好地了解界面的操作，至此，先执行一下工具栏保存方式，将上述 .fig 文件保存为 by _ me. figure。点击 GUI 运行按钮▶，运行结果如图 7-6 所示。

可以看到，这是一个名字为“untitled”的空白界面，如果想让这个界面丰富起来，执行更多操作，就需要添加上述控件。控件的添加可直接由鼠标选取并拖拽该控件至指定的 GUIDE 工作区内，大小可通过鼠标拖拽对象四周的黑点来调节。同理，整个 GUI 窗口的大小也可以通过鼠标拖拽窗口右下角的黑点加以控制。添加了两个坐标轴，一个文本框和静态文本框标签，还有一个鼠标响应按钮。通过使用工具栏 串 按钮可对鼠标选中的控件进行各种对齐操作，对齐方式如图 7-7 所示，图 7-8 为对齐后效果。

图 7-6 初始运行界面效果

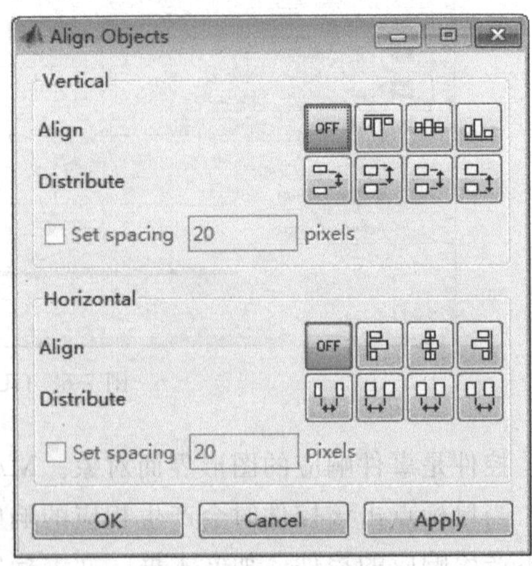

图 7-7 对齐方式窗口

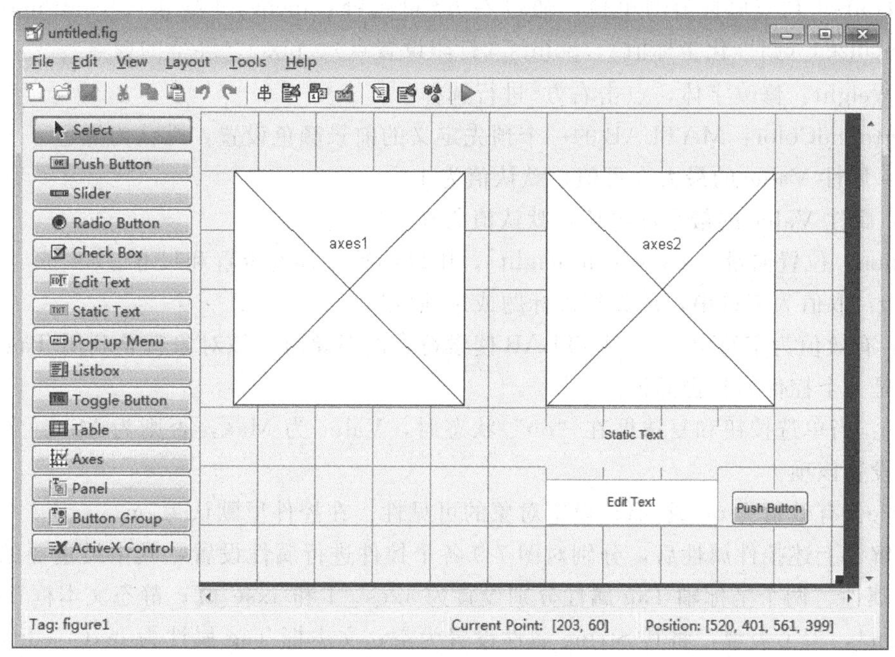

图 7-8　绘制控件

7.1.2　控件对象的属性

每种控件都有一些可以设置的参数，用于表现控件的外形、功能及效果，即属性。属性由两部分组成：属性名和属性值。它们必须是成对出现的。双击该控件或者是借助右击鼠标调出“Property Inspector”属性设置窗口，为了能充分发挥出这些控件的功能，需要对不同控件的属性值进行设置，达到自己要求的效果。不同控件属性稍有不同，以坐标轴控件为例打开其属性窗口，如图 7-9 所示。

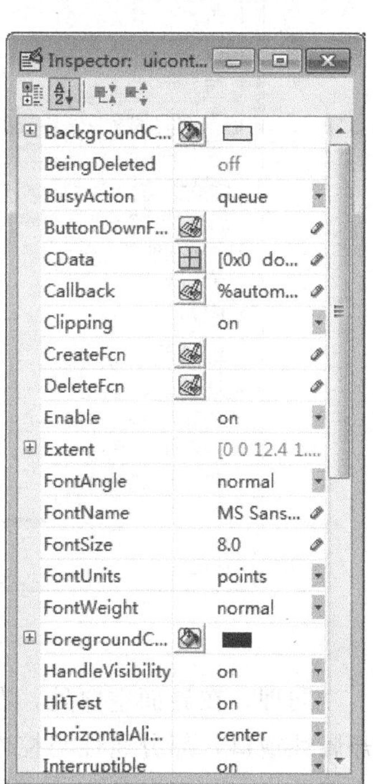

图 7-9　控件属性窗口

下面简单介绍一下各种控件主要的属性含义。

BackgroundColor：三元素的 RGB 向量，默认背景色为浅灰色，点开左边“+”，可根据需求更改颜色，也可以点击该栏后半部空白处进行设置背景颜色。

Callback：MATLAB 回调函数，初始值为空，有效值为字符串；该属性定义当鼠标单击该对象时所要执行的操作，当用户激活某个控件对象时，应用程序就运行该属性定义的子程序。

CreateFcn：有效值为字符串。用于定义当 MATLAB 建立一个菜单对象时所必须执行的操作。

DeleteFcn：有效值为字符串。用于定义当用户删除一个对象时，MATLAB 在该界面更改前必须执行该操作。

Enable：使能设置，有效值为 on 或 off，默认为 on。决定了该功能是否激活。

FontSize：设置字体大小。

FontUnits：位置属性值的单位。通过右方▾可选择：inches（英寸）、centimeters（厘米）、normalized（归一化坐标值）、points（打印设置点）、pixel（屏幕的像素）。

FontWeight：修改字体，点击右方▾进行选择。

ForegroundColor：MATLAB 的一个预先定义的前景颜色设置，默认为黑色。

Max：属性 Value 的最大许可值，默认值为 1。

Min：属性 Value 的最小许可值，默认值为 0。

Position：位置向量 [x y width height]，用以调整控件的位置和尺寸。

String：取值为字符串，定义控件标题或选项内容。

Tag：有效值为字符串；当 MATLAB 搜索符合的对象时，该对象就是利用 Tag 属性来描述的，是一个控件的身份标识。

Value：当单选按钮和复选框在"on"状态时，Value 为 Max，否则为 Min。文本对象和按钮不设置该项。

Visible：有效值为 on 或 off。设定对象的可见性。在控件里默认为 on。

在了解了上述控件属性后，分别对图 7-9 各个控件进行属性设置，其中最重要的为 Tag 和 String 属性。两个坐标轴 Tag 属性分别设置为 axes _ 1 和 axse _ 2；静态文本框 Tag 属性设置为 text4，为了美观，将其 String 属性设置为空；文本框 Tag 属性为 text _ edit，同理，String 属性为空；按钮 Tag 属性为默认，String 属性为"清空"，字体为默认属性，大小由属性 FontSize 设置为 12。如图 7-10 所示。

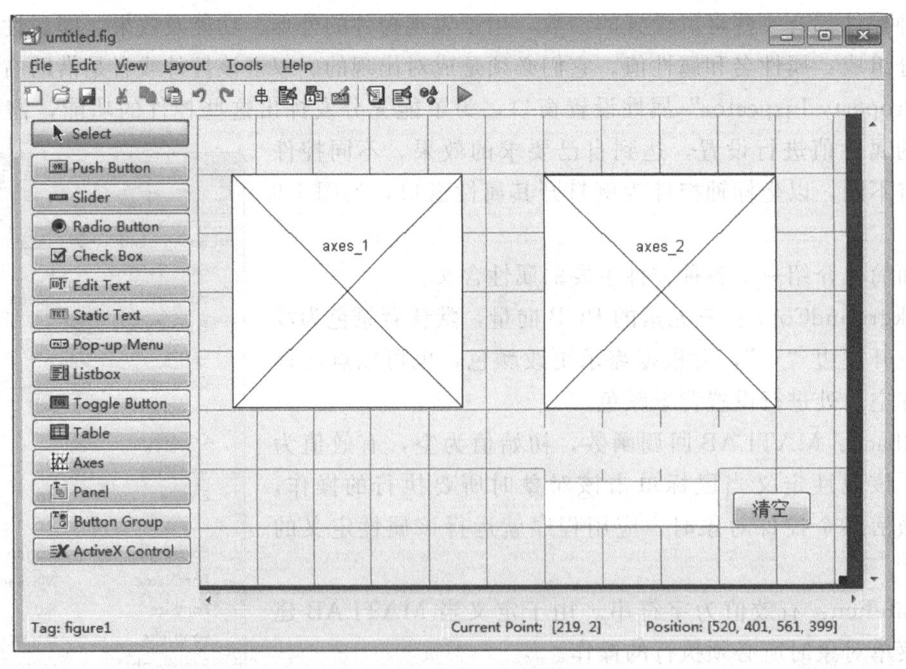

图 7-10 最终界面效果

同理，在界面空白处，右击鼠标，选择"Property Inspector"，或者双击鼠标，可以打开属性窗口，部分属性与控件属性相同。在此对窗口的属性进行操作，如图 7-11 所示，修改当前 figure 窗口的 Name 属性为图像处理界面；Tag 属性为 figure _ by _ me。

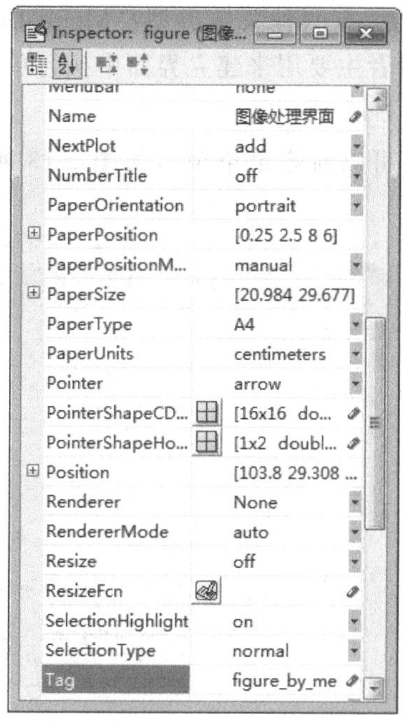

图 7-11　GUI 属性设置

7.2　菜单及快捷键的设计

利用菜单编辑器，可以创建、设置、修改下拉式菜单和现场菜单（Context Menu），通过这些菜单的使用，可以方便地执行某些操作，给用户带来很大的方便。

7.2.1　菜单的设计

图 7-10 中，各个控件已添加完毕，属性也设置完成，接下来是添加菜单栏和工具栏。点击工具栏上的菜单编辑器按钮 （Menu Editor）或者由 GUIDE 菜单选取【Tool】下面的【Menu Editor】，可以打开菜单编辑器，如图 7-12 所示。

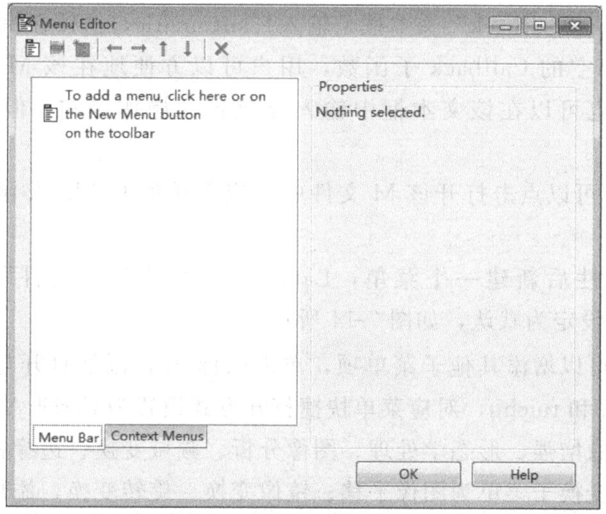

图 7-12　菜单编辑器

在该菜单编辑器左下角，显示有两种菜单类型：Menu Bar 和 Context Menus，其中前者主要用于建立一般的菜单，后者主要用来建立界面中执行单击鼠标右键所显现的菜单。根据需求，这里选择默认的 Menu Bar。

单击按钮（New Menu）可以新建菜单项。如图 7-13 所示，其中图的右方为菜单编辑器内设的菜单属性设置区域。

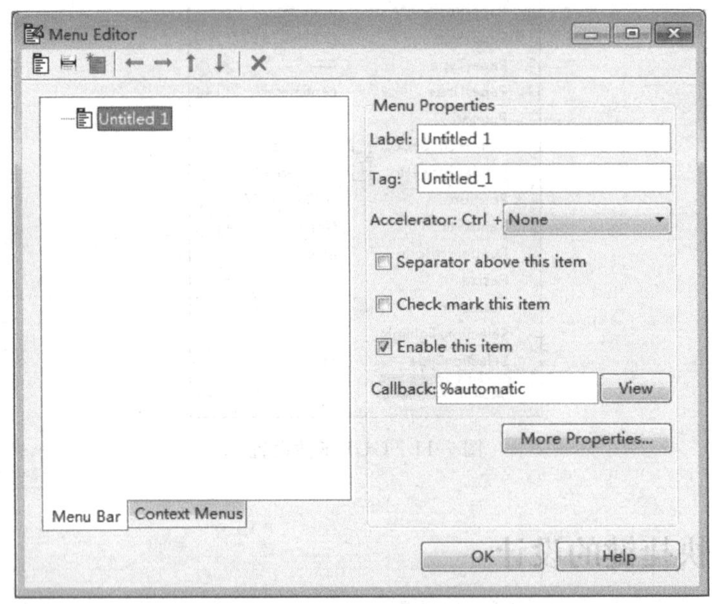

图 7-13　菜单编辑器窗口

Label：输入在菜单中要出现的名称。

Tag：同上，描述该菜单的身份属性。

Accelerator：Ctrl+：该功能可以通过右边标志，点击后选择并设置快捷键，用户在按下键盘 Ctrl 和指定快捷键时会执行该菜单的功能操作，选择"None"表示不设置快捷键方式。

Callback：默认的"Callback"文本框是输入%automatic，这样在执行 GUI 时，自动在该 M 文件中加入一个空的 Callback 子函数，用户可以方便地在该 M 文件编辑器中编辑 Callback 函数。同时也可以在该文本框中输入要执行的操作语句，但是代码长度会受到限制。

View 按钮：用户可以点击打开该 M 文件中对应菜单的 Callback 函数位置，进行编辑代码。

了解了菜单的属性后新建一个菜单，Label 名称修改为"文件"，Tag 属性为拼音"wenjian"，其他选项设定为默认，如图 7-14 所示。

文件菜单项下面可以增添其他子菜单项，单击图标，添加打开与退出子菜单，设置 Tag 属性分别为 dakai 和 tuichu，对应菜单快捷打开方式设置为 Ctrl+A 和 Ctrl+B，同理添加图像几何变换、图像增强、形态学处理、图像分析、频域变换、边缘检测和帮助文件主菜单，并添加图像几何变换子菜单为图像平移、镜像变换、旋转变换，添加图像分析子菜单图像欧拉数和面积，并设置相应的 Tag 和快捷菜单属性。和可以改变所设菜单是父选项

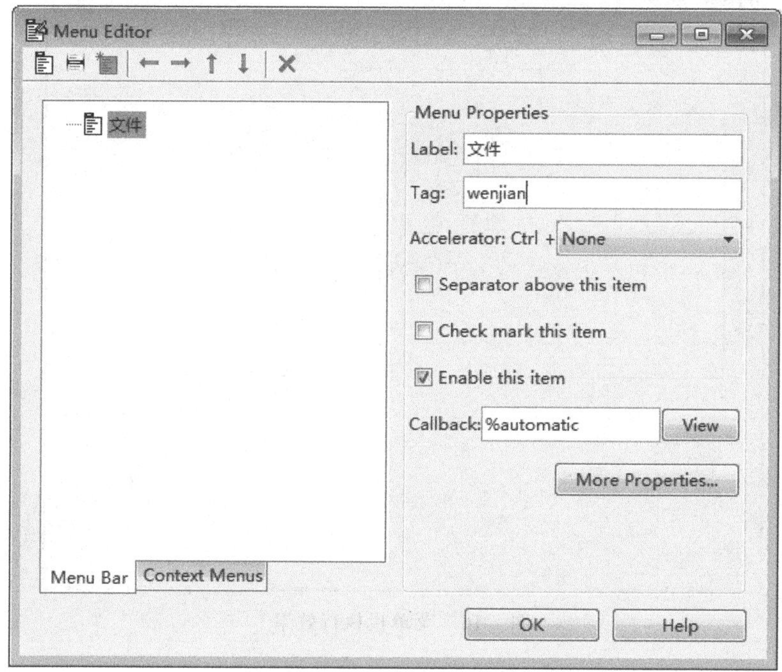

图 7-14　编辑菜单

还是子选项，↑和↓可以改变菜单的排列顺序。最右边的 ✕ 用于删除选中的菜单项。如图 7-15 所示。

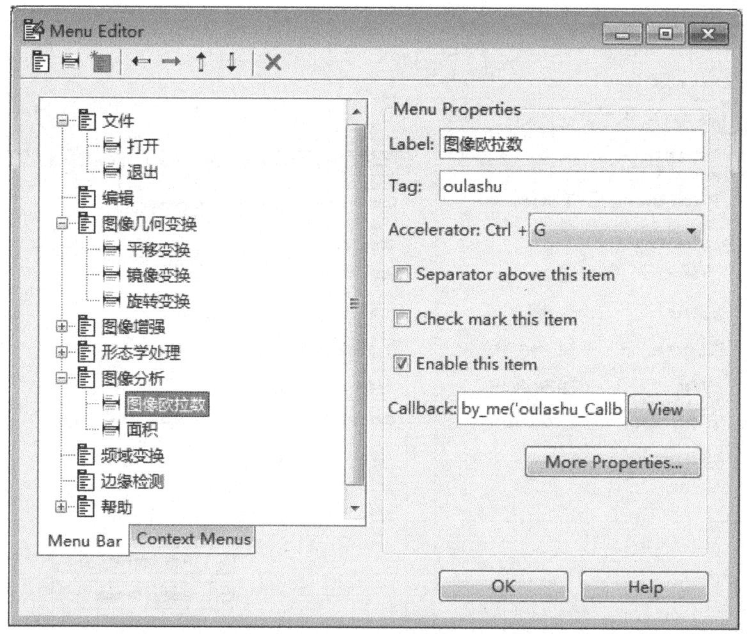

图 7-15　菜单编辑最终效果

这样就完成了菜单栏的设计了，用户可以在此过程中随时保存并运行来查看菜单设计效果。此时运行 GUI，效果如图 7-16 所示。

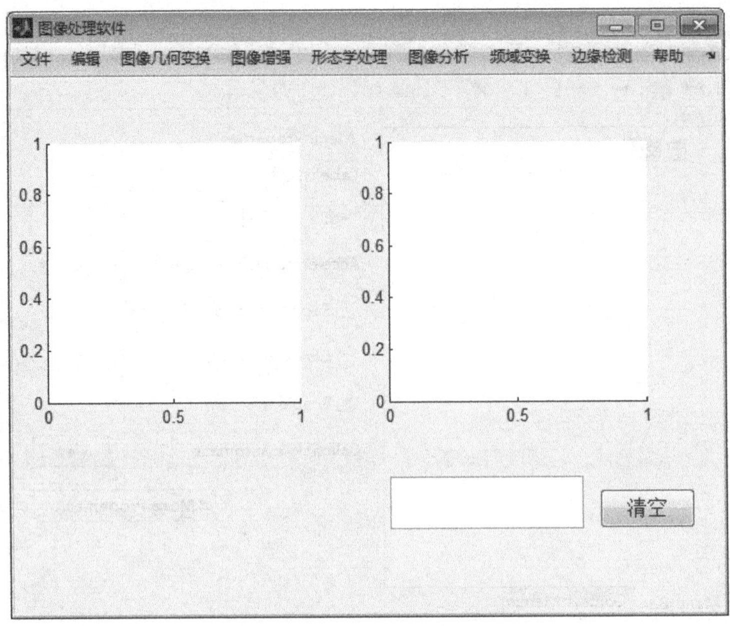

图 7-16　菜单栏执行效果

7.2.2　工具栏快捷键的添加

点击 figure 窗口工具栏图标（Toolbar Editor），会打开工具栏快捷方式编辑页面，以添加打开快捷工具菜单为例介绍添加方法，鼠标选中左边半框 Tool Palette 里 Predefined Tools 的 Open 图标，点击 Add 按钮，设置其 Tag 属性为 dakai2，如图 7-17 所示。

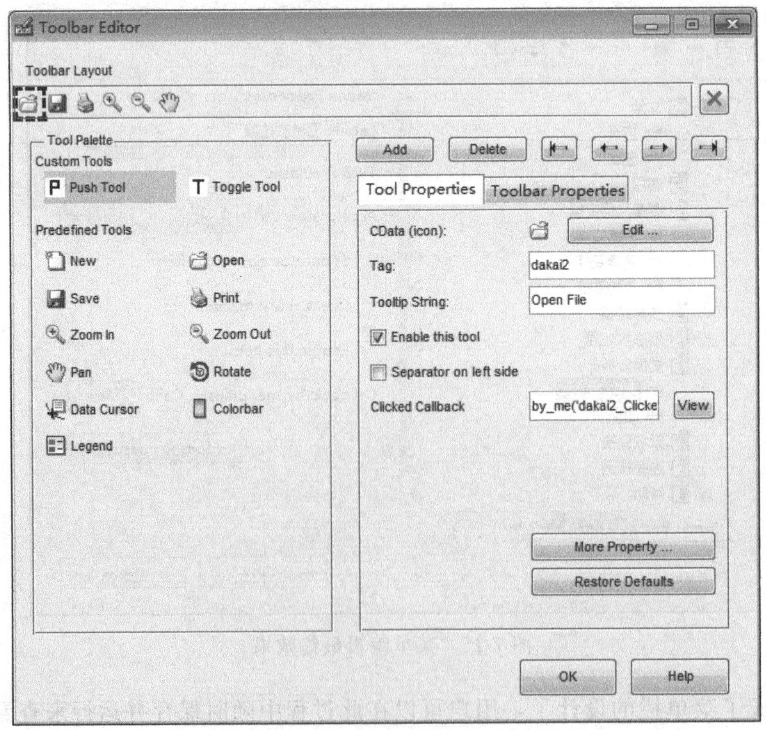

图 7-17　工具栏编辑窗口

同理，添加 Save 保存按钮、Print 打印、Zoom In 和 Zoom Out 按钮，设置保存和打印的 Tag 属性分别为 baocun 和 dayin，同时注意到，在设置 Tag 属性下面有 Clicked Callback 项，点击右边的 View 可快速定位到该工具按钮的 Callback 函数位置，实现快速添加代码。

这样，工具栏按钮就添加完成了，点击 GUI 执行按钮 ▶，这时一个整齐的界面就显示出来了，如图 7-18。其中界面标题为图 7-11 中设置的 Name 属性。

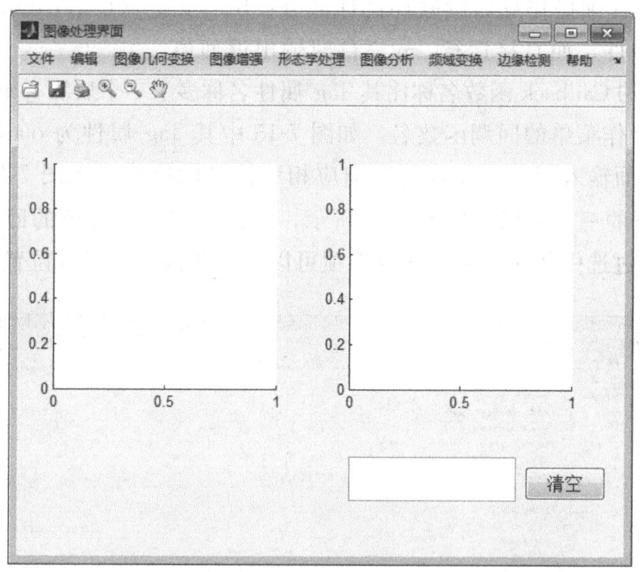

图 7-18　工具栏执行效果

读者会发现，上面在执行或是存储该界面的同时会自动产生一个 by. me. m 文件，如图 7-19 所示，这个文件里面包含了所有对象的 Callback 函数，也称回调函数。除此之外还有两个

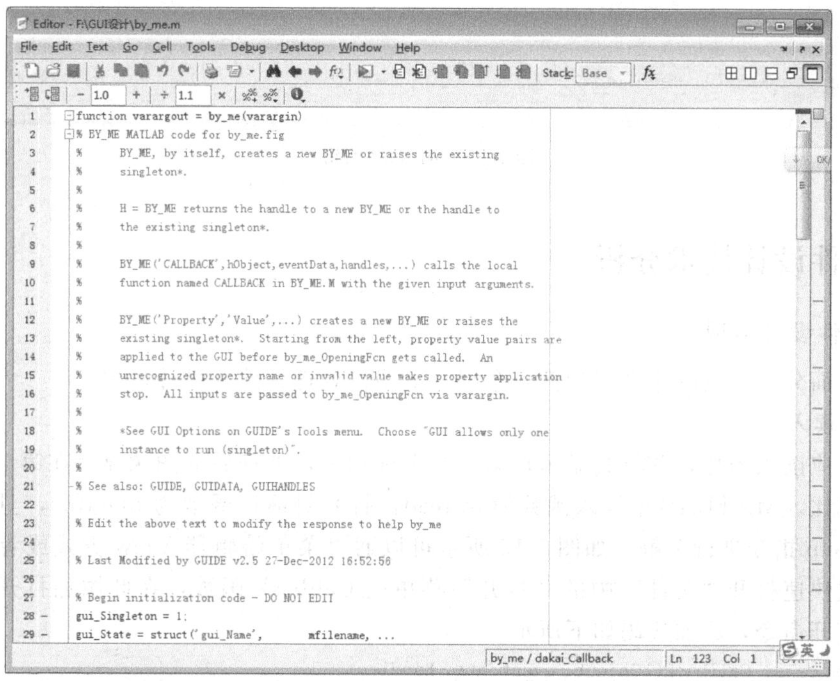

图 7-19　M 文件窗口

函数，分别为：by _ me _ OpeningFcn 和 by _ me _ OutputFcn。其中 by _ me _ OpeningFcn 相当于界面初始化函数，主要用以执行 GUI 界面显示前所必须做的准备操作，即一般程序开始执行前的一些初始设置值，发挥着至关重要的作用，在下面的编程实现中，为了避免对图像进行处理时每次都要重新读入该图像，需要在此函数下将读入的图片共享，用 setappdata 函数来实现，而后，在每个处理工程中只需用 getappdata 函数来获得该共享图片进行后续操作即可，详细操作见后续软件设计部分；by _ me _ OutputFcn 为界面输出函数，此函数不运行 . fig 文件，而直接运行 . m 文件时输出返回值。

各对象或是控件的 Callback 函数名称比其 Tag 属性名称多了一个后缀 _ callback，如 olashu _ callback 为执行平移操作菜单的回调函数名，如图 7-15 中其 Tag 属性为 olashu。通过在各自对象的 Callback 函数下面输入相应程序代码来响应相应控件的操作。在图 7-19 所示窗口中，单击工具栏图标 fx 向下的三角图标，如图 7-20 所示，可以看到各个对象的回调函数或者是一些其他初始化函数，通过选中相应的回调函数选项可以快速跳到对应函数位置进行添加代码。

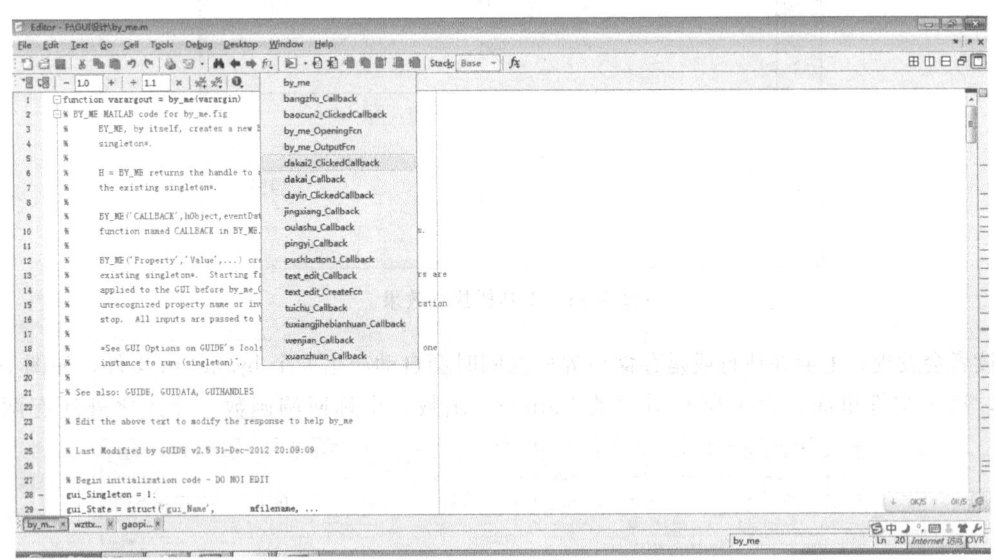

图 7-20　M 文件编辑

7.3　软件设计技术分析

7.3.1　软件设计实现

借助上面分析，以图像平移为例，介绍一下图像处理软件的设计过程。

(1) 图片的读入

首先，应读入图片，并将其显示在第一个坐标轴上，处理后的图像显示在第二个坐标轴上，形成对比。MATLAB 中读入函数为 imread，打开对话框函数为 uigetfile，具体用法用户可通过 help 指令进行了解。如图 7-13 所示可以通过菜单编辑器 View 方式或者是图 7-20 中所示方式快速打开“文件”中的“打开”菜单的 Callback 函数，在此添加打开对话框函数来激活打开命令，添加代码如下所示：

```
function dakai_Callback(hObject, eventdata, handles)
% hObject    handle to dakai (see GCBO)
```

```
% eventdata   reserved - to be defined in a future version of MATLAB
% handles     structure with handles and user data (see GUIDATA)
[filename, pathname] = uigetfile( ...
      {'*.bmp;*.jpg;*.png;*.jpeg', 'Image Files (*.bmp, *.jpg, *.png, *.jpeg)'; ...
      '*.*',  'All Files (*.*)'}, ...
      'Pick an image'); % uigetfile 为打开对话框函数
if isequal(filename,0) || isequal(pathname,0) % 判断路径是否取消
      return;
end
axes(handles.axes_1); % 用 axes 命令设置当前操作为 axes_1 坐标轴
fpath = [pathname filename]; % 将路径名和文件名合成一个完整的路径
img_1 = imread(fpath); % 读入该路径下的图片
imshow(img_1); % 显示图像
title('原始图像');
```

因为添加的工具栏打开方式和菜单打开方式实现的是同种功能，所以为了简洁，在工具栏快捷打开方式的回调函数中添加代码，利用函数 feval 在点击时，执行菜单打开方式的响应函数，具体如下：

```
function dakai2_ClickedCallback(hObject, eventdata, handles)
% hObject     handle to dakai2 (see GCBO)
% eventdata   reserved - to be defined in a future version of MATLAB
% handles     structure with handles and user data (see GUIDATA)
feval(@dakai_Callback,handles.dakai,eventdata,handles);
% 利用 feval 函数将其带入到定义好的、功能一致的句柄中
```

其中每个回调函数下有三行代码为系统自带，为提示信息，读者也可将其删除。点击保存并运行，再在打开“文件”中“打开”或者是点击快捷打开方式图标，也可以使用之前设定的快捷打开方式 Ctrl+A，就可以打开任意路径下的图片，如图 7-21 所示。

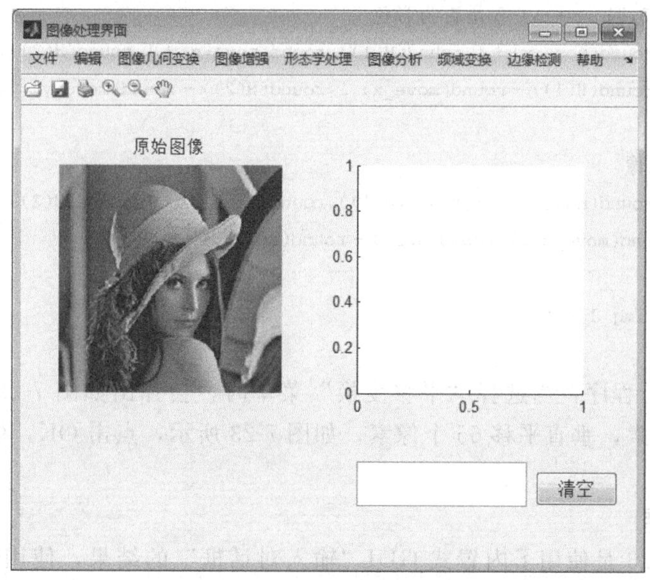

图 7-21　读入图片

(2) 图像平移操作

为了提高代码的使用效率和简洁性，即在进行不同图像处理操作时都不必重新用 imread 函数读入图像，那么需要对上述读入的图像进行共享，在函数 by _ me _ OpeningFcn 下面添加代码：

```
setappdata(handles.figure_by_me,'img_1',0); % 共享读入的图片
```

在“打开”菜单代码后添加：

```
setappdata(handles.figure_by_me,'img_1',img_1);
```

那么在以后的处理项中，可以直接通过下述语句获得所要处理的图像。

```
img_1 = getappdata(handles.figure_by_me,'img_1');
```

获得读入图像以后，接下来就是对其进行处理，以实现“图像几何变换”菜单下的“平移变换”操作为例作为介绍。定位“平移变换”菜单的 Callback 函数并添加如下代码：

```
function pingyibianhuan_Callback(hObject, eventdata, handles)
prompt = {'X(0 - 167)','Y(0 - 167)'};
title = '平移变换阈值'; % 输入对话框标题
defaults = {'0','0'};
xy_cells = str2num(char(inputdlg(prompt,title,1,defaults))); % 取出对话框内参数
if isempty (xy_cells) % 对话框输入为空
   msgbox('您为执行平移操作','提示','help'); % 信息对话框
else
   x = xy_cells(1);y = xy_cells(2);
   axes(handles.axes_2);
   img_1 = getappdata(handles.figure_by_me,'img_1');
   img_2 = double(img_1);
   img_2_M = zeros(size(img_2));
   H = size(img_2);
   move_x = x;
   move_y = y;
   if (size(img_2,3) ~= 1) % 是否为彩色
       img_2_M(round(move_x) + 1:round(H(1)),round(move_y) + 1:round(H(2)),1:round(H(3))) =
       img_2(1:round(H(1)) - round(move_x),1:round(H(2)) - round(move_y),1:round(H(3)));
                                                                              % 平移操作
   else % 灰度图像
       img_2_M(round(move_x) + 1:round(H(1)),round(move_y) + 1:round(H(2))) = img_2(1:round(H
       (1)) - round(move_x),1:round(H(2)) - round(move_y));
   end
   imshow(uint8(img_2_M));
end;
```

点击保存，运行程序，当选择“平移变换”菜单时，会弹出如图 7-22 所示对话框，设定水平平移 30 个像素，垂直平移 65 个像素，如图 7-23 所示，点击 OK，处理结果如图 7-24 所示。

(3) GUI 内置对话框

图 7-22 和图 7-23 是使用了内置式 GUI“输入对话框”的结果，使用这些内置对话框，可以简化开发流程，使界面在操作上富有弹性和人性化。MATLAB 提供了许多内置 GUI

对话框，如菜单对话框、信息对话框、问题对话框、输入对话框列表选择对话框等。本处理过程中，运用了“输入对话框”和“信息对话框”，下面以两个对话框为例进行简要介绍。

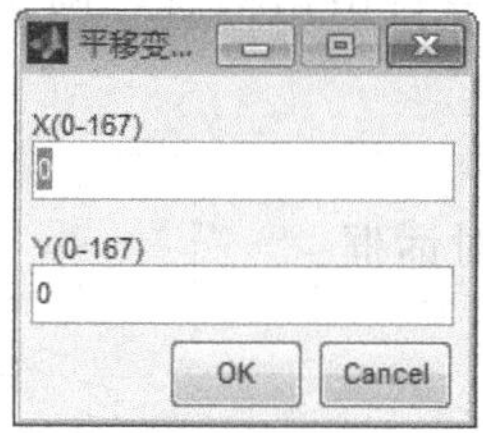

图 7-22　输入对话框

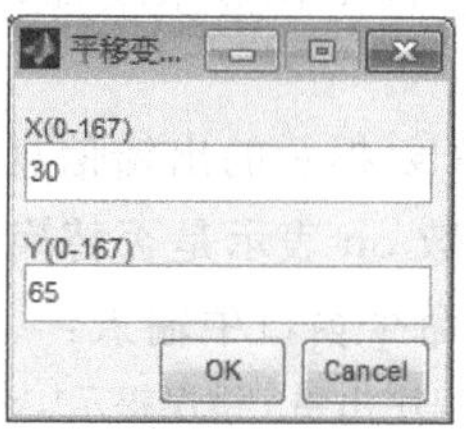

图 7-23　输入平移变换参数

图 7-24　平移变换

在 MATLAB 中可以通过 inputdlg 函数建立输入对话框，句法格式为

Answer＝inputdlg（｛'提示语'｝，'标题'，'输入框间距'，｛'默认值'｝，PropOpts）

其中 PropOpts 为选择性参数，有以下对应值实现不同功能：

① Resize：通过设置为“on”或者“off”来决定该对话框的大小是否可以改变。

② WindowStyle：通过设置为“modal”或者是“normal”来选择对话框的类型。

③ Interpreter：通过选择使用“tex”或“none”来设置是否为符号显示。

因为输入对话框返回数组形式为细胞数组，对于上述单个输入字段为数值的情况，必须先将个别字段取出后，由 char 函数和 str2num 函数先后使用将字符串转换为数值取出，供后续程序计算使用。例：

```
xy_cells = str2num(char(inputdlg(prompt,title,1,defaults)));
```

程序中 msgbox 为建立内置信息对话框函数，在执行操作过程中，告知用户程序上的一些相关信息，方便其操作，帮助文件或是信息对话框的使用，使界面富有人性化，所以建立帮助文件或者是建立信息对话框是很有必要的。这种信息对话框有很多图标，如 error（错误提示图标）、warn（警告提示图标）、help（帮助提示图标）等，分别对应着 errordlg、warndlg、helpdlg 等函数来实现。如 error 对话框提示程序运行出错信息，调用 errordlg 来实现，格式为

errordlg（'要提示的出错信息'，'对话框名称'，'on'）

其中，参数 on 表示是否替换已经存在相同名字的错误对话框。

例如，在命令窗口中输入：

```
errordlg('程序出错','错误提示','on');
```

运行结果如图 7-25。

以上所有的函数实现的各种对话框均可以由 msgbox 函数代替上述函数来实现，函数的语法格式为

msgbox（'信息'，'标题'，'对话框种类'）

在上面的程序中，如果在图 7-23 中没有设定图像平移的水平和垂直范围而直接操作，会显示图 7-26 予以提示未实现平移操作。

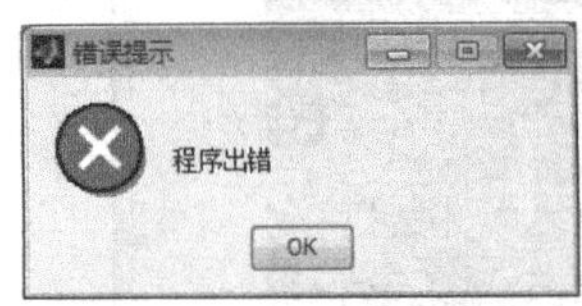

图 7-25 错误提示对话框

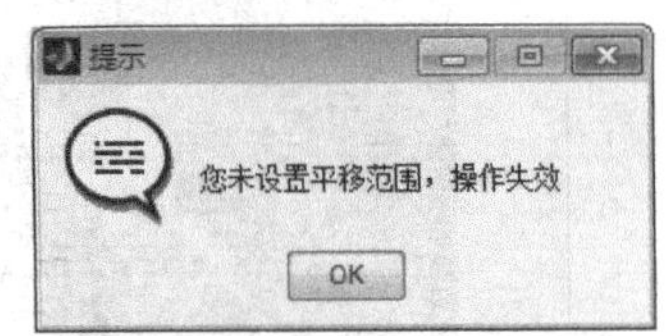

图 7-26 信息提示对话框

在菜单中的帮助文件中要添加一些说明，目的是为了让其他用户知道该怎么操作这个界面，或者是介绍一下软件的功能和遇到一些问题与开发者联系等，可以通过使用 msgbox 函数来实现。同理，打开并找到“帮助”菜单的 Callback 函数，在下面添加程序如下：

```
function bangzhu_Callback(hObject, eventdata, handles)
% hObject    handle to bangzhu (see GCBO)
% eventdata  reserved - to be defined in a future version of MATLAB
% handles    structure with handles and user data (see GUIDATA)
s = sprintf([
    '"清空"按钮用于清空显示结果。\n\n'...
    '作者联系方式:1234567\n\n']);
msgbox(s,'帮助','help');
```

保存并执行后，如图 7-27 所示。

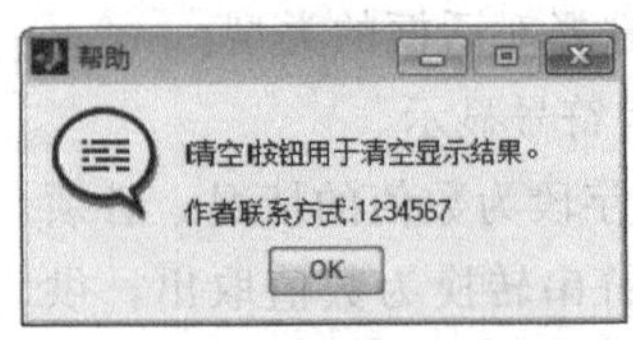

图 7-27 帮助对话框

可以看出，如果帮助信息过于丰富，直接运用 msgbox 函数是不合适的，那么可以将该“信息”用函数 sprintf 予以编辑存储，再添加到信息提示函数中。

(4) 图像的保存

图像处理完成后，如果需要将所处理结果进行保存，这时需要使用保存功能，这里介绍一下 Save 保存快捷菜单的使用。定位至 Tag 属性为 baocun 的 Callback 下，在下面添加如下代码，即可完成保存功能，如图 7-28 所示。

```
function baocun_ClickedCallback(hObject, eventdata, handles)
% hObject    handle to baocun2 (see GCBO)
% eventdata  reserved - to be defined in a future version of MATLAB
% handles    structure with handles and user data (see GUIDATA)
fstSave = getappdata(handles.figure_by_me,'fstSave');
[filename, pathname] = uiputfile({'*.bmp','BMP files';'*.jpg;','JPG files'}, 'Pick an Image'); % 保存对话框函数
if isequal(filename,0) || isequal(pathname,0)
    return; % 如果点击取消
else
    fpath = fullfile(pathname, filename); % 重新获得路径
end
img_2 = getimage(handles.axes_2); % 在坐标轴 2 上操作
fpath = getappdata(handles.figure_by_me,'fstPath');
imwrite(img_2,fpath); % 保存图片
```

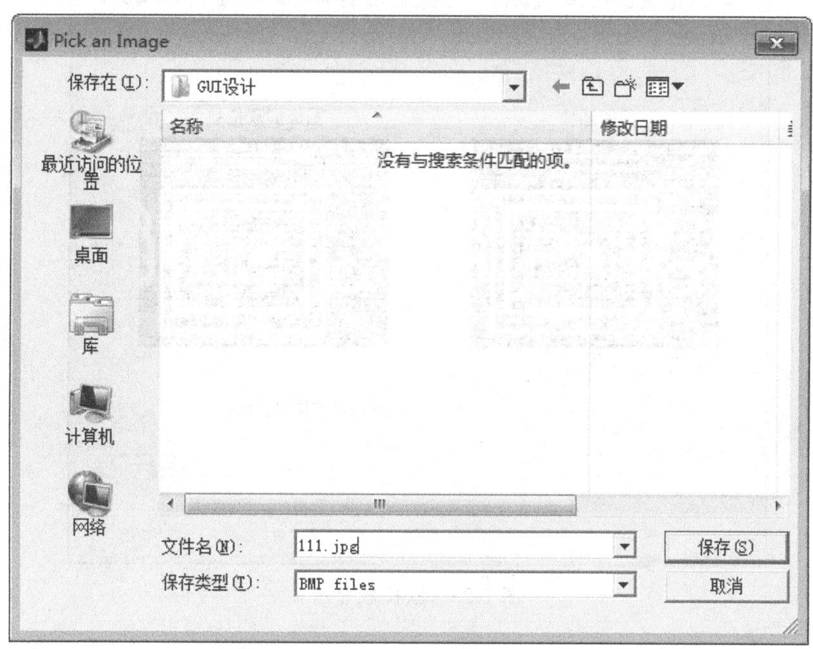

图 7-28　保存路径

(5) 文本框、静态文本框的使用

下面介绍一下控件文本框、静态文本框和按钮的使用。如果要计算某二值图像的欧拉数，就需要通过文本框显示出返回的数值，为了更加人性化，通过静态文本框告知用户显示的是什么结果，基于这样的情况，在菜单“图像欧拉数”的 Callback 函数下添加相应程序来实现：

```
function oulashu_Callback(hObject, eventdata, handles)
% hObject    handle to oulashu (see GCBO)
% eventdata  reserved - to be defined in a future version of MATLAB
% handles    structure with handles and user data (see GUIDATA)
```

```
axes(handles.axes_2); % 在坐标轴 2 上操作
img_2 = getappdata(handles.figure_by_me,'img_1'); % 获取读入的图像
if (size(img_dst,3) ~= 1) % 判断是否为灰度图像
  img_dst = rgb2gray(img_dst); % 灰度化
end
img_2 = im2bw(img_2); % 二值化
eulernum = bweuler(img_2); % 欧拉数的计算
set(handles.text_edit,'string',num2str(eulernum)); % 用函数 set 把计算结果显示在文本框中
set(handles.text4,'string','图像欧拉数显示'); % 操作静态文本框标签来对文本框进行解释
imshow(img_2);
title('图像欧拉数');
```

保存，点击菜单“图像分析”下的子菜单“图像欧拉数”或者是通过设置的快捷键组合“Ctrl＋G”进行操作，结果如图 7-29 所示。

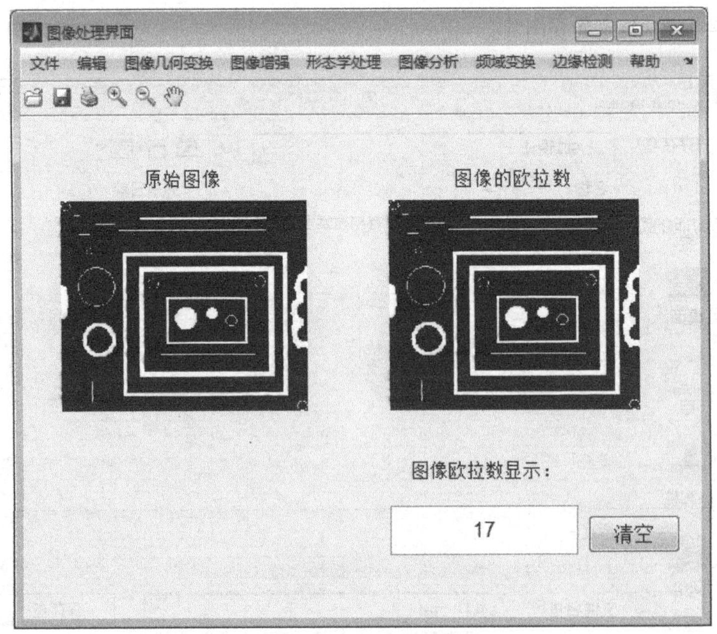

图 7-29　欧拉数显示

可以看出，文本框显示出了计算结果：欧拉数为 17，静态文本框显示了计算的是什么性质的结果，更加人性化。从程序可以看出，对读入的是彩色的图像也可计算出其欧拉数，读者感兴趣可自己操作。

(6) 按钮的使用

当执行完操作后，为了美观，可以将文本框和静态文本框标签内的提示信息和显示结果擦除，这时要发挥“清空”按钮的功能了。打开清空按钮 Callback 函数，在下面添加相应代码，具体如下：

```
function pushbutton1_Callback(hObject, eventdata, handles)
% hObject    handle to pushbutton1 (see GCBO)
% eventdata  reserved - to be defined in a future version of MATLAB
% handles    structure with handles and user data (see GUIDATA)
```

```
set(handles.text_edit,'string',''); % 清空文本框内容
set(handles.text4,'string',''); % 清空静态文本框内容
```

点击“清空”按钮，如图 7-30 所示。

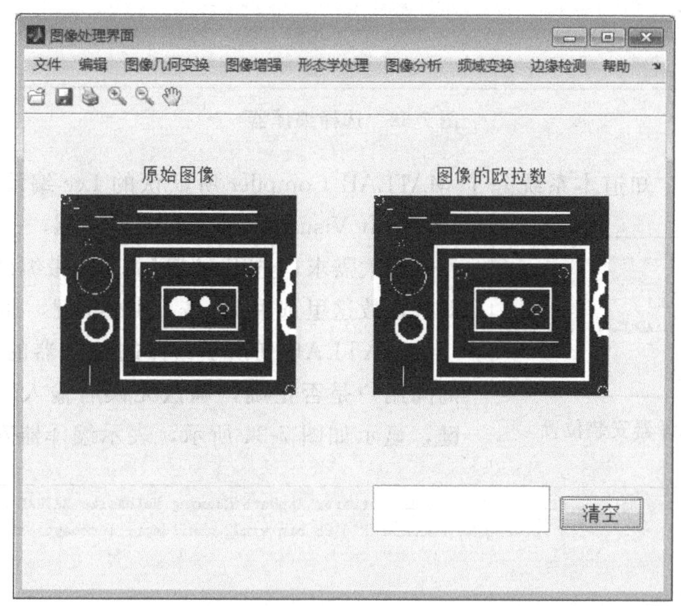

图 7-30　执行“清空”效果

最后，操作完毕以后想关闭操作界面，可以通过菜单“退出”来执行。找到其 Callback 函数添加：

```
close(handles.figure_by_me);
```

此时点击“退出”或者使用菜单快捷键 Ctrl+B，会关闭该界面。

7.3.2　编译为 .exe 文件

当完成了整个操作以后，使用 MATLAB Compiler 与 MATLAB C/C++ Math Library 或 MATLAB C/C++ Graphics Library 结合，可以将该 function 格式的 M 文件转化为独立执行的 .exe 文件。首先来简单介绍一下安装编译器。

一般情况下，默认的 Lcc 编译器就可以将 M 文件转换为独立执行文件。用户可以通过指令 mbuild-setup 来设置编译器，在 Command Window 输入指令 mbuild-setup，如图 7-31 所示。

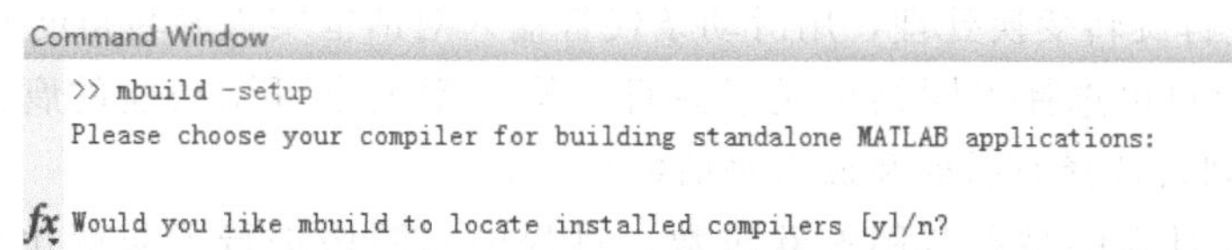

图 7-31　执行编译命令

此时提示用户输入 y 或 n 来确认是否由 mbuild 命令来定位系统中已安装的编译器，当输入“y”按下 Enter 键后，MATLAB 会显示当前系统中安装了哪些编译器，如图 7-32 所示。

```
Select a compiler:
[1] Lcc-win32 C 2.4.1 in D:\PROGRA~1\MATLAB\R2010b\sys\lcc
[2] Microsoft Visual C++ 2008 SP1 in d:\Program Files\Microsoft Visual Studio 9.0

[0] None

fx Compiler:
```

图 7-32 选择编译器

根据显示信息，知道本系统除了 MATLAB Compiler 所默认的 Lcc 编译器外，还安装了 Microsoft Visual C++ 2008 编译器，一般情况下，如果没有太大需求，选用 MATLAB 自带编译器 Lcc 进行编译即可，故这里选用 1，按下 Enter 键，如图 7-33 所示。

```
Please verify your choices:

Compiler: Lcc-win32 C 2.4.1
Location: D:\PROGRA~1\MATLAB\R2010b\sys\lcc

fx Are these correct [y]/n?
```

图 7-33 确认编译器安装位置

MATLAB 列出了选择的编译器的型号和位置，并询问用户是否正确，确认无误后输入“y”，按下 Enter 键，显示如图 7-34 所示，表示编译器安装设置成功。

```
Trying to update options file: C:\Users\Administrator\AppData\Roaming\MathWorks\MATLAB\R2010b\comp
From template:              D:\PROGRA~1\MATLAB\R2010b\bin\win32\mbuildopts\lcccompp.bat

Done . . .
```

图 7-34 编译器安装成功显示

此时就可以将通过指令“mcc-m M 文件”将所编写的 function 格式的 . m 文件编译成独立执行文件了，如 `>> mcc -m by_me` 所示。

编译过程中若没有错误，将不会提示成功信息，完成整个编译后，工作目录下会多出几个相关的编译文件，这些文件用户最好不要去修改，避免在调用上产生无法预期的错误。如果用户需要对要编译的 M 文件添加、删除或者是进行其他修改，那么需要重新按照上述步骤进行编译。

为了要在没有安装 MATLAB 的系统上，执行由上述方式编译后的独立执行文件，只需把位于该 MATLAB 安装目录下\tooolbox\compiler\deploy\min32 里面的 MCRInstaller. exe 拷贝并按照提示安装到该系统上即可，就可以运行编译好的 by _ me. exe 文件了。

习题与思考题

7-1 设置一界面，添加代码并实现如下功能：两个坐标轴，用以显示处理前和处理后的图像。对图像进行旋转变换处理，用滑动条代替输入对话框实现旋转角度的控制。

7-2 实现具有可以选择不同结构元素并且结构元素大小可调功能的腐蚀形态学处理。（提示：结合使用列表选择对话框和输入对话框）

7-3 文中所示计算的是彩色图像欧拉数，过程中对图像进行了灰度化和二值化处理，为了显示处理过程，请在原来基础上再添加两个坐标轴，分别用以显示处理过程中彩色图像的灰度化和二值化处理效果。

7-4 请将题 7-2 中设置的 GUI 界面编译为 . exe 文件，并脱离 MATLAB 软件环境实现。

第 8 章　数字图像处理实验

理论和实践相结合是数字图像处理研究和应用的关键。本章运用 MATLAB 软件平台，结合图像处理工具箱，对图像处理和特征提取等相关算法进行实现。本章包括数字图像处理基本操作、图像增强技术、图像变换、图像分割、图像压缩编码、图像特征提取六个实验。每个实验包括实验目的、实验中所用部分函数介绍、实验内容几部分，实验内容包括示例部分和程序设计部分，希望通过示例部分内容的学习使读者能完成相应的程序设计，达到应用 MATLAB 实现图像处理的目的。

8.1　数字图像处理基本操作

(1) 实验目的

① 掌握 MATLAB 软件的运用，熟练掌握建立、保存、运行、调试 M 文件的方法。

② 了解 MATLAB 软件中图像处理工具箱的使用方法。

③ 熟练掌握图像文件（黑白、灰度、索引色和真彩色图像）的读取及显示方法。

④ 熟悉常用的图像文件格式和格式转换。

(2) 实验中所用部分函数介绍

① imread

功能：图像文件的读取。

格式：A=imread（filename，fmt）

将文件名为 filename 表示的扩展名为 fmt 的图像文件读取到矩阵 A 中。MATLAB 支持的图像格式有 bmp、jpg 或 jpeg、tif 或 tiff、gif、pcx、png、xwd。

② imwrite

功能：图像文件的写入（保存），把图像写入图形文件中。

格式：imwrite（A，filename，fmt）

A、filename、fmt 意义同上所述。

③ imshow

功能：显示图像。

格式：imshow（I，n）；imshow（I，[low high]）；imshow（BW）　%显示黑白图像

imshow（X，map）%显示索引色图像

imshow（RGB）　%显示真彩色图像

imshow filename

④ figure

功能：创建图形窗口。

⑤ subplot

功能：将多个图画到一个平面上的工具。

格式：subplot（m，n，p）或者 subplot（mnp）

说明：m 表示图排成 m 行，n 表示图排成 n 列，也就是整个 figure 中有 n 个图是排成一行的，一共 m 行。

⑥ rgb2ind

功能：将真彩色图像转换成索引色图像。

格式：[X，map] = = rgb2ind (I，n)

说明：I 表示被转换的 RGB 原图像，其中 n 指定 map 中颜色项数，n 最大不能超过 65536。

⑦ ind2rgb

功能：将索引色图像转换成真彩色图像。

格式：RGB=ind2rgb（X，map）

说明：X 表示被转换的索引色图像，map 是 X 的调色板。MATLAB 的实际处理方式是创建一个三维数组，然后将索引色图像中与颜色对应的 map 值赋值给三维数组。

⑧ im2bw

功能：通过设置阈值将 RGB、索引色、灰度图像转换成二值图像。

格式：BW=im2bw（I，level）

说明：参数 I 可以是真彩色图像、灰度图像和索引色图像，当是索引色图像时，I 表示成 X，map；level 为转换阈值，转换阈值根据图像而不同，可以通过函数 graythresh（）求得。

(3) 实验内容示例部分

① 对二值图像、索引色图像实现读取、显示和保存。

```
clear,clc;
close all;
i1 = imread('circbw.tif'); % 读取图片
imshow(i1),title('黑白图像'); % 显示图片
imwrite(i1,'newcircbw.bmp'); % 保存图片
figure,imshow('newcircbw.bmp');
title('newcircbw.bmp');
load clown;
imwrite(X,map,'clown.bmp');
[i2,map] = imread('clown.bmp');
figure,imshow(i2,map);
title('索引色图像') ;
imwrite(i2,map,'newclown.bmp');
figure,imshow('newclown.bmp');
title('newclown.bmp') ;
whos i1 i2 ;
```

实验结果如图 8-1 所示，数据如下：

Name	Size	Bytes	Class
i1	280×272	76160	logical array
i2	291×240	69840	uint8 array

② 在一个图形窗口中显示 RGB 图像。

(a) circbw.tif

(b) newcircbw.bmp

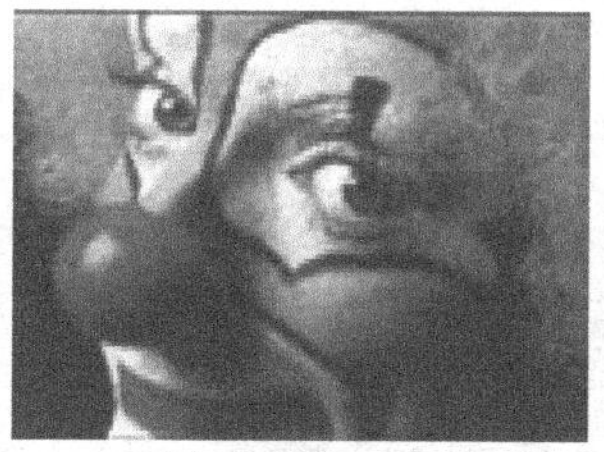
(c) clown.bmp

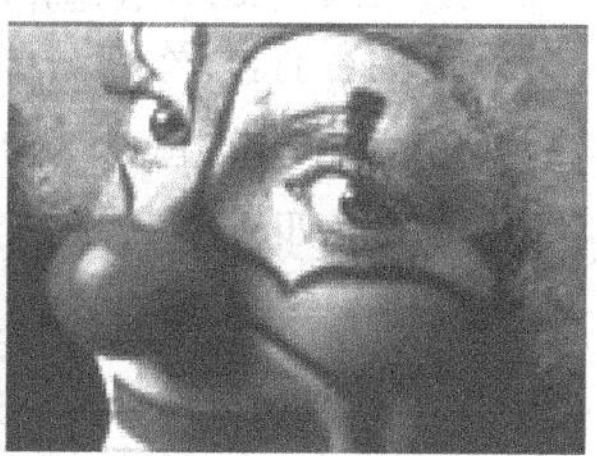
(d) new clown.bmp

图 8-1　实验结果

```
clear,clc;
close all;
I = imread('peppers. png');
subplot(2,2,1),imshow(I,'notruesize'),title('真彩色图像');
R = I;R(:,:,[2 3]) = 0; % 红色分量
G = I;G(:,:,[1 3]) = 0; % 绿色分量
B = I;B(:,:,[1 2]) = 0; % 蓝色分量
subplot(2,2,2),imshow(R,'notruesize');title('显示第一个颜色分量');
subplot(2,2,3),imshow(G,'notruesize');title('显示第二个颜色分量');
subplot(2,2,4),imshow(B,'notruesize');title('显示第三个颜色分量');
```

实验结果如图 8-2 所示。

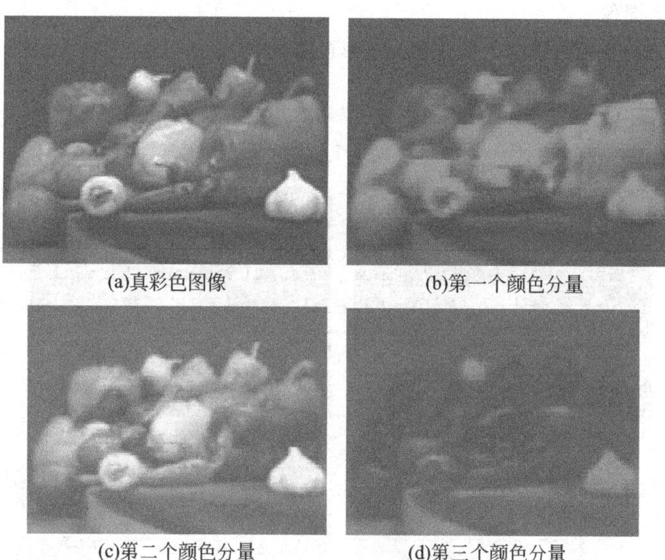
(a)真彩色图像　(b)第一个颜色分量
(c)第二个颜色分量　(d)第三个颜色分量

图 8-2　实验结果

③ 通过图像点运算增强图像对比度。

```
clear,clc;
close all;
I = imread('rice. png');
subplot(1,2,1),imshow(I);
I1 = double(I);
```

```
J = I1 * 1.4 + 40; % 点运算增强
I2 = uint8(J);
subplot(1,2,2),imshow(I2);
```

实验结果如图 8-3 所示。

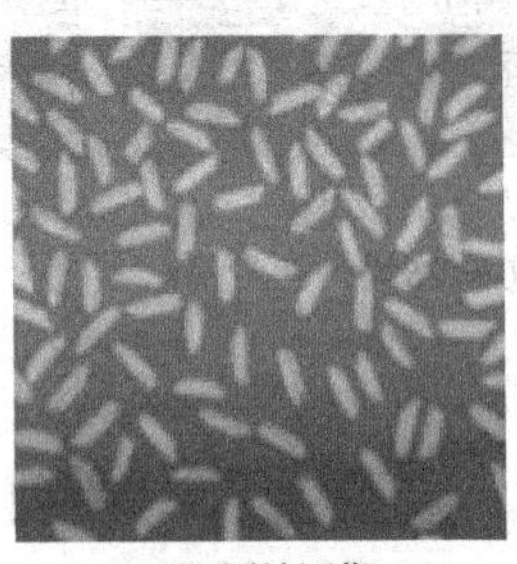
(a) 原始图像

(b) 处理后图像

图 8-3　实验结果图

④ 实现真彩色图像与索引图像的互相转换。

```
clear,clc;
close all;
RGB1 = imread('peppers.png'); % 读入真彩色图像
[X1,map1] = rgb2ind(RGB1,128); % 真彩色图像转化为索引图像
imshow(X1,map1); % 显示索引图像
load clown; % 载入图像
rgb2 = ind2rgb(X,map); % 将索引图像转化为真彩色图像
figure,imshow(rgb2);
```

实验结果如图 8-4 所示。

(a) 真彩色图像

(b) 转换成的索引图像

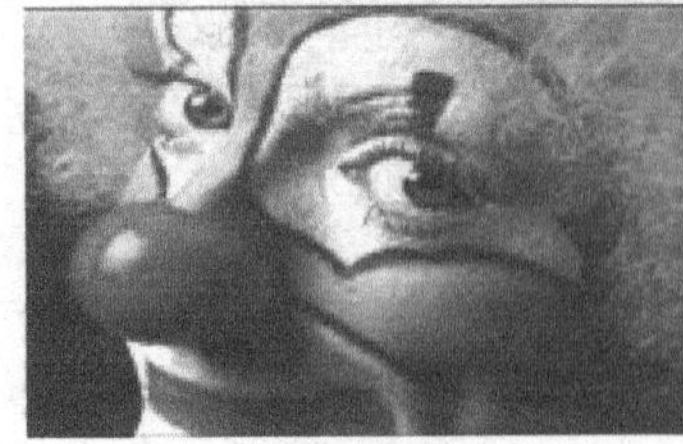
(c) 索引图像

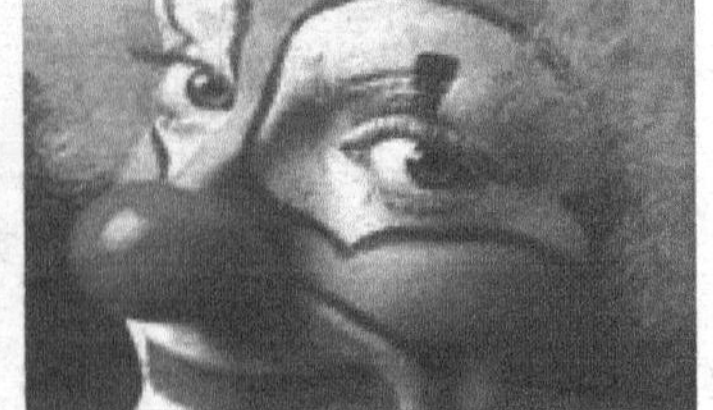
(d) 转化成的真彩色图像

图 8-4　实验结果

⑤ 图像相加是将大小相等的两幅图像对应像素相加，下面将 MATLAB 软件自带图像进行相加处理。

```
clear,clc;
close all;
Ibackground = imread('rice.png'); % 读入第一个图像
imshow(Ibackground);
J = imread('cameraman.tif'); % 读入第二个图像
figure,imshow(J);
K2 = imadd(Ibackground,J,'uint16'); % 图像相加
figure,imshow(K2,[]);
```

实验结果如图 8-5 所示。

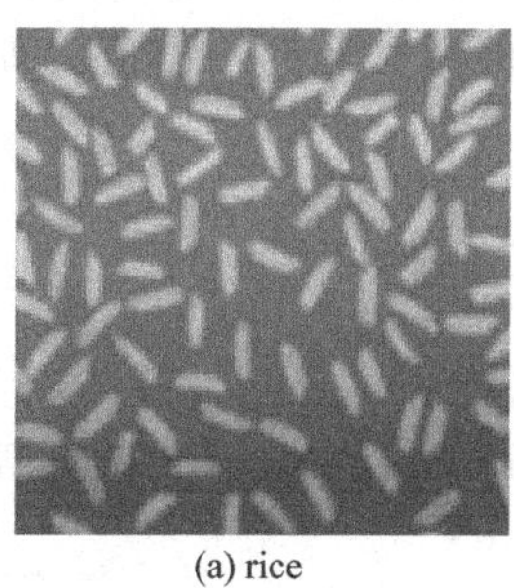
(a) rice

(b) cameraman

(c) 相加后的图像

图 8-5　图像相加

(4) 实验内容程序设计部分

① 对灰度图像、真彩色图像实现读取、显示和保存。

② MATLAB 图像文件夹中的 mri. tif 是一个包含 27 帧、图像尺寸为 128×128 的多帧索引图像，请将前 20 帧图像顺序读入到一个数组中并显示出来。

③ 通过图像点运算减弱图像对比度。

④ 分别将索引图像转换为灰度图像和二值图像，并将灰度图像转换为索引图像。

⑤ 求对任意两幅大小不相等的图像相加的结果，并加以验证用语句 K2＝Ibackground＋J；代替示例程序中 K2＝imadd（Ibackground，J，'uint16'）;，检验处理结果是否相同。

8.2　图像增强技术实验

(1) 实验目的

① 了解图像增强的目的和意义。

② 掌握 MATLAB 中常用的图像增强函数的使用方法。

③ 掌握图像灰度变换、图像平滑和图像锐化的算法原理。

(2) 实验中所用部分函数介绍

① imadjust

功能：调节灰度图像的亮度或彩色图像的颜色矩阵。

格式：J ＝ imadjust（I，[low _ in; high _ in]，[low _ out; high _ out]，gamma）

newmap ＝ imadjust（map，[low _ in high _ in]，[low _ out high _ out]，gamma）

RGB2 ＝ imadjust（RGB1，[low _ in high _ in]，[low _ out high _ out]，gamma）

说明：J = imadjust（I，[low _ in；high _ in]，[low _ out；high _ out]，gamma）中，将图像 I 中的亮度值映射到 J 中的新值，即将 low _ in 至 hige _ in 之间的值映射到 low _ out 至 high _ out 之间的值。它们都可以使用空的矩阵 []，默认值是 [0 1]。

newmap = imadjust（map，[low _ in high _ in]，[low _ out high _ out]，gamma）为调整索引色图像的调色板 map。

RGB2 = imadjust（RGB1，[low _ in high _ in]，[low _ out high _ out]，gamma）为对 RGB 图像 1 的红、绿、蓝调色板分别进行调整。随着颜色矩阵的调整，每一个调色板都有唯一的映射值。

参数 gamma 指定了曲线的形状，该曲线用来映射 I 的亮度值。如果 gamma 小于 1，映射被加权到更高的输出值。如果 gamma 大于 1，映射被加权到更低的输出值。如果省略了函数的参量，则 gamma 默认为 1（线性映射）。

② imhist

功能：计算和显示图像的彩色直方图。

格式：imhist（I，n）；imhist（X，map）

说明：其中，n 为指定的灰度级数目，缺省值为 256；imhist（X，map）计算和显示索引色图像 X 的直方图，map 为调色板。

③ histeq

功能：实现直方图均衡化。

格式：J=histeq（I，n）；J=histeq（I，hgram）；[J，T] =histeq（I，...）

说明：J=histeq（I，n）指定均衡化后的灰度级数 n，缺省值为 64。

J=histeq（I，hgram）是实现直方图的规定化，即将原图像 I 的直方图变换成用户指定的向量 hgram，hgram 中的每一个元素都在 [0，1] 中。

[J,T]=histeq(I,...)返回能将图像 I 的灰度直方图变换成图像 J 的直方图的灰度变换 T。

④ filter2

功能：基于卷积的图像滤波函数。

格式：Y = filter2（h，X）

说明：Y = filter2（h，X）返回图像 X 经滤波算子 h 滤波后的结果，默认返回图像 Y 与输入图像 X 大小相同。

⑤ fspecial

功能：产生预定义滤波器。

格式：H=fspecial（type）

H=fspecial（'gaussian'，n，sigma）	高斯低通滤波器
H=fspecial（'sobel'）	Sobel 水平边缘增强滤波器
H=fspecial（'prewitt'）	Prewitt 水平边缘增强滤波器
H=fspecial（'laplacian'，alpha）	近似二维拉普拉斯运算滤波器
H=fspecial（'log'，n，sigma）	拉普拉斯高斯（LOG）运算滤波器
H=fspecial（'average'，n）	均值滤波器
H=fspecial（'unsharp'，alpha）	模糊对比增强滤波器

说明：对于形式 H=fspecial（type），fspecial 函数产生一个由 type 指定的二维滤波器 H，返回的 H 常与其他滤波器搭配使用。

⑥ imnoise

功能：给图像增加噪声。

格式：J=imnoise（I，type）；J=imnoise（I，type，parameter）

说明：J=imnoise（I，type）返回对图像 I 添加典型噪声后的有噪图像 J，参数 type 和 parameter 用于确定噪声的类型和相应的参数。

⑦ medfilt2

功能：二维中值滤波。

格式：B = medfilt2（A）

　　　B = medfilt2（A，[m n]）

说明：B = medfilt2（A）表示用 3×3 的滤波窗口对图像 A 进行中值滤波。

B = medfilt2（A，[m n]）表示用指定大小为 m×n 的窗口对图像 A 进行中值滤波。

⑧ imfilter

功能：多维图像滤波。

格式：B=imfilter（A，h）

说明：将原始图像 A 按指定的滤波器 h 进行滤波处理，处理后的图像 B 与 A 的尺寸和类型相同。

(3) 实验内容示例部分

① 对图像进行灰度变换，实现反转图像效果。

```
clear,clc;
close all;
I = imread('cameraman.tif');
subplot(1,2,1);
imshow(I),;
title('原始图像');
I1 = imadjust(I,[0 1],[1 0]);%利用函数实现反转
subplot(1,2,2);
imshow(I1);
title('负片图像');
```

实验结果如图 8-6 所示。

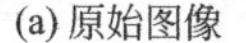

(a) 原始图像

(b) 反转图像

图 8-6　反转效果

② 对原始图像进行直方图均衡化。

```
clear,clc;
close all;
I = imread('circuit.tif');
subplot(2,2,1),imshow(I);
title('原始图像');
subplot(2,2,2),imhist(I);
title('原始图像直方图');
J = histeq(I,256);
subplot(2,2,3),imshow(J);
title('均衡化后的图像');
subplot(2,2,4),imhist(J);
title('均衡化后图像的直方图');
```

实验结果如图 8-7 所示。

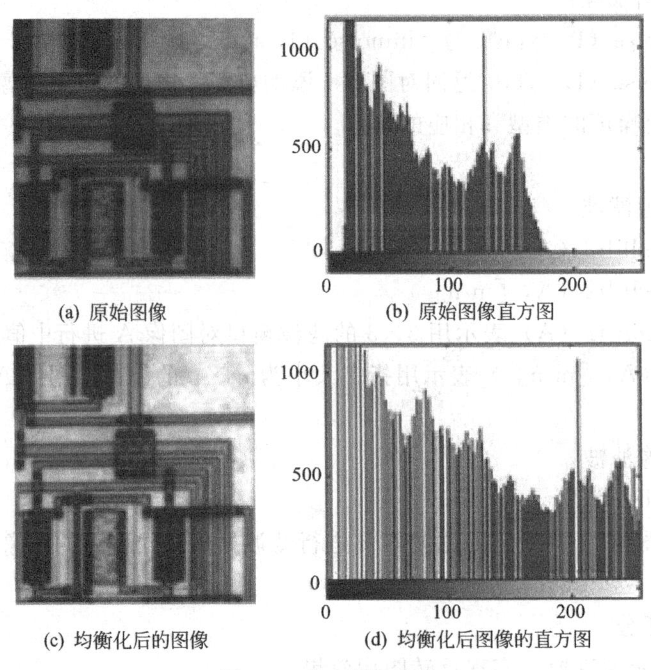

图 8-7 直方图均衡化

③ 给原始图像增加椒盐噪声和高斯噪声，再分别用中值滤波和均值滤波处理图像。

```
% 含椒盐噪声和高斯噪声图像分别用中值滤波和均值滤波处理
clear,clc;
close all;
I = imread('eight.tif');
J1 = imnoise(I,'salt & pepper',0.02); % 添加椒盐噪声
J2 = imnoise(I,'gaussian',0.02); % 添加高斯噪声
subplot(2,3,1),imshow(J1);
title('salt & pepper (J1)');
subplot(2,3,4),imshow(J2);
title('gaussian(J2)');
Z1 = medfilt2(J1,[3,3]); % 中值滤波
Z2 = medfilt2(J2,[3,3]); % 中值滤波
subplot(2,3,2),imshow(Z1);
title('medfilt2 (J1)');
subplot(2,3,5),imshow(Z2);
title('medfilt2 (J2)');
K1 = imfilter(J1,fspecial('average',3)); % 对添加椒盐噪声后图像进行均值处理
K2 = imfilter(J2,fspecial('average',3)); % 对添加高斯噪声后图像进行均值处理
subplot(2,3,3),imshow(K1);
title('imfilter (J1)');
subplot(2,3,6),imshow(K2);
title('imfilter(J2)');
```

实验结果如图 8-8 所示。

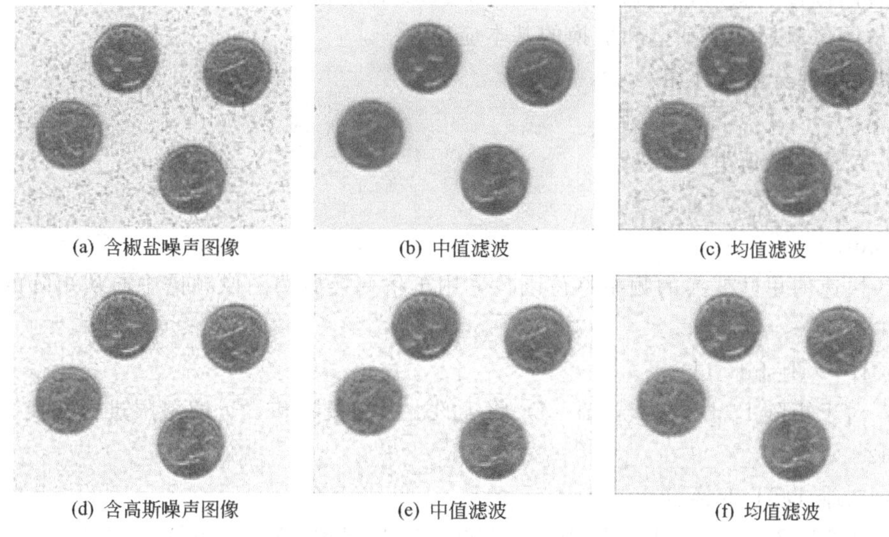

(a) 含椒盐噪声图像　(b) 中值滤波　(c) 均值滤波

(d) 含高斯噪声图像　(e) 中值滤波　(f) 均值滤波

图 8-8　实验结果

④ 对图像进行空间域锐化滤波。

```
clear, clc;
close all;
I = imread('moon.tif') ;
w = fspecial('laplacian',0);
w8 = [1,1,1;1,-8,1;1,1,1]; % 定义窗口模板
I1 = imfilter(I,w,'replicate'); % 滤波处理
figure(1);imshow(I);title('original image');
J = im2double(I);
J2 = imfilter(J,w8,'replicate');
K = J - J2;
figure(2),imshow(K);
imwrite(K,'ruihua.bmp');
```

实验结果如图 8-9 所示。

(a) 原始图像　(b) 空间域锐化后的图像

图 8-9　空域锐化

(4) 实验内容程序设计部分

① 利用函数 imadjust 对灰度图像进行灰度变换。

② 对计算机中找到的灰度图像进行直方图均衡化。

③ 用不同大小的均值滤波器模板对图像进行平滑滤波。

④ 采用 laplacian 算子对示例④中图像进行锐化处理。

8.3 图像变换实验

(1) 实验目的

① 了解图像频域变换和几何变换的目的和意义。

② 掌握 MATLAB 中常用的图像频域变换、几何变换函数的使用方法。

③ 掌握图像傅里叶变换、离散余弦变换的算法原理。

④ 掌握图像位置变换、形状变换和复合变换的算法原理。

⑤ 了解图像频域变换和空间变换的基本应用。

(2) 实验中所用部分函数介绍

① fft2

功能：二维离散傅里叶变换。

格式：A=fft2（X）

② fftshift

功能：快速傅里叶变换的频率移位函数，用于将变换后的图像频谱中心从矩阵的原点移到矩阵的中心。

格式：B = fftshift（I）

说明：对于矩阵 I，B = fftshift（I）将 I 的一、三象限和二、四象限进行互换。

③ dct2

功能：二维 DCT 变换。

格式：B=dct2（A）；　B=dct2(A,m,n)；　B=dct2(A,[m,n])

说明：B=dct2（A）计算 A 的 DCT 变换 B，A 与 B 的大小相同。

B=dct2(A,m,n) 和 B=dct2(A,[m,n]) 通过对 A 补 0 或裁剪，使 B 的大小为 m×n。

④ idct2

功能：DCT 反变换。

格式：B=idct2（A）；　B=idct2(A,m,n)；　B=idct2(A,[m,n])

说明：B=idct2（A）计算 A 的 DCT 反变换 B，A 与 B 的大小相同。

B=idct2(A,m,n) 和 B=idct2(A,[m,n]) 通过对 A 补 0 或裁剪，使 B 的大小为 m×n。

⑤ imresize

功能：图像缩放函数。

格式：B = imresize（A，scale，method）；　B = imresize（A，[numrows numcols] ）

说明：B = imresize（A，scale）返回的图像 B 的长、宽是图像 A 的长、宽的 m 倍，即缩放图像，m 大于 1，则放大图像，m 小于 1，则缩小图像；参数 method 用于指定插值的方法，可选用的值为'nearest'（最邻近法），'bilinear'（双线性插值），'bicubic'（双三次插值），默认为'nearest'。

B = imresize（A，[numrows numcols] ）中，numrows 和 numcols 分别指定目标图像的高度和宽度。由于这种格式允许图像缩放后长宽比例和原图像长宽比例不相同，因此所产生的图像有可能发生畸变。

⑥ imrotate

功能：图像旋转函数。

格式：B = imrotate（A，angle，method）

说明：参数 method 用于指定插值的方法，可选用的值为'nearest'（最邻近法），'bilinear'（双线性插值），'bicubic'（双三次插值），默认为'nearest'。

(3) 实验内容示例部分

① 将真彩色图像变成灰度图像，并进行 DCT 变换，将 DCT 系数中小于 10 的系数舍弃，使用 idct2 重构图像。

```
clear,clc;
close all;
RGB = imread('autumn.tif');
subplot(2,2,1),imshow(RGB),title('RGB');
I = rgb2gray(RGB); % 彩色图像转化为灰度图像
J = dct2(I); % DCT 变换
subplot(2,2,2),imshow(I),title('J');
K1 = idct2(J); % 离散余弦反变换
subplot(2,2,3),imshow(K1,[0 255]),title('K1')
J(abs(J)<10) = 0; % 将变换系数中小于 10 的值设为 0
K2 = idct2(J);
subplot(2,2,4),imshow(K2,[0 255]),title('K2');
```

实验结果如图 8-10 所示。

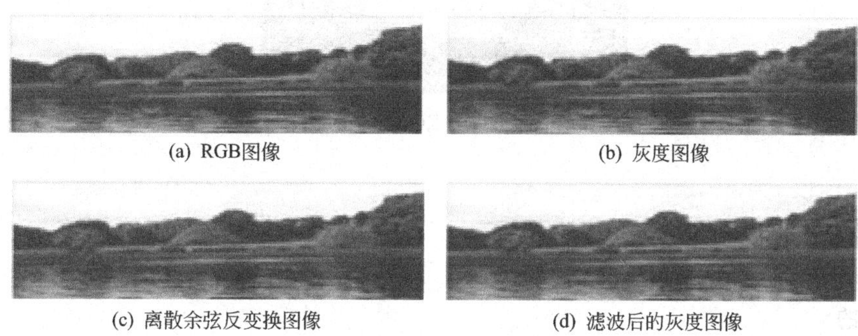

(a) RGB图像　(b) 灰度图像

(c) 离散余弦反变换图像　(d) 滤波后的灰度图像

图 8-10　实验结果

② 实现图像位置的旋转变换。

```
clear,clc;
close all;
I = imread('onion.png');
subplot(1,3,1),imshow(I);
title('原始图像');
I_rot30 = imrotate(I,30,'nearest'); % 逆时针旋转 30°
subplot(1,3,2),imshow(I_rot30);
title('旋转 30°');
I_rotf45 = imrotate(I, - 45,'bilinear','crop'); % 顺时针旋转 45°
subplot(1,3,3),imshow(I_rotf45);
title('旋转 - 45°');
```

实验结果如图 8-11 所示。

(4) 实验内容程序设计部分

① 将图 8-12 中原始图像的频谱进行频率位移，移到窗口中央，并显示出频率变换后的频谱图。

② 分别用函数 flipdim 和函数 imresize 实现任意图像的镜像变换和大小缩放变换。

③ 利用傅里叶变换将灰度图像的频谱进行频率位移，移到窗口中央，并显示出频率变换后的频谱图。

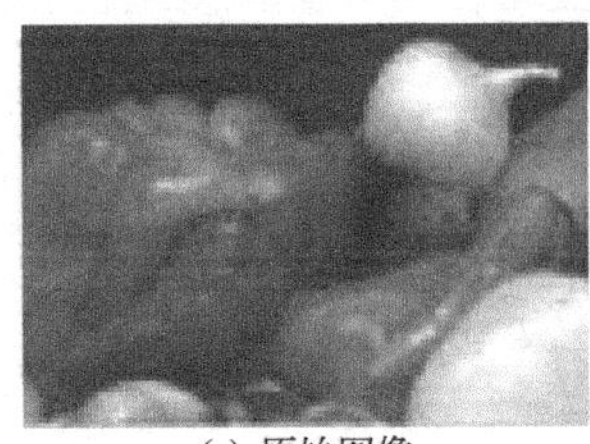
(a) 原始图像

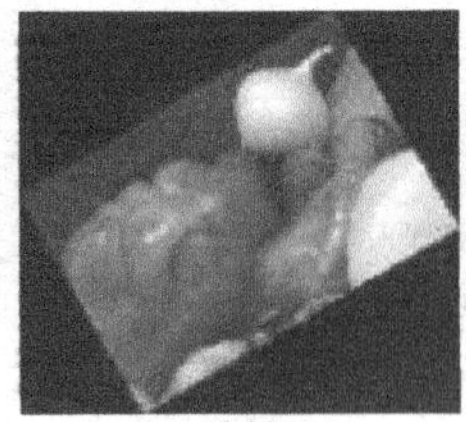
(b) 旋转30°

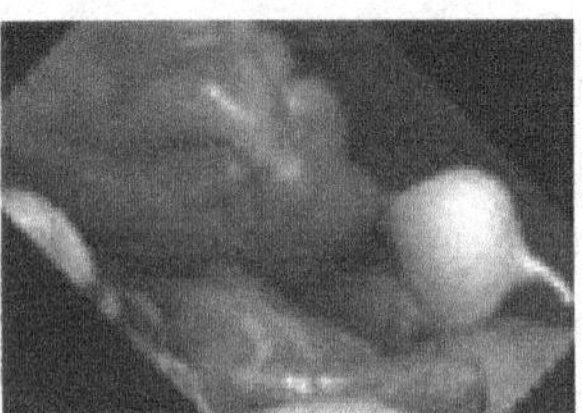
(c) 旋转-45°

图 8-11 旋转变换

图 8-12 原始图像

8.4 图像分割实验

(1) 实验目的

① 了解图像分割的目的和意义。

② 掌握 MATLAB 中常用的图像分割函数的使用方法。

③ 掌握图像边缘检测的算法原理。

④ 了解图像分割的基本应用。

(2) 实验中所用部分函数介绍

① edge

功能：实现边缘检测。

格式：BW = edge(I,'sobel')；BW = edge(I,'sobel',direction)；BW = edge(I,'roberts')

BW = edge(I,'prewitt')；BW = edge(I,'log')；BW = edge(I,'canny')

说明：BW = edge（I，'sobel'）采用 Sobel 算子进行边缘检测。

BW = edge（I，'sobel'，direction）可以指定算子方向，即：direction='horizontal'，为水平方向；direction='vertical'，为垂直方向；direction='both'，为水平和垂直两个方向。

BW = edge(I,'roberts')、BW = edge(I,'prewitt')、BW = edge(I,'log')和 BW = edge(I,'canny')分别为用 Roberts 算子、Prewitt 算子、拉普拉斯高斯算子和 Canny 算子进行边缘检测。

② imcomplement

函数功能：图像求补函数。

格式：IM2 = imcomplement（IM）

说明：IM 是原图像的数据，IM2 是求补后的图像数据。

③ imopen

功能：对灰度图像执行形态学开运算，即使用同样的结构元素先对图像进行腐蚀操作后进行膨胀操作。

格式：IM2＝imopen（IM，SE）

说明：SE 为结构元素。

④ imclose

功能：对灰度图像执行形态学闭运算，即使用同样的结构元素先对图像进行膨胀操作后进行腐蚀操作。

格式：IM2＝imclose（IM，SE）

说明：SE 为结构元素。

(3) 实验内容示例部分

① 基于全局阈值的图像分割实现。

```
clear,clc;
close all;
a = [90,130,150];   % 分别取三种全局阈值实验
I0 = imread('cameraman.tif');
[sa,sb] = size(I0);
imshow(I0),title('原始图像');
for k = 1:3
    I = I0;
    for i = 1:sa
         for j = 1:sb
              if double(I(i,j))>a(k)
                  I(i,j) = 255;
              else
                  I(i,j) = 0;
              end
         end
    end
    figure(k + 1),imshow(I),title(['阈值 a = ' num2str(a(k))])
end
```

实验结果如图 8-13 所示。

(a) 原始图像

(b) 阈值90

(c) 阈值130

(d) 阈值150

图 8-13　实验结果

② 利用直方图双峰法实现图像分割。

```
I = imread('coins.png');
subplot(2,2,1),imshow(I),title('原图');
```

```
subplot(2,2,2);
imhist(I);%直方图
title('直方图');
u=imhist(I);
for i=1:256
    m(i)=0;
end
j=0;
%求所有峰值灰度级
for i=1:254
    for b=i+1
        for c=b+1
            if u(i)<u(b)&u(b)>u(c)
                j=j+1;
                m(j)=b;
            end
        end
    end
end
%求峰值中最小灰度级
w=m(1);
for k0=2:j
    if u(m(k0))<u(w)
        w=m(k0);
    end
end
%峰值中最大灰度级
p=m(1);
for k=2:j
    if u(m(k))>u(p)
        p=m(k);
    end
end
%求出与最大峰值相邻的峰值灰度级
l=u(w);
for k1=1:j
    if u(m(k1))>l;
        x=m(k1)-p;
        if(abs(x)>30)
            l=u(m(k1));q=m(k1);
        end
    end
end
if p>q
```

```
        k2 = q;k3 = p;
else k2 = p;k3 = q;
end
%求出直方图谷底灰度值
l1 = u(k2);
for n1 = (k2 + 1):(k3 - 1)
    if l1>u(n1)
          l1 = u(n1);p1 = n1;
    end
end
F = im2bw(I,p1/255); %二值化
subplot(2,2,3),imshow(F),title('二值化后图像');
```

实验结果如图 8-14 所示。

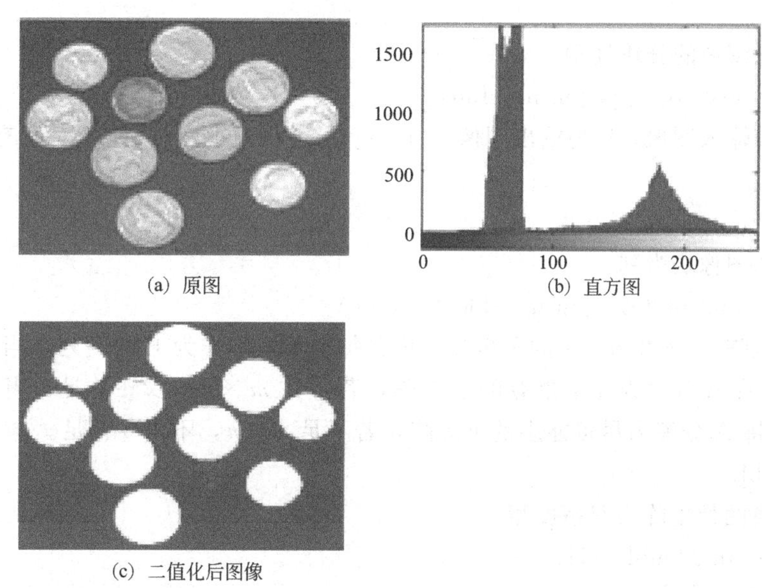

(a) 原图　(b) 直方图

(c) 二值化后图像

图 8-14　双峰法阈值分割

(4) 实验内容程序设计部分

① 调用 edge 函数利用多种边缘检测算子检测图 8-15 中图像的边缘。

② 利用图像分割处理测试图 8-16 中图像中的微小结构。提示：在获取阈值的基础上进行二值化处理，再进行形态学处理。

图 8-15　原始图像

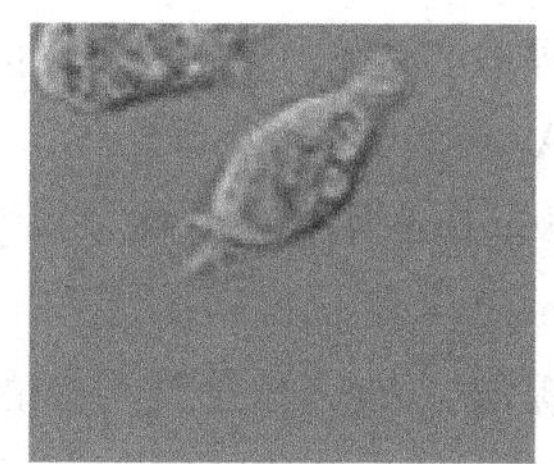

图 8-16　原始图像

8.5 图像压缩编码实验

(1) 实验目的

① 了解图像压缩的目的和意义。

② 掌握 MATLAB 中常用的图像压缩函数的使用方法。

③ 掌握基于 DCT 和小波变换的压缩算法原理，掌握算术编码的算法原理。

(2) 实验中所用部分函数介绍

① dctmtx

功能：计算 DCT 变换矩阵。

格式：D=dctmtx（n）

说明：D=dctmtx（n）返回一个 $n \times n$ 的 DCT 变换矩阵，输出矩阵 D 为 double 类型。

② blkproc

功能：实现图像的分块处理。

格式：B = blkproc（A，[m n]，fun）

说明：A 为输入图像，B 为输出图像，[m n] 指定块大小，fun 指定对所有块进行处理的函数。

③ im2col

功能：重调图像块为列。

格式：B = im2col（A，[m n]，block _ type）

说明：将矩阵 A 分为 $m \times n$ 的子矩阵，再将每个子矩阵作为 B 的一列。当 block _ type 为 distinct 时，将 A 分解为互不重叠的子矩阵，若不足 $m \times n$，以 0 补足；当 block _ type 为 sliding 时，将 A 分解为尽可能多的子矩阵，若不足 $m \times n$，不以 0 补足。

④ im2double

功能：转换图像矩阵为双精度型。

格式：I2 = im2double（I1）

⑤ wavedec2

功能：二维信号的多层小波分解。

格式：[C,S]=wavedec2(X,N,'wname')；　[C,S]=wavedec2(X,N,Lo_D,Hi_D)

说明：[C,S]=wavedec2(X,N,'wname') 使用小波基函数 'wname' 对二维信号 X 进行 N 层分解；[C,S]=wavedec2(X,N,Lo_D,Hi_D) 使用指定的分解低通和高通滤波器 Lo _ D 和 Hi _ D 分解信号 X。

⑥ appcoef2

功能：提取二维信号小波分解的近似分量。

格式：A = appcoef2（C，S，'wname'，N）

说明：wname 为小波名称，N 为一整数。

⑦ detcoef2

功能：提取二维信号小波分解的细节分量。

格式：D = detcoef2（O，C，S，N）

说明：O = 'h'，代表水平细节分量；

O = 'v'，代表垂直细节分量；

O = 'd'，代表对角细节分量；

N 为一整数。

⑧ wrcoef2

功能：由多层小波分解重构某一层的分解信号。

格式：X=wrcoef2（'type'，C，S，'wname'）

说明：返回基于小波分解结构[C,S]的小波重构图像 X。参数 type 等于 a 表示重构近似系数；等于 h 表示重构水平细节系数；等于 v 表示重构垂直细节系数，等于 d 表示重构对角细节系数。

(3) 实验内容示例部分

① 将原始图像首先分割成 16×16 的子图像，然后对每个子图像进行 DCT，将每个子图像的 256 个 DCT 系数舍去 35%小的变换系数，进行压缩，显示解码图像。

```
clear,clc;
close all;
cr = 0.5;
initialimage = imread(' cameraman.tif'); % 读取原图像
imshow(initialimage); % 显示原图像
title('原始图像')
initialimage = double(initialimage);
t = dctmtx(16);
dctcoe = blkproc(initialimage,[16,16],'P1 * x * P2',t,t'); % 将图像分成 8 × 8 子图像,求 DCT
coevar = im2col(dctcoe,[16,16],'distinct'); % 将变换系数矩阵重新排列
coe = coevar;
[y,ind] = sort(coevar);
[m,n] = size(coevar);
snum = 256 - 256 * cr; % 根据压缩比确定要将系数变为 0 的个数
for i = 1:n
     coe(ind(1:snum),i) = 0; % 将最小的 snum 个变换系数设为 0
end
b2 = col2im(coe,[16,16],[256,256],'distinct'); % 重新排列系数矩阵
i2 = blkproc(b2,[16,16],'P1 * x * P2',t',t); % 求逆离散余弦变换(IDCT)
i2 = uint8(i2);
figure;
imshow(i2);    % 显示压缩后的图像
title('压缩图像');
```

程序运行结果如图 8-17 所示。

② 利用小波工具箱专用的阈值压缩图像函数（wdencmp）进行图像压缩。

```
i = imread('cameraman.tif'); % 读取图片
n = 2; % 进行 2 层小波分解
w = 'coif2'; % 选取小波
[c,l] = wavedec2(i,n,w);
% 全局阈值
```

(a) 原图　　(b) 压缩解码后图像

图 8-17　实验结果

```
[thr,sorh,keepapp] = ddencmp('cmp','wv',i);
%对高频系数进行阈值化处理进行压缩
[Xcomp,cxc,lxc,perf0,perfl2] = wdencmp('gbl',c,l,w,n,thr,sorh,keepapp);
%显示原图像
subplot(1,2,1);
imshow(i);
title('原始图像');
%显示压缩后图像
subplot(1,2,2);
Xcomp = uint8(Xcomp);
imshow(Xcomp);
title('压缩后图像');
%显示压缩有关信息
disp('小波分解系数中值为 0 的系数个数百分比');
disp(perf0);
disp('压缩后剩余能量百分比');
disp(perfl2)
```

实验结果如图 8-18 所示。

③ 利用 DCT 变换进行图像压缩。

```
clear,clc;
close all;
I = imread('cameraman.tif');
I = im2double(I);
T = dctmtx(8);
B = blkproc(I, [8,8],'P1 * x * P2',T,T'); %将图像分为 8 块
mask = [1 1 1 1 0 0 0 0;1 1 1 0 0 0 0 0;1 1 0 0 0 0 0 0;1 0 0 0 0 0 0 0;0 0 0 0 0 0 0 0; 0 0 0 0 0 0 0 0;0 0 0 0 0 0 0 0; 0 0 0 0 0 0 0 0];
B2 = blkproc(B,[8 8],'P1. * x',mask);
I2 = blkproc(B2,[8 8],'P1 * x * P2',T',T); %求逆离散余弦变换
imshow(I);
figure,imshow(I2);
```

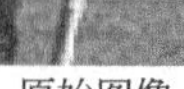
原始图像

压缩后图像

(a) 图像压缩

小波分解系数中值为0的系数个数百分比：
38.9090

压缩后剩余能量百分比
99.9989

(b) 相关参数显示

图 8-18　实验结果

实验结果如图 8-19 所示。

(a) 原始图像

(b) 压缩图像

图 8-19　实验结果

(4) 实验内容程序设计部分

① 对图像进行小波分解后，会得到一系列不同分辨率的子图像，表征图像最主要的部分是低频部分，高频部分的大部分数据接近于 0，因此可以利用小波分解去掉图像的高频部分，保留图像的低频部分来进行图像数据压缩。利用二维小波变换对图像进行编码。(提示：首先利用 wavedec2 函数对图像进行小波分解，然后利用 appcoef2 函数提取低频系数，最后利用函数 wcodemat 进行量化编码。)

② 假设信源符号为 $\{a,b,c,d\}$，这些符号出现的概率分别为 $\{0.1,0.4,0.2,0.3\}$，编程实现对信源符号 cadacdb 进行算术编码和解码。

8.6　图像特征提取实验

(1) 实验目的

① 了解提取图像特征的目的和意义。

② 掌握 MATLAB 中常用的提取图像特征的函数使用方法。

③ 掌握图像的形状特征、纹理特征的算法原理。

(2) 实验中所用部分函数介绍

bweuler

功能：计算二进制图像的欧拉数。

格式：eul = bweuler (BW, n)

说明：n 为 4 或 8，代表 4 连通或 8 连通。

(3) 实验内容示例部分

① 计算图像的圆形度

```
img_dst = imread('coins.png');
img_dst = im2bw(img_dst);
[x,y] = size(img_dst);
BW = bwperim(img_dst,8); % 提取二值图像边缘
P1 = 0;
P2 = 0;
Ny = 0; % 记录垂直方向连续周长像素点的个数
for i = 1:x
    for j = 1:y
      if (BW(i,j)>0)
        P2 = j;
        if ((P2 - P1) = = 1) % 判断是否为垂直方向连续的周长像素点
          Ny = Ny + 1;
        end
        P1 = P2;
      end
    end
end
% 检测水平方向连续的周长像素点
P1 = 0;
P2 = 0;
Nx = 0; % 记录水平方向连续的周长像素点
for j = 1:y
     for i = 1:x
        if (BW(i,j)>0)
            P2 = i;
          if ((P2 - P1) = = 1) % 判断是否为水平方向连续的周长像素点
              Nx = Nx + 1;
          end
          P1 = P2;
        end
     end
end
SN = sum(sum(BW)); % 计算周长像素点的总数
```

```
Nd = SN - Nx - Ny; % 计算奇数码的链码总数
L = sqrt(2) * Nd + Nx + Ny; % 计算周长
A = bwarea(img_dst); % 计算目标面积
C = (L * L)/(4 * pi * A); % 计算圆形度
```

MATLAB 运行结果：

```
C =
    25.3617
```

② 图像特征分析中，能量、相关度、对比度、同质性是四个重要信息，以其中能量为例，计算图像特征中能量信息。

```
img_dst = imread('coins.png');
glcms = graycomatrix(img_dst); % 求图像灰度共生矩阵
stats = graycoprops(glcms,'Energy'); % 计算能量
con = [stats.Energy];
```

MATLAB 运行结果：

```
con =
    0.3987
```

③ 计算图像的质心坐标

```
img_dst = imread('lena.bmp');
m = logical(img_dst);
n = regionprops(m, 'centroid');
centroids = cat(1, n.Centroid);
imshow(img_dst);
title('图像的质心坐标');
hold on;
plot(centroids(:,1), centroids(:,2), 'r* ');
```

MATLAB 运行结果：

```
centroids =
  128.5000   128.5000
```

实验结果如图 8-20 所示。

(a) 原图

(b) 图像质心坐标

图 8-20　质心坐标

(4) 实验内容程序设计部分

① 据示例部分中①所示，从中可以得知图像周长和面积的计算方法，应熟悉并掌握，计算图像的矩形度。

② 计算图像特征中相关度和对比度。

③ 计算图 8-21 中二值图像的欧拉数。

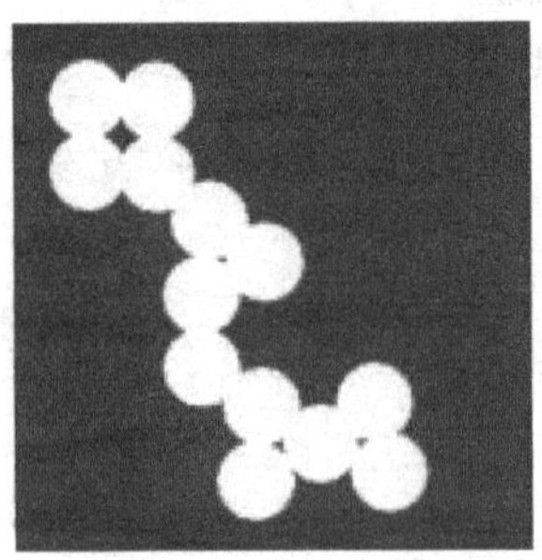

图 8-21 二值图像

④ 针对原始图像分别对其进行逆时针旋转 5°、垂直镜像、尺度缩小为原图的一半，分别求出原图及变换后的各个图像的七阶矩，验证图像的该七个矩的值对于旋转、镜像及尺度变换具有不变性。

⑤ 提取图 8-22 所示的两幅纹理图像的灰度共生矩阵特征。

0	0	1	1	2	2	3	3
0	0	1	1	2	2	3	3
0	0	1	1	2	2	3	3
0	0	1	1	2	2	3	3
0	0	1	1	2	2	3	3
0	0	1	1	2	2	3	3
0	0	1	1	2	2	3	3
0	0	1	1	2	2	3	3

(a) 纹理A

0	1	2	3	0	1	2	3
1	2	3	0	1	2	3	0
2	3	0	1	2	3	0	1
3	0	1	2	3	0	1	2
0	1	2	3	0	1	2	3
1	2	3	0	1	2	3	0
2	3	0	1	2	3	0	1
3	0	1	2	3	0	1	2

(b) 纹理B

图 8-22 纹理图像

附录　MATLAB图像处理工具箱函数

图像显示

函　　数	功　　能	语　　法
colorbar	显示颜色条	colorbar('vert')　colorbar('horiz') colorbar(h) colorbar　h=colorbar(...)
getimage	从坐标轴取得图像数据	A=getimage(h)　[x,y,A]=getimage(h) [...,A,flag]=getimage(h) [...]=getimage
imshow	显示图像	imshow(I,n)　imshow(I,[low high])　imshow(BW)　imshow(X,map) imshow(RGB)　imshow(...,display_option)　imshow(x,y,A,...) imshow filename　h=imshow(...)
montage	在矩形框中同时显示多幅图像	montage(I)　montage(BW)　montage(X,map)　montage(RGB) h=montage(...)
immove	创建多帧索引图的电影动画	mov=immove(X,map)
subimage	在一幅图中显示多个图像	subimage(X,map)　subimage(I)　subimage(BW)　subimage(RGB) subimage(x,y,...)　h=subimage(...)
truesize	调整图像显示尺寸	truesize(fig,[mrows mcols])　truesize(fig)
warp	将图像显示到纹理映射表面	warp(X,map)　warp(I,n)　warp(BW)　warp(RGB)　warp(z,...) warp(x,y,z,...)　h=warp(...)
zoom	缩放图像	zoom on　zoom off　zoom out　zoom reset　zoom　zoom xon zoom yon　zoom(factor)　zoom(fig,option)

图像文件I/O

函　　数	功　　能	语　　法
imfinfo	返回图形文件信息	info=imfinfo(filename,fmt)　info=imfinfo(filename)
imread	从图形文件中读取图像	A=imread(filename,fmt)　[X,map]=imread(filename,fmt) [...]=imread(filename)　[...]=imread(...,idx)(TIFF only) [...]=imread(...,idx)(HDF only) [...]=imread(...,'BackgroundColor',BG) (PNG only)　[A,map,alpha]=imread(...) (PNG only)
imwrite	把图像写入图形文件中	imwrite(A,filename,fmt)　imwrite(X,map,filename,fmt) imwrite(...,filename)　imwrite(...,Param1,Vsl1,Param,Val2...)

几何操作

函　　数	功　　能	语　　法
imcorp	剪切图像	I2=imcorp(I)　X2=imcorp(X,map)　RGB2=imcorp(RGB) I2=imcorp(I,rect) X2=imcorp(X,map,rect) RGB2=imcorp(RGB,rect) [...]=imcrop(x,y,...) [A,rect]=imcrop(...) [x,y,A,rect]=imcrop(...)
imresize	改变图像大小	B=imresize(A,m,method)　B=imresize(A,[mrows ncols],method) B=imresize(...,method,n)　B=imresize(...,method,h)
imrotate	旋转图像	B=imrotate(A,angle,method)　B=imrotate(A,angle,method,'crop')

像素和统计处理

函　　数	功　　能	语　　法
corr2	计算两个矩阵的二维相关系数	r=corr2(A,B)
imcontour	创建图像数据的轮廓图	imcontour(I,n)　imcontour(I,v)　imcontour(x,y,...) imcontour(...,LineSpec)　[C,h]=imcontour(...)
imfeature	计算图像区域的特征尺寸	stats=imfeature(L,measurements)　stats=imfeature(L,measurements,n)
imhist	显示图像数据的柱状图	imhist(I,n)　imhist(X,map)　[counts,x]=imhist(...)
impixel	确定像素颜色值	P=impixel(I)　P=impixel(X,map)　P=impixel(RGB) P=impixel(I,c,r)　P=impixel(X,map,c,r)　P=impixel(RGB,c,r) [c,r,P]=impixel(...)　P=impixel(x,y,I,xi,yi) P=impixel(x,y,X,map,xi,yi)　P=impixel(x,y,RGB,xi,yi) [xi,yi,P]=impixel(x,y,...)
improfile	沿线段计算剖面的像素值	c=improfile　c=improfile(n)　c=improfile(I,xi,yi) c=improfile (I,xi,yi,n)　[cx,cy,c]=improfile(...) [cx,cy,c,xi,yi]=improfile(...)　[...]=improfile(x,y,I,xi,yi) [...]=improfile(x,y,I,xi,yi,n)　[...]=improfile(...,method)
mean2	计算矩阵元素的平均值	b=mean2(A)
pixval	显示图像像素信息	pixval on　pixval off　pixval　pixval(fig,option)
std2	计算矩阵元素的标准偏移	b=std2(A)

图像分析

函　　数	功　　能	语　　法
edge	识别强度图像中的边界	BW=edge(I,'sobel')　BW=edge(I,'sobel',thresh) BW=edge(I,'sobel'thresh,direction)　[BW,thresh]=edge(I,'sobel',...) BW=edge(I,'prewitt')　BW=edge(I,'prewitt',thresh) BW=edge(I,'prewitt',thresh,direction) [BW,thresh]=edge(I,'prewitt',...) BW=edge(I,'robert')　BW=edge(I,'robert',thresh) [BW,thresh]=edge(I,'robert',...)　BW=edge(I,'log') BW=edge(I,'log',thresh)　BW=edge(I,'log',thresh,sigma) [BW,threshold]=edge(I,'log',...)　BW=edge(I,'zerocross',thresh,h) [BW,thresh]=edge(I,'zerocross',...)　BW=edge(I,'canny') BW=edge(I,'canny',thresh)　BW=edge(I,'canny',thresh,sigma) [BW,threshold]=edge(I,'canny',...)
qtdecomp	进行四叉树分解	S=qtdecomp(I)　S=qtdecomp(I,threshold) S=qtdecomp(I,threshold,mindim)　S=qtdecomp(I,threshold,[mindim maxdim])　S=qtdecomp(I,fun)　S=qtdecomp(I,fun,P1,P2,...)
qtgetblk	获取四叉树分解中的块值	[vals,r,c]=qtgetblk(I,S,dim)　[vals,idx]=qtgetblk(I,S,dim)
qtsetblk	设置四叉树分解中的块值	J=qtsetblk(I,S,dim,vals)

图像增强

函　　数	功　　能	语　　法
histeq	用柱状图均等化增强对比	J=histeq(I,hgram)　J=histeq(I,n)　[J,T]=histeq(I,...)
imadjust	调整图像灰度值或颜色映像表	J=imadjust(I,[low high],[bottom top],gamma)

续表

函　数	功　能	语　法
imadjust	调整图像灰度值或颜色映像表	Newmap=imadjust(map,[low high],[bottom top],gamma) GRB2=imadjust(RGB1,...)
imnoise	增强图像的渲染效果	J=imnoise(I,type)　J=imnoise(I,type,parameters)
medfilt2	进行二维中值过滤	B=medfilt2(A,[m n])　B=medfilt2(A) B=medfilt2(A,'indexed',...)
ordfilt2	进行二维统计顺序过滤	B=ordfilt2(A,order,domain)　B=ordfilt2(A,order,domain,S) B=ordfilt2(...,padopt)
wiener2	进行二维适应性去噪过滤	J=wiener2(I,[m n],noise)　[J,noise]=wiener2(I,[m n])

线性滤波

函　数	功　能	语　法
conv2	进行二维卷积操作	C=conv2(A,B)　C=conv2(hcol,hrow,A)　C=conv2(...,shape)
convmtx2	计算二维卷积矩阵	T=convmtx2(H,m,n)　T=convmtx2(H,[m,n])
convn	计算 n 维卷积	C=convn(A,B)　C=convn(A,B,shape)
filter2	进行二维线性过滤操作	B=filter2(h,A)　B=filter2(h,A,shape)
fspecial	创建预定义过滤器	h=fspecial(type)　h=fspecial(type,parameters)

线性二维滤波设计

函　数	功　能	语　法
freqspace	确定二维频率响应的频率空间	[f1,f2]=freqspace(n)　[f1,f2]=freqspace([m n]) [x1,y1]=freqspace(...,'meshgrid')　f=freqspace(N) f=freqspace(N,'whole')
freqz2	计算二维频率响应	[H,f1,f2]=freqz2(h,n1,n2)　[H,f1,f2]=freqz2(h,[n2,n1)) [H,f1,f2]=freqz2(h,f1,f2)　[H,f1,f2]=freqz2(h) [...]=freqz2(h,...,[dx dy)　[...]=freqz2(h,...,dx)　freqz2(...)
fsamp2	用频率采样法设计二维 FIR 过滤器	h=fsamp2(Hd) h=fsamp2(f1,f2,Hd,[m n])
ftrans2	通过频率转换设计二维 FIR 过滤器	h=ftrans2(b,t) h=ftrans2(b)
fwind1	用一维窗口方法设计二维 FIR 过滤器	h=fwind1(Hd,win)　h=fwind1(Hd,win1,win2) h=fwind1(f1,f2,Hd,...)
fwind2	用二维窗口方法设计二维 FIR 过滤器	h=fwind2(Hd,win) h=fwind2(f1,f2,Hd,win)

图像变换

函　数	功　能	语　法
dct2	进行二维离散余弦变换	B=dct2(A)　B=dct2(A,m,n)　B=dct2(A,[m n])
dctmtx	计算离散余弦变换矩阵	D=dctmtx(n)

续表

函　数	功　能	语　法
fft2	进行二维快速傅里叶变换	B=fft2(A)　B=fft2(A,m,n)
fftn	进行n维快速傅里叶变换	B=fftn(A) B=fftn(A,siz)
fftshift	把快速傅里叶变换的DC组件移到光谱中心	B=fftshift(A)
idct2	计算二维离散反余弦变换	B=idct2(A)　B=idct2(A,m,n)　B=idct2(A,[m n])
iff2	计算二维快速傅里叶反变换	B=iff2(A) B=iff2(A,m,n)
ifftn	计算n维快速傅里叶反变换	B=ifftn(A) B=ifftn(A,siz)
iradon	进行反radon变换	I=iradon(P,theta)　I=iradon(P,theta,interp,filter,d,n) [I,h]=iradon(...)
phantom	产生一个头部幻影图像	P=phantom(def,n)　P=phantom(E,n) [P,E]=phantom(...)
radon	计算radon变换	R=radon(I,theta)　R=radon(I,theta,n)　[R,xp]=radon(...)

边沿和块处理

函　数	功　能	语　法
bestblk	确定进行块操作的块大小	siz=bestblk([m n],k)　[mb,nb]=bestblk([m n],k)
blkproc	实现图像的显示块操作	B=blkproc(A,[m n],fun)　B=blkproc(A,[m n],fun,P1,P2,...) B=blkproc(A,[m n],[mborder nborder]fun,...) B=blkproc(A,'indexed',...)
col2im	将矩形的列重新组织到块中	A=col2im(B,[m n],[mm nn],block_type) A=col2im(B,[m n],[mm nn])
colfilt	利用列相关函数进行边沿操作	B=colfilt(A,[m n],block_type,fun) B=colfilt(A,[m n],block_type,fun,P1,P2,...) B=colfilt(A,[m n],[mblock nblock]block_type,fun...) B=colfilt(A,'indexed',...)
im2col	重调图像块为列	B=im2col(A,[m n], block_type) B=im2col(A,[m n]) B=im2col(A,'indexed',...)
nlfilter	进行边沿操作	B=nlfilter(A,[m n],fun)　B=nlfilter(A,[m n],fun,P1,P2,...) B=nlfilter(A, 'indexed',...)

二进制图像操作

函　数	功　能	语　法
applylut	在二进制图像中利用lookup表进行边沿操作	A=applylut(BW,lut)
bwarea	计算二进制图像对象面积	total=bwarea(BW)
bweuler	计算二进制图像的欧拉数	eul=bweuler(BW,n)

续表

函　数	功　能	语　法
bwfill	填充二进制图像的背景色	BW2=bwfill(BW1,c,r,n) BW2=bwfill(BW1,n) [BW2,idx]=bwfill(...) BW2=bwfill(x,y,BW1,xi,yi,n) [x,y,BW2,idx,xi,yi]=bwfill(...) BW2=bwfill(BW1,'hole',n) [BW2,idx]=bwfill(BW1,'hole',n)
bwlabel	标注二进制图像中已连接的部分	L=bwlabel(BW,n) [L,num]=bwlabel(BW,n)
bwmorph	提取二进制图像的轮廓	BW2=bwmorph(BW1,operation) BW2=bwmorph(BW1,operation,n)
bwperirm	计算二进制图像中对象的周长	BW2=bwperirm(BW1,n)
bwdelect	在二进制图像中选取对象	BW2=bwdelect(BW1,c,r,n) BW2=bwdelect(BW1,n) [BW2,idx]=bwdelect(...)
dilate	放大二进制图像	BW2=dilate(BW1,SE) BW2=dilate(BW1,SE,alg) BW2=dilate(BW1,SE,...,n)
erode	弱化二进制图像的边界	BW2=erode(BW1,SE) BW2=erode(BW1,SE,alg) BW2=erode(BW1,SE,...,n)
makelut	创建一个用于 applylut 函数的 lookup 表	lut=makelut(fun,n) lut=makelut(fun,n,P1,P2,...)

区域处理

函　数	功　能	语　法
roicolor	选择感兴趣的颜色区	BW=roicolor(A,low,high) BW=roicolor(A,v)
roifill	在图像的任意区域中进行平滑插补	J=roifill(I,c,r) J=roifill(I) J=roifill(I,BW) [J,BW]=roifill(...) J=roifill(x,y,I,xi,yi) [x,y,J,BW,xi,yi]=roifill(...)
roifilt2	过滤敏感区域	J=roifilt2(h,I,BW) J=roifilt2(I,BW,fun) J=roifilt2(I,BW,funP1,P2)
roipoly	选择一个敏感的多边形区域	BW=roipoly(I,c,r) BW=roipoly(I) BW=roipoly(x,y,I,xi,yi) [BW,xi,yi]=roipoly(...) [x,y,BW,xi,yi]=roipoly(...)

颜色映像处理

函　数	功　能	语　法
brighten	增加或降低颜色映像的亮度	brighten(beta) newmap=brighten(beta) newmap=brighten(map,beta) brighten(fig,beta)
cmpermute	调正颜色映像表中的颜色	[Y, newmap]=cmpermute(X, map) [Y, newmap]=cmpermute(X,map,index)
cmunique	查找颜色映像表中特定的颜色及相应的图像	[Y,newmap]=cmunique(X,map) [Y,newmap]=cmunique(RGB) [Y,newmap]=cmunique(I)
imapprox	对索引图像进行近似处理	[Y,newmap]=imapprox(X,map,n) [Y,newmap]=imapprox(X,map,tol) Y=imapprox(X,map,newmap) [...]=imapprox(...,dither_option)
rgbplot	划分颜色映像表	rgbplot(map)

颜色空间转换

函　数	功　能	语　法
hsv2rgb	转换 HSV 值为 RGB 颜色空间	rgbmap=hsv2rgb(hsvmap) RGB=hsv2rgb(HSV)
ntsc2rgb	转换 NTSC 值为 RGB 颜色空间	rgbmap=ntsc2rgb(yiqmap) RGB=ntsc2rgb(YIQ)

续表

函　　数	功　　能	语　　法
rgb2hsv	转换 RGB 值为 HSV 颜色空间	hsvmap=rgb2hsv(rgbmap)　HSV=rgb2hsv(RGB)
rgb2ntsc	转换 RGB 值为 NTSC 颜色空间	yiqmap=rgb2ntsc(rgbmap)　YIQ=rgb2ntsc(RGB)
rgb2ycbcr	转换 RGB 值为 YcbCr 颜色空间	ycbcrmap=rgb2ycbcr(rgbmap)　YCBCR=rgb2ycbcr(RGB)
ycbcr2rgb	转换 YcbCr 值为 RGB 颜色空间	rgbmap=ycbcr 2rgb(ycbcrmap)　RGB=ycbcr 2rgb(YCBCR)

图像类型和类型转换

函　　数	功　　能	语　　法
dither	通过抖动增加外观颜色分辨率，转换图像	X=dither(RGB,map)　BW=dither(I)
gray2ind	转换灰度图像为索引图像	[X,map]=gray2ind(I,n)
grayslice	从灰度图像创建索引图像	X=grayslice(I,n)　X=grayslice(I,v)
im2bw	转换图像为二进制图像	BW=im2bw(I,level)　BW=im2bw(X,map,level) BW=im2bw(RGB,level)
im2double	转换图像矩阵为双精度型	I2=im2double(I2)　RGB=im2double(GRB1) BW2=im2double(BW1)　X2=im2double(X1,'indexed')
double	转换数据为双精度型	B=double(A)
uint8	转换数据为 8 位无符号整型	B=uint8(A)
im2uint8	转换图像阵列 8 位无符号整型	I2=im2uint8(I1)　RGB=im2uint8(RGB1) BW2=im2uint8(BW1)　X2=im2uint8(X1,'index')
im2uint16	转换图像阵列 16 位无符号整型	I2=im2uint16(I1)　RGB=im2uint16(RGB1) X2=im2uint16(X1,'index')
uint16	转换数据为 16 位无符号整型	B=uint16(X)
ind2gray	把索引图像转换为灰度图	I=ind2gray(X,map)
ind2rgb	把索引图像转换为 RGB 真彩图像	RGB=ind2rgb(X,map)
isbw	判断是否为二进制图像	flag=isbw(A)
isgray	判断是否为灰度图	flag=isgray(A)
isind	判断是否为索引图	flag=isind(A)
isrgb	判断是否为 RGB 真彩图像	flag=isrgb(A)
mat2gray	转化矩阵为灰度图像	I=mat2gray(A,[amin amax])　I=mat2gray(A)
rgb2gray	转换 RGB 图像或颜色映像表为灰度图像	I=rgb2gray(RGB)　I=rgb2gray(A)
rgb2ind	转换 RGB 图像为索引图像	[X,map]=rgb2ind(RGB,tol)　[X,map]=rgb2ind(RGB,n) X=rgb2ind(RGB,map)　[...]=rgb2ind(...,dither_option)

工具箱参数设置

函　　数	功　　能	语　　法
ipgetpref	获取图像处理工具箱参数设置	value=ipgetpref(prefname)
iptsetpref	设置图像处理工具箱参数	iptsetpref(prefname,value)

参考文献

[1] 何东健. 数字图像处理[M]. 西安:西安电子科技大学出版社,2004.

[2] 杨帆等. 数字图像处理与分析[M]. 北京: 北京航空航天大学出版社. 2009.

[3] 余成波. 数字图像处理及 MATLAB 实现[M]. 重庆: 重庆工业出版社. 2003.

[4] 朱虹. 数字图像技术与应用[M]. 北京: 机械工业出版社. 2011.

[5] 李朝晖. 数字图像处理及应用[M]. 北京: 机械工业出版社. 2004.

[6] 刘禾.数字图像处理与应用[M].北京:中国电力出版社,2006.

[7] 黄爱民等. 数字图像处理分析基础[M].北京: 中国水利水电出版社,2005.

[8] 朱秀昌,刘峰,胡栋编著.数字图像处理与图像通信[M].北京:北京邮电大学出版社,2002.

[9] 阮秋琦编著.数字图像处理学[M].北京:电子工业出版社,2001.

[10] 刘直芳,王运琼,朱敏编著.数字图像处理与分析[M].北京:清华大学出版社,2006.

[11] 罗军辉 冯平编著.MATLAB7.0 在图像处理中的应用[M].北京:机械工业出版社,2005.

[12] 贾永红编著.计算机图像处理与分析[M].武汉:武汉大学出版社,2001.

[13] 李弼程. 智能图像处理技术[M]. 北京: 电子工业出版社,2004.

[14] 夏德深,傅德胜编著.现代图像处理技术与应用[M].南京:东南大学出版社,2001.

[15] 姚敏编著.数字图像处理[M].北京:机械工业出版社,2006.

[16] 孙兆林. MATLAB 6.x 图像处理[M].北京:清华大学出版社,2002.

[17] 王汇源编著.数字图像通信原理与技术[M].北京:国防工业出版社,2000.

[18] 罗述谦, 周果宏.医学图像处理与分析[M].北京:科学出版社,2003.

[19] 杨行峻. 人工神经网络与盲信号处理[M]. 北京:清华大学出版社,2003.

[20] 杜颜颜. PCB 版元器件检测系统的研究[D] . 天津:河北工业大学,2011.

[21] 王世亮,杨帆等. 基于目标红外特征与 SIFT 特征相结合的目标识别算法[J].红外技术,2012,34(9):503-507.

[22] 乔运伟,杨帆等. 基于特征融合的 Mean－shift 算法在目标跟踪中的研究.电视技术,2011,35(23)153-156.

[23] Yang fan ,Liu minghui. Research on a new method of preprocessing and speech synthesis pitch detection[J]. 2010 International Conference on Computer Design and Applications, ICCDA 2010:1399-1401.

[24] 李靖,杨帆等. 基于背景位平面向低位位移 ROI 压缩算法[J]:光电子激光,2010,21(2) :307-311.

[25] Yang fan, Wei linlin. Image Mosaic based on phase correlation and harris operator[J]. Journal of computational information systems,2012,8,(6):2647-2655.

[26] 杜颜颜, 杨帆等. 一种彩色 PCB 图像的边缘检测算法研究[J].电视技术,2011,35(11):113-115.

[27] 杨帆 ,张华. 基于背景抑制与特征融合的红外微小目标检测[J].河北工业大学学报,2010,39(6):8-12.

[28] 崔静,杨帆等. 基于混沌的双组合图像置乱算法研究[J],电视技术,2011,35(21):36-44.

[29] 王晓颖, 杨帆等. 基于图像场能分析的指纹图像增强技术研究[J]. 光电工程,2011,38(6):111-116.

[30] Yang fan, Li jing,The Research of Video Segmentation Aigmentation Aigorithm Based on Image Fusion in the Wavelet Domain[J].AOMATT CHINA 2010 The 5th SPIE international Symposium on Advanced Optical Manufacturing and Testing Technoiogies: 657-658.

[31] 杨稀,杨帆等. 复杂背景的快速人脸检测研究[J].电视技术,2011,35(23):125-128.

[32] Yang fan , Li jing. Motion estimation algorithm based on the region of interest[J].2010 International Conference on Information Technology for Manufacturing Systems, ITMS: 581-587.

[33] 王帅宇, 杨帆等. 基于改进的 DWT 的图像盲水印算法研究[J].现代电子技术,2009,15:86-89.

[34] 尹惠玲,杨帆等. 基于 COM 的智能 TTS 系统的设计与实现[J].微计算机信息,2009,25(3):172-173.

[35] 张志伟, 杨帆等. 一种二维 LPP 算法及其在人脸识别中的应用[J]. 仪器仪表学报,2007,28(4):516-518.

[36] 吴涛, 杨帆等. 基于 Lagrange 多项式秘密共享技术研究[J]. 白城师范学院学报,2008,6 : 22-25.

[37] 杨帆,浦昭邦等. 虹膜图像预处理算法的研究[J]. 光学・精密工程,2003,11(4) :226-229.

[38] 杨帆, 徐舜华等. 基于 SVM 决策树的指纹分类技术研究[J]. 仪器仪表学报,2007,28(4):506-508.

[39] 侯景忠,杨帆等. 视频监控系统中运动物体的检测与提取[J]. 仪器仪表学报, 2008,29(6):691-693.

[40] 于虹, 杨帆等. 基于计算机视觉的 PCB 缺陷检测技术研究[J]. 仪器仪表学报,2008,29(4):584-586.

[41] 张志伟，杨帆等. 基于小波变换和 NMF 的人脸识别方法的研究[J]. 计算机工程，2007，33(6)：176-178.

[42] 刘娅静，杨帆. 基于颜色特征的杂草图像分割技术研究[J]. 微计算机信息，2007，23(6)：269-272.

[43] 张志伟，夏克文，杨帆等. 一种应用于人脸识别的有监督 NMF 算法[J]. 光电子·激光，2007，18(5)：622-625.

[44] 张志伟，杨帆等. 一种改进 NMF 算法及其在人脸识别中的应用[J]. 光电工程，2007，34(8)：121-125.

[45] 张志伟，杨帆等. 一种应用于小样本人脸识别的 2DLPP 算法[J]. 光电子·激光，2008，19(7)：972-9755.

[46] 张志伟，杨帆等. 一种有监督的 LPP 算法及其在人脸识别中的应用[J]. 电子与信息学报，2008，30(3)：539-541.

[47] 杨帆，浦照邦. 一种基于模糊逻辑的指纹与掌纹信息融合技术[J]. 计算机工程，2005，31(8)：22-23.

[48] Yang fan, Pu zhaobang. Application of Fuzzy Logic in Weighted Information Fusion of Hand Shapes and Palm Print [J], JOURNAL OF ELECTRONICS (CHINA) 电子科学学刊，2004，21(6)：511-514.

[49] Yang fan, Pu zhangbang. Application of Fuzzy Logic in Weighted Information Interinfiltration of Fingerprints and Palm Prints[J]. 哈尔滨工业大学学报，(NEW SERIES) 2006，6：715-718.

[50] 杨帆，浦照邦等. 一种基于 D-S 证据理论的多指纹信息融合技术[J]. 计算机工程，2005，31(12)：175-176.